● 高等学校水利类专业教学指导委员会
● 中国水利教育协会　　共同组织编审
● 中国水利水电出版社

“十二五”普通高等教育本科国家级规划教材
普通高等教育“十一五”国家级规划教材
全国水利行业规划教材

水资源学教程

（第二版）

郑州大学　左其亭　窦明　马军霞　编

扫一扫，即刻获取名师课件

内 容 提 要

水资源学是人类在长期水事活动实践过程中形成和发展起来的一门新兴分支学科，主要研究水资源的形成、转化、运动规律以及水资源开发、利用、规划、管理、保护等。本书是基于水资源学最新概念、最新理论方法，全面贯彻最新治水思想，并满足水资源工作的需要而编撰完成的、主要面向本科教学的统编教材，包括相互交叉、相互联系的三方面内容：①对水资源的基本认识，包括对水资源概念、概况以及水资源形成、转化、利用基本知识的认识；②水资源学的基本理论，这是水资源学形成一门学科的理论支撑，包括水量平衡原理、水质迁移转化原理、水资源价值理论、水资源优化配置理论、水资源可持续利用理论、人水和谐理论；③对水资源工作主体内容的介绍，包括水资源评价、水资源保护、水权水价与水市场、水资源规划与水资源管理等。

本书可作为水利类、土木类、环境与安全类、资源类、地学类、管理类等专业本科生、专科生教材，也可供上述专业的研究生和教师以及相关专业的科技工作者使用和参考。

图书在版编目（CIP）数据

水资源学教程 / 左其亭，窦明，马军霞编. -- 2版. -- 北京 : 中国水利水电出版社，2016.3(2023.12重印)
“十二五”普通高等教育本科国家级规划教材 普通高等教育“十一五”国家级规划教材 全国水利行业规划教材
ISBN 978-7-5170-4310-2

Ⅰ. ①水… Ⅱ. ①左… ②窦… ③马… Ⅲ. ①水资源－高等学校－教材 Ⅳ. ①TV211

中国版本图书馆CIP数据核字(2016)第099636号

审图号：GS（2015）3105号

书　名	“十二五”普通高等教育本科国家级规划教材 普通高等教育“十一五”国家级规划教材 全国水利行业规划教材 **水资源学教程**（第二版）
作　者	郑州大学　左其亭　窦明　马军霞　编
出版发行	中国水利水电出版社 （北京市海淀区玉渊潭南路1号D座　100038） 网址：www.waterpub.com.cn E-mail：sales@mwr.gov.cn 电话：（010）68545888（营销中心）
经　售	北京科水图书销售有限公司 电话：（010）68545874、63202643 全国各地新华书店和相关出版物销售网点
排　版	中国水利水电出版社微机排版中心
印　刷	清淞永业（天津）印刷有限公司
规　格	184mm×260mm　16开本　19.25印张　456千字
版　次	2008年2月第1版　2008年2月第1次印刷 2016年3月第2版　2023年12月第3次印刷
印　数	5001—7000册
定　价	**53.00**元

凡购买我社图书，如有缺页、倒页、脱页的，本社营销中心负责调换

第二版前言

为了给相关专业本科生提供一本系统的水资源学教材，在普通高等教育“十一五”国家级规划教材的支持下，作者在总结多年相关教学经验、科研实践和多本相关专著的基础上，编写了《水资源学教程》一书，于2008年由中国水利水电出版社正式出版，力图向读者展现一个比较完善的水资源学体系。这是我国第一本专门面向本科教学的水资源学教材。自2008年《水资源学教程》第一版出版以来，得到国内同行和高校师生的认可，并在使用过程中提出了一些很好的建议。同时，自2008年以来，我国新提出了最严格水资源管理制度、水生态文明理念、河湖长制、水资源税改革、国家水网建设、孪生流域建设等一系列新的治水思路，特别是坚持以习近平新时代中国特色社会主义思想为指导，全面贯彻落实党的二十大精神，把生态文明思想、人与自然和谐共生思想、我国社会主义制度集中力量干大事的优越性、绿水青山就是金山银山的理念、山水林田湖草沙一体化保护和系统治理思路、中国式社会主义现代化建设、高质量发展理念等新思想新理念融入到水资源开发、利用、规划、保护与管理各项工作中，大大促进了水资源学的发展，也新增添了很多新的成果。为了及时把这些新形势和新变化吸收到教材中，在“十二五”普通高等教育本科国家级规划教材的支持下，编撰了《水资源学教程》第二版。第二版与第一版的主要区别在于：①增加了一些水资源管理新思想介绍，包括人水和谐思想、最严格水资源管理指导思想、水生态文明理念，基于这些新思想来重新审视水资源问题，使内容得到及时更新；②基于新的资料、研究成果和实践经验，重新更新了有关数据、结论和认识，增加了一些新知识，使教材更加完善；③总体沿用第一版的教材结构和内容安排，对部分章节的重点内容进行了一些调整，特别突出了目前水资源学研究和应用实践中关注的内容，使重点更加突出。

本书分成相互联系、相互促进的三部分，即“对水资源的基本认识”“水资源学的基本理论”“水资源工作主体内容”，共编排了11章。第一部分内容包括第一章至第四章，介绍了水资源的基本知识，并基于新发展理念介绍了水资源开发利用途径和主要认知；第二部分内容，即第五章，介绍了水资源学的基本理论，新增加可持续发展思想和人水和谐思想的相关内容；第三部分内容包括第六章至第十章，全面融入新治水思想、治水理念、治水措施，系统介绍了水资源工作主体内容；最后，第十一章介绍了水资源学主要内容的研究现状，并基于我国社会主义现代化强国“两步走战略”需求，阐述了水资源学的发展展望。在本书的每章后面列出了课外知识、思考题和参考文献，供进一步学习参考。本书计划教学时数为40～60学时，书中带＊的内容可以选讲，具体学时分配可由任课教师根据本学科教学计划安排确定。

本书由郑州大学左其亭、窦明、马军霞合编，华北水利水电大学张修宇、郑州大学陶洁参与撰写。其中，第一章由左其亭撰写，第二、三章由马军霞、张修宇撰写，第四章由左其亭、张修宇撰写，第五章第一节至第四节由窦明撰写，第五章第五、六节由左其亭撰写，第六章由张修宇、窦明撰写，第七、八章由窦明撰写，第九、十章由左其亭、马军霞撰写，第十一章由左其亭、张修宇撰写，陶洁参与第五、九章撰写。全书由左其亭统稿。

本书是在《水资源学教程》第一版（2008年）的基础上，参考和引用作者撰写的多本学术专著和教材，又部分引用作者最近几年的研究成果，同时参阅大量文献，修编而成。特此向支持和关心作者教学、科研工作的所有单位和个人表示衷心的感谢！感谢出版社同仁为本书出版付出的辛勤劳动。书中部分内容参考或引用了相关法规、标准和文件，在书中未全部列出，在此一并致谢。

尽管本次是第二次编写水资源学教材，比第一次编写水资源学教材更加有信心，但因为水资源本身的复杂性和水资源研究的日新月异，编撰第二版仍感到难度很大，特别是作者水平所限，书中错误和缺点在所难免，欢迎广大读者不吝赐教。

编　者

2023年10月

第一版前言

人类在长期水事活动过程中，逐步形成了有关水资源方面的专业知识和经验。但在相当一段时间内，有关水资源的知识和经验常融汇在其他已建立的学科中，如水文学、地理学、自然资源学、环境学等。自20世纪中期以来，随着经济社会高速发展，人口过快增长，水资源问题日益突出，并直接影响到社会发展和人类的生存环境，也受到国际社会的高度重视，极大地促进了学术界的研究热情，逐步形成了自成体系的水资源学。

然而，由于水资源学刚刚形成，支撑本学科的基础理论还在不断探讨和完善之中，给编撰教材带来很大难度。但是，在普通高等教育“十一五”国家级规划教材的支持下，作者在总结多年相关教学经验、科研实践和多本相关专著的基础上，编写了此书，力图向读者展现一个比较完善的水资源学体系。

本书分成相互联系、相互促进的三部分，共十一章。第一部分内容包括第一、二、三、四章，是对水资源的基本认识；第二部分内容，即第五章，是对水资源学基本理论的介绍；第三部分内容包括第六章至第十章，是对水资源工作主体内容的介绍；最后，第十一章是对水资源学的展望。在本书的每章后面列出了课外知识、思考题和参考文献，供进一步学习参考。本书计划教学时数为42～56学时，书中带*的内容可以选讲，具体学时分配可由任课教师根据本学科教学计划安排确定。

本书是在参考或引用作者撰写的多本学术专著和教材的基础上，参阅大量文献，不断总结、完善而撰写完成的统编教材。如：《面向可持续发展的水资源规划与管理》（左其亭，陈曦著，中国水利水电出版社，2003）；《水资源规划与管理》（左其亭，窦明，吴泽宁编著，中国水利水电出版社，2005）；《现代水文学》（第2版，左其亭，王中根著，黄河水利出版社，2006）。这些研究成果得到了国家自然科学基金（50679075）、国家社会科学基金（06CJY016）、河南省杰出青年科学基金（0512002500）、水资源与水电工程科学国家重点实验室开放基金（2003B007和2005B016）的资助。特此向支持和关心作者教学、科研工作的所有单位和个人表示衷心的感谢！感谢出版社同仁为本书出版付出的辛勤劳动。书中部分内容参考或引用了有关单位和个人的研究成果或学术专著，均已在参考文献中列出。另外，在撰写过程中，还参考或引用了《中华人民共和国水法》《水资源评价导则》《全国水资源综合规划技术大纲》等多个法规、标准及其他技术文件，在文中未全部列出，在此一并致谢。

本书第一、四、十、十一章由左其亭撰写，第六、七、八章由窦明撰写，第二、三、九章由马军霞撰写，第五章由窦明、左其亭、马军霞共同撰写。全书最后由左其亭统稿。

本书由河海大学陈元芳教授、武汉大学张翔教授、清华大学尚松浩副教授主审，他们对本书的初稿提出了宝贵的修改意见，特此致谢。

由于第一次编撰水资源学教材，确实存在很大难度，特别是作者水平所限，书中错误和缺点在所难免，欢迎广大读者不吝赐教。

作　者

2007年11月

目 录

第二版前言

第一版前言

第一章 水资源学概论 …… 1

第一节 水资源的概念及特点 …… 1

第二节 水资源学的形成和发展 …… 3

第三节 水资源学的研究对象和学科体系 …… 6

第四节 水资源学的特点和研究方法 …… 7

第五节 水资源学与相关学科的联系 …… 8

第六节 水资源学教程的任务及主要内容 …… 10

课外知识 …… 11

思考题 …… 12

参考文献 …… 12

第二章 水资源概况 …… 13

第一节 世界水资源状况 …… 13

第二节 中国水资源状况 …… 15

第三节 水问题及其影响 …… 17

课外知识 …… 20

思考题 …… 23

参考文献 …… 23

第三章 水资源形成及转化关系 …… 24

第一节 水循环过程及水资源形成 …… 24

第二节 水资源转化关系 …… 28

第三节 人类活动和气候变化对水资源的影响 …… 30

课外知识 …… 32

思考题 …… 33

参考文献 …… 34

第四章 水资源利用 …… 35

第一节 水资源利用途径综述 …… 35

第二节　生活用水 …… 37
第三节　农业用水 …… 41
第四节　工业用水 …… 48
第五节　水力发电 …… 51
第六节　生态用水* …… 54
第七节　各用水部门间的矛盾与协调 …… 56
课外知识 …… 57
思考题 …… 59
参考文献 …… 59

第五章　水资源学的基本理论 …… 60

第一节　水量平衡原理 …… 60
第二节　水质迁移转化原理 …… 64
第三节　水资源价值理论 …… 74
第四节　水资源优化配置理论 …… 80
第五节　水资源可持续利用理论* …… 87
第六节　人水和谐理论* …… 95
课外知识 …… 101
思考题 …… 105
参考文献 …… 105

第六章　水资源评价 …… 107

第一节　水资源评价概述 …… 107
第二节　水资源数量评价 …… 111
第三节　水资源质量评价 …… 127
第四节　水资源开发利用及其影响评价 …… 136
课外知识 …… 140
思考题 …… 142
参考文献 …… 142

第七章　水资源保护 …… 143

第一节　水污染来源及危害 …… 143
第二节　水功能区划分 …… 146
第三节　污染源调查与预测 …… 151
第四节　水功能区纳污能力的计算与分配* …… 155
第五节　生态需水量的估算* …… 161
第六节　水资源保护的内容、步骤及措施 …… 167
课外知识 …… 172
思考题 …… 174
参考文献 …… 174

第八章　水权、水价与水市场 …… 175
第一节　水权基础知识 …… 175
第二节　水权制度 …… 181
第三节　水价 …… 192
第四节　水市场* …… 198
课外知识 …… 204
思考题 …… 208
参考文献 …… 208
第九章　水资源规划 …… 209
第一节　水资源规划的概念及意义 …… 209
第二节　水资源规划应遵循的原则及指导思想 …… 212
第三节　水资源规划的工作流程 …… 215
第四节　水资源供需预测及供需平衡分析 …… 218
第五节　水资源规划方案的比选与制定 …… 234
第六节　水资源规划报告书编写 …… 238
课外知识 …… 241
思考题 …… 243
参考文献 …… 244
第十章　水资源管理 …… 245
第一节　水资源管理的基本内容及工作流程 …… 245
第二节　几个代表国家水资源管理体制介绍 …… 248
第三节　水资源管理措施 …… 250
第四节　水资源管理的组织体系 …… 253
第五节　水资源管理的法规体系 …… 258
第六节　水事活动与水事纠纷 …… 265
第七节　我国现代水资源管理的新思想 …… 267
第八节　水资源管理信息系统 …… 270
课外知识 …… 276
思考题 …… 277
参考文献 …… 277
第十一章　水资源学展望 …… 279
第一节　水资源学主要内容的发展过程及研究现状* …… 279
第二节　水资源学发展展望* …… 296
思考题 …… 298
参考文献 …… 298

第一章　水资源学概论

水，是生命之源、生产之要、生态之基，是人类赖以生存和发展不可缺少的一种宝贵资源。确保水资源可持续利用，是实现经济社会可持续发展的重要前提条件。

水资源学是以研究水资源形成、转化、运动规律以及水资源开发、利用、规划、管理、保护等为主要内容的一门新兴分支学科；是水利工程学科、地球学科、自然资源学科、环境学科的重要组成部分。

本章将概述水资源学的基础内容，包括水资源的概念及特点，水资源学的形成、发展、研究对象、学科体系、研究方法以及本课程的任务和主要内容等。

第一节　水资源的概念及特点

一、水资源的概念

水资源（water resources）是自然资源的一种，人们对水资源都有一定的感性认识。但是，水资源一词到底起源于何时？现在很难进行考证。一般认为，1894 年美国地质调查局水资源处的成立，标志着“水资源”一词正式在官方出现并被广泛接纳。

水资源的含义十分丰富，对水资源概念的界定也是多种多样。一般，对水资源的定义有广义和狭义之分。广义的水资源，是指地球上水的总体，包括大气中的降水、河湖中的地表水、浅层和深层的地下水、冰川、海水等。如，在《英国大百科全书》中，水资源被定义为“全部自然界任何形态的水，包括气态水、液态水和固态水”。在《中国水利百科全书》（水文与水资源分册）中也有类似的提法，定义水资源为“地球上各种形态的（气态、液态或固态）天然水”[1]。

狭义的水资源，是指与生态系统保护和人类生存与发展密切相关的、可以利用的、而又逐年能够得到恢复和更新的淡水，其补给来源为大气降水。该定义反映了水资源具有下列性质：①水资源是生态系统存在的基本要素，是人类生存与发展不可替代的自然资源；②水资源是在现有技术、经济条件下通过工程措施可以利用的水，且水质应符合人类利用的要求；③水资源是大气降水补给的地表、地下产水量；④水资源是可以通过水循环得到恢复和更新的资源[2,3]。

对于某一流域或局部地区而言，水资源的含义则更为具体。广义的水资源就是大气降水，地表水资源、土壤水资源和地下水资源是其三大主要组成部分。狭义的水资源就是河川径流，包括地表径流、壤中流和地下径流。因为河川径流与人类的关系最为直接、最为密切，故常将它作为研究对象。水资源组成如图 1－1 所示，水资源转化关系将在第三章叙述。

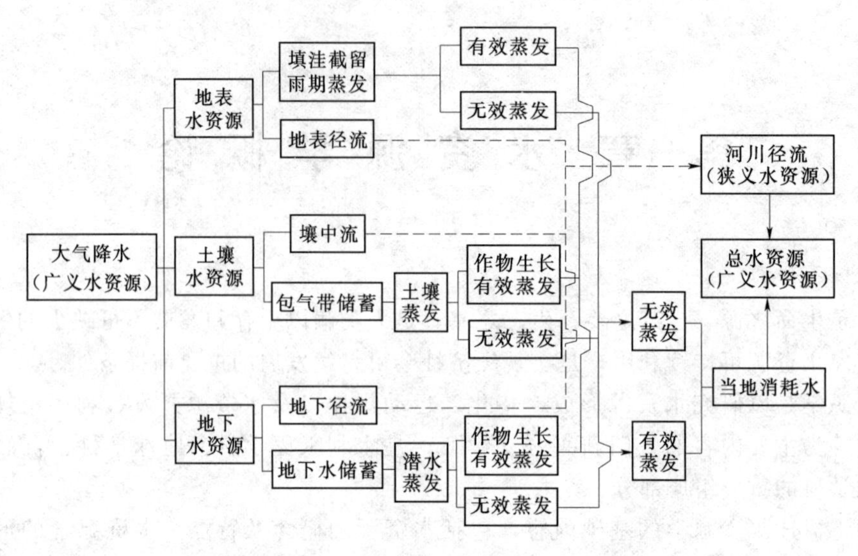

图 1-1　水资源组成示意图[4]

对于一个特定区域，其水资源主要有两种转化途径：①降水形成地表径流、壤中流和地下径流并构成河川径流，通过水平方向排泄到区外；②以蒸发的形式通过垂直方向回归到大气中。

水资源的表现形态有气态、液态和固态，存在形式有地表水（如河流、湖泊、水库、海洋、冰雪等）、地下水（潜水、承压水）、土壤水、大气水。

二、水资源的特点

水资源是人类和所有生物不可缺少的一种特殊的自然资源。它具有以下特点。

1. 流动性

自然界中所有的水都是流动的，地表水、地下水、土壤水、大气水之间可以互相转化，这种转化也是永无止境的，没有开始也没有结束。这一特性是由水资源自身的物理性质决定的。也正是由于水资源这一固有特性，才使水资源可以再生和恢复，为水资源的可持续利用奠定物质基础。

2. 可再生性

自然界中的水不仅是可以流动的，而且是可以补充更新的，处于永无止境的循环之中。这就是水资源的可再生性。具体来讲，水资源的可再生性是指水资源在水量上损失（如蒸发、流失、取用等）后和（或）水体被污染后，通过大气降水和水体自净（或其他途径）可以得到恢复和更新的一种自我调节能力。这是水资源可供永续开发利用的本质特性。

3. 多用途性

水是一切生物不可缺少的资源。不仅如此，人类还广泛地利用水，使水有多种用途，比如，工业生产、农业生产、水力发电、航运、水产养殖等用水。人们对水的多用途性的认识随着其对水资源依赖性增强而日益加深，特别是在缺水地区，为争水而引发的矛盾或冲突时有发生。这是人类开发利用水资源的动力，也是水被看做一种极其珍贵资源的缘由，同时也是人水矛盾产生的外在因素。

4. 公共性

水是流动的，不能因为水流经本地区就认为水归本地区所有，要把水资源看成是一种公共资源，这是由水资源的自然属性决定的。另外，许多部门、许多行业都使用水，也要求把水资源看成是一种公共资源，这是由水资源的社会属性决定的。2002 年 10 月 1 日施行的《中华人民共和国水法》第三条明确规定，“水资源属于国家所有。水资源的所有权由国务院代表国家行使”；第二十八条规定，“任何单位和个人引水、截（蓄）水、排水，不得损害公共利益和他人的合法权益”。

5. 利与害的两重性

水是极其珍贵的资源，给人类带来很多利益。但是，如果水的汇集过快（如暴雨洪水）、过多（如洪涝）时，又会给人类带来灾害。人们常说，水是一把双刃剑，比金珍贵，又凶猛于虎。这就是水的利与害的两重性。人类在开发利用水资源的过程中，一定要“用其利、避其害”。

6. 有限性

虽然水资源具有流动性和可再生性，但它同时又具有有限性。这里所说的“有限性”是指，“在一定区域、一定时段内，水资源量是有限的，即不是无限可取的”。从全球情况来看，地球水圈内全部水体总储存量达到 13.86 亿 km^3，绝大多数储存在海洋、冰川、多年积雪、两极和多年冻土中，现有的技术条件很难利用。便于人类利用的水只有 0.1065 亿 km^3，仅占地球总储存水量的 0.77%。也就是说，地球上可被人类所利用的水量是有限的。从我国情况来看，我国国土面积 960 多万 km^2，多年平均河川径流量为 27115 亿 m^3。在河川径流总量上仅次于巴西、俄罗斯、加拿大、美国、印度尼西亚。再加上不重复计算的地下水资源量，我国水资源总量大约为 28124 亿 m^3。总而言之，人类每年从自然界可获取的水资源量是有限的。这一特性对我们认识水资源极其重要。以前，人们认为“世界上的水是无限的”，从而导致人类无序开发利用水资源，并引起水资源短缺、水环境破坏的后果。事实说明，人类必须保护有限的水资源。

第二节　水资源学的形成和发展

一、水资源学的概念

人类在长期水事活动过程中，逐步形成了有关水资源的专业知识和经验。但在相当长的时间内，有关水资源的知识和经验常融合在其他已建立的学科中[5,6]，如水文学、地理学、自然资源学、环境学等。自 20 世纪中期以来，随着经济社会高速发展，人口过快增长，水资源问题日益突出，并直接影响到社会发展和人类的生存环境，也受到国际社会的高度重视，极大地促进学术界的研究热情，逐步形成了自成体系的水资源学。

水资源学（water resources science）是在认识水资源特性、研究和解决日益突出的水资源问题的基础上，逐步形成的一门研究水资源形成、转化、运动规律及水资源合理开发利用基础理论并指导水资源业务（如水资源开发、利用、保护、规划、管理）的知识体系。

二、水资源学的研究内容

水资源学包括相互交叉、相互联系的三方面内容：

①是对水资源的基本认识。包括对水资源概念、概况以及水资源形成、转化、利用基本知识的认识。这是水资源学的认识基础，也是学习水资源学的基础或入门。具体来说，就是要先对水资源的形成、转化、运动机理以及水资源在地球上的空间分布及时程变化规律、再生规律有一个初步认识。这是进一步学习水资源学基本理论、学习水资源开发、利用、保护、规划、管理等实践环节的基础；

②是水资源学的基本理论。这是水资源学成为一门学科的理论支撑，包括水量平衡原理、水质迁移转化原理、水资源价值理论、水资源优化配置理论、水资源可持续利用理论、人水和谐理论。这是水资源学这门学科的理论支撑；

③是对水资源工作主体内容的介绍。包括水资源评价、水资源保护、水权水价与水市场、水资源规划与水资源管理等。这些内容是水资源学服务于人类社会的重要理论方法及应用实践。

三、水资源学的发展过程

人类在生存和发展的实践中，特别是在与水灾、旱灾作斗争的过程中，不断对水资源进行认识和探索，获得和积累了大量有关水资源方面的专业知识和经验。在不断认识和积累经验的基础上，吸取其他基础科学的思想、理论、方法，才逐步形成水资源学。可以说，水资源学的发展经历了由萌芽到成熟、由定性到定量、由经验到理论的过程，大致分为三个阶段。

1. 萌芽阶段（20 世纪中期以前）

人类在相当长的历史时期内，为了生活和生产的需要，开始对水资源的特性、数量、规律进行认识、观察，并在一定程度上对水资源规律进行了定性描述、经验积累、推理解释。但是，由于这个时期人们的认识能力有限，对自然界水资源了解不够，也不可能上升到水资源学理论的高度上，因此这一漫长的发展过程仅仅称得上是水资源学的起源或萌芽阶段。

尽管这一漫长阶段还没有形成水资源学，但是通过人类的长期生产实践，获得和积累了大量的有关水资源方面的知识和经验，为后来水资源学的形成奠定了基础。

2. 形成阶段（20 世纪中期至 90 年代）

随着科学技术的迅速发展以及人类对水资源认识的不断积累，一些与水资源相关的知识和经验开始不断融合到其他相近已建学科中，如水文学、地理学、自然资源学、环境学等。从 20 世纪中期开始，出现的水资源问题越来越突出，对水资源的认识也越来越深刻，并发现了一些水资源学的基本原理，从而奠定了水资源学的基础，到 90 年代基本形成了水资源学体系。

在此阶段，随着水问题的凸显，特别是饱受干旱和洪水灾害的教训，人们对水资源的一些看法也出现重大转变，例如从早期“水资源是取之不尽，用之不竭”的观点，转变为“水资源是有限的，需要在开发利用中加以保护”的认识等，并逐步重视水资源的评价、规划、管理等工作，丰富了水资源学的内容。陈家琦、王浩于 1995 年在中国水利水电出版社出版了第一本关于水资源学的专著《水资源学概论》，标志着我国水

资源学的形成。

3. 兴起阶段（20世纪90年代末至今）

20世纪90年代以来，一方面，随着计算机技术的发展遥感及信息技术的应用，一些新理论和边缘学科的不断渗透，水资源研究增添了许多新的技术手段、理论与方法，由此也派生出许多新的学科分支，丰富了水资源学理论；另一方面，由于人类改造世界的能力不断增强，活动范围不断扩大，再加上人口快速增长，出现了水资源短缺、环境污染、气候变化等一系列问题，这些问题或多或少与水资源有关，使水资源学面临更多的机遇与挑战，也促进了水资源学的蓬勃发展。

四、水资源学的主要进展

随着水资源问题的日益突出，人们探索水资源规律和解决水资源问题的紧迫性不断增加，再加上人类认识水平不断提高和科学技术飞速发展，人们对水资源问题的认识不断深入，极大地带动了水资源学的发展和学科体系的完善。自20世纪中期水资源学形成以来，其主要进展概括如下[2]：

（1）人们对水资源的认识从“取之不尽，用之不竭”的片面认识，逐步转变为对水资源的科学认识，逐步认识到“水资源开发利用必须与经济社会发展和生态系统保护相协调，走可持续发展的道路”。需要从水资源形成、转化和运动规律角度，来系统分析和看待水资源变化规律和出现的水资源问题，为人们解决日益严重的水资源问题奠定基础。这是水资源学发展的重要认识论进展。

（2）随着实验条件的改善和观测技术的发展，水资源形成、转化和运动的实验手段和观测水平得到极大的提高，促进了人们对水资源规律的认识和定量化研究水平的提高。通过实验分析，不仅掌握了水资源在数量上的变化，还可以定量分析水资源质量状况以及水与生态系统的相互作用关系。最近几十年来，人们做了大量的实验研究，极大地丰富了水资源学的理论和应用研究内容。这是水资源学发展的重要实验进展。

（3）现代数学理论、系统理论的发展为水资源学提供了量化研究和解决复杂水资源问题的重要手段。随着经济社会发展，原本复杂的水资源系统经过人类的改造作用后变得更加复杂。针对这样复杂的水资源系统，面对水资源短缺、洪涝灾害、水环境污染等问题，又要满足生活、工业、农业、生态等多种类型的用水需求，必须借用现代数学理论、系统理论的方法。最近几十年来，随着现代数学理论、系统理论的不断引入，极大地丰富了水资源学的理论方法和研究手段。这是水资源学发展的重要理论方法进展。

（4）随着现代计算机技术的发展，对复杂的数学模型可以求得数值解，对复杂的水资源系统可以寻找解决问题的途径和对策，可以多方案快速进行对比分析，可以建立复杂的定量化模型，可以实时进行分析、计算和实施水资源调度。这些方法和手段既丰富了水资源学的内容，也促进了水资源学服务于社会的应用推广。这是水资源学发展的重要计算途径进展。

（5）现代高新技术的快速发展并成功应用于水资源领域，大大促进水资源的研究和应用。现代信息通信技术、网络空间虚拟技术、数据库技术、计算机技术以及其他高新技术的应用，使得水资源实践朝着监测自动化、资料数据化、模型定量化、决策智能化、管理信息化方向发展，极大地促进水资源学的研究水平和应用效率。这是水资源学发展的重要

技术方法应用进展。

（6）以可持续发展、人水和谐等理论为指导，促进现代水资源规划与管理的发展。传统的水资源规划与管理主要注重经济效益、技术可行性和实施的可靠性。近几十年来，水资源规划与管理在观念上发生了很大变化，包括从单一性向系统性转变，从单纯追求经济效益向追求社会-经济-环境综合效益转变，从只重视当前发展向可持续发展战略转变。水资源可持续利用理论、人水和谐理论等在理论基础和实际应用方面的拓展，有效推动了水资源学的进一步发展。这是水资源学发展的重要应用研究进展。

第三节　水资源学的研究对象和学科体系

一、水资源学的研究对象

总体来讲，水资源学的研究对象是由水资源与人类社会所组成的复杂大系统，归纳起来有三方面：①地球水资源本身，研究内容包括水资源形成、转化规律，水资源数量、质量评价等；②水资源与经济社会之间的关系与协调，研究内容包括经济社会发展需水预测、水资源合理配置、水资源规划方案优选、水资源管理措施实施、水资源价格制定等；③水资源与生态系统之间的关系与协调，研究内容包括生态需水计算、水资源保护规划与措施等。

二、水资源学的学科体系

根据水资源学的研究对象和研究内容，可以把本课程分成相互联系、相互促进的三部分，即“对水资源的基本认识”“水资源学的基本理论”“水资源工作主体内容”，组成水资源学学科体系，如图 1-2 所示，本书安排了 11 章。

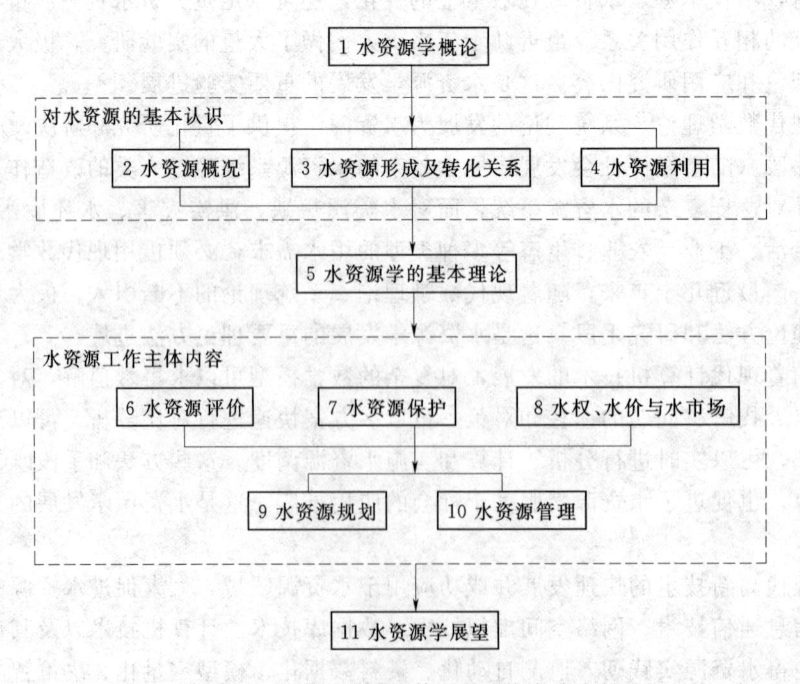

图 1-2　水资源学学科体系及本书各章安排

第一部分，对水资源的基本认识。将介绍全球和我国的水资源状况、水资源形成过程和转化关系、水资源利用途径。这是学习水资源学的基础知识，也是对水资源状况和特性的初步认识，是学习后续章节的基础。

第二部分，水资源学的基本理论。将介绍水量平衡原理、水质迁移转化原理、水资源价值理论、水资源优化配置理论、水资源可持续利用理论、人水和谐理论等。这是水资源学的基础理论，也是后续章节学习水资源评价、水资源保护、水权水价与水市场、水资源规划与管理等内容的重要理论依据。

第三部分，水资源工作主体内容。将介绍水资源评价、水资源保护、水权水价与水市场、水资源规划、水资源管理方面的知识。这是水资源工作的主体内容，也是水资源学的主体内容，也是水资源学服务于人类社会的主要工作内容。

第四节　水资源学的特点和研究方法

一、水资源学的特点

水资源学不仅仅研究水资源本身，而且涉及与水资源有关的经济社会、生态系统以及它们之间的相互协调，研究的问题不仅仅有水资源问题，还有社会问题、环境问题，涉及的学科多、内容广。概括起来，有以下特点。

1. 需要多学科知识

水资源学需要的知识涉及水文学、社会学、经济学、环境学、化学、数学、系统科学、法学等。水资源学与水文学联系十分密切，水文学是水资源学的重要学科基础，水资源学是水文学服务于人类社会的重要应用方面。这将在本章第五节进行论述。水资源规划工作中，需要运用社会学、经济学知识，对经济社会发展规模进行详细论证，为水资源合理配置奠定基础；在水资源保护研究中，需要应用环境学、化学的知识；对水资源多种用途的相互协调问题，需要借助现代数学理论、系统科学理论的方法；面对水资源管理的复杂问题，需要借助水法、水土保持法、环境保护法等法学知识和水价制定等经济学手段，实现水资源管理的科学化、制度化。

2. 实践性很强

水资源学是一门直接服务于人类社会的学科，其产生就是为了解决水资源工作中遇到的实际问题，其主要工作内容就是解决现实中出现的水资源问题，如水资源配置、水价制定、水资源保护等。因此，水资源学是一门实践性很强的学科，需要在实践的基础上不断完善和发展，再反过来指导生产实践。

3. 伴随着人们认识水平、法律、政策的发展而发展

水资源学的发展不仅基于一定的基础理论，而且与人们的认识水平密切相关。比如，在水资源规划方面，是“以需定供”，还是“以供定需”？还是坚持可持续发展的思想？不同的思想意识形态，决定着水资源规划的水平，不断提高的认识水平推动着水资源学的发展。此外，水资源学的发展还与水管理政策、法律密切相关。比如，是坚持流域统一管理，还是分割管理？是坚持水量、水质、地表水、地下水统一管理，还是分散管理？这些水管理政策、法律法规反映出水资源管理的水平和层次。

二、水资源学的研究方法

针对水资源学的特点，需要采用以下研究方法：

(1) 以气象、水文要素的长期观测资料为依据，采用成因分析和统计分析相结合的方法。在水资源学中，评价水资源的数量、空间和时间分布、变化特性，是水资源评价、规划与管理的工作基础。这一工作需要借助气象、水文要素的长期观测，通过对长期观测资料的分析计算，可以得到水文、气象参数，掌握水资源变化规律。通过对水资源的成因分析，有助于提高对水资源变化规律的认识。

(2) 多学科交叉的方法。如前所述，水资源学的研究内容涉及水文学、社会学、经济学、环境学、化学、数学、系统科学、法学等。因此，在水资源学研究中，需要用到其他学科的知识，特别是针对复杂问题，需要多学科交叉研究。

(3) 定量分析与定性分析相结合的方法。在水资源学中，不仅要处理大量定量化的指标或问题，而且还需要处理大量定性的指标或问题，如可持续发展程度、水资源承载程度、人水和谐程度等。

(4) 采用系统分析的方法。水资源学研究的对象是一个十分复杂的大系统，所面对的问题也涉及多个方面，比如水资源短缺、洪水灾害、水环境污染等；同时面对的需求也是多方面的，比如要满足生活、工业、农业、生态等多种类型的用水需求。因此，水资源学常常面对多目标、多约束的复杂问题。解决这些问题，可以采用系统分析的方法。

第五节 水资源学与相关学科的联系

一、水资源学与水文学的联系[2]

水资源学与水文学之间既有区别又有密切的联系，常引起一些混淆。总的来说，水文学是水资源学的重要学科基础，水资源学是水文学服务于人类社会的重要应用方面。本节从以下两方面分别阐述二者之间的具体联系。

1. 水文学是水资源学的基础

首先，从水文学和水资源学的发展过程来看，水文学具有悠久的发展历史，是人类自利用水资源以来，就一直伴随着人类水事活动而发展的一门古老学科；而水资源学是在水文学的基础上，为了满足日益严重的水资源问题的研究需求而逐步形成的知识体系。因此，可以近似认为，水资源学是在水文学的基础上衍生出来的。

再从水文学与水资源学的研究内容来看，水文学是一门研究地球上各种水体的形成、运动规律以及相关问题的学科体系。其中，水资源的开发利用、规划与管理等工作是水文学服务于人类社会的一个重要应用内容；水资源学主要包括水资源评价、配置、综合开发、利用、保护以及对水资源的规划与管理。其中，水循环理论、水文过程模拟以及水资源形成与转化机理等水文学理论知识是水资源学知识体系形成和发展的重要理论基础。比如，研究水资源规划与管理，需要考虑水循环过程和水资源转化关系以及未来水文情势的变化趋势。再比如，研究水资源可再生性、水资源承载能力、水资源优化配置等内容，需要依据水文学基本原理（如水循环机理、水文过程模拟）。因此，可以说，水文学是水资源学发展的重要学科基础。

2. 水资源学是水文学服务于人类社会的重要应用

下面，从水资源学的两个具体应用方面来说明。

(1) 水循环理论支撑水资源可再生性研究，是水资源可持续利用的理论依据。水资源的重要特点之一是“水处于永无止境的运动之中，既没有开始也没有结束”。这是十分重要的水循环现象。永无止境的水循环赋予水体可再生性，如果没有水循环的这一特性，根本就谈不上水资源的可再生性，更不用说水资源的可持续利用，因为只有可再生资源才具备可持续利用的条件。当然，说水资源是可再生的，并不能简单地理解为“取之不尽，用之不竭”。水资源的开发利用必须要考虑在一定时间内水资源能得到补充、恢复和更新，包括水资源质量的及时更新。也就是要求水资源的开发利用程度必须限制在水资源的再生能力之内。一旦超出它的再生能力，水资源得不到及时的补充、恢复或更新，就会面临着水资源不足、枯竭等严重局面。从水资源可持续利用的角度分析，水体的总储水量并不是都可被利用，只有不断更新的那部分水量才能算作可利用量。另外，水循环服从质量守恒定律，这是建立水量平衡模型的理论基础。

(2) 水文模型是水资源优化配置、水资源可持续利用量化研究的基础模型。通过水循环过程分析，揭示水资源转化的量化关系，是水资源优化配置、水资源可持续利用量化研究的基础。水文模型是根据水文规律和水文学基本理论，利用数学工具建立的模拟模型。这是研究人类活动和自然条件变化环境下水资源系统演变趋势的重要工具。以前，在建立水资源配置模型和水资源管理模型时，常常把水资源的分配量之和看成是总水资源利用量，并把总水资源利用量看成是一个定值。而现实中，由于水资源相互转换，原来利用的水有可能部分又回归到自然界（称为回归水），又可以被重复利用。也就是说，水循环过程是一个十分复杂的过程，在实际应用中应该体现这一特性。因此，在水资源配置、水资源管理等研究工作中，要充分体现这一复杂过程。

二、水资源学与系统科学的联系

水资源学涉及的水问题十分复杂，包括水资源短缺、洪涝灾害、水环境污染。在实际解决水问题时，不能仅仅针对某一问题而忽略其他问题，需要综合、系统考虑。例如，在进行水资源开发利用规划与管理时，不能只考虑某一方面的效益（如经济效益），而应该综合考虑社会效益、经济效益、环境效益；也不能只考虑某一地区的利益，而应该统筹考虑相关地区的整体利益。水资源系统是一个十分复杂的巨系统，水资源工作也是一项涉及社会、经济、水资源、环境、地理、法律、政策、管理等多方面的系统工程。因此，在水资源研究中引用系统科学方法是十分必要的。

所谓系统科学方法，就是把对象放在系统中加以考察的一种方法论。它是着眼于从整体与部分（要素）之间，整体与外部环境的相互联系、相互作用、相互制约的关系中，综合地、精确地考察对象，以达到最佳地处理问题的一种方法和途径。在技术上，系统科学方法充分利用运筹学、概率论、信息论以及控制论中丰富的数学语言，定量地描述研究对象的运动状态和规律。它为运用数理逻辑和电子计算机来解决各种复杂性问题提供了条件，为认识、研究、构建系统的模型，确立了必要的方法论原则，其特点就是整体性、综合性、最佳化。实际上，系统理论本身也在不断地发展，一些研究大系统、复杂系统的新学说应运而生。如，普里高津提出的旨在研究系统从有序到混沌和混沌到有序基本现象的耗散结构理论，哈肯的协同论，查德首创的模糊数学方法，以及我国学者邓聚龙提出的灰色系统理论等。他们基于不同角度提出的新观念、新方法更加丰富了系统科学的内容。

系统科学方法在水资源工作中的应用，已经贯穿于水资源系统规划、设计、施工组织、运行和管理的各个阶段。因此，系统科学是水资源学的重要应用工具，反过来，水资源学又是系统科学的重要实践场所。

三、水资源学与社会科学的联系

经济社会发展与水资源开发利用有着密切的关系，一方面，经济社会发展需要有水资源作支撑；另一方面，经济社会发展又对水资源系统产生压力，表现在：科技进步和人口增加引起水资源利用量增长，以及由此引发的污水排放量的增加和水环境污染；同时，水资源的科学管理与保护又需要经济社会发展提供保障，比如，提供资金、技术和人力。

实际上，水资源学不仅研究水资源的自然属性，还研究水资源的社会属性，在水资源学中，应用了大量的社会科学内容，比如经济社会发展规划、工程经济概算、价值论、法律、政策方针等。

第六节　水资源学教程的任务及主要内容

我们组织编写的《水资源学教程》教材，可以作为水利水电工程、水文与水资源工程、农业水利工程、地质工程、环境工程、给排水工程、地理科学、资源科学等相关专业的一门专业课或专业基础课教材。它的任务是：让学生在掌握水文学原理知识的基础上，学习水资源学的基本理论、基本知识，初步掌握这方面的分析方法、计算方法以及实际工作方法，以使学生毕业后，经过一段生产实践的锻炼能胜任这方面的工作。对于从事水利工程、环境工程、给排水工程的设计、施工和管理的工程技术人员来说，掌握一定的水资源知识也是十分必要的。

本课程的主要内容是：根据国民经济发展对水资源开发利用所提出的实际要求以及水资源本身的特点和客观情况，并根据《中华人民共和国水法》的规定，研究如何科学合理地开发利用水资源、保护水资源，确定适应可持续发展需求的水资源规划与管理方案，制定适应现代水资源管理要求的政策、法规以及合理的水权制度与水价水市场。

实际上，《水资源学教程》这本教材是对水资源学主体内容的系统介绍。在水文与水资源工程专业课中，多数学校已经安排了水资源规划与管理、水资源保护等课程，与本教材部分内容重复，可以在授课过程中酌情删减。本教材可以作为水文与水资源工程专业的专业基础课，对水资源学内容做概论性了解。本教材也适合于非水文与水资源工程专业的教学，安排这一门专业课教学，基本上能满足对水资源的系统了解。

各章的学时分配为：①水资源学概论 3～4 学时；②水资源概况 1～2 学时；③水资源形成及转化关系 1～2 学时；④水资源利用 2～4 学时；⑤水资源学的基本理论 8～10 学时；⑥水资源评价 5～8 学时；⑦水资源保护 5～8 学时；⑧水权、水价与水市场 3～4 学时；⑨水资源规划 5～8 学时；⑩水资源管理 6～8 学时；⑪水资源学展望 1～2 学时。合计 40～60 学时，书中带 * 的内容可以选讲，具体学时分配可由任课教师根据本校教学计

划安排的学时确定。

课 外 知 识

1. 水文学

水文学是地球科学的一个重要分支。1962年，美国联邦政府科技委员会把“水文学”定义为“一门关于地球上水的存在、循环、分布，水的物理、化学性质以及环境（包括与生活有关事物）反应的学科”。1987年，《中国大百科全书》提出水文学是“关于地球上水的起源、存在、分布、循环运动等变化规律和运用这些规律为人类服务的知识体系”。实际上，关于水文学的定义有很多种提法。尽管在表述上有所不同，但基本可以把水文学总结为“是一门研究地球上各种水体的形成、运动规律以及相关问题的学科体系”[2]。

水文学按照研究水体可分为河流水文学、湖泊水文学、沼泽水文学、冰川水文学、海洋水文学、地下水文学、土壤水文学、大气水文学等。根据水文学上主要采用的实验研究方法，水文学又派生出三个分支学科：水文测验学、水文调查、水文实验。根据水文学研究内容上的不同，水文学又可划分为水文学原理、水文预报、水文分析与计算、水文地理学、河流动力学等分支学科。作为应用科学，水文学又分为工程水文学（包括水文计算、水文预报等)、农业水文学、森林水文学、城市水文学等。另外，随着新理论、新技术的引进，水文学又出现了一些新的分支，如随机水文学、模糊水文学、灰色系统水文学、遥感水文学、同位素水文学、现代水文学等。

2. 系统科学

系统科学是一门新兴科学，它源于人类社会实践，经历了整体论思想、系统论思想的长期发展过程。20世纪40年代，一般系统论、信息论、控制论的创立，以及60—70年代的运筹学和系统工程、耗散结构理论和突变论、非线性科学等新学科群的涌现，最终形成系统科学。

从广义上说，控制论、信息论、系统论等都可以称为系统科学，它们的核心是系统。所谓系统是指由相互作用、相互依赖的若干组成部分结合而成的具有特定功能的有机整体。所谓系统科学，是指一组以系统为研究对象，从各个侧面探索系统的存在方式和变化规律的学科群。

3. 社会科学

社会科学是以社会现象为研究对象的学科。它的任务是研究与阐述各种社会现象及其发展规律。社会科学所涵盖的学科有政治学、经济学、军事学、法学、教育学、文艺学、历史学、语言学、民族学、宗教学、社会学、新闻学等。在现代科学的发展进程中，新科技革命为社会科学的研究提供了新的方法手段，社会科学与自然科学相互渗透、相互联系的趋势日益加强。

4. 水利高等教育发展历史[7]

中国有组织地实施水利教育始于20世纪初。1904年，清政府颁布的《奏定大学堂章程》中规定，大学堂内设农科、工科等分科大学。工科大学设9个工学门，各工学门设有主课水力学、水力机、水利工学、河海工、测量、施工法等。1915年，张謇在南京创建了河海工程专门学校，这是中国第一所专门培养水利工程技术人才的学校，也开创了水利高等教育先河。截至1949年，全国有22所高等学校设立水利系（组）。

新中国成立后，国家大力发展水利高等教育事业，培养了一大批水利人才。1950年北洋大学（现天津大学）等19所高等学校设水利系。1952年全国院系调整，成立了一批水利高等院校。1952年，武汉大学水利系、南昌大学水利系、广西大学土木系水利组合并成立武汉大学水利学院；南京大学水利系、交通大学水利系、同济大学土木系水利组、浙江大学土木系水利组合并成立华东水利学院（现河海大学）。1952年在天津创办河北水利土木学校，现为河北工程技术高等专科学校。1953年，创办长春水力发电工程学校，现合并组建长春工学院。1954年，以武汉大学水利学院为基础组建武汉水利学院。1955年以后又创建一些水利院校。

思 考 题

1. 根据水资源的特点，分析保护水资源的重要意义。

2. 在介绍水资源特点时，既说水资源是可再生的，又说水资源是有限的，二者是否矛盾？你是如何理解的？

3. 讨论水资源学的概念与学科体系。

4. 分析水资源学与水文学之间的关系。

参 考 文 献

[1] 陈志恺．中国水利百科全书（水文与水资源分册）[M]．北京：中国水利水电出版社，2004.
[2] 左其亭，王中根．现代水文学 [M]．2版．郑州：黄河水利出版社，2006.
[3] 左其亭，周可法．关于水资源规划中水资源量与生态用水量的探讨 [J]．干旱区地理，2002，25(4)：296-301.
[4] 左其亭，陈曦．面向可持续发展的水资源规划与管理 [M]．北京：中国水利水电出版社，2003.
[5] 陈家琦，王浩，杨小柳．水资源学 [M]．北京：科学出版社，2002.
[6] 陈家琦，王浩．水资源学概论 [M]．北京：中国水利水电出版社，1995.
[7] 左其亭，李宗坤，梁士奎，等．新时期水利高等教育研究 [M]．北京：中国水利水电出版社，2014.

第二章　水资源概况

人类社会面临着水带来的生存安全危机（包括缺水危机、洪涝灾害、水污染危害等）。联合国教科文组织在2003年《世界水发展报告》中指出："水已经成为制约可持续发展的关键因素，出现的水危机日益严重"[1,2]。据统计，目前有40多个国家（包括中国）20多亿人口受到水危机的困扰，其中11亿人口没有充足的饮用水[2]，发展中国家有1/2人口遭受缺水之苦，平均每天有6000人因缺水或水污染而死亡[1]。日益严重的水危机威胁着人类生存和发展，影响到全球社会安全。

本章将对世界水资源状况、中国水资源状况进行概括性介绍，并叙述当今世界（包括我国）所面临的主要水问题，以及这些水问题带来的社会影响。

第一节　世界水资源状况

从表面上看，地球上的水量是非常丰富的。地球表面积约5.1亿km^2，水圈内全部水体总储存量达到13.86亿km^3。海洋面积3.61亿km^2，占地球表面积的70.8%。海洋水量为13.38亿km^3，占地球总储存水量的96.5%。但这部分巨大的水体属于高含盐量的咸水，除极少量水体被利用（作为冷却水、海水淡化引用等）外，绝大多数是不能被人类利用的。地球上陆地面积为1.49亿km^2，占地球表面积的29.2%，水量仅有0.48亿km^3，占地球总储存水量的3.5%。就是陆面上的有限水体也并不全是淡水，淡水量仅有0.35亿km^3，占陆地水储存量的73%，其中的0.24亿km^3，分布于冰川、多年积雪、两极和多年冻土中，现有技术条件很难利用。便于人类利用的水只有0.1065亿km^3，占淡水总量的30.4%，仅占地球总储存水量的0.77%。也就是说，虽然地球上水量丰富，但可被人类利用的水资源量极其有限。地球上水的组成，如图2-1所示。

同时，由于受地理位置和地形地貌的影响，水资源的空间分布是极不均衡的，有些地方水资源丰富，有些地方水资源匮乏。表2-1给出了世界各大洲年降水及年径流分布状况。

表2-1　　世界各大洲年降水及年径流分布[1]

洲　名	面　积/万km^2	年　降　水		年　径　流		径流系数
		mm	$\times10^3km^3$	mm	$\times10^3km^3$	
亚洲	4347.5	741	32.2	332	14.41	0.45
非洲	3012.0	740	22.3	151	4.57	0.20
北美洲	2420.0	756	18.3	339	8.20	0.45

续表

洲 名	面 积 /万 km^2	年 降 水		年 径 流		径流系数
		mm	$\times 10^3 km^3$	mm	$\times 10^3 km^3$	
南美洲	1780.0	1596	28.4	661	11.76	0.41
南极洲	1398.0	165	2.31	165	2.31	1.00
欧洲	1050.0	790	8.29	306	3.21	0.39
澳大利亚	761.5	456	3.47	39	0.30	0.09
大洋洲（各岛）	133.5	2704	3.61	1566	2.09	0.58
全球内陆	14902.5	798	118.88	314	46.85	0.39

资料来源：《中国大百科全书》（水利卷，1992年）。

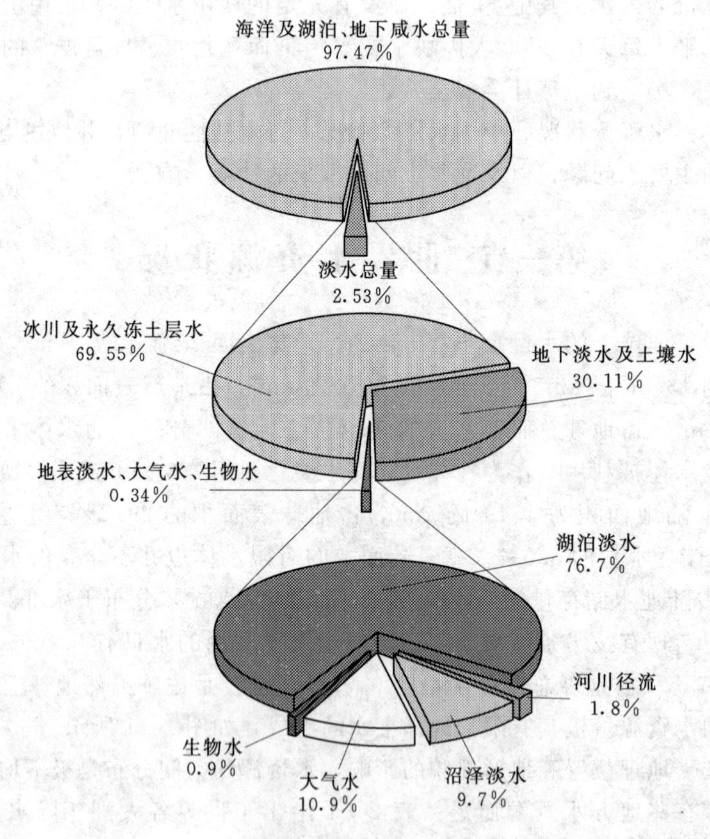

图2-1 地球上水的组成[1]

（根据联合国教科文组织1978年发布的数据）

由表2-1可见，全球以大洋洲（澳大利亚除外）年降水量最大，其水资源量也极为丰富，而澳大利亚由于降水稀少，荒漠和半荒漠面积达到2/3，使得径流系数明显偏低；次之，降水量较丰沛的是南美洲，而亚洲、非洲、北美洲、欧洲的降水量都接近全球平均水平，非洲气候炎热，蒸发强烈，有大面积的沙漠存在，因此径流系数比其他洲明显偏小；南极洲降水虽然不多，但由于降水全部储存于冰川中，因此径流量等于降水量。

即使在同一个洲内，由于空间跨度大，再加上自然条件的差异，水资源的分布也是很不均匀的。比如，在亚洲，靠近赤道部分地区降水丰富，而在中国西北地区和中东地区却降水稀少，水资源十分短缺。

第二节　中国水资源状况

我国地域辽阔，国土面积960多万km^2，地处欧亚大陆东南部，濒临太平洋，地势西高东低，境内山脉、丘陵、盆地、平原相互交错，构成众多江河湖泊。根据2010年至2012年开展的全国水利普查数据统计，流域面积50km^2及以上河流45203条，流域面积100km^2及以上河流22909条，流域面积1000km^2及以上河流2221条，流域面积1万km^2及以上河流228条；常年水面面积1km^2及以上湖泊2865个，其中淡水湖1594个，咸水湖945个，盐湖166个，其他湖泊160个。

由于我国处在季风气候区域，受热带、太平洋低纬度温暖而潮湿气团的影响以及西南印度洋和东北鄂霍茨克海水蒸气的影响，使得我国东南地区、西南地区以及东北地区有充足的水汽补充，降水量丰沛，成为世界上水资源相对丰富的地区之一。

据统计，我国年平均河川径流量为27115亿m^3，折合年径流深为284mm。在河川径流总量上仅次于巴西、俄罗斯、加拿大、美国、印度尼西亚。另外，我国地下水资源总量年平均为8840亿m^3。由于地表水与地下水之间存在相互转化，扣除其中重复计算部分，我国水资源总量大约为28124亿m^3。1997—2013年全国水资源一级分区水资源总量见表2-2。从数量上来看，1997—2013年期间我国平均水资源总量为27434.3亿m^3，比多年平均水资源总量28124亿m^3偏小。

虽然我国水资源总量较大，但人均占有量、平均降水深度较小。据计算，我国多年平均降水量约为6190km^3，折合降水深度为648mm，与全球陆地平均降水深798mm相比约低20%。我国人均占有河川径流量约为2100m^3，仅相当于世界人均占有量的1/4～1/3，美国人均占有量的1/6，我国亩均水量约为世界亩均水量的2/3。这些统计数据均说明：从总量上看，我国水资源较为丰富，属于丰水国，但我国的人口基数和面积基数大，人均和亩均水资源量都较小，如果按照这一参数比较，我国仍属于贫水国。

我国广阔的地域和特殊的地形、地貌、气候条件，决定了它的水资源特点，主要表现如下。

1. 水资源总量丰富，但人均水资源占有量少

如前所述，我国水资源总量较大，居世界第6位，但国土面积辽阔，需要养育的人口众多，这就导致了亩均和人均水资源量均较小。人均水资源量居世界第85位，说明仍属于世界上的贫水国。这是我国水资源的基本国情。

2. 水资源空间分布不均匀

由于我国所处的地理位置和特殊的地形、地貌、气候条件，导致水资源丰枯在地区之间差异比较大，总体状况是南多北少，水量与人口和耕地分布不相适应。长江流域及其以南的珠江流域、东南诸河、西南诸河等四片，面积占全国的36.5%，耕地占全国的36%，水资源量却占全国总量的81%，人均占有水资源量为4180m^3，约为全国平均水平的1.6

表 2-2　中国分区水资源总量变化表　单位：亿 m^3

编号	分区	1997 年	1998 年	1999 年	2000 年	2001 年	2002 年	2003 年	2004 年	2005 年	2006 年	2007 年	2008 年	2009 年	2010 年	2011 年	2012 年	2013 年	平均值
(A)	松花江	1682.8	2881.1	1377.1	1395.1	1420.3	1373.0	1424.0	1189.9	1525.0	1283.5	927.7	982.7	1488.1	1640.0	1177.4	1537.2	2725.2	1445.52
(B)	辽河							345.2	419.0	549.7	393.4	381.9	393.9	276.3	812.8	410.0	716.9	632.7	484.71
(C)	海河	212.1	353.8	192.5	269.6	200.2	159.0	321.1	299.6	267.1	219.8	247.8	294.5	285.2	307.2	297.9	436.7	356.3	277.67
(D)	黄河	481.5	677.2	625.9	565.9	513.3	473.4	827.3	628.0	756.3	564.3	655.3	559.0	656.9	679.8	739.4	771.8	683.0	638.72
(E)	淮河	625.3	1403.4	587.4	1232.9	592.1	695.0	1851.7	752.2	1399.6	881.4	1365.9	1047.2	799.8	962.9	892.6	746.2	671.2	970.99
(F)	长江	9274.2	13127.1	11264.9	10032.4	8887.0	10890.8	10064.8	8734.6	9887.0	8059.6	8807.8	9457.2	8732.4	11264.1	7837.6	10807.0	8797.1	9760.33
(G)	东南诸河	2433.3	2580.8	2252.0	2128.9	2104.4	2314.4	1312.4	1323.8	2261.7	2340.4	1799.8	1735.2	1619.6	2869.0	1423.0	2749.4	1912.0	2068.24
(H)	珠江	6478.2	5155.1	4403.9	4429.4	5817.6	5251.1	4172.2	3512.9	4391.3	4997.3	3985.9	5696.8	4075.1	4936.1	3692.2	5077.2	5303.2	4786.79
(I)	西南诸河	5356.1	6286.5	5927.7	6123.3	5700.8	5640.5	5771.6	5969.3	5561.8	5171.8	5739.1	5944.4	5042.0	5787.7	5386.0	5256.2	5437.6	5653.08
(J)	西北诸河	1311.3	1552.1	1564.4	1523.5	1632.2	1457.3	1369.9	1300.4	1453.5	1418.6	1343.9	1323.4	1204.9	1646.7	1400.6	1430.4	1439.4	1433.68
	全国合计	27854.8	34017.1	28195.7	27700.8	26867.8	28254.5	27460.2	24129.6	28053.1	25330.1	25255.2	27434.3	24180.2	30906.4	23256.7	29528.8	27957.9	27434.31

资料来源：《中国水资源公报》。

倍；亩均占有水资源量为 $4130m^3$，为全国平均水平的 2.3 倍。辽河、海河、黄河、淮河四个流域片，总面积占全国的 18.7%，接近南方四片的一半，耕地占全国的 45.2%，人口占全国的 38.4%，但水资源总量仅相当于南方四片水资源总量的 10%。不相匹配的水土资源组合必将影响国民经济发展和水土资源的合理利用。

3. 水资源时间分布不均匀

我国水资源分布不均，不仅表现在地域分布上，还表现在时间分配上。无论是年内还是年际，我国降水量和径流量的变化幅度都很大，这主要是受我国所处的区域气候影响。我国大部分地区受季风影响明显，降水量年内分配不均匀，年际变化较大，并有枯水年和丰水年连续出现的特点。这种变化一般是北方大于南方。从全国来看，我国大部分地区冬春少雨，夏秋多雨。南方各省汛期一般为 5—8 月，降水量占全年的 60%～70%，2/3 的水量以洪水和涝水形式排入海洋；而华北、西北和东北地区，年降水量集中在 6—9 月，占全年降水的 70%～80%。这种集中降水又往往集中在几次比较大的暴雨中，极易造成洪涝灾害。水资源在时间上的分布不均，一方面给正常用水带来困难，比如正是用水的春季反而少雨，而在用水量相对少的季节有时又大量降水，导致降水与用水时间上的不协调，为开发利用水资源带来不便；另一方面，由于过分集中的降水或过分的干旱，易形成洪涝灾害和干旱灾害，都会对人民生产、生活带来影响。

第三节　水问题及其影响

一、当今世界所面临的三大水问题

当今世界所面临的水问题可概括为三个方面：干旱缺水（水少了）、洪涝灾害（水多了）和水环境恶化（水脏了）。这三个方面不是完全独立的，它们之间存在着一定的联系，往往在一个问题出现时，也伴随其他问题产生。如我国西北地区石羊河流域，由于中上游地区对水资源的大量开发导致下游民勤盆地来水量锐减，这又引起下游地区对地下水资源的过度开采、重复利用，地下水的多次使用、转化引起水体矿化度增高、耕地盐碱化加重等水环境问题。下面对这三大水问题分别进行说明。

（1）干旱缺水，是当今和未来人类社会主要面临的水问题之一。一方面，由于自然因素的制约，如降水时空分布不均和自然条件差异等，导致某些地区降水稀少、水资源紧缺，如南非、中东地区以及我国的西北干旱地区等；另一方面，随着人口增长和经济发展，对水资源的需求也在不断增加，从而出现“水资源需大于供”的现象。这是制约某些地区经济社会发展的重要因素。

（2）洪涝灾害，则是水问题的另一个对立面。由于水资源的时空分布不均，往往在某一时期，世界上许多地区干旱缺水的同时，在另一些地区又出现因突发性降水过多而形成洪涝灾害的现象，这也是地球整体水量平衡的一个反映。此外，由于全球气候变化加上人类活动对水资源作用的加剧，导致世界上洪涝灾害发生的频率和强度在宏观上是逐步加强的，洪水造成的危害也在增强。近年来，在全球范围内洪涝灾害时有报道，有时造成严重的人员伤亡和财产损失。

（3）水环境恶化，是人类对水资源开发利用结果的直接体现，也是三大水问题中影响面最广、后果最严重的问题。随着经济社会的发展、都市化进程的加快，排放到环境中的污水、废水量日益增多。据估计，目前世界每年有超过 420km^3 的污水排入江河湖海，污染了 5500km^3 的淡水，约占全球径流总量的 12%以上。并且随着今后的发展，这个数值还会增加。水环境恶化，一方面降低了水资源的质量，对人们的身体健康和工农业用水带来不利影响；另一方面，由于水资源被污染，原本可以被利用的水资源现在失去了使用价值，造成“水质型缺水”，加剧了水资源短缺的矛盾。

要解决当今世界所面临的三大水问题，首先，要加强水资源学理论体系的研究，为科学解决水问题提供理论依据；其次，需要全人类的广泛参与，加大水资源管理与保护的投入，尽量避免水问题的发生；第三，要加强水资源规划与管理的工作力度，确保所制定的水资源规划全面、详实、具有前瞻性，并考虑经济社会发展与生态系统保护相协调；确保水资源管理落到实处，使水资源得以合理开发、利用和保护，防止水害，充分发挥水资源的综合效益。

二、我国面临的水问题

我国地处中纬度，受气候条件、地理环境及人为因素的影响，曾经是一个洪涝灾害频繁、水资源短缺、生态系统脆弱的国家。新中国成立后，水利建设工作取得了很大的进展，在很大程度上有效地改善了水资源条件，积极支持经济社会发展。当然，在很多地区，目前水的问题仍然是制约区域经济社会可持续发展的瓶颈[3]。从全国范围看，我国面临的水问题主要有以下三方面。

(1) 防洪标准低，洪涝灾害频繁，对经济发展和社会稳定威胁较大。20 世纪 90 年代至 21 世纪初，我国几大江河流域发生了 6 次比较大的洪水，损失近 9000 亿元。特别是 1998 年发生在长江、嫩江和松花江流域的特大洪水，造成全国 29 个省（自治区、直辖市）农田受灾面积 2229 万 hm^2，死亡 4150 人，倒塌房屋 685 万间，直接经济损失 2551 亿元，这充分暴露了我国江河堤防薄弱、湖泊调蓄能力较低等问题。近年来，国家加大了对防洪工程的投入，一些重要河流的防洪状况得到了改善。然而从全国范围来看，防洪建设始终是我国的一项长期而紧迫的任务。

(2) 干旱缺水日趋严重。按照目前正常用水需求同时又不超采地下水的前提下，全国年缺水总量约为 400 亿 m^3。农业、工业以及城市都普遍存在缺水问题，尤其以农业缺水最为严重。早在 20 世纪 70 年代，我国农田年均受旱面积为 1.7 亿亩，到 90 年代增加到 4 亿亩，农业年缺水量达到 300 亿 m^3 左右。城市和农村生活用水也受到水资源短缺的严重影响。目前农村有 3000 多万人饮水困难，1/4 人口饮用水达不到国家饮用水卫生标准；全国 663 个城市中，有 400 多个出现供水不足的现象，其中近 150 个城市严重缺水，日缺水量达 1600 万 m^3。2000 年全国大旱，农作物两季累计受旱面积 3300 万 hm^2，成灾面积 2700 万 hm^2，绝收面积 600 万 hm^2。2009—2010 年西南五省严重气象干旱对群众生活、农业生产、塘库蓄水、森林防火等造成极大影响。干旱导致云南、贵州、广西、四川部分地区出现人畜饮水困难，甘蔗明显减产，冬小麦严重减产。2014 年，河南遭遇 63 年来最严重的“夏旱”，造成河南省中西部和北部部分地区发生较为严重的旱情。当地居民生活陷入困难，抓阄排号取水。可见，干旱缺水严重制约了我国经济社会尤其是农业的稳定发展，影响到人类的生活质量和城市化发展。

(3) 水环境恶化。近些年，我国水体的水质状况总体上呈恶化趋势。1980 年全国污水排放量为 310 多亿 m^3，1997 年为 584 亿 m^3，2013 年全国废污水排放总量 775 亿 m^3。受污染的河长也逐年增加，在全国水资源质量评价的约 10 万 km 河长中，受污染的河长占 46.5%。全国 90%以上的城市水域受到不同程度的污染。目前，全国水蚀、风蚀等土壤侵蚀面积 367 万 km^2，占国土面积的 38%；北方河流干枯断流情况愈来愈严重，黄河在 20 世纪 90 年代几乎年年断流。此外，河湖萎缩，森林、草原退化，土地沙化，部分地区地下水超量开采等诸多问题都严重影响到水环境。

随着人口增加和经济发展，我国的水问题将更加突出。总体来看，造成我国水问题严峻形势的根源主要有两个方面：一是自然因素，这与气候条件的变化和水资源的时空分布不均有关。在季风气候作用下，我国降水时空分布不平衡。在我国北方地区，年降水量最少只有 40mm，最多也仅 600mm。而长江流域及其以南地区，年降水量均在 1000mm 以上，最高超过 2000mm。气候变化对我国水资源的年际变化产生很大影响，从长期气候变化来看，在近 500 年中，我国东部地区偏涝型气候多于偏旱型，而近百年来洪涝减少，干旱增多。在黄河中上游地区，数百年来一直以偏旱为主。二是人为因素，这与经济社会活动和人们不合理地开发、利用和管理水资源有关。目前我国正处于经济快速增长时期，工业化、城市化的迅速发展以及人口的增加和农业灌溉面积的扩大，使得水资源的需求量不可避免地迅猛增加。长期以来，由于水资源的开发、利用、治理、配置、节约和保护不能统筹安排，造成了水资源的巨大浪费，过度开采地下水，大量排放未经处理的污废水，破坏了生态系统，加剧了水资源的供需矛盾。

三、水问题带来的社会影响

水资源短缺、洪涝灾害、水环境污染等水问题严重威胁了我国乃至世界范围内的经济社会发展，其造成的社会影响主要表现在以下几个方面。

1. 水资源紧缺会给国民经济带来重大损失

目前，我国水资源短缺现象越来越严重，尤其是北方地区，水资源的开采量已接近或超过了当地的水资源可利用量。目前，全国每年因缺水造成的直接经济损失达 2000 亿元左右，2006 年重庆干旱造成 69.7 亿元的巨大损失。同时，水资源短缺又引起农业用水紧张，北方地区由于缺水而不得不缩小灌溉面积和有效灌溉次数，致使粮食减产，干旱缺水成为影响农业发展和粮食生产的主要制约因素之一。

2. 水资源问题将威胁到社会安全稳定

自古以来，水灾就是我国的众灾之首，“治国先治水”是祖先留下的古训。每次大的洪水过后，不仅造成上千亿元的经济损失，还给灾区人民的生产生活造成极大的破坏，使他们不得不再次体会重建家园的艰辛。同样，水环境质量变差也会危及到人民日常生活的稳定。2005 年 11 月，松花江流域发生重大水污染事故，造成哈尔滨市停止供水 4 天，进而影响到下游以及俄罗斯部分城市的供水安全。1991 年由国际水资源协会（IWRA）在摩洛哥组织召开的第七届世界水资源大会上，曾提出了“在干旱或半干旱地区，国际河流和其他水源地的使用权可能成为两国间战争的导火线”的警告。在几次中东战争中，军事双方都曾出现以摧毁对方供水系统为作战目标。另外，导致中东战争的原因除石油外，关键是水。可以说，水问题的每一方面都与社会的安全稳定息息相关。

3. 水资源危机会导致生态系统恶化

水不仅是经济社会发展不可替代的重要资源，同时也是生态系统不可缺少的要素。随着经济的发展，人类社会对水资源的需求量越来越大，为了获取足够的水资源以支撑自身发展，人类过度开发水资源，从而挤占了维系生态系统正常运转的水资源量，结果导致了一系列生态问题的出现。例如，我国西北干旱地区水资源天然不足，为了满足经济社会发展的需要，当地盲目开发利用水资源，不仅造成水资源短缺，加重了水资源危机，同时使得原本十分脆弱的生态系统更进一步恶化，天然植被大量消亡、河湖萎缩、土地沙漠化等问题相继出现，已经危及到了人类的生存与发展。目前，水资源短缺与生态系统恶化已经成为制约部分地区经济社会发展的两大限制性因素。

综上所述，我国水资源所面临的形势非常严峻。造成如此局面的原因，一方面是天然因素，与水资源时空分布的不均匀性有关；另一方面是人为因素，与人类不合理地开发、利用和管理水资源有关。

如果在水资源开发利用方式上没有大的突破，在管理水平上没有新的转变，水资源将很难满足国民经济迅速发展的需要，水资源危机将成为所有资源问题中最为突出的问题，它将威胁到我国乃至世界的经济社会可持续发展。

课 外 知 识

1. “98长江大洪水”

1998年7—8月，长江发生全流域性大洪水（简称“98长江大洪水”），它是自1949年新中国成立以来仅次于1954年的又一次特大洪水，其水位之高超历史记录。

从6月11日开始，强降雨区逐步转入长江流域，多次出现大范围的强降雨，6—8月降水比同期多年平均降水多出4%～65%。到7月3日，出现第一次洪峰，宜昌站洪峰水位52.91m，最大洪峰流量54500m^3/s。本次洪峰持续时间短，流量大于50000m^3/s仅17h。

接着，到7月18日，出现第二次洪峰，宜昌站洪峰水位53.00m，最大流量为55900m^3/s。本次洪峰持续时间是本年度最长的一次，其超过50000m^3/s的时间长达9天。

第三次洪峰，7月24日宜昌站出现洪峰水位52.45m，最大流量51700m^3/s，是本年度8次洪峰中最小的一次。

第四次洪峰，8月7日宜昌站出现洪峰水位53.91m，最大流量63200m^3/s，为本年度第二大洪峰。

第五次洪峰，8月12日宜昌站出现洪峰水位54.03m，最大流量62600m^3/s。

第六次洪峰，8月16日宜昌站出现洪峰水位54.24m，最大流量63300m^3/s，为本年度最大洪峰流量，居实测历史洪水序列第9位。

第七次洪峰，8月25日宜昌站出现洪峰水位53.29m，最大流量56100m^3/s。

第八次洪峰，8月31日宜昌站出现洪峰水位53.52m，最大流量56800m^3/s。

长江中下游干流沙市至螺山、武穴至九江共计359km的河段水位超过了历史最高水

位。在鄱阳湖水系五河、洞庭湖水系四水发生大洪水后，长江上中游干支流又相继发生了较大洪水，长江上游接连出现八次洪峰。1998年最大30天洪量，宜昌、汉口、大通站分别为1379亿m^3、1885亿m^3和2193亿m^3。

“98长江大洪水”严重威胁人民生命和财产安全，数十万灾民被迫放弃家园，造成特大洪涝灾害。但是，在党和国家的坚强领导下，几百万军民英勇奋斗抗洪救灾，取得了中国历史上又一次伟大胜利。

2.2006年重庆、四川大旱，2010年西南五省大旱，2014年河南夏旱

2006年入夏以后，重庆、四川等地持续高温少雨，出现了自1951年以来最严重的干旱，被人们称为“五十年一遇”的特大旱灾。6月1日至8月14日，重庆、四川累计降水量为1951年以来同期最少，较常年同期偏少139.4mm，干旱面积达到340万hm^2；重庆、四川的部分地区高温日数达30～50天，比常年同期偏多15～25天。连续60多天未降雨，且许多地区气温超过40℃，个别地区高达44.5℃。

2006年重庆、四川大旱期间，先后发布了100多次高温红色、橙色预警。严酷的高温和干旱，造成四川3100万亩农作物受旱，467万亩绝收，受灾人口超过全省人口的50%，近千万人出现了临时饮水困难；重庆500万亩农田绝收，饮水困难人数达784万，造成69.7亿元的巨大损失。

2009年9月中旬开始，云南、贵州、广西等地气象干旱露头，10月下旬出现了大范围中等以上程度的气象干旱，至2010年3月干旱更加严重。在这次干旱中，云南出现重旱以上程度气象干旱的平均日数为84天，贵州出现重旱以上程度气象干旱的平均日数为50天，均达到历史同期最多；广西出现重旱以上程度气象干旱的平均日数为32天，为历史第二多；四川出现重旱以上程度气象干旱的平均日数为25天，为历史第七多。2010年1月，云南省达到重旱以上级别气象干旱的县数百分比一度达到85%，3月，贵州省重旱县数百分比也达到了81%。

2014年7月，河南遭遇新中国成立63年来最严重的“夏旱”。2014年汛期以来，高温、少雨、干旱天气持续发展，河南省中西部和北部部分地区发生较为严重的旱情。河南省平均降雨量96mm，较多年同期均值偏少60%，较去年同期偏少44%。特别是6月以来，高温时间长，平均降雨量仅有90.2mm，是1951年以来最小年份，呈现严重的气象干旱。2014年7月27日，河南省水利部门公布的统计数字，河南省有24.5万人、8万头大牲畜发生临时性吃水困难；秋粮受旱面积已达2310万亩，严重干旱610万亩。豫西、豫北部分丘陵岗区因缺乏灌溉条件，旱情较重。

3.2005年松花江重大环境污染事故

2005年11月13日，中石油吉林石化公司双苯厂发生爆炸事故，造成5人死亡、1人下落不明、2人重伤、21人轻伤，万余人需要紧急疏散。事故产生的主要污染物苯、苯胺和硝基苯等有机物，主要通过吉林石化公司东10号线进入松花江。约有100t左右苯类污染物进入松花江水体，造成松花江水环境污染，超标的污染物主要是硝基苯和苯，属于重大环境污染事件。

污染事故直接导致松花江哈尔滨区段水体受到上游来水的污染，因主要饮用水源松花江遭到严重污染，黑龙江省省会城市哈尔滨于11月23日停止供应自来水。消息发出后，

立刻引起全市居民的恐慌，400万市民抢购饮用水和食品，更有人决定离市避难。4天后才恢复供水。

松花江与黑龙江汇合后，经俄罗斯城市哈巴罗夫斯克进入俄罗斯。因此，松花江污染还可能会影响到临国俄罗斯。11月26日，中国外交部长李肇星约见俄罗斯驻华大使拉佐夫，就松花江污染对俄罗斯人可能带来的损害表示歉意，并向俄方通报松花江水质污染的有关情况和中国政府采取的措施。

2005年松花江重大环境污染事故，不仅造成松花江严重的水环境污染，还引起了一连串的生态恶化问题，同时还导致一些地方出现社会恐慌和供水危机，并产生了一些国际影响。其带来的损失无法估计。

4.中东战争中的水资源因素（叙以冲突，关键是水）

中东地区有着丰富的石油，但最缺水。水是中东地区最稀缺的资源。它既是和平的保障，也可能是引发战争的导火索。由于中东大部分地区处于干旱和半干旱荒漠地区，对水资源的争夺尤为突出。以色列已故总理拉宾曾指出，中东即便其他问题都得到了解决，单单是水的问题就能在犹太人和阿拉伯人之间再次引发战争。

在几十年阿拉伯民族同以色列的对抗中，石油仅仅是外在因素，因为中东地区不缺石油，但争端的核心问题是“土地”，更进一步说，是流经这些土地的水资源。因此，水资源是中东和平进程中最敏感的政治问题之一。

约旦河流域是中东地区重要的水源地。约旦河的北部源头有三：一是发源于黎巴嫩境内的哈斯巴尼河；二是发源于叙利亚（简称“叙”）、黎巴嫩（简称“黎”）、以色列（简称“以”）边境的达恩泉；三是发源于叙利亚境内的巴尼亚斯河。这三条支流汇合构成了上约旦河，正常年份每年的总水量约为5.5亿～6亿m^3。在极其缺水的中东地区，对约旦河流域水资源的争夺成为多次战争的焦点和最棘手的根源。

叙以争端的核心在戈兰高地，解决戈兰高地问题的关键是水资源。戈兰高地是叙利亚西南边境内的一块狭长山地，位于叙以边界的交界处，如图2-2所示。戈兰高地对以色列的生存具有重要的战略意义。它在地势上可以俯瞰以色列，因此被叙以双方看成边防要地。戈兰高地水资源丰富，数条河流注入太巴列湖。太巴列湖南北长23km，东西最宽处约14km，面积165km^2，平均水深45m，储水量30亿～40亿m^3。以色列每年将4.5亿～6亿m^3的湖水用水泵抽送到比太巴列湖高475m的巴图夫水库，经该水库将湖水输送到各地。抽水所需的电量占以色列全国用电量的18%。以色列40%的用水靠太巴列湖水源。可以看出，对于水资源严重短缺的以色列来说，太巴列湖水具有极其重要的地位。因此，以色列要求完全控制太巴列湖以及巴尼亚斯河和哈斯巴尼河的一段。这是以色列争夺戈兰高地的重要根源。

1941年，戈兰高地归属独立的叙利亚。1948年以色列国成立后，向埃及、约旦、黎巴嫩、叙利亚等阿拉伯国家发动战争，叙利亚人开始在戈兰高地修建工事。1967年中东战争爆发，以色列突入叙利亚境内，占领了戈兰高地大部分地区（约1200km^2）。从此，叙以在戈兰高地上对抗几十年之久，成为中东和平进程的一大障碍。

中东地区的水资源分配问题十分复杂，再交织着民族问题，很难用其他地区的经验来解决该地区的水资源问题。因此，中东地区伴随着水资源矛盾的冲突仍会持续下去。前任

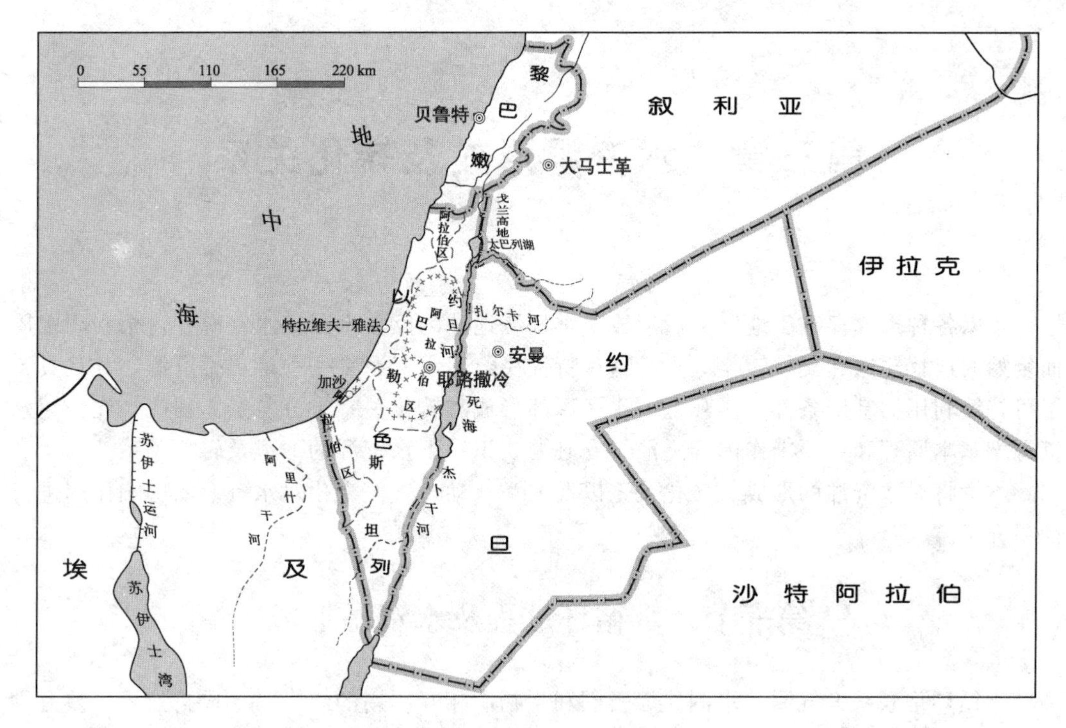

图 2-2　中东地区部分示意图

联合国秘书长加利 1990 年曾说下一次中东战争将不会因为政治而爆发，而是由于水。虽然这一论断并不一定完全正确，但是未来的水战争是毫无疑问的。

思　考　题

1. 从中国水资源时间和空间分布不均匀性，分析由于自然原因给人们用水带来的困难，并论证采取跨流域（或区域）调水、兴建水库的必要性。

2. 人类主要面临哪些水问题？你是如何看待这些问题的？

参　考　文　献

[1]　左其亭，窦明，吴泽宁. 水资源规划与管理［M］. 2 版. 北京：中国水利水电出版社，2014.

[2]　UNESCO (United Nations Educational Scientific and Cultural organization). The UN World Water Development Report (WWDR). UN World Water Assessment Programme, 2003. http://www.unesco.org/water/wwap/.

[3]　刘昌明，何希吾. 中国水问题研究［M］. 北京：气象出版社，1996.

第三章　水资源形成及转化关系

水以各种形式存在于地球上，形成一个环绕地球的巨大水圈，水资源在这个水圈中周而复始的迁移输送和交换转化。水的这种特性决定了水资源是一种可再生资源，并且具备了可持续利用的基础条件。实际上，水资源的形成和转化关系十分复杂。因此，在介绍水资源学基本原理和主要工作内容之前，有必要认识一下水资源的形成及转化关系。

本章将对水资源的形成、转化关系以及人类活动、气候变化对水资源的影响作用进行简单介绍。

第一节　水循环过程及水资源形成

水循环是联系大气圈、水圈、岩石圈和生物圈相互作用的纽带，形成自然界千差万别的水文现象，是水资源形成的基础。也正是由于水循环作用，使水处在永无止境的循环之中，使水成为一种可再生的资源。人类活动对自然界的改造（如城市化建设、土地开发利用），在一定程度上改变了水循环过程，进而影响到了水循环过程和水资源形成特征。因此，学习水资源形成过程需要从认识水循环开始。

一、对水循环的认识

水循环（water cycle），是指地球上各种形态的水，在太阳辐射、地心引力等作用下，通过蒸发、水汽输送、凝结降水、下渗以及径流等环节，不断地发生相态转换和周而复始运动的过程。自然界的水循环是连接大气圈、水圈、岩石圈和生物圈的纽带，是自然环境中发展演变最活跃的因素，并形成了地球上的淡水资源。全球水循环时刻都在进行着，它发生的领域有：海洋与陆地之间，陆地与陆地之间，海洋与海洋之间。水循环示意如图 3-1 所示。

海陆间水循环，是指海洋水与陆地水之间通过一系列的过程所进行的相互转化。具体过程是：广阔海洋表面的水经过蒸发变成水汽，水汽上升到空中随着气流运动，被输送到大陆上空，其中一部分水汽在适当的条件下凝结，形成降水。降落到地面的水，一部分沿地面流动形成地表径流；一部分渗入地下，形成地下径流。二者经过江河汇集，最后又回到海洋。这种海陆间的水循环又称大循环。通过这种循环运动，陆地上的水就不断地得到补充，水资源得以再生。

降落到陆地上的水，其中一部分或全部（指内流区域）通过陆地、水面蒸发和植物蒸腾形成水汽，被气流带到上空，又冷却凝结形成降水，仍降落到陆地上，这就是内陆水循环。

海上内循环，就是海洋面上的水蒸发成水汽，进入大气后在海洋上空凝结，形成降

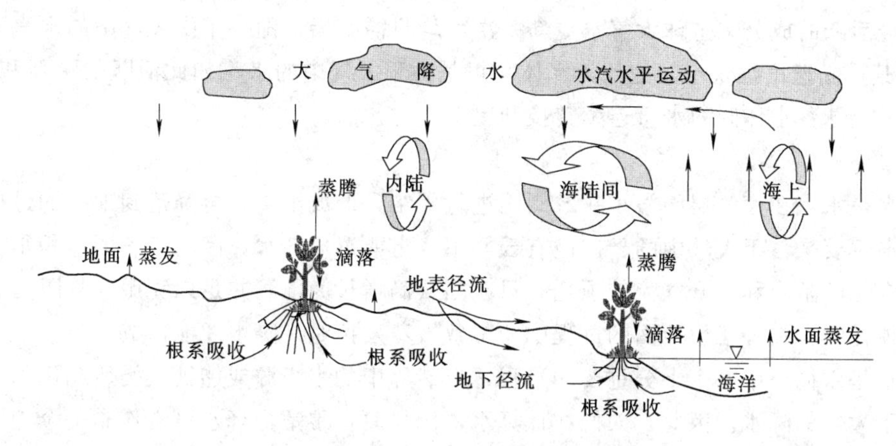

图 3-1　水循环示意图[1]

水，又降落到海面。

传统意义上的水循环是指自然界中通过蒸发、水汽输送、凝结降水、下渗以及径流等环节形成的水循环，称为自然水循环。实际上，水循环还受人类活动（如水库蓄水、大坝拦水、调水、引用水等）的影响，且随着人类活动的加剧这种影响越来越严重。为了便于与前者区分把有人类活动影响或参与的部分水循环过程称为社会水循环。

二、自然水循环过程及水资源形成

自然界的水循环一般包含蒸发、水汽输送、凝结降水、下渗以及径流等环节。本书所指的蒸发包括水面蒸发、陆地蒸发、植物蒸腾。

1. 蒸发

蒸发是水分通过热能交换从固态或液态转换为气态的过程，是水分从地球地面和水体进入大气的过程[2]。蒸发过程是水循环的重要环节，陆地上年降水量的66%是通过蒸发（包括蒸腾）返回大气的。

影响蒸发的因素很多，首先它取决于热能的供应（如太阳辐射），蒸发 1g 水约需 2.5kJ 热量。其次，它必须有水汽运动机制，主要取决于水汽梯度。另外，还受水温、气温、风、气压、太阳辐射等气象因素的影响。这些因素综合作用影响着蒸发过程及蒸发量大小，因此，计算蒸发量不是一件易事。尽管如此，还有很多方法可以测定或计算蒸发量，主要包括：器测法、经验公式法、微气象学方法（如能量平衡法，空气动力学法，能量平衡-空气动力学法）和遥感法等。

2. 水汽输送

水汽输送，是指大气中的水汽由气流携带着从一个地区上空输送到另一个地区的过程。它揭示了一个地区上空水汽输送的源地、路径、强度、场的结构以及它们随时间的变化[3]。

陆地和海洋表面的水经蒸发后，如果不经过水汽输送就只能降落到原地，不会形成地区间或全球水循环。而实际上，蒸发返回大气中的水分通过水汽输送可能会降落到其他地方，增加了水循环的复杂性和多样性。

大气中的水汽含量虽然只占全球水循环系统中总水量的 1.53%，但却是全球水循环过程中最活跃的成分。全球大气水更新一次平均只需 8 天，即一年中大气中的水汽可更新 45 次，其更新速度远快于其他任何水体。正是由于大气中的水汽如此活跃的更新和输送，才实现了全球各水体间的水量连续转换和更新[3]。

3. 降水

降水是水汽在大气层中微小颗粒周围进行凝结，形成雨滴，再降落到地面的过程。因此，降水主要来自于大气中的云。但有云并不一定能形成降水，因为云滴的体积很小，不能克服空气的阻力和上升气流的顶托。只有当云滴增长为雨滴并足以克服空气阻力和上升气流的顶托时，在降落至地面的过程中才不致被蒸发掉时，降水才能形成[3]。

降水是水循环中一个十分重要的过程，自然界中的水资源或能被人类所利用的水资源均来自于大气的降水。因此，人们在计算水资源量时，常常把降水量看作是一个地区或流域的“广义水资源量”。

4. 下渗

降落到地面上的水并不是都能形成径流，可能有一部分水被蒸发掉，一部分下渗到地面以下，只有一部分会变成径流。下渗是地下径流和地下水形成的重要过程，它不仅直接决定着地面径流量的大小，同时也影响着土壤水分的增长和地下径流的形成。下渗的物理过程分为渗润、渗漏和渗透三个阶段。其中前两个阶段属于非饱和水流运动，而渗透属于饱和水流运动。

影响下渗的因素很多，主要有土壤因素（包括土壤均质性、土壤质地和孔隙率等）、土壤初始含水率、地表结皮（表土结皮能减少入渗量）、降雨因素（包括雨型、降雨强度等）和下垫面因素（包括植被、坡度、坡向、耕作措施等）等。

5. 径流（形成水资源）

径流又称为河川径流，亦即地表径流和地下径流、壤中流之和。在大气降水降到地面以后，一部分水分通过蒸发返回到大气；一部分通过下渗进入到土壤（包括植物吸收、壤中流）；一部分可能蓄积在地表低洼处；剩余的水量在一定条件下可能会形成地表径流，当下渗的水量达到一定程度后会形成地下径流。河川径流是由地面和地下（包括土壤）汇流到河槽并沿河槽流动的水流的统称。

地表径流过程，以降雨补给的河流为例，可以分为降水过程、蓄渗过程、坡地漫流过程、河槽集流过程四个阶段。地表径流量，等于降水总量减去地表蓄水量和下渗量、蒸发量。影响径流量大小的主要因素包括：流域气象条件（如降水、蒸发、气温、湿度、风等）、地理位置、地形条件、植被以及人为因素（如水利工程、开垦、城市建设等）。人类活动对径流的形成过程和径流量大小的影响是显而易见的，比如，自然的流域区如果被建设成公路、广场和房屋密集的城市，使下垫面发生很大变化，就会直接影响到地表径流的形成（详见本章第三节）。

地下径流过程，先由降水下渗到透水层形成地下水，再经过一段相当长时间，通过渗透流动形成地下径流。它与地表径流不同，在数量和变化过程上表现得更稳定，流速也要比地表径流慢得多。其形成和变化也受气象、地理、地质、植被以及人为因素等的影响，但响应速度和受影响的程度明显小于地表径流。

三、水循环的机理与特点

(1) 水循环是永无止境的，既无开始也无结尾。但是，全球的总水量是不变的，服从质量守恒定律，这是建立水量平衡方程的基础。

(2) 太阳辐射与重力作用是水循环的基本动力。此动力不消失，水循环将永恒存在。

(3) 全球水循环是闭合系统，但局部水循环却是开放系统。对全球而言，水循环相对封闭在一巨系统中，是一个闭合系统。但对海洋、陆地或某一地区来说，由于它与外界发生不同程度的交换，又是一个局部开放系统。

(4) 永无止境的水循环赋予水体可再生性。其循环强度一般用水体的更替周期来度量。水体的更替周期，是指水体在参与水循环过程中全部水量被交替更新一次所需要的时间。水体的更替周期是反映水循环强度的重要指标。从水资源可持续利用的角度分析，水体的总储水量并不是都可利用的，只有能够不断更新的那部分水量才能算作可利用量。如果不能及时更新，就无法保证水资源的可持续利用。

(5) 水循环过程是一个十分复杂的过程，在人类活动作用下，可能会导致水循环过程的变化，从而影响到水资源的形成和特征的变化。

四、水循环的作用和意义

地球上的多年平均降水量为1130mm，与多年平均蒸发量持平，折合水量577000km^3，还不到地球上总水量13.86亿km^{3}的0.042%。所以，经常参与水循环运动的有效水量只不过是地球上总水量的很小一部分。这部分水量虽然不多，但它对自然界，特别是人类的生存和生产活动具有重大的作用和意义。

1. 形成可再生的水资源

正是由于水循环作用，才形成了人类赖以生存的水资源。如果没有水循环的这个特性，也就谈不上水资源的可再生，更不用说保证人类能持续利用水资源。可以说，这是水循环对人类的最大恩赐。

2. 影响全球的气候变化

水循环一方面受全球气候变化，尤其是大气环流的影响，另一方面又影响到全球气候的变化。这可以从它们之间的关系来简单分析。首先，水循环是大气系统能量的主要传输、储存和转化者，因此，水循环的变化必然会影响到大气的变化，反过来，大气的变化导致水循环方式的改变，从而影响水循环。其次，促成水循环的重要作用之一是太阳辐射能，水体接受太阳辐射能的变化必然会带动水循环的变化。同时，水循环通过对地表太阳辐射能的重新分配，使不同纬度热量收支不平衡的矛盾得到缓解。如果水循环发生变化，必然会改变水循环对太阳辐射能的分配作用，从而影响气候变化。再次，水循环的强弱及其路径，还会直接影响到各地的天气过程，甚至可以决定地区的气候基本特征，如雨、雪、霜、冰雹、暴风雨等天气现象本身就是水循环的产物。

3. 形成丰富多样的地形地貌

大气降水降落到地面后，除了蒸发和下渗，便形成径流。由于地表径流长时期冲刷和侵蚀地面，在陆地上形成了大小不等的沟壑溪流，同时径流的冲刷作用又将大量的泥沙输送到低洼的地方去，因此在河流的出山口处往往由于泥沙的堆积而形成巨大的冲积平原。这里的土地肥沃，常常是人类的聚集地和文明的发源地。在某些地面径流流动缓慢的地区，因积水过多而形成沼泽和湿地，又是各类动物栖息繁殖的场所。所以，水循环运动不仅创造了江河、湖泊等丰富多样的地形地貌，也为地球带来了勃勃生机。

同样，水循环过程的作用也表现在地下。部分水下渗到地下形成土壤水和地下水，这些水同地壳中不同物质长期接触，使得这些物质不断被溶解、输送到其他地方，最终以盐的形式汇集于海洋中。溶解物质中的部分盐类渐渐沉积形成沉积岩。某些地区的地层是由易溶解的岩石组成，这些岩石受到地下水的侵蚀和溶解，形成岩溶地貌。

4. 为生态系统提供生命支撑

水循环运动既为地球上一切生物提供了不可缺少的水分，又可对生物的循环产生积极的促进作用。大气降水可以把空气中游离的氮元素带到地面，供植物吸收；土壤水则是植物吸收营养物质的必要介质；地表径流又把地面上大量的有机物带入到海洋，为海洋生物的繁衍提供养料。同时，生物体内也存在着微小的水循环系统，如人体组织中70%是水，并且它们积极参与水循环过程，其平均循环周期仅为几小时，远高于一般水体的循环速度。因此，没有水循环，就不会有生命活动。

5. 形成一切水文现象

水循环是一切水文现象的根源。没有水循环，就不存在水的运动和更替，也就没有一切水文现象。水循环不是一个简单的环节，而是一组路径，水通过这些路径在自然界中循环并从一种状态变到另一种状态，这就形成了水文现象的千变万化。

第二节　水资源转化关系

水资源系统的各要素（或环节）之间存在着复杂的相互作用关系，一个要素（或环节）受其他要素（或环节）的影响或制约，同时它们之间又相互转化，不仅包括自然水循环而且包括社会水循环，构成了一个复杂的“自然-社会”水循环系统。

在水资源工作中，往往要在明确研究区域水资源转化关系的基础上，再进行水资源量的估算。这对于掌握研究区域供水、用水状况，进行水量平衡分析和需水量计算具有重要的意义。本节将介绍水资源转化关系，有助于理解水资源评价、规划和管理等工作。

一、自然水循环形成的水资源转化关系

自然界中的水资源转化过程主要表现在大气水、地表水、地下水之间的相互转化。大气降水是水资源的主要补给来源，降落到地面的水在经过植物截流后，一部分产生径流流入河川、湖泊或水库形成地表水；一部分渗入到地下贮存并运动于岩石的孔隙、裂隙或溶隙中，形成地下水；还有一部分通过地球表面的蒸发返回到大气中。河流是水循环的主要途径，降水落到地面后，除了满足下渗、蒸发、截留、填洼等损失外，多余的水量以地面径流（又称漫流）的形式汇集成溪流，再由许多溪流汇集成江河。渗入到土壤和岩土中的水分，除一小部分被蒸发到大气中外，大部分形成了地下水，贮存于地下岩石的孔隙、裂隙和溶隙中，并以地下径流的形式运动，当运动到地势比较低的地方则以泉水的形式溢出。通常，把考虑了大气水、地表水与地下水之间由于水的循环和流动而引起的单向或双向补给的转化关系称为“三水”转化关系。如果再考虑土壤水的作用关系，则称为“四水”转化关系。

水资源的这种复杂转化关系在我国西北干旱地区表现十分明显，水资源在流域水循环过程中补给、转化、耗散。通常干旱区河流上游山区为径流形成区，海拔较高且基本没有人类活动，径流沿程加大。河流在出山口以下为径流消失区，降水稀少，大部分地区基本不产流。径流出山后以地表水与地下水两种形式相互转换，其间不断地蒸发和渗漏，最终消失。

二、社会水循环形成的水资源转化关系

在人类活动未涉及之前，水资源是一个天然的系统，其降水补给、产流、汇流、径流过程以及地表水与地下水转化等作用是按照自然规律进行的。但在人类活动影响作用下，人为改变原有的水资源系统（包括水资源系统结构、径流过程以及作用机理等），使原来的水资源系统更加复杂。人类活动对水资源转化的影响主要表现在：①兴建蓄水、调水工程，改变水资源自然的流动特性和转化过程；②兴建引水、提水工程，大量开采地表、地下水，增加水资源的使用量和消耗量；③生活污水、工业废水、灌溉退水的排放，改变了天然水体的水质状况。图 3-2 是包含了人工作用的水资源转化关系示意图，其中左边部分是天然状况下的水资源转化过程，右边部分是受人工作用影响的水资源转化过程。

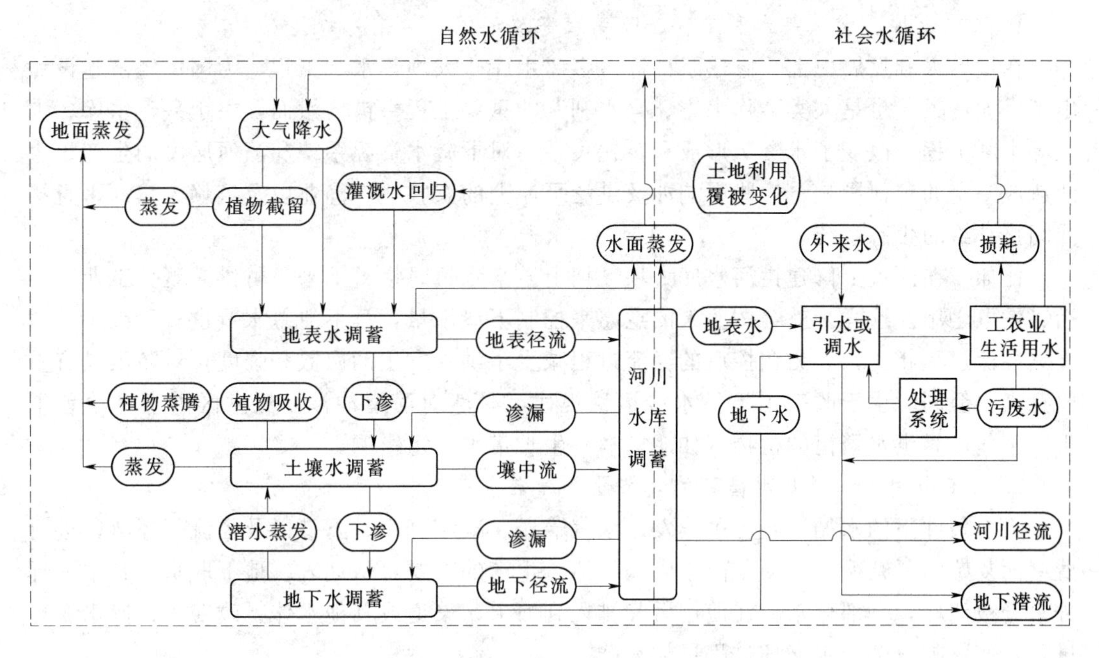

图 3-2　水资源形成与转化关系示意图

下面，以干旱区一般水资源转化关系为例来简单分析。在干旱地区，一般水资源来源比较单一，主要是由上游山区降水或冰雪融水产生的出山径流量，而坐落于中下游平原区的城市和灌区则靠大量引用地表水、地下水得以维持和发展。随着地表水、地下水的引入，复杂的水资源转化过程在城市和灌区中开始。总的来说，可以归纳为以下转化关系。

（1）地表水包括城市和灌区引用的水库蓄水、河川径流和外流域调水。引用的径流在渠道输水、用水过程中，通过蒸发、渗漏转化为大气水、土壤水和地下水。

（2）地下水来源于地表水与降水的入渗补给、区外（山前）侧渗补给，其消耗是：通

过潜水蒸发补给非饱和带土壤水、通过侧渗以地下水的形式排入河道、通过抽水作为引用水水源、通过越层入渗补给深层地下水。

（3）土壤水是“四水”转化的中心环节，来源于地表水的入渗和地下水的潜水蒸发补给。土壤水除少量补给地下水外，主要转化为大气水，消耗于蒸发。

（4）大气水指降水与蒸散发的水量。城市和灌区的降水除少量入渗补给地下水和排水外，多数直接被蒸发而消耗掉。蒸发总量是当地最终的水资源消耗量。

第三节 人类活动和气候变化对水资源的影响

水资源的形成和转化是地球上最基本的物质大循环和最活跃的自然现象，它影响着水文气象变化，影响着生态平衡，影响着水资源的开发利用。反过来，人类活动（如水资源开发利用）和自然条件变化（如气候变化）直接影响到水资源的形成和转化，又间接影响水资源条件和开发利用。

一、人类活动对水资源的影响

1. 兴建水库、大坝等水利工程，改变水资源形成和转化关系

在世界水利发展史上，修建了许许多多座水库、大坝等水利工程，为国民经济建设做出了巨大贡献，也是人类“除水害、兴水利”的重要工程举措。然而，由于兴建水库、大坝等水利工程，改变了水资源形成和转化关系，对下游水资源系统和滨河居民的生产、生活造成一定的负面影响，这些影响涉及洪泛平原上的农牧业、渔业以及依赖天然河水直接或间接补给的生态系统。

比如，在河流上修建拦河水库大坝，把上游来水暂时拦蓄下来，可供灌溉、工业、生活、发电之用。这样，就会按照人的意愿来控制下泄水量，且下泄总水量也有所减小。与天然径流过程相比，人为调控后的径流过程减少了洪水发生的次数和强度，对防洪具有重要意义。但同时由于改变了下游水沙运移规律，必然对河道冲沙、泛洪区洪水补给地下水、某些依靠洪水繁衍的植物（如胡杨林）生长带来一定影响。

2. 人工引用水，增加水循环的复杂性，加剧水资源消耗和供需矛盾

天然条件下的水循环经历了蒸发、水汽输送、凝结降水、下渗以及径流等环节，进行着周而复始的复杂循环运动。由于人类生活、生产的需要，从地表、地下取水，其中一部分水分被消耗，一部分水分在使用后又排入到河道、渠道或其他水体，改变了自然水循环过程，使原本复杂的水循环过程更加复杂。

另外，由于人工引用水，导致部分水分消耗，可能会加剧水资源的供需矛盾。因为自然界中的水资源是有限的，水资源的开发利用必须要保证在一定时间内水资源能得到补充、恢复和更新。

3. 城市建设，形成以“社会水循环”为主导的“自然-社会”水循环模式

城市是一个国家、一个地区政治、经济、文化、科技、交通的中心，也是人类活动集中区域，属于高强度人类活动区。城市道路、广场、房屋、各种管网及其他建筑物密布，水循环过程较天然流域更为复杂，更具有特殊性。城市水循环是以“社会水循环”为主导的“自然-社会”水循环模式。城市建设前后水循环过程变化如图 3-3 所示。

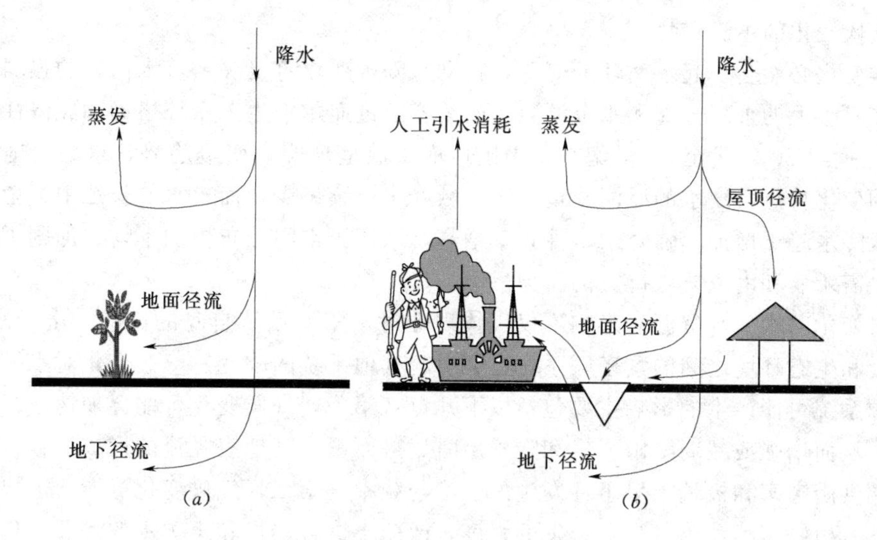

图 3-3　城市建设前后水循环过程变化示意图[4]
(a) 城市建设前；(b) 城市建设后

首先，从蒸发过程来看，由于城市建设，使原来的自然陆面（包括土壤、植被、水面）蒸发变成城市区建筑物广布的人工陆面（包括道路、广场、房屋建筑等）蒸发。原来可能是土壤或植被覆盖的地面变成了不透水的道路、广场或房屋，蒸发量集中但总量减少；原来的自然河流变成了宽度较窄的人工渠道，蒸发量也相对减小。另外，由于城市人口和建筑物集中，平均气温较城市建设前略高，也影响着蒸发量大小。

从降水过程来看，自然条件下的降水直接降落到陆面，包括水面、陆地、植物冠层；而城市覆盖区，降水多直接降落到硬化的路面、广场地面、房屋屋顶，接受降水的覆盖条件发生了变化。

从下渗过程来看，由于原来透水的地面变成了不透水或弱透水的地面，使降水下渗的可能性和下渗量大大降低。也正是这些因素导致了降水形成的城市洪水比较集中（峰高、量大），地下水补给量减小，即表现为“地表径流大、地下径流小”。

从径流过程来看，天然流域的径流形成过程主要表现为：降落到地面的降水，在蒸发、下渗、低洼蓄水条件下，多余的水分形成地表径流；渗入地下的水分逐渐形成地下径流。在城市建设后，大气降水降落到地面，很快流入地下管道或排水渠，形成地表径流的时间缩短，流速增大；而地下径流则由于下渗量减小，地下径流过程更加滞后，流速也随之减小。

根据加拿大环境监测调查分析，城市化后的地表径流由10％增加到30％，蒸发量由40％减少到25％，地下径流由50％减少到32％[5]。

二、气候变化对水资源的影响

气候变化是当今科学界、各国政府、社会公众普遍关注的环境问题之一。引起气候变化的因素很多，既有自然因素，也有人为因素。在人为因素中，主要是由于工业革命以来人类活动特别是发达国家工业化过程的经济活动（如化石燃料燃烧和毁林、土地利用变化等）引起的。多数科学家研究认为，由于人类活动排放大量温室气体引起全球变暖将是未

来全球气候变化的主流趋势。

气候变化必然会引起水循环的变化，特别是降水变化直接决定着水循环的强弱，引起水资源在时空上的重新分配和水资源数量的改变，进而影响生态系统格局和经济社会发展布局。20世纪80年代至21世纪初，中国地面气温呈现明显变暖趋势，东部出现“北旱南涝”的变化特点。缺水的海河、黄河等流域降水持续偏少，而丰水的长江中下游和东南沿海地区降水趋于增加，强降水事件频率增高，水资源空间分布更加不均，加剧了北方水资源的供需矛盾和南方防洪抗灾的压力。

气候变化对水文水资源的影响不仅仅体现在对水资源系统自身的影响，由于水资源、经济社会和生态环境之间的紧密联系，也会引起其他系统的改变。气候变化对水循环过程及水资源系统可能产生的影响主要包括以下几点：第一，气候变化可能会加速或减缓水汽的输送，从而增强或减弱降雨强度和降雨历时，进而影响到地表径流的形成过程，有可能扩大极端洪涝灾害和极端干旱事件发生的强度与频率；第二，气候变化可能会加快或减弱水面蒸发、植物蒸腾和土壤水分蒸发的强度，改变土壤含水量和土壤水的渗透过程，进而影响到农业生产的产量和品质，也有可能影响到陆地生态系统的稳定；第三，气候变化可能会影响到海平面的上升、水资源的供求关系以及水力发电的变化，从而影响到有关水资源规划、经济社会发展规划和人口的迁移等等。因此，研究和了解气候变化对水资源的影响，对于有效开发利用和保护水资源，为国民经济可持续发展提供水资源保障具有重要意义。

水文水资源系统对气候变化的响应研究是当前气候变化影响评估（评价）工作的重要组成部分，也是气候变化研究的热点和难点问题。气候变化对陆面系统的影响既包括陆面水资源系统，也包括陆面生态系统，还包括经济社会系统，切切实实会影响到的人类的生存与发展。随着大气科学和水文科学的不断发展，水文过程变化和时空分布特征的归因和预测逐渐成为学科前沿和热点。近期，不少水文学家和气象学家联合采用陆地水文模型与气候模型耦合的方法，研究气候变化对水文水资源的影响。但是到目前为止，还不能对未来全球和区域气候变化做出准确预测。因此，当前研究一般利用不同方法间接得到未来的区域气候变化情景，即假定气候发生某种变化情景，将其作为流域水文模型的输入，模拟分析该气候变化情景下水循环要素的响应情势。影响评价过程主要包括以下四个步骤：首先，要定义气候变化情景，即确定未来气候变化的可能性方案；其次，要建立、验证流域水文模型，即确定合理的水文模型，能够近似地模拟流域的水文过程；再次，要将气候变化情景的预测结果，嵌套流域水文模型模拟水文要素的变化过程；最后，对比分析未来期与基准期模拟结果的相对变化，评价气候变化对水文水资源的影响。

课外知识

1. 全球气候变化

全球气候变化是涉及各国重大政治、经济利益的全球环境问题，日益受到国际社会的重视。为了推动全球气候变化科学研究、遏制全球气候变暖、协调政府间合作，1988年11月，世界气象组织和联合国环境规划署联合成立了“政府间气候变化专门委员会”

(IPCC)，会集了来自世界各地的2500多名专家，下设3个工作组。至2014年，委员会共发表了5份关于全球气候变化的评估报告。

“政府间气候变化专门委员会”(IPCC)，在它的第三次评估报告中指出，自1860年以来，全球平均温度升高了(0.6±0.2)℃。近百年来最暖的年份均出现在1983年以后。20世纪北半球温度的增幅，可能是过去1000年中最高的。2007年，IPCC在它的第四次评估报告中指出，气候变暖已经是“毫无争议”的事实，人类活动很可能是导致气候变暖的主要原因。2014年，IPCC第五次评估报告评估了自2007年第四次评估报告发布以来最新的气候变化研究成果，确认了世界各地都在发生气候变化，而气候系统变暖是“毋庸置疑”的。自20世纪50年代以来，许多观测到的变化在几十年乃至上千年时间里都是前所未有的，全球变暖已经是不争的事实。

观测表明，全球气候变暖对许多地区的自然生态系统已经产生了影响，如海平面升高、冰川退缩、冻土融化、河（湖）冰迟冻与早融、中高纬度生长季节延长、动植物分布范围向极区和高海拔区延伸、某些动植物数量减少、一些植物开花期提前等。这些变化可能会导致某些自然生态系统被严重甚至不可恢复地破坏。

对于人类而言，全球气候变化会影响到很多方面。气候变暖会同时带来负面影响和正面影响。气候变暖可能带来的负面影响，如：大部分热带、亚热带地区和多数中纬度地区作物可能减产；对许多缺水地区来说，水的有效利用降低，特别是亚热带地区；受到传染性疾病影响的人口数量增加，因热死亡人数也将增加；大暴雨事件和海平面升高引起的洪涝，将危及许多低洼和沿海居住区；由于夏季高温而导致用于降温的能源消耗增加。气候变暖也可能在某些方面带来有利的影响，如：部分中纬度地区可能出现农作物增产；全球木材供应可能会增加；某些缺水地区可用水量可能增加；中高纬度地区居民因冬季寒冷的死亡率降低，取暖所需能源会减少。无论全球气候变化会带来什么样的影响，全人类都应积极参与保护全球气候变化的国际合作以及采取必要的措施缓解气候变化对人类的影响。

2. 城市化

城市化，也称为城镇化，是指一个国家或地区由以农业为主的传统乡村型社会向以工业（第二产业）和服务业（第三产业）等非农产业为主的现代城市型社会逐渐转变的过程，包括人口职业的转变、产业结构的转变、土地利用途径及地域空间的变化等。城市化的实质是，人类进入工业社会时代，经济社会发展到一定程度，农业活动比重逐渐下降，非农业活动比重逐步上升。这一变化过程就是城市化。与这种经济结构的变动相适应，出现了乡村人口比重逐渐降低，城镇人口比重稳步上升，居民点的物质面貌和人们的生活方式逐渐向城镇性质转化和强化的过程。

城市化是一个国家现代化水平的重要标志，是区域社会经济发展到一定阶段的必然产物，也是人类社会发展的必然趋势，是人类文明进步的必然结果。

思　考　题

1. 叙述水循环的机理与特点。从水循环过程来分析水资源特点。
2. 以一个你比较熟悉的地区为例，定性分析社会水循环与自然水循环的关系。

3. 简述人类活动、气候变化对水资源的影响，以及为了避免这些影响应采取的措施。

参　考　文　献

[1] 左其亭，陈曦著. 面向可持续发展的水资源规划与管理 [M]. 北京：中国水利水电出版社，2003.

[2] Vijay P. Singh. 水文系统流域模拟 [M]. 赵卫民，戴东，牛玉国，等，译. 郑州：黄河水利出版社，2000.

[3] 魏文秋，赵英林. 水文气象与遥感 [M]. 武汉：湖北科学技术出版社，2000.

[4] 左其亭. 城市水资源承载能力——理论·方法·应用 [M]. 北京：化学工业出版社，2005.

[5] 刘满平. 水资源利用与水环境保护工程 [M]. 北京：中国建材工业出版社，2005.

第四章 水资源利用

水是一切生命体（包括人）不可缺少的一种基础物质。人体新陈代谢，植物、动物生存繁衍都需要水。不仅如此，人类还将水广泛地应用于很多方面，比如，工业生产、农业生产、水力发电、航运、水产养殖等用水。正是由于水资源是有限的，而用水是多种途径的，可能就会产生用水地区或部门、行业之间的矛盾。特别是在缺水地区，为争水而产生的矛盾或冲突时有发生。

本章将介绍水资源利用的各种途径，分析各用水部门之间可能产生的矛盾以及协调问题。

第一节 水资源利用途径综述

水资源利用（water resources utilization），是指通过水资源开发为各类用户提供符合质量要求的地表水和地下水可用水源以及各个用户使用水的过程。地表水源包括河流、湖泊、水库等中的水；地下水源包括泉水、潜水、承压水等[1]。

水资源利用涉及国民经济各部门，按其利用方式可分为河道内用水和河道外用水两类。河道内用水有水力发电、航运、渔业、水上娱乐和水生生态等用水；河道外用水如农业、工业、城乡生活和植被生态等用水。此外，根据用水消耗状况可分为消耗性用水和非消耗性用水两类；按用途又可分为生活、农业、工业、水力发电、航运、生态等用水[1]。

自 1949 年新中国成立以来，中国政府十分重视水利工作，水利事业有了很大发展，为水资源利用创造了很好的条件。在新中国成立初期，毛泽东、周恩来等老一辈无产阶级革命家都十分重视水利事业，曾亲自参加了水利建设劳动，毛泽东主席提出的“水利是农业命脉”科学论断，极大地推动了我国水利事业。20 世纪 80 年代以来，我国的水利事业有了更加快速的发展。截至 2011 年，我国共有水库 9.8 万多座（居世界第一位），总库容 9323 亿 m^3。库容 10 亿 m^3 以上的大（1）型水库有 127 座；设计灌溉面积在 30 万亩以上的灌区有 456 处，灌溉总面积 10.02 亿亩；共有水电站 4.67 万多座，装机容量 3.33 亿 kW，装机容量 30 万 kW 以上的大型水电站有 142 座，水土保持措施面积 99.16 万 km^2。水利事业呈现出前所未有的大好形势，特别是最近几年，伴随着跨世纪特大型水利枢纽黄河小浪底工程、长江三峡工程的建设，以及淮河治理工程、太湖治理工程、塔里木河流域生态保护工程等一大批重点水利工程的建设，水利的投入不断增大，水利的立法不断完善，人们的水患意识不断增强。这一切都标志着我国水利建设又进入了一个新的阶段，标志着这一时期是中国政府最重视水利的时期，也是水利发展最快的时期。

为了解决缺水问题，国家实施了一系列供水工程项目，如山西万家寨引黄工程、甘肃引大（大通河）入秦（秦王川）工程、辽宁观音阁水库、新疆乌鲁瓦提水利枢纽工程以及举世瞩目的南水北调跨流域调水工程等一批重点工程，目前已经或即将发挥出巨大的社会经济效益。

为了解决洪涝灾害问题，国家投入大量人力、物力进行防洪工程建设，在一定程度上提高了全国主要江河防洪标准，最大限度减轻了洪涝灾害损失。比如，2013 年全年中央下拨用于防汛抗旱方面的经费共 98.89 亿元，其中：水利建设基金 5.92 亿元，特大防汛经费 25.87 亿元，特大抗旱经费 16.26 亿元，山洪灾害防治经费 43 亿元，抗旱服务队补助 7.84 亿元。国家实施了一系列防洪工程项目，如湖北长江荆江大堤加固工程、安徽长江无为大堤防洪工程、上海市黄浦江防汛墙加固工程、湖南洞庭湖防洪蓄洪工程等一批重点工程，大大提升了我国主要江河的防洪能力。至 2013 年，全国已建成五级以上江河堤防 27.68 万 km，累计达标堤防长度 17.98 万 km，其中一级、二级堤防达标长度 2.95 万 km。

为了综合开发和利用水资源，我国已经建成或正在建设一批大型水利枢纽工程，如长江三峡水利枢纽工程、黄河小浪底水利枢纽工程、广东飞来峡水利枢纽工程、西藏满拉水利枢纽工程、新疆乌鲁瓦提水利枢纽工程等重点工程，极大地推动了我国水利事业发展，积极支持经济社会可持续发展。

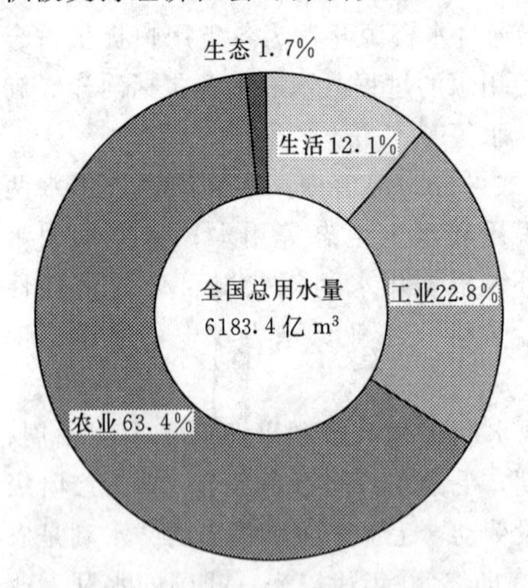

图 4-1　2013 年我国用水组成示意图

2013 年，全国总用水量 6183.4 亿 m^3，其中生活用水占 12.1%，工业用水占 22.8%，农业用水占 63.4%，生态用水占 1.7%，如图 4-1 所示。按东、中、西部地区统计，用水量分别为 2200.9 亿 m^3、1993.2 亿 m^3、1989.3 亿 m^3，相应占全国总用水量的 35.6%、32.2%、32.2%。生活用水比重东部高、中部及西部低，工业用水比重东部及中部高、西部低，农业用水比重东部及中部低、西部高，生态环境补水比重基本一致，如表 4-1 所示。这里所说的用水量是指分配给用户的包括输水损失在内的水量，按农业、工业、生活和生态四大类用户统计。农业用水包括农田灌溉用水和林牧渔业用水；生活用水包括城镇居民、城镇公共用水和农村居民、牲畜用水；工业用水为各类工矿企业的取水量，不包括企业内部的重复利用量；生态用水仅包括城市环境和部分河湖、湿地的人工补水。

表 4-1　2013 年我国分区供水量和用水量　　单位：亿 m^3

编号	分区	供水量				用水量				
		地表水	地下水	其他	总供水量	生活	工业	农业	生态	总用水量
(A)	松花江	290.2	218.8	0.9	509.9	28.6	60.4	407.1	13.8	509.9
(B)	辽河	97.3	102.7	3.9	203.9	29.3	33.6	134.9	6.0	203.9

续表

编号	分区	供水量				用水量				
		地表水	地下水	其他	总供水量	生活	工业	农业	生态	总用水量
(C)	海河	129.9	224.6	16.4	370.9	58.1	55.5	242.3	15.0	370.9
(D)	黄河	259.8	128.5	8.9	397.2	42.1	62.4	282.2	10.5	397.2
(E)	淮河	458.4	176.2	5.7	640.3	80.6	104.2	445.2	10.2	640.3
(F)	长江	1970.4	78.6	8.3	2057.3	275.0	742.7	1019.7	19.9	2057.3
(G)	东南诸河	329.1	8.6	1.4	339.1	62.7	117.3	152.0	7.1	339.1
(H)	珠江	822.8	33.6	2.9	859.3	149.1	198.9	502.6	8.8	859.3
(I)	西南诸河	100.9	4.6	0.2	105.7	9.4	9.8	86.0	0.4	105.7
(J)	西北诸河	548.4	150.0	1.5	699.9	15.2	21.5	649.5	13.6	699.9
全国合计		5007.3	1126.2	49.9	6183.4	750.1	1406.4	3921.5	105.4	6183.4

注 数据来源于《中国水资源公报》(2013)。

2013年，全国人均综合用水量为456m^3，万元国内生产总值（简称GDP）（当年价格）用水量为109m^3。城镇人均生活用水量为每日212L，农村居民人均生活用水量为每日80L，万元工业增加值（当年价格）用水量为67m^3，农田实灌面积亩均用水量为418m^3，农田灌溉水有效利用系数0.523。同时，因受人口密度、经济结构、作物组成、节水水平、水资源条件等多种因素的影响，各省级行政区的用水指标值差别很大。按东、中、西部统计分析，人均用水量分别为393m^3、468m^3、545m^3，即中部小，东、西部大；万元GDP用水量差别较大，分别为63m^3、129m^3、158m^3，西部比东部高近1.5倍；耕地实际灌溉亩均用水量分别为379m^3、378m^3、512m^3；万元工业增加值用水量分别为44m^3、70m^3、54m^3。

近几年，我国用水结构发生了很大变化，用水效率明显提高，这也说明我国的节水工作取得了一定进展。但是，也可以看出，我国用水浪费比较严重，用水效率还不高。目前，全国平均灌溉渠系水利用系数约为0.523，工业用水重复利用率约为55%，而先进国家的灌溉渠系水利用系数和工业用水重复利用率分别达到0.8和75%～85%，差距十分明显，因此我国用水效率有待进一步提高，仍有很大的节水潜力。

第二节 生 活 用 水

一、生活用水的概念

生活用水（domestic water use）是人类日常生活及其相关活动用水的总称。生活用水分为城镇生活用水和农村生活用水。现行的城镇生活用水包括居民住宅用水、市政公共用水、环境卫生用水等，常称为城镇大生活用水。农村生活用水包括农村居民用水、牲畜用水。一般，生活用水量按人均日用水量计，单位为L/(人·d)。

生活用水涉及千家万户，与人民的生活关系最为密切。《中华人民共和国水法》规定："开发、利用水资源，应当首先满足城乡居民生活用水。"因此，要把保障人民生活用水放在优先位置[1]。这是生活用水的一个显著特征，即生活用水保证率高，放在所有供水先后顺序中的第一位。也就是说，在供水紧张的情况下优先保证生活用水。

其次，由于生活饮用水直接关系到人们的身体健康，对水质要求较高。这是生活用水的另一个显著特征。我国对生活饮用水有强制性标准。1985 年 8 月 16 日，中华人民共和国卫生部发布了《生活饮用水卫生标准》（GB 5749—85），1986 年 10 月 1 日起施行。2005 年，建设部颁布了《城市供水水质标准》（CJ/T 206—2005），2005 年 6 月 1 日起施行。《城市供水水质标准》对水质提出了更高的要求，与 1985 年颁布的《生活饮用水卫生标准》相比，检测项目由 35 项增加到 93 项，同时对一些原有项目调高了标准。2006 年，起草了新的《生活饮用水卫生标准》（GB 5749—2006），2007 年 7 月 1 日实施，新标准规定的水质检测指标数由原来（指 1985 年颁布的《生活饮用水卫生标准》）的 35 项增加至 106 项，对饮用水的水质安全要求更高。因一些指标限于国内检测手段还不能完全跟上，再加上自来水供水系统设施改造需要一定时间，所以有些指标分段逐步推行实施，规定全部指标在 2012 年 7 月 1 日实施。

二、生活用水途径

整个生活用水途径经历了复杂的过程，大致包括从供水水源取水、自来水厂生产（水处理）、管网中途加压、配水管网输水到千家万户、居民自备设备用水等环节。

1. 供水水源

由于生活用水对水质要求较高，所以对生活用水水源的选择有一定要求。一般，在一个地区，把水质较好的水源作为生活之用。比如，在地表水已被污染或水质较差的情况下，可以考虑开采地下水；在浅层地下水水质较差或被污染的情况下，可以考虑开采深层承压水。

水源类型包括地表水（水库、河流、湖泊）、地下水、泉水等。地表水作为水源是人类生活用水的最古老方式，也是最常用水源。人们可以直接从河流、水库、湖泊等地表水域取水。取水的方式或类型也多样，如自流取水、水泵直接抽水（图 4-2）。

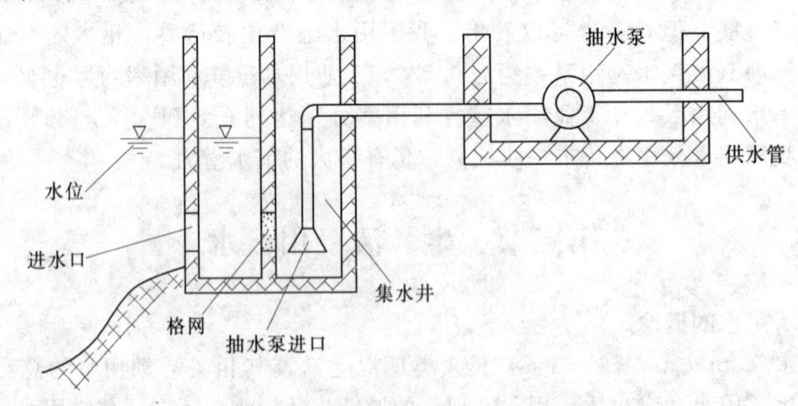

图 4-2　泵站抽取地表水示意图

人类利用地下水也有着悠久的历史。较早时期，人类利用地下水主要通过人工打井取水的方式，在地下水位埋深较浅的地方开挖浅水井，并使用水桶等器械从地下水井中取水。随着技术的发展，逐渐可以开凿更大、更深的水井，并采用水泵从地下抽水（图 4-3）。但是，由于地下水流动较慢，恢复能力有限，在不加以限制的情况下，当抽水量达到一定速

度后，会导致地下水位缓慢下降，甚至逐渐枯竭，从而引起地面沉降等环境地质问题和地下水污染等水环境问题。

有时，在泉水出现的地方，如果水质满足要求同时又具备开发条件，可以把泉水汇集起来，通过引水工程，供人们生活之用。泉水的取水方式与地表水相似。

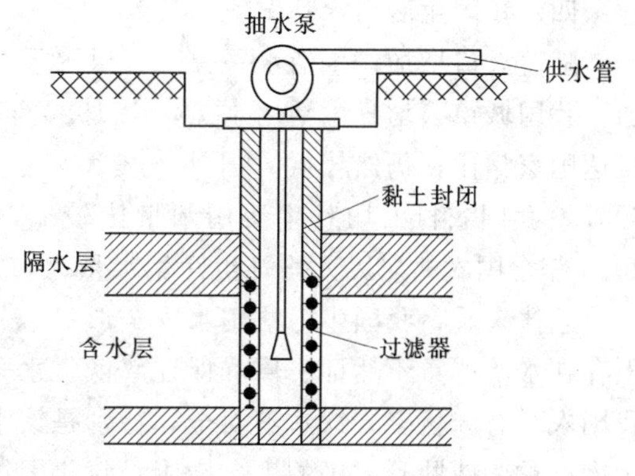

图 4-3 抽取地下水示意图

一般城市供水集中，一旦出现问题受影响的人口密度大，需要有比较可靠的水源。在农村，用水分散，供水水源通常不集中、不固定，有时水质较差，甚至不符合生活用水标准。因为用水水质好坏直接影响到人们身体健康，为了确保生活用水不受影响，必须保护好水源，开发利用符合饮用水要求的水源。《中华人民共和国水法》规定："国家建立饮用水水源保护区制度。省、自治区、直辖市人民政府应当划定饮用水水源保护区，并采取措施，防止水源枯竭和水体污染，保证城乡居民饮用水安全""禁止在饮用水水源保护区内设置排污口"。

2. 自来水厂

因为生活用水对水质要求较高，一般从水源地引来的水在生活饮用之前需要进行一定的处理。这种针对从水源地引来的水进行供水前的处理，就是自来水厂的任务。如果从水源地引来的水的水质较好，一般只需简单的过滤或处理后就可以作为居民生活供水。如果引来的水的水质较差，则需要经过严格的处理后才能向生活供水。因此，自来水厂在生活供水中具有重要的作用。

3. 居民自备用水设备

自来水厂通过管网把自来水输送到千家万户，供人们饮用、做饭、洗菜、洗澡、洗衣、洗尘、冲厕所等。居民自备用水设备比较简单，常用的有水龙头、抽水马桶、洗澡喷头、洗衣机、饮水机等。

三、生活用水量计算

为了维持正常的生活或生存，人和牲畜需要饮用和通过其他途径使用一部分水。这部分水量之和就是生活用水量。关于生活用水量的计算，一般有两种途径：一是直接计算方法，即直接根据生活用水量统计计算得到，特别是城市生活用水一般是通过管道供应，可以直接统计用水量大小；二是定额估算法，即根据当地统计资料，获得人均日生活用水量经验数据，再计算实际生活用水量。设人均日生活用水量为 Q_{DW} [L/(人·d)]，人口总数为 P，则年生活用水量 DW 为

$$DW=Q_{DW}P\times365$$

定额估算法是一种间接计算方法，其关键是要通过统计得到比较准确的人均日生活用水量经验数据，这是准确计算的基础。由于生活水平、节水观念、节水技术以及水资源状况的不同，人均日生活用水量经验数据在不同地区也有较大差异。一般，城镇生活用水受城镇规模、经济水平、气候条件、水资源条件、住房卫生设备、居民用水习惯和收费标准

等因素影响；农村生活用水受农村工业、副业发展水平、经济收入、生活水平和生活习惯以及牲畜饲养量多少的影响。

四、我国生活用水状况

随着人口增加，生活水平提高，供水设施建设，用水标准提高，生活用水量在不断增加。我国城镇人均日生活用水量，由1980年的117L提高到2013年的212L。这一水平与发达国家相比，仍然较低。国外一般大城市人均日生活用水量在250～300L，最高达到600L。我国农村人均日生活用水量比较低，从1980年到2013年，仅有较小幅度增加，2013年全国农村居民人均日生活用水量为80L。

总体来看，我国生活饮用水安全形势十分严峻，令人堪忧。据调查，我国一些地区饮水存在水质严重不达标、供水保证率低、水质性地方病难以根治等问题。据2005年统计，我国农村有3亿多人饮水不安全，特别是饮水水质不符合卫生要求，相当一部分城市水源污染严重，威胁到人民的生命健康。每年因饮水水质问题造成对人生命的危害，实际上要高于洪水造成的伤亡。饮水水质超标导致了近年来比较严重的地方病，且发病率有明显提高之趋势。至2005年，华北、西北、东北和黄淮海平原地区的6300多万人仍在饮用含氟量严重超标的水，一些地区还造成驼背病、骨质疏松、骨变形，甚至瘫痪、丧失劳动能力的恶性后果。这种状况对民众的生命健康、国民经济的发展带来了严重影响。因此，最近一些年我国政府把保障饮用水安全、维护民众生命健康作为水利工作的首要任务，已制定周密计划，加大投入，下大力气，解决高氟水、高砷水、苦咸水、污染水等饮用水水质不达标以及局部地区饮用水供应严重不足问题，保障民众喝上安全水和优质水。2011年中央一号文件明确指出，在2015年前基本解决农村饮水不安全问题。

尽管我国生活用水短缺，但同时又存在用水浪费的现象。公众节水意识有待提高，节水器具使用率普遍偏低，居民生活用水设备陈旧，管网老化，滴水、漏水现象还十分严重。因此，我国生活用水的节水潜力还比较大，推行节约用水是解决生活用水短缺的重要措施。

五、生活节水

随着人口增加，生活水平提高，生活用水总量不断增加，势必增加原本紧张的供需水矛盾。因此，大力推行生活节水，对于建设节水型社会具有重要意义。

大力推广节水型器具，发展再生水利用，减小输水损失，提高用水效率，是生活节水的重要措施。国家在《中国节水技术政策大纲》中要求，推广应用节水型水龙头、节水型便器系统、节水型淋浴设施；推广应用城市居住小区再生水利用技术、建筑中水处理回用技术、污水处理和再生利用技术、雨水、海水、苦咸水利用技术，建立和完善城市再生水利用技术体系；积极采用城市供水管网检漏和防渗技术，减少输水损失，保障生活供水安全。

国家建设部2003年171号文件规定，所有新建、改建、扩建房屋，必须采用节水型生活用水器具。各单位已有房屋使用的不符合节水标准的用水器具，要在2005年以前全部更换为节水型器具。各地积极采取措施，鼓励和引导居民更换不符合节水要求的生活用水器具。缺水城市严禁非节水型生活用水器具的销售。对于新建、改建、扩建工程应选用节水型生产工艺、设备和器具，配套建设相应的节约用水设施，并与主体工程同时设计、

同时施工、同时投入使用；一些建设项目竣工后，还要经过节约用水行政主管部门的审查和验收；充分利用中水，营业性洗车场和洗浴场所必须使用节水型器具；对于不能按节水标准完成改造和治理的单位，将限期整改，逾期不进行整改的，将依法进行处罚或关闭。

第三节　农　业　用　水

一、农业用水的概念

农业用水（agricultural water use）是农、林、牧、副、渔业等各部门和乡镇、农场企事业单位以及农村居民生产用水的总称。

在农业用水中，农田灌溉用水占主要地位。农作物在生长过程中，需要消耗一部分水分，主要参与体内营养物质的输送和代谢，然后通过茎叶的蒸腾作用散发到大气中。在无人工灌溉的情况下，农作物主要通过吸收土壤中汇集的雨水来维持生长。然而，由于受降水时间和空间分布不均的影响，在作物需要水分的时候可能降水稀少，从而导致干旱，作物无法从土壤中正常获取水分，情况严重时会导致作物减产或绝收。如果能在此时通过人工措施向农田实施灌溉，就能够保证作物用水，保障农业生产。特别是在干旱区，降水十分稀少，农作物仅依靠降水几乎不能生长，在很大程度上要依靠灌溉。灌溉的主要任务，是在干旱缺水地区，或在旱季雨水稀少时，用人工措施向田间补充水分，以满足农作物生长需要。因此，以合理的人工灌溉来满足农作物需水，是保障农业生产的重要措施。

林业、牧业用水，也是由于土壤中水分不能满足树、草的用水之需，从而依靠人工灌溉的措施来补充树、草生长必需的水分。

为了发展渔业，也需要消耗一部分水量，主要用于水域（如水库、湖泊、河道等）水面蒸发、水体循环、渗漏、维持水体水质和最小水深等。这部分用于渔业的水量就是渔业用水。

在农村，养猪、养鸡、养鸭、食品加工、蔬菜加工等副业以及乡镇、农场、企、事业单位在从事生产经营活动时，也会使用一部分水量。

二、农业用水途径

这里，主要以灌溉用水为主，介绍农业用水途径。

1．供水水源

（1）蓄水工程供水。利用水库、湖泊、塘坝等拦蓄雨季多余水量，供旱季灌溉之用。蓄水工程供水是农业灌溉常用的一种供水方式。由于降水在时间上分布不均匀，在农田需要水的时候可能不降雨，而不需要水的时候可能又降雨。因此，为了解决这一矛盾，可以采用人工措施把雨季多余水量暂时蓄存起来，供旱季之用。这一措施在古代就已有采用。

（2）从水量较丰的河流、湖泊中引水。这是农业灌溉用水最直接的一种供水方式，也是最古老的一种形式。如果在附近或较近地区存在水量比较丰富的河流、湖泊，人们可以直接从河流、湖泊中取水，甚至可以实施跨流域或区域调水。取水的方式或类型也多样，如自流取水、水泵抽水。

（3）抽取地下水。抽取地下水用于农田灌溉，也是一种常用的灌溉水源。特别是在干旱地区地表水比较缺乏而地下水比较丰富时，可以充分利用地下水。

2. 供水系统及主要工程

农业供水系统比较复杂，直接关系到农业供水效率和效益。这里，简单介绍主要工程。

（1）蓄水工程。为了有效利用和调控水资源，常修建一些蓄水工程，如水库、塘坝等。利用这些蓄水工程，可以把雨季多余的水量暂时储存起来，供旱季之用。这一工程起到“蓄丰补枯”的调度作用。截至2013年，我国共有水库9.8万多座，居世界第一位，蓄水工程在我国国民经济发展中起着十分重要的作用。图4-4所示为新疆乌鲁瓦提水利枢纽工程库区。

图4-4　蓄水工程

（2）自流灌溉引水渠首工程。无论是从水库引水，还是从河流、湖泊中引水，一般尽量采用自流引水方式。因为自流引水可节约抽水的投资和运行费用。当然，这种引水方式只适用于水源水位高于灌区高程的情况。为了保证引水，自流引水灌溉需要修建渠首工程，一方面是为了壅高水位或拦水，一方面是为了便于取水。自流灌溉引水渠首工程在形式上分为无坝引水方式和有坝引水方式。一般，无坝引水渠首只能引取河流部分水量，有坝引水渠首可以引取河流大部分或全部水量。图4-5所示为塔里木河干流上的阿其克河口分水枢纽（自流引水渠首工程）。

（3）提水灌溉工程。当水源水位低于灌区高程的时候，就需要采取提水灌溉的方式。提水灌溉工程包括泵站、压力池、分水闸等。相对自流灌溉来说，提水灌溉运行费用较高，导致灌溉成本较高。虽然提水灌溉抽水成本较高，但提水灌溉后，从根本上改变了某些地区的自然环境和生产条件，农业产值成数倍乃至十几倍增长。因此，有时为了确保某些地区灌溉，在条件许可的情况下，发展提水灌溉也是一项十分有效的措施。

提水灌溉形式分单级、梯级、多梯级等类型。例如，甘肃省景泰川电力提灌工程是一个从黄河提水的多梯级、高扬程提水灌溉工程，机组306台，装机容量24.87万kW，年运行6000 h左右，年耗电量近6亿kW·h，设计流量$33m^3/s$，灌溉面积75万亩。该工

图 4－5　自流引水渠首工程

程特点是装机容量大、设备多、耗电量大、泵站布置分散、点多、线长、面广，各泵站装机台数多。图 4－6 所示为甘肃省景泰川电力提灌工程一泵站。图 4－7 所示为郑州市黄河邙山提水站，主要供城市生活用水和灌溉用水。

图 4－6　甘肃省景泰川电力提灌工程一泵站

（4）灌溉渠系。即灌溉渠道系统，是指在水源取水后，通过渠道及其附属建筑物向农田供水，并经田间工程进行农田灌溉的工程系统。灌溉渠系包括渠首或泵站以下的输水及配水工程、田间工程。

按灌区控制面积大小和水量分配层次将灌溉渠道分成若干等级。大、中型灌区的固定渠道一般分为干渠、支渠、斗渠和农渠 4 级。灌溉渠系中，干渠下分有支渠，支渠下分有斗渠，斗渠下分有农渠。干、支渠称为骨干渠系。灌溉渠系示意如图 4－8 所示。

3. 田间灌溉方式

（1）地面灌溉。就是把水引到田间，靠水的重力作用和毛细管作用湿润土壤，供植物吸收的灌溉方法。传统的地面灌溉方式是直接把水引到田间，让水浸没土壤，从而提高土

图 4-7　提水工程

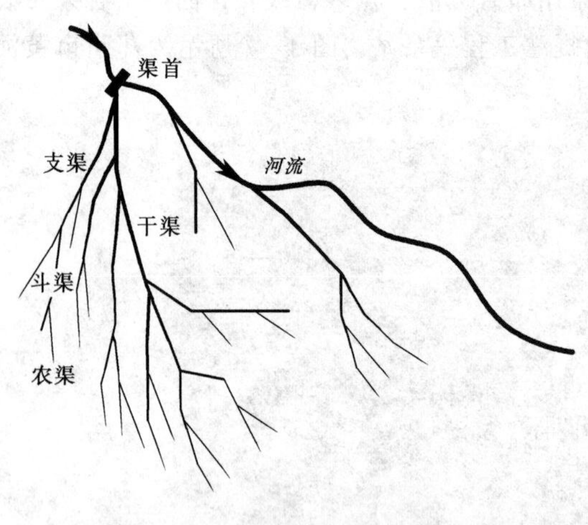

图 4-8　灌溉渠系示意图

壤含水量，满足植物吸收水分，这种灌溉方式又常称为大水漫灌（图 4-9）。大水漫灌是一种早期的地面灌溉方式，目前常用的方式为沟灌、畦灌、格田灌溉等。

地面灌溉是最传统的农业灌溉方式，也是世界上最主要的灌溉方式。目前全世界地面灌溉面积占灌溉总面积的 90%左右，我国占 95%以上。可以说，在今后相当长的时期内，地面灌溉仍将是我国农业灌溉的主要方式。地面灌溉历史悠久，具有操作简单、运行费用低、维护保养方便等优点。

但是，地面灌溉也存在着很大的缺点，不仅浪费水资源，也提高了浇地成本。由于地面灌溉的用水量大，土壤含水量大，增加了土壤水的蒸发量，使得大量的水消耗于无效的株间蒸发。此外，如果土壤含水量超过土壤田间持水量，在重力的作用下，会渗漏到作物根系层以下，形成渗漏。因此，采用地面灌溉节水新技术，是提高农田水利用效率的重要途径，也是从根本上缓解我国水资源短缺的重要技术措施。

（2）喷灌。是利用专门的设备，把有压水流喷射到空中，并散成水滴，像天然降雨那样，洒落到地面上，湿润土壤，供植物吸收，如图 4-10 所示。喷灌设备主要由供水部分、输水管路和喷头三部分组成。供水部分包括水源、水泵及动力机，其主要作用是向输水管路供给具有一定压力的水。输水管路包括主管路、支管路、立管、闸阀以及快速接头等，其主要作用是将水泵送来的水输送到喷头。喷头是按一定方式将输水管路送来的带有一定压力的水喷洒出去。喷头是喷灌设备的主要工作部件，根据其喷洒特点可分为旋转式

图 4-9　地面灌溉（大水漫灌）

图 4-10　喷灌

喷头和固定式喷头两种，旋转式喷头是目前农业上使用最普遍的一种型号。

喷灌是一种有效的节水灌溉技术，它与地面灌溉相比具有如下优点：

1）省水，增产。由于喷灌可以控制喷洒水量和均匀性，避免产生地面径流和深层渗漏损失，减小了土壤蒸发量，使水的利用率大为提高，减小了灌溉水量，降低了灌水成本。同时，喷灌便于严格控制土壤水分，使土壤湿度维持在作物生长最适宜的范围，且不会对土壤结构产生冲刷等破坏，有利于作物生长和增产。

2）便于实现机械化，节省劳动力。由于喷灌不需要田间的输水沟渠，便于实现机械化、自动化，同时可以节省大量劳动力。

3）适应性强，提高土地利用率。喷灌对各种地形适应性强，不需要像地面灌溉那样整平土地，在坡地和起伏不平的地面均可进行喷灌，比地面灌溉更能充分利用耕地，提高土地利用率。

喷灌具有很多优点，但是也有一些缺点，主要表现在投资较大，且需要消耗动力，运行费用高。此外，灌水质量易受风速和气候的影响。当风速大于 5.5m/s 时（相当于 4 级风），就能吹散雨滴，降低喷灌均匀性，不宜进行喷灌。其次，在气候十分干燥时，蒸发损失增大，也会降低灌水效果。

（3）滴灌。就是通过安装在低压管道系统上的滴头、孔口、滴灌带等灌水器，将水一滴一滴地、均匀而又缓慢地滴入植物根区附近土壤中，使植物主要根系分布区的土壤含水量经常保持在较优状态，而其他部位的土壤水分仍较少，如图 4-11 所示。这种灌溉方式既能保证植物根系吸水，又大大减少了水分损失，是一种先进的节水灌溉技术，具有省水、省工、省地、增产等优点。滴灌的主要缺点是投资大、滴头易堵塞等。滴灌目前在我国应用较广，特别是在干旱缺水地区有广阔的应用前景。

图 4-11 滴灌

（4）地下灌溉。就是利用埋在地下的管道，将灌溉水引至田间作物根系吸水层，主要靠毛细管作用湿润土壤，供植物吸收，示意如图 4-12 所示。地下灌溉分为地下渗灌和地下滴灌。地下灌溉系统一般由输水部分和田间灌水部分组成。输水部分可采用管道或渠道与水源连接。田间灌水部分为埋设于地面以下的渗水管网，灌溉时水沿管壁的孔眼渗出，经土壤渗吸扩散，进入根层。从理论上来说，地下灌溉将灌溉水直接输送到作物根区，蒸发损失小，不破坏土壤结构，是一种最科学的节水灌溉技术。

这种灌溉方法具有土壤湿润均匀、不破坏土壤结构、无板结层、地面蒸发少、省水、灌溉效率较高、可同时进行其他作业等优点，被认为是最有发展前途的节水灌溉技术。但由于灌溉渗水管网孔口常被堵塞，导致灌水系统失效报废，目前该技术的推广应用仍受到限制。

（5）膜袋灌。旱作膜袋灌是将输管网输送到田间的灌溉水通过塑料管蓄入旱作膜袋中，水在塑料膜袋中以微润的方式湿润作物根部进行局部灌溉，主要借助于重力作用下渗湿润土壤的灌水方法。一个完整的旱作膜袋灌系统，一般由水源工程、输水管网、塑料

图 4-12 地下灌溉示意图

管、膜袋组成。

膜袋是旱作膜袋灌的核心，它是将农用塑料地膜通过热封加工成一个塑料薄膜袋，在膜袋表面打上不同形式的出水孔。其出水孔孔距、孔径的大小布置形式以及出水孔距膜袋边缘的距离要根据作物需水量和作物生长环境而定。旱作膜袋灌中的微小水流是通过膜袋装置表面的出水孔以微润的方式湿润作物根部土壤以达到局部灌溉的目的。膜袋灌是适合精细灌溉的节水灌溉新技术，与目前滴灌、微喷灌等灌水方法有相似之处。

三、农业用水量计算

关于农业用水量的计算，一般有两种途径：一是直接计算方法，即直接根据农业用水量统计计算得到。因为农业用水一般都有比较完善的渠系工程系统，可以控制和核算引水量大小。把所有农业引水量加起来就是总的农业用水量。二是定额估算法，以灌溉用水量计算为例，可以根据当地统计资料，获得净灌溉定额、渠系水利用系数，净灌溉定额乘以灌溉面积再除以渠系水利用系数，即得到农业灌溉用水量。计算式如下：

$$AW_{净}=Q_{AW}F$$

$$AW=\frac{AW_{净}}{\eta}=\frac{Q_{AW}F}{\eta}$$

式中：AW 为农业灌溉用水量；$AW_{净}$ 为净灌溉用水量；Q_{AW} 为净灌溉定额；F 为灌溉面积；η 为灌溉水利用系数。

净灌水定额是指向农田某一次灌水的平均每亩田的灌水量（m^3/亩），全年生育期历次净灌水定额之和即为净灌溉定额，即平均每亩田的年灌水总量（m^3/亩）。

由于渠系工程从渠首引水到田间，还有一定距离的输水线路，在输水过程中因蒸发、渗漏、跑水等现象，导致有一部分水量损失。从渠首引水总量记为 AW（即农业灌溉用水量），引到田间的总水量记为 $AW_{净}$（即净灌溉用水量），$AW_{净}$ 与 AW 的比值即为灌溉水

利用系数 η。一般，针对比较固定的渠系，通过渠首引水总量、田间引水总量的量测、统计和计算，就可以得到灌溉水利用系数。

四、我国农业用水状况

农业是我国第一用水大户，农业用水状况直接关系到国家水资源的安全，关系到资源节约型社会的建设。目前，我国农业用水状况仍然不容乐观，主要表现在：

（1）农业用水所占比重仍然较高。长期以来，我国农业用水占全国总用水量的绝大部分。但随着工业化和城镇化的发展，这个比重在逐渐下降：1949 年为 95%，1980 年为 86%，1997 年为 73%，到了 2004 年降至 64.6%。2013 年，全国总用水量 6183.4 亿 m^3，其中农业用水量 3921.5 亿 m^3，占 63.4%。总体来看，农业用水所占比重仍然较高，在我国水资源十分短缺的形势下，有效控制农业用水量，是解决水资源供需矛盾的重要途径。

（2）农业灌溉水利用效率较低，浪费现象依然严重。灌溉水利用系数反映了一个地区或国家的用水效率。目前，由于输水方式、灌溉方式、农田水利基础设施、耕作制度、栽培方式等方面的问题，我国农业用水浪费依然十分严重，灌溉渠系水利用系数仅为 0.523 左右，远低于欧洲等发达国家 0.8 的水平，这一状况亟待改善。

（3）节水意识不强，现代节水灌溉技术应用程度较低。在我国各个用水部门中，2013 年农业用水占全国总用水量的 63.4%，而灌溉面积只占耕地面积的一半左右。随着人口的增长，城市和工业的扩张，我国农业用水紧缺的状况将更加严峻。但是，目前全国大多数地区对农业灌溉水利用效率低、节约用水的紧迫性认识还不够，对农业节水的投入少，现代节水灌溉技术应用程度低。据有关科研机构对世界多个国家灌溉状况的统计分析，以色列、德国、奥地利和塞浦路斯的现代灌溉技术应用面积占总灌溉面积的比例达 61%以上，南非、法国和西班牙在 31%～60%之间，美国、澳大利亚、埃及和意大利在 11%～30%之间，而中国仅占 1.5%左右。由于农业灌溉用水是我国国民经济用水的“第一大户”，利用率又低，所以我国农业节水潜力巨大。

五、农业节水

我国是一个农业大国，农业用水占全国总用水量的比重较大。2013 年，农田实灌面积为每公顷用水量 6270m^3，渠系水利用系数平均为 0.523。总体来说，农业用水效率较低，与世界先进水平相比差距悬殊，节水潜力很大。发展高效节水型农业是我国的基本战略。

《中国节水技术政策大纲》（2005）中要求：大力推广各种农业用水工程设施控制与调度方法，高效使用地表水，合理开采地下水，加强渠道防渗或采用管道输水以提高输水效率，因地制宜发展和应用喷灌、滴灌技术，鼓励应用精准控制灌溉技术，建立与水资源条件相适应的节水高效农作制度，限制和压缩高耗水、低产出作物的种植面积，逐步推行农业用水总量控制与定额管理。提高渠系水利用系数，降低灌溉用水定额是农业节水的重要途径。

第四节 工业用水

一、工业用水的概念

工业用水（industrial water use）是工矿企业用于制造、加工、冷却、空调、净化、

洗涤等方面的水。在工业生产过程中，一般需要有一定量的水的参与，如用于冷凝、稀释、溶剂等方面。一方面，在水的利用过程中通过不同途径进行消耗（如产品带走、蒸发、渗漏）；一方面，以废水的形式排入自然界。

与农业用水相比，工业用水一般对水质有较高要求，对供水的保证率也有较高要求。因此，在供水方面，需要有较高保证率的、固定的水源和水厂。

此外，由于工业生产同时排出大量的废物，如果混入水中，就形成工业废水。有些工业废水中含有大量污染环境、危害生命的污染物质，需要在排入自然界之前进行一定处理。我国对工业废水排放有一定的水质标准要求，要求工矿企业按照水质标准排放废水，即达标排放。

二、工业用水途径

1. 供水水源

由于工业用水对水质和来水保证率有较高要求，因此，一般选择来水比较可靠、水质符合要求的水源作为供水水源。水源类型主要包括地表水（水库、河流、湖泊）、地下水、泉水。人们可以直接从河流、水库、湖泊等地表水域、泉水汇集区取水。取水的方式或类型也多样，如自流取水、泵站提水。人们也可以采用水泵从地下抽水。但是，由于工业用水量大、要求供水水源稳定、水质要求较高且工业废水有一定污染影响，因此在工业规划建设之前必须对水资源利用途径、水量配置以及对水资源、环境等的影响进行论证。只有在水资源得到满足和可行的情况下，才能规划建厂。

《中华人民共和国水法》规定："在水资源不足的地区，应当对城市规模和建设耗水量大的工业、农业和服务业项目加以限制""工业用水应当采用先进技术、工艺和设备，增加循环用水次数，提高水的重复利用率"。

2. 工业供水系统

工业供水系统包括取水工程、输水工程、水处理工程和配水工程四个部分。取用地下水多用管井、大口井、辐射井和渗渠。取用地表水可修建固定式取水建筑物，也可采用活动的浮船式和缆车式取水建筑物。水由取水建筑物经输水管道送入实施水处理的水厂。水处理过程包括澄清、消毒、除臭和除味、除铁、软化等环节。对于工业循环用水常需进行冷却，对于海水和咸水还需淡化或除盐。经过处理后，合乎水质标准要求的水经配水管网送往工业用户。

工业供水系统可以是单一的仅供工业使用的供水系统，也可以是由混合供水系统分配给工业，形成工业供水分支系统。另外，为了节水，工业供水常采用循环供水方式。循环供水是将使用过的水经适当处理后，重新回用。

3. 工业循环水系统

随着经济的发展，工业用水量日益增大。在大量的工业用水中，一部分使用过的水经冷却、适当处理后，又回到供水系统中，再次被利用，这就是工业循环水系统。在用水日益紧张的形势下，使用循环水系统是十分必要的，也是节水型社会建设的需要。

4. 工业废水处理系统

在工业生产过程中，一般要排出一定量的废水，包括工艺过程用水、机器设备冷却水、烟气洗涤水、设备和场地清洗水等。这些废水都有一定危害，在一定条件下可能会造

成环境污染。

工业废水按所含的主要污染物性质，通常分为：有机废水、无机废水、兼含有机物和无机物的混合废水、重金属废水、含放射性物质的废水和仅受热污染的冷却水。按产生废水的工业部门，可分为造纸废水、制革废水、农药废水、电镀废水、电厂废水、矿山废水等。

工业废水的水质因工业部门、生产工艺和生产方式的不同而有很大差别。如电厂、矿山等部门的废水主要含无机污染物；而造纸和食品等工业部门的废水，有机物含量很高；造纸、电镀、冶金废水中常含有大量的重金属。此外，除间接冷却水外，工业废水中都含有多种同原材料有关的物质。因此，工业废水处理显得比较复杂，需要针对具体情况，设计有针对性的废水处理工艺。

三、工业用水量计算

关于工业用水量的计算，一般有两种途径：一是直接计算方法，即直接根据工业用水量统计计算得到。因为工业用水一般都有比较完善的供水系统，可以控制和核算用水量大小。二是定额估算法，即根据当地统计分析，获得万元工业增加值用水量经验数据，再由当年工业增加值计算工业用水量。设万元工业增加值用水量为 Q_{Ih}（m^3/万元），当年工业增加值为 Y_I（万元）。则工业用水量 IW 为

$$IW=Q_{Ih}Y_I$$

定额估算方法是一种间接估算，其关键是要通过统计得到比较准确的“万元工业增加值用水量”经验数据，这是计算的基础。在目前统计资料不太完善的情况下，使用这种估算方法比较多。由于生产水平、节水技术以及水资源状况的不同，万元工业增加值用水量数据在不同地区也有较大差异。比如，2005 年我国平均万元工业增加值用水量为 169 m^3/万元，而某些发达国家平均已经达到 100m^3/万元。当然，该指标在国内不同地区也差别很大，有些城市万元工业增加值用水量已经很小，比如天津市万元工业增加值用水量为 24m^3/万元，北京市为 38m^3/万元。

四、我国工业用水状况

随着经济建设的不断推进，全国工业用水量总体在逐年增加。2013 年，全国总用水量 6183.4 亿 m^3，其中工业用水 1406.4 亿 m^3，占 22.8%。但是，工业用水设施总体比较落后，全国工业用水重复利用率只有 55% 左右，而部分发达国家已达到 90%。因此，我国工业用水还有较大节水潜力，用水水平亟待提高。

此外，我国工业废水处理率和处理程度低，带来的水污染危害严重。2013 年全国污水排放总量 775 亿 t，其中工业废水占 2/3。工业废水中又有 30%以上的废水未经任何处理就直接排入江河，致使我国 1/3 以上的河段受到污染，90%以上的城市水域污染严重，50%的城市地下水受到污染，一部分城市供水水源达不到卫生饮用水标准，不少城市河段鱼虾绝迹，部分湖泊的富营养化问题日趋严重。

五、工业节水

目前，我国工业生产工艺和技术还相对比较落后，用水效率总体水平较低，与世界先进水平相比差距悬殊，节水潜力较大。我国政府十分重视工业节水工作，积极支持和大力推行节水型工艺和先进的节水技术，降低万元产值取水量，提高工业用水重复利用率。

《中国节水技术政策大纲》中要求：大力发展和推广工业用水重复利用技术、冷却节水技术、热力和工艺系统节水技术、洗涤节水技术、工业给水和废水处理节水技术、非常规水资源（海水、苦咸水、矿井水）利用技术、工业输用水管网、设备防漏和快速堵漏修复技术、工业用水计量管理技术、重点节水工艺。

在制定的区域或流域水资源规划或节水规划中，要求合理地编制工业节水规划，制定行业用水定额和节水标准；在用水管理上，对工业企业节水实行目标管理；对于从江河、湖泊、水库或地下取水的新建和改扩建工业项目，必须进行水资源论证，节水指标达不到规定的，一律不予批准，并要求工业节水设备必须与工业主体工程同时设计、同时施工、同时投入运行。

第五节　水　力　发　电

一、水力发电的概念及基本原理

水力发电（hydroelectric power）是利用河流中流动的水流所蕴藏的水能，生产电能，为人类用电服务。河流从高处向低处流动，水流蕴藏着一定的势能和动能，即会产生一定能量，称为水能。将具有一定水能的水流去冲击和转动水轮发动机组，在机组转动过程中，将水能转化为机械能，再转化为电能。

在水力发电过程中，只是能量形式从水能转变成电能，而水流本身并没有消耗，仍能为下游用水部门利用。因此，水能是一种清洁能源，既不会消耗水资源也不会污染水资源。它是目前各国大力推广的能源开发方式。

取天然河流中的一个河段，如图 4-13 所示，河段首尾断面分别为断面 1-1 和断面 2-2，取水平面 0-0 为基准面。设断面流量为 $Q(\mathrm{m^3/s})$，T(s) 时段内流经断面的水体为 $W=QT(\mathrm{m^3})$。

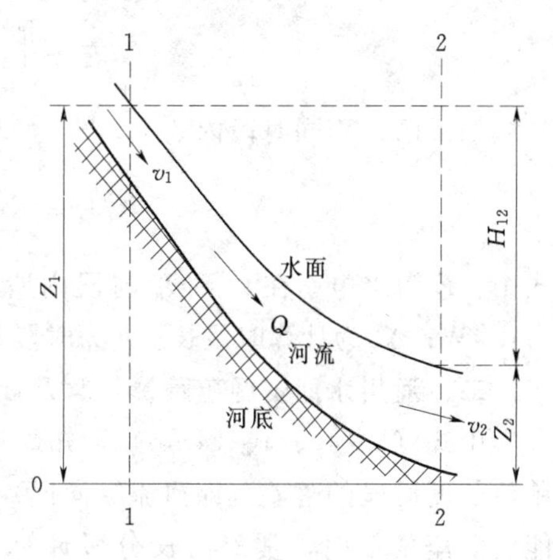

图 4-13　河段水能计算示意图

根据水力学中的能量方程，水体在断面 1-1 和断面 2-2 处的能量分别为

$$\left.\begin{aligned}E_1&=\left(Z_1+\frac{P_1}{r}+\frac{\alpha_1 v_1^2}{2g}\right)Wr\\E_2&=\left(Z_2+\frac{P_2}{r}+\frac{\alpha_2 v_2^2}{2g}\right)Wr\end{aligned}\right\}\quad(4-1)$$

式中：Z_1、Z_2 为断面的水面高程；P_1、P_2 为断面的大气压强；γ 为水的容重；α_1、α_2 为断面流速的不均匀系数；v_1、v_2 为断面的平均流速。

水体在河段两断面的能量差为

$$E_{12}=E_1-E_2=\left[(Z_1-Z_2)+\frac{P_1-P_2}{r}+\frac{\alpha_1 v_1^2-\alpha_2 v_2^2}{2g}\right]Wr \quad (4-2)$$

在不太长的河段中，大气压强 P_1 和 P_2 近似相等，流速水头 $\alpha_1 v_1^2/2g$ 和 $\alpha_2 v_2^2/2g$ 也相差不大，则两断面的水流能量差近似为

$$E_{12}=E_1-E_2=r(Z_1-Z_2)W=rQtH_{12} \quad (4-3)$$

式中：H_{12}为断面1-1和断面2-2之间的水头差（也称落差）；t为时间，s。

在电力系统中，能量单位习惯上采用kW·h，取水的容重γ为9807N/m^3，1kW·h=3.6×10^{6}J，则在T小时内两断面的水流能量差为

$$E_{12}=E_1-E_2\approx 9.81QTH_{12} \quad (\text{kW}\cdot\text{h}) \quad (4-4)$$

此即为该河段所蕴藏的水能资源。

单位时间内的水能称为水流功率，在电力系统中，称为水流出力。水流出力计算式为

$$N_{12}=\frac{E_{12}}{T}=9.81QH_{12} \quad (\text{kW}) \quad (4-5)$$

此式常被用来计算河流的水能资源蕴藏量。

水电站在发电过程中，利用能量转换装置，将水能转化为机械能，再转化为电能。在实现能量转化过程中，将有一部分能量损失，用η表示水电站的总效率系数。另外，水流在实际流动过程中，通过拦污栅、进水口、引水管道，并经尾水管排至下游河道，必定会产生一定的水头损失（设为ΔH），因此，实际发生作用的净水头差（$H_{净}$）为$H_{12}-\Delta H$。

则水电站出力计算式为

$$N=9.81\eta QH_{净}=9.81\eta Q(H_{12}-\Delta H)=AQH \quad (\text{kW}) \quad (4-6)$$

式中：ΔH为落差损失；η为水电站效率系数；$A=9.81\eta$为水电站出力系数，一般取6.5～8.5；Q为水电站引用流量；H为水电站净水头差（或落差）。水电站出力小于水流出力。

水电站在一段时间内生产的电能即为水电站发电量。如果水电站在t_1到t_n时段内的出力$N(t)$已知，则该时段内的发电量为

$$E=\int_{t_1}^{t_n}N(t)\mathrm{d}t \quad (\text{kW}\cdot\text{h}) \quad (4-7)$$

如果已知不同时段内的平均出力$\overline{N}_i$，可以用下式计算发电量：

$$E=\sum_{i=1}^{n}\overline{N}_i\Delta t \quad (\text{kW}\cdot\text{h}) \quad (4-8)$$

式中：E为水电站在t_1到t_n时段内所产生的电能，kW·h；$\overline{N}_i$为第i时段内的平均出力，kW；Δt为计算时段长；n为时段数。

二、河川水能资源蕴藏量估算及我国水能资源概况

由式（4-4）、式（4-5）可知，构成水能资源的基本要素是流量Q和落差H。因为单位长度河段的落差（即河流纵向比）和流量都是沿河流变化的，所以在实际估算河流水能资源蕴藏量时，常沿河长分段计算水流出力，然后再逐段累加以求得全河总水流出力。即：

$$N=\sum_{j=1}^{m}9.81\overline{Q}_jH_j \quad (\text{kW}) \quad (4-9)$$

式中：m为河流分段数；H_j为j河段的落差；$\overline{Q}_j$为j河段首尾断面流量的平均值。

根据多年平均流量Q_0，由式（4-9）计算得到的水流出力N_0，称为水能资源蕴藏量。当一条河流各河段的落差和多年平均流量均为已知时，就可以利用式（4-9）估算该河流的水能资源蕴藏量。

我国河流众多，径流丰沛，落差巨大，蕴藏着丰富的水能资源，居世界首位。据统计，我国河流水能资源蕴藏量为6.76亿kW，年发电量59222亿kW·h；可能开发水能资源的装机容量3.78亿kW，年发电量19200亿kW·h。我国西南地区水能资源极其丰富，占全国水能资源的70%左右，但开发尚少，仍有很大开发潜力；而东部和中部地区水能资源较缺乏，但因人口集中、工农业生产较为发达，水能资源开发较多。

三、我国水力发电状况

自1949年新中国成立以来，我国的水电事业有了长足的发展，取得了令人瞩目的成绩。到2011年年底，全国规模超过120万kW的大（1）型水电站已有56座（表4-2）。除了常规水电站以外，我国抽水蓄能电站的建设也取得了很大的成绩。抽水蓄能电站主要建于水力资源较少地区，以适应电力系统调峰的需要。已建的主要抽水蓄能电站有：广州抽水蓄能电站（总装机容量240万kW，是中国第一座也是目前世界上最大的抽水蓄能电站），浙江天荒坪抽水蓄能电站（总装机容量为180万kW，属日调节纯抽水蓄能电站），华北十三陵抽水蓄能电站（总装机容量80万kW），河北潘家口混合式抽水蓄能电站（总装机容量42万kW）等。我国水电站建设发展迅猛，工程规模不断扩大，在国民经济中发挥着越来越大的作用。

表4-2　　中国装机容量50万kW以上的水电站

序号	电站名称	建设地点	所在河流	装机容量/万kW	总库容/亿 m^3	年发电量/亿kW·h
1	三峡	湖北宜昌	长江	1820	393.0	847
2	二滩	四川盐边、米易	雅砻江	330	58	170.4
3	葛洲坝	湖北宜昌	长江	271.5	15.8	157.0
4	广州抽水蓄能	广东从化	流溪河	240	0.4	
5	李家峡	青海尖扎、化隆	黄河	200	16.5	59.0
6	小浪底	河南济源、孟津	黄河	180	126.5	46/59
7	天荒坪蓄能	浙江安吉	大溪	180	0.1	31.6
8	明潭	台湾台北	水里溪	160	1.4	
9	白山	吉林桦甸	第二松花江	150	68.1	20.4
10	漫湾	云南云县、景东	澜沧江	150	9.2	78
11	水口	福建闽清	闽江	140	26.0	49.5
12	大朝山	云南云县、景东	澜沧江	135	9.4	59.3
13	天生桥二级	贵州、广西	南盘江	132	0.3	82
14	龙羊峡	青海共和、贵南	黄河	128	247	59.4
15	岩滩	广西大化	红水河	121	33.5	56.6
16	五强溪	湖南沅陵	沅水	120	42.0	53.7
17	隔河岩	湖北长阳	清江	120	34	30.4
18	天生桥一级	贵州、广西	南盘江	120	102.6	53.8
19	刘家峡	甘肃永靖	黄河	122.5	57.0	55.8

续表

序号	电站名称	建设地点	所在河流	装机容量/万kW	总库容/亿 m^3	年发电量/亿kW·h
20	万家寨	山西、内蒙古	黄河	108	8.96	27.5
21	丰满	吉林市	第二松花江	100.4	107.8	19.4
22	明湖	台湾台北	水里溪	100	1.4	
23	丹江口	湖北丹江口	汉江	90	209.7	38.3
24	安康	陕西安康	汉江	80	25.8	28.0
25	十三陵蓄能	北京	永定河	80		12.0
26	龚嘴	四川乐山	大渡河	70	3.1	34.2
27	宝珠寺	四川广元	白龙江	70	25.5	23.0
28	新安江	浙江建德	新安江	66.25	216.3	18.6
29	乌江渡	贵州遵义	乌江	63	21.4	30.9
30	水丰（中、朝共有）	辽宁宽甸	鸭绿江	63	146.7	39.3
31	鲁布革	云南、贵州	黄泥河	60	1.2	28.5
32	铜街子	四川乐山	大渡河	60	2	32.1
33	棉花滩	福建永定	汀江	60	20.3	15.1
34	莲花	黑龙江海林	牡丹江	55	41.8	8.0
35	东风	贵州清镇、黔西	乌江	51	8.6	24.2
36	东江	湖南资兴	耒水	50	81.2	13.2
37	万安	江西万安	赣江	50	22.2	11.5

第六节　生　态　用　水*

一、生态用水的概念

生态用水（ecological water use）。广义上讲，生态用水是指"特定区域、特定时段、特定条件下生态系统总利用的水分"，它包括一部分水资源量和一部分常常不被水资源量计算包括在内的水分，如无效蒸发量、植物截留量。狭义上讲，生态用水是指"特定区域、特定时段、特定条件下生态系统总利用的水资源总量"。根据狭义的定义，生态用水应该是水资源总量中的一部分，从便于水资源科学管理、合理配置与利用的角度，采用此定义比较有利。需要指出的是，从20世纪70年代末期以来，生态系统的用水问题日渐引起国内外广大学者的关注。但是，由于生态用水本身属于生态学与水文学之间的交叉问题，过去虽然做了大量的研究工作，但在基本概念上仍未统一，许多基本理论仍不成熟，有待进一步研究[2]。

由于自然界中的水资源是有限的，某一方面用水多了，就会挤占其他方面的用水，特别是常常忽视生态用水的要求。在现实生活中，由于主观上对生态用水不够重视，在水资源分配上几乎将百分之百的可利用水资源用于工业、农业和生活，于是就出现了河流缩

短、断流、湖泊干涸、湿地萎缩、土壤盐碱化、草场退化、森林破坏、土地荒漠化等生态退化问题，严重制约着经济社会发展，威胁着人类生存环境。因此，要想从根本上保护或恢复和重建生态系统，确保生态用水是至关重要的问题。因为缺水是很多情况下生态系统遭受威胁的主要因素，合理配置水资源，确保生态用水，对保护生态系统、促进经济社会可持续发展具有重要的意义。

二、生态系统与水资源的关系

水是生态系统不可替代的要素。可以说，哪里有水，哪里就有生命。同时，地球上诸多的自然景观，如奔流不息的江河，碧波荡漾的湖泊，气势磅礴的大海，它们的存在也都离不开水这一最为重要、最为活跃的因子。一个地方具备什么样的水资源条件，就会出现什么样的生态系统，生态系统的盛衰优劣都是水资源分配结果的直接反映。下面将从不同的角度来介绍水资源对生态系统的影响和作用。

1. 水资源是生态系统存在的基础

水是一切细胞和生命组织的主要成分，是构成自然界一切生命的重要物质基础。人体内所发生的一切生物化学反应都是在水体介质中进行的。人的身体70%由水组成，哺乳动物含水60%～68%，植物含水75%～90%。没有水，植物就要枯萎，动物就要死亡，人类就不能生存。

无论自然界环境条件多么恶劣，只要有水资源保证，就有生态系统的存在和繁衍。以耐旱植物胡杨为例，在西北干旱地区水资源极度匮乏的情况下，只要能保证地表以下5m范围内有地下水存在，胡杨就能顽强地成活下去。因此，水资源的重要意义不只是针对人类社会，对生态系统也是同样起决定作用的。

2. 人类过度掠夺水资源，使生态系统遭受严重破坏

自18世纪中叶的工业革命以来，随着科技和经济的飞速发展，人类征服自然、改造自然的意识在逐步增强，对自然界的索取越来越多，由此对自然界造成的破坏规模和程度也越来越深。包括水资源在内的自然资源都遭到了人类的过度开发和掠夺，人类对自然的破坏已超越了自然界自身的恢复能力，因此，地下水超采严重、土地荒漠化、水环境恶化这些专业词汇已成为人们耳闻目睹的常用词，生态退化问题也由局部地区扩展到全球范围，由短期效应转变为影响子孙后代的长久危机。

3. 生态系统的恶化又会影响人类的生存和发展

人类在向自然界索取的同时，也受到了自然界对人类的反作用。随着人类对生态系统的破坏越来越严重，一系列的负面效应已经回报到人类身上。目前，我国的河流、湖泊和水库都遭到了不同程度的污染。2013年，全国河流水质符合Ⅰ类的河长仅占4.8%，符合Ⅱ类的河长占42.5%，Ⅲ类的占21.3%，Ⅳ类的占10.8%，Ⅴ类的占5.7%，劣Ⅴ类的占14.9%，全国Ⅰ～Ⅲ类水河长比例为68.6%。从水资源分区看，西南诸河区、西北诸河区水质为优，珠江区、东南诸河区水质为良，长江区、松花江区水质为中，黄河区、辽河区、淮河区水质为差，海河区水质为劣。中小河流50%不符合渔业水质标准；全国一半以上的人饮用污染超标水；巢湖、滇池、太湖、洪泽湖已发生了严重的富营养化，水体变色发臭，引起湖泊生态系统的改变；20世纪中后期，我国西北地区部分城市由于只重视经济发展，缺乏对生态系统承受能力和水资源条件的考虑，水资源过度开发导致地下水

位迅速下降、耕地荒漠化严重，曾经好转的沙尘暴问题又再次加剧。由此可见，人类在自身发展的同时，必须要考虑自然资源和生态系统的承受能力。否则，过度的开发将会让人类尝到自己种下的恶果。

4. 对经济社会发展的宏观调控，是实现人与自然和谐共存的途径

人与自然和谐共存是当今社会发展的主流指导思想，也是可持续发展理论的重要体现，对经济社会的宏观调控则是实现这一目标的重要手段。就水资源而言，用“以供定需”替代“以需定供”，通过对水资源的合理分配，使得在保证生态用水的基础上，考虑生活和生产用水，尽最大可能协调人类社会与生态系统之间的用水需求和平衡关系，实现两者共同发展的双赢局面。

三、生态用水量计算

目前，计算生态用水量的方法主要有两大类：一是针对河流、湖泊（水库）、湿地、城市等小尺度提出的计算方法；二是针对完整生态系统区域尺度提出的计算方法。通常按水资源的补给功能将流域划分为河道外和河道内两部分，并以此分别计算各部分的生态用水量。河道外生态用水为水循环过程中扣除本地有效降雨后，需要占用一定水资源量以满足植被生存耗水的水量。它主要针对不同的植被类型，分析其生态用水定额，再求出总生态用水量。河道内生态用水是维系河流或湖泊、水库等水域生态系统平衡的水量。它主要从实现河流的功能以及考虑不同水体这两个角度出发，包括非汛期河道的基本用水量，汛期河流的输沙用水量，以及防止河道断流、湖泊萎缩等的用水量。

第七节 各用水部门间的矛盾与协调

上文已经介绍了生活、农业、工业、水力发电、生态等用水类型。实际上，水资源还有航运、景观娱乐等多种利用途径。由此可见，水资源的用途是多方面的。但是，可以利用的水资源量却是有限的，必然会出现用水部门之间为争水而引发的矛盾以及需求与供给之间的矛盾。

一、用水矛盾

按照水资源的使用功能和供需关系，可以把用水矛盾分成两大类：

（1）由于各用水部门对于水资源条件的要求不同，在使用功能上相互排斥，导致用水部门之间存在一定的矛盾。比如，发电、灌溉、养渔等需要拦河筑坝，以抬高水位，但是筑坝后会影响船、筏、鱼通行，影响航运和某些生物生长。再比如，农田灌溉需要拦河筑坝，修建水库，保障灌溉供水，但是由于水位抬高，可能又会造成次生盐碱化，又反过来影响农业生产。再比如，承担发电任务的水库，从发电需求来说，希望水库多蓄水以抬高水位，同时希望按照电力系统需求放水发电；但从灌溉需求来说，希望水库在灌溉季节多放水，在非灌溉季节少放水甚至不放水。

（2）由于水资源量是有限的，而需水量是不断增加的，导致需水与供水之间存在一定的矛盾，不同部门之间、不同地区之间、上下游之间、人类生产生活用水与生态用水之间为争夺有限水资源产生的矛盾。产生这些矛盾的实例很多，教训也很多。比如，某些北方地区为了发展经济，不顾水资源的承载能力，盲目扩大城市规模、人口数量，兴建工厂、

企业，一方面导致水资源严重短缺，一方面由于挤占了生态用水，导致生态退化，加剧了水资源系统的破坏。再比如，河流上游发展灌溉、工业，大量耗水，则导致下游用水严重短缺，并破坏生态系统。再比如，位于河流两岸的地区，都希望多用些水，但河流可利用水量是有限的，可能会导致争水矛盾甚至纠纷。

二、用水矛盾的协调

出现用水矛盾是不可避免，但关键在于如何妥善解决这些矛盾。这是关系着国计民生、社会稳定和人类长远发展的一件大事。水行政主管部门一定要给予高度的重视，在力所能及的范围内，尽可能充分考虑经济社会发展、水资源充分利用、生态系统保护之间的协调；尽可能充分考虑人与自然的和谐发展；尽可能满足各方面的需求，以最小的投入获取最满意的社会效益、经济效益和环境效益[3]。在协调用水矛盾时，应坚持以下原则：

（1）坚持依法治水的原则。我国现行的法律、规范是指导各行业工作正常开展的依据和保障，它也是水利行业合理开发利用和有效保护水资源、防治水害、充分发挥水资源综合效益的重要法律依据。因此，在处理水事纠纷、协调用水矛盾时，必须严格遵守我国相关法律和规章制度，如《中华人民共和国水法》《中华人民共和国水污染防治法》《中华人民共和国水土保持法》《中华人民共和国环境保护法》等。这是我国水行政主管部门行使水管理职能的法律依据，是有效解决用水矛盾的法律手段。

（2）坚持全局统筹、兼顾局部的原则。水，是属于国家所有的一种自然资源，是社会全体共同拥有的宝贵财富。水资源的开发利用也必须站在整体的高度，服从全局。一切片面追求某一地区、某一行业单方面利益的做法都是不可取的。当然，“从全局出发”并不是不考虑某些局部要求的特殊性，而应是从全局出发，统筹兼顾某些局部要求，使全局与局部辩证统一，从而使水资源利用获得的总体效益最大，出现的水事纠纷最少，确保经济社会发展健康有序。

（3）坚持系统分析与综合利用的原则。如上文所述，水问题涉及多个方面、多个部门和多个行业，出现的用水矛盾也多种多样，涉及因素也很多。这就要求我们在协调用水矛盾时，既要对问题进行系统分析，又要采取综合措施，尽可能做到一水多用、一库多用、一物多能，最大可能地满足各方面的需求，让水资源创造更多的效益，为人类做更多的贡献。

（4）坚持人与人和谐、人与水和谐的原则。上文列举的用水矛盾，实际上就是人与人的关系、人与水的关系问题。在处理人与人用水矛盾时，要从全局出发，从构建和谐社会的高度出发。在处理人与水矛盾时，要从人水和谐的角度出发，走人水和谐之路。

课 外 知 识

1. 南水北调工程

南水北调工程是为缓解北方地区日益严重的水资源短缺问题而规划建设的特大型跨流域调水工程，也是一项正在实施的优化水资源配置、保障经济社会可持续发展的重大战略性基础设施。

自 1952 年 10 月 30 日毛泽东主席提出“南方水多，北方水少，如有可能，借点水来也是可以的”宏伟设想以来，在党中央、国务院的领导和关怀下，广大科技工作者经过近50年来多部门多学科的全面勘测、研究和论证，2002年末，中国宣布将建设有史以来投资最大、工期最长的水利工程——南水北调工程，以东线、中线、西线三条线路将长江、淮河、黄河和海河四大水系连接起来，形成“四横三纵”的总体布局，以利于实现我国水资源南北调配、东西互济的合理配置格局。

工程完成后不仅可以解决北京、天津、石家庄等30多座北方大中城市的缺水问题，促进当地城市化进程，实现我国水资源南北调配、东西互济的合理配置格局，而且在沿线地区，特别是西部沿线地区将崛起新的经济增长点，繁荣华北、西北地区的经济，对整个国民经济的推动和可持续发展都将产生重大而深远的影响。

东线工程：从长江下游扬州抽引长江水，利用京杭运河及与其平行的河道逐级提水北送，并连接起调蓄作用的洪泽湖、骆马湖、南四湖、东平湖，向黄淮海平原东部供水，终点天津。出东平湖后分两路输水：一路向北，在位山附近经隧洞穿过黄河；另一路向东，通过胶东地区输水干线输水到烟台、威海。长江到天津输水主干线长1150km，与之平行的输水分干线长740km。东线供水范围包括黄淮海平原的东部、淮河以南的里运河两岸地区，以及山东半岛的济南、烟台、威海等地。2013年12月10日，南水北调东线一期工程正式通水。

中线工程：从长江中游干流及其主要支流汉江引水，具体是从加坝扩容后的丹江口水库陶岔渠首闸引水，沿唐白河流域西侧过长江流域与淮河流域的分水岭方城垭口后，经黄淮海平原西部边缘，沿伏牛山到郑州以西孤柏嘴处采用倒虹吸式隧道穿越黄河，沿京广线西侧北上至北京玉渊潭。全长1246km，其中黄河以南462km，穿黄河段约10km，黄河以北774km。在河北省徐水附近向东分一支送水到天津，天津干渠长144km。全线采取封闭调水，凡沿途跨越的河渠、铁路、公路等全部实施立交。中线涉及长江、淮河、黄河、海河四个水系，途经鄂、豫、冀三省终至北京、天津市。2014年12月12日，南水北调中线一期工程正式通水。

西线工程：是在长江上游通天河、支流雅砻江和大渡河上游筑坝建库，开凿穿过长江与黄河分水岭巴颜喀拉山的输水隧洞，调长江水入黄河上游。供水目标主要是解决青、甘、宁、内蒙古、陕、晋等6省（自治区）以及黄河上中游地区和渭河关中平原的缺水问题。结合已兴建的黄河干流骨干水利枢纽工程，还可以向邻近黄河流域的甘肃河西走廊地区供水；必要时也可相机向黄河下游补水。

规划的东线、中线和西线工程到2050年调水总规模为448亿m^3，其中东线148亿m^3，中线130亿m^3，西线170亿m^3。

2. 渠系及渠系水利用系数

渠系：由完整的输配水灌溉渠道组成，包括干渠、支渠、斗渠、农渠和毛渠。其中，农渠以上输配水量称为渠系水，农渠以下输配水量称为田间水。

渠道水利用系数：是指某渠道的出口流量与入口流量的比值，或者说，是某渠道下断面的流量与上断面流量的比值。它反映的是单一的某级渠道的输水损失。

渠系水利用系数：是指渠系末级固定渠道放出的总水量与渠首引进总水量的比值。它反映了从干渠渠首到农渠的各级输配水渠道的输水损失，表示了整个渠系的水利用效率。

其影响因素很多，其中主要因素为渠道的防渗措施、土壤的透水性能、输水流量和地下水水位等。

田间水利用系数：是指田间所需的净水量与进入田间的水量的比值。它反映农渠以下（包括临时毛渠直至田间）水的利用效率。

灌溉水利用系数：是指田间所需的净水量与渠首引水量之比，或等于渠系水利用系数与田间水利用系数的乘积。它反映全灌区的灌溉水利用效率。

3. 长江三峡水利枢纽工程

兴建长江三峡水利枢纽工程（简称“三峡工程”），是中华民族几代人的夙愿。1992年4月3日，第七届全国人民代表大会第五次会议审议并通过了《关于兴建长江三峡工程决议》。从此，三峡工程由论证阶段走向实施阶段。1994年12月14日，三峡工程正式开工，总工期17年，于2003年开始蓄水发电，2009年全部完工。三峡工程是中国乃至世界上最大的水利枢纽工程，是治理和开发长江的关键性骨干工程。

长江三峡水利枢纽工程位于长江西陵峡中段，坝址在湖北省宜昌市三斗坪，坝址控制流域面积100万km^2，多年平均年径流量4510亿m^3，多年平均年输沙量5.3亿t。设计正常蓄水位175m，总库容393亿m^3，其中防洪库容221.5亿m^3。电站装机总容量1820万kW，年平均发电量847亿kW·h。枢纽主要建筑物由大坝、电站厂房、船闸和升船机组成。大坝为混凝土重力坝，轴线全长2335m，坝顶高程185m，最大坝高175m。泄洪坝段位于河床中部，两侧为电站厂房。通航建筑物包括永久船闸和垂直升船机，均布置在左岸。永久船闸可通过万吨级船队，年单向通过能力5000万t。升船机一次可通过一艘3000t级客货轮或1500t级船队。长江三峡水利枢纽工程是开发和治理长江的关键性世纪工程，具有防洪、发电和航运等综合效益。

思　考　题

1. 分析各用水部门间可能出现的矛盾，论述我们应该如何协调或解决这些矛盾？
2. 分析生态用水的重要性，论述如何保证生态用水？
3. 从我国水资源开发利用现状来分析，该如何做好水资源工作？

参　考　文　献

[1] 陈志恺．中国水利百科全书（水文与水资源分册）[M]．北京：中国水利水电出版社，2004.
[2] 左其亭．论生态环境用水与生态环境需水的区别与计算问题[J]．生态环境，2005，14(4)：611-615.
[3] 左其亭，窦明，吴泽宁．水资源规划与管理[M]．2版．北京：中国水利水电出版社，2014.
[4] 第一次全国水利普查公报[R]．北京：中国水利水电出版社，2013.
[5] 2013年全国水利发展统计公报[R]．北京：中国水利水电出版社，2014.

第五章　水资源学的基本理论

既然把水资源学看成是一门分支学科，就应该有自己的基本理论，以构建本学科的理论框架。这是形成水资源学的重要基础。

结合水资源学的主要内容，本章介绍了水量平衡原理、水质迁移转化原理、水资源价值理论、水资源优化配置理论、水资源可持续利用理论、人水和谐理论等内容。这些内容也是本书后面几章将要介绍的水资源工作内容的理论基础。

第一节　水量平衡原理

水量平衡原理是研究一切水文现象和水资源转化关系的基本原理，水资源转化模型是水量平衡原理在水循环过程模拟中的具体应用。

一、水量平衡原理

1. 基本方程

水量平衡（water balance），是指任意选择的流域（或区域），在任意的时段内，其收入的水量与支出的水量之差等于其蓄水量的变化量。即在水循环过程中，从总体上来说水量收支平衡。水量平衡的基本方程为

$$I-O=W_2-W_1=\Delta W \tag{5-1}$$

式中：I 为计算时段内某计算单元的总输入水量；O 为计算时段内某计算单元的总输出水量；W_1、W_2 为计算时段始、末某计算单元的蓄水量；ΔW 为时段内蓄水量的变化量，$\Delta W>0$ 表示该计算单元蓄水量增加，$\Delta W<0$ 则表示蓄水量减少。

水量平衡原理，是水资源学的基本理论之一，也是研究和解决一系列实际问题的手段和方法，具有十分重要的意义。

2. 全球水量平衡方程

对于海洋系统来说，其水量平衡方程式可写成：

$$P_{洋}+R-E_{洋}=\Delta W_{洋} \tag{5-2}$$

式中：$P_{洋}$ 为某一年海洋上的降水量；R 为某一年大陆流入海洋的径流量；$E_{洋}$ 为某一年海洋上的蒸发量；$\Delta W_{洋}$ 为某一年海洋蓄水量的变化量。

对于多年平均情况，$\Delta W_{洋}$ 接近于 0，故水量平衡方程为

$$\overline{E}_{洋}=\overline{P}_{洋}+\overline{R} \tag{5-3}$$

式中：$\overline{E}_{洋}$ 为海洋上多年平均蒸发量；$\overline{P}_{洋}$ 为海洋上多年平均降水量；$\overline{R}$为大陆多年平均径流量。

根据以上原理，同样可得到陆地多年平均情况下的水量平衡方程式：

$$\overline{E}_{陆}=\overline{P}_{陆}-\overline{R} \tag{5-4}$$

式中：$\overline{E}_{陆}$为大陆多年平均蒸发量；$\overline{P}_{陆}$为大陆多年平均降水量；$\overline{R}$为大陆多年平均径流量。

将式（5－3）和式（5－4）相加，即得全球水量平衡方程：

$$\overline{E}_{洋}+\overline{E}_{陆}=\overline{P}_{洋}+\overline{P}_{陆} \qquad [5-5\ (a)]$$

或

$$\overline{E}=\overline{P} \qquad [5-5\ (b)]$$

式中：$\overline{E}$为全球多年平均蒸发量；$\overline{P}$为全球多年平均降水量。

3. 流域水量平衡方程

对于一个天然流域，计算时段内的水量平衡方程式为

$$P+q_{入}=R+E+q_{出}+\Delta W \tag{5-6}$$

式中：P、R、E 分别为计算时段内流域降水量、径流量和蒸发量；$q_{入}$ 为计算时段内从外流域流入本流域的水量；$q_{出}$ 为计算时段内本流域流到外流域的水量；ΔW 为流域地面及地下蓄水量的变化量。

对于无跨流域调水的闭合流域（地面分水线与地下分水线一致的流域），$q_{入}$ 与 $q_{出}$ 均为0，则一般常用的流域水量平衡方程为

$$P=R+E+\Delta W \tag{5-7}$$

就长期来说，ΔW 多年平均为0，则多年平均情况下的流域水量平衡方程为

$$\overline{P}=\overline{R}+\overline{E} \tag{5-8}$$

上式表明，对于闭合流域，多年平均降水量$\overline{P}$等于多年平均径流量$\overline{R}$与多年平均蒸发量$\overline{E}$之和。

4. 区域水量平衡方程

对于某一区域，在计算时段内其输入的总水量为

$$I=P+R_r+R_g+q_{入} \tag{5-9}$$

式中：I 为计算时段内的区域总输入水量；P 为计算时段内的区域降水量；R_r 为计算时段内流入区域内的地表径流量；R_g 为计算时段内流入区域内的地下径流量；$q_{入}$ 为计算时段内由区域外调入的水量。

输出的总水量为

$$O=E+R'_r+R'_g+q_u+q_{出} \tag{5-10}$$

式中：O 为计算时段内的区域总输出水量；E 为计算时段内的区域蒸发量；R'_r为计算时段内流出区域的地表径流量；R'_g为计算时段内流出区域的地下径流量；q_u 为计算时段内扣除蒸发量后的区域总耗水量，主要指工业、生活耗水量；$q_{出}$ 为计算时段内由本区域的调出水量。

由式（5－1）得出区域水量平衡方程式为

$$P+R_r+R_g+q_{入}=E+R'_r+R'_g+q_u+q_{出}+\Delta W \tag{5-11}$$

就长期来说，其多年平均情况下的区域水量平衡方程为

$$\overline{P}+\overline{R}+\overline{q}_{入}=\overline{E}+\overline{R'}+\overline{q}_u+\overline{q}_{出} \tag{5-12}$$

式中：$\overline{P}$为区域多年平均降水量；$\overline{R}$为流入区域内的多年平均径流量，$\overline{R}=\overline{R}_r+\overline{R}_g$；$\overline{R'}$为流出区域的多年平均径流量，$\overline{R'}=\overline{R'}_r+\overline{R'}_g$；$\overline{E}$为区域多年平均蒸发量；$\overline{q}_{入}$为区域多年平

均调入水量；$\overline{q}_u$ 为扣除蒸发量后的区域多年平均耗水量；$\overline{q}_{出}$ 为区域多年平均调出水量。

5. 地下水系统水量平衡方程

对于一个天然的地下水系统，计算时段内的水量平衡方程式为

$$\alpha P+U_i-U_o-E_u=\Delta W_u$$

式中：α 为地下水的降水入渗补给系数；E_u 为地下水经土壤上升到地面后的蒸发量；U_i 为地下流入该系统的水量；U_o 为地下流出该系统的水量；ΔW_u 为地下蓄水量的变化量。

二、水资源转化模型

本书在第三章曾介绍了水资源转化方面的知识。要科学、客观地分析一个地区的水资源状况，需要从水循环的角度来研究水资源转化关系，建立基于水量平衡原理的水资源转化模型。

根据图 3-2，在天然情况下，一个流域的水资源总补给量为大气降水量；总排泄量为河川径流量、总蒸发量和地下潜流量之和。地表水资源主要为河川径流量，其补给来源有大气降水、高山冰雪融水、地下水补给等，其排泄方式有河川径流、水面蒸发、土壤入渗、人工开采等形式；包气带土壤水接受大气降水、河川径流、渠系田间的下渗补给，其排泄方式有土壤蒸发、植物蒸腾以及在一定情况下的下渗补给地下水（当土壤含水量超过田间持水量时）；地下水的补给来源主要为大气降水和地表水的入渗补给，在平原地区还有山区的侧向潜流补给，其排泄方式有河川基流、潜水蒸发、地下潜流及人工开采等形式。可见，地表水、地下水之间通过包气带紧密联系，互相转化[1]。

由此，可将水资源转化关系表达成一个由降水、蒸发、径流形成以及大气水-地表水-土壤水-地下水“四水”转化的全过程，水资源转化模型则是用来描述各水资源要素之间相互转化关系的数学工具。它清楚地表明了坡面、包气带和地下水的补排关系，以及水资源的由来和组成，并根据各要素间的水量平衡关系，对水资源进行定量分析。下面将以一个天然流域为例，来介绍水资源转化模型的建模方法。通常，天然流域是由上游山丘区和下游平原区组成，因此也将水资源转化模型分为两部分来介绍。

1. 上游山丘区

山丘区为径流形成区，一般情况下人类的取用水活动较少，且基本以水资源的天然转化为主，因此根据水量平衡原理，在计算时段内流域上游山丘区的水量平衡方程式为

$$P=E+R+U_g+\Delta W \tag{5-13}$$

式中：P 为计算时段内的降水量；E 为计算时段内的总蒸发量；R 为计算时段内的河川径流量；U_g 为计算时段内的地下潜流量；ΔW 为计算时段内蓄水变化量，包括地表水和地下水的蓄水变化量。

在多年平均情况下，ΔW 项可忽略不计，上式简化为

$$\overline{P}=\overline{E}+\overline{R}+\overline{U}_g \tag{5-14}$$

因为河川径流量 R 由地表径流量 R_s 和地下径流量 R_g 组成，总蒸发量 E 由地表蒸发量 E_s（包括土壤蒸发、植物蒸腾在内）和潜水蒸发量 E_g 组成，故式（5-14）可写为

$$\overline{P}=\overline{E}_s+\overline{E}_g+\overline{R}_s+\overline{R}_g+\overline{U}_g \tag{5-15}$$

在山丘区，受地形坡度的影响，地下水的补给形式主要以降水入渗补给为主，地表水入渗补给相对较少。考虑多年平均情况下，则地下水的降水入渗补给量 $\overline{P}_g$ 和排泄量应相

等，这部分水量就是地下水资源量$\overline{W}_g$；而地下水的排泄量有河川基流（地下径流）$\overline{R}_g$、潜水蒸发$\overline{E}_g$、地下潜流$\overline{U}_g$。故地下水资源量$\overline{W}_g$可用下式表示：

$$\overline{W}_g=\overline{P}_g=\overline{E}_g+\overline{R}_g+\overline{U}_g \tag{5-16}$$

需要说明的是，将潜水蒸发量E_g作为地下水资源的一部分，是因为它是一种潜在水资源，通过地下水的人工开采，降低地下水位，就可以把它的一部分转化为可利用的地下水资源。

将式（5-16）代入式（5-15），得到

$$\overline{P}=\overline{E}_s+\overline{R}_s+\overline{P}_g \tag{5-17}$$

根据区域水资源的概念，山丘区的多年平均水资源总量$\overline{W}$为

$$\overline{W}=\overline{P}-\overline{E}_s=\overline{R}_s+\overline{P}_g \tag{5-18}$$

或者

$$\overline{W}=\overline{R}+\overline{E}_g+\overline{U}_g \tag{5-19}$$

当山丘区地下水埋深较大（大于4m）时，$\overline{E}_g$可以忽略；在一定的水文地质条件下（如地下含水层被隔水层阻隔），$\overline{U}_g$也能忽略，则此种条件下式（5-19）就简化为

$$\overline{W}\approx\overline{R} \tag{5-20}$$

上式表示在一定的条件下，山丘区的河川径流量可以近似认为是总水资源量；地下径流量就能代表地下水资源量。如果地下水还有越流补给和向深层渗漏的情况，要另行计入。但一般情况下这两项的数量都很小，均可忽略不计[1]。

在石灰岩山区，因岩溶裂隙和构造裂隙发育，河道渗漏量可能很大，这部分水最终将以河川基流（地下径流）或地下潜流的形式排泄，具体处理比较复杂。若这些水在山丘区内已排泄入河道并流经山口的河道断面，则已计入基流之中；若在区内没有来得及排泄出，则应计入潜流之中[1]。

2. 下游平原区

在天然状况下，平原区的水量平衡同样可以用式（5-17）来表示，即平原区的降水量$\overline{P}_{平}$消耗于地表径流量$\overline{R}_{s平}$、地表蒸发量$\overline{E}_{s平}$和降水入渗补给量$\overline{P}_{g平}$。但由于在平原区人类活动频繁、用水量激增，导致平原区的总耗水量$\overline{q}$数值较大，不能忽略，因此平原区的水资源转化关系必须考虑人类活动的影响，即有下式成立：

$$\overline{P}_{平}=\overline{E}_{s平}+\overline{R}_{s平}+\overline{P}_{g平}+\overline{q} \tag{5-21}$$

式中：$\overline{q}$为平原区扣除蒸发量后的多年平均耗水量，由于其受工程措施和技术水平影响很大，因而平原区按排泄量计算的地下水资源量已不再是天然情况下的多年平均值，而是指现状开采条件下（包括过量开采）的多年平均值。

需要说明的是，式（5-21）是平原区本地水资源（即不考虑上游来水，而只考虑当地降水）所构成的水量平衡方程式，而在实际运用时还要考虑上游山丘区对平原区的侧向潜流补给。由此，平原区的地下水除了本地的降雨入渗补给外，还包括上游山区的侧向潜流补给$U_{g山}$和地表水渗漏补给$Q_{表补}$，其地下水资源计算公式为

$$\overline{W}_{g平}=\overline{P}_{g平}+\overline{U}_{g山}+\overline{Q}_{表补} \tag{5-22}$$

式中：$\overline{W}_{g平}$为平原区的地下水资源量。

参照式（5-16）的组成，并考虑平原区地下水净开采量$\overline{q}_{采}$（通常在平原区的地下水

净开采量数值较大，不能忽略)，则式（5-22）可写成

$$\overline{W}_{g平}=\overline{E}_{g平}+\overline{R}_{g平}+\overline{U}_{g平}+\overline{U}_{g山}+\overline{Q}_{表补}+\overline{q}_{采} \tag{5-23}$$

式中：脚注“平”指平原区；“山”指山丘区。

地表水渗漏补给量 $Q_{表补}$ 由河道（含湖泊、水库等地表水体）渗漏量 $Q_{河}$、渠系渗漏量 $Q_{渠}$ 和田间回归量 $Q_{田}$ 三部分组成，即

$$\overline{Q}_{表补}=\overline{Q}_{河}+\overline{Q}_{渠}+\overline{Q}_{田} \tag{5-24}$$

根据本地水资源的定义，参照式（5-18)，平原区水资源总量为

$$\overline{W}_{平}=\overline{P}_{平}-\overline{E}_{s平}=\overline{R}_{s平}+\overline{P}_{g平} \tag{5-25}$$

如将式（5-25）与式（5-22）进行比较会发现，当平原区的地表径流 $R_{s平}$ 较小，而上游山丘区的侧向潜流补给 $U_{g山}$ 和地表水回归渗漏补给 $Q_{表补}$ 较大时，会出现$\overline{R}_{s平}<\overline{U}_{g山}+\overline{Q}_{表补}$的情况，此时，就会有平原区的地下水资源量$\overline{W}_{g平}$大于本地水资源总量$\overline{W}_{平}$的现象，这是由于水资源转化造成的重复计算所致。因为，山丘区侧向潜流补给$\overline{U}_{g山}$应该是山丘区的地下水资源；$\overline{Q}_{表补}$中的$\overline{Q}_{渠}$和$\overline{Q}_{田}$又分别来自于地表引水量和地下开采量，是其使用过程中的渠系和田间损失部分，这两部分在$\overline{W}_{g平}$中再次被计入，也是重复计算量[1]。因此，在计算平原区本地水资源量时，要扣除这些重复计算的项目。

3. 全流域

全流域的多年平均水量平衡方程式，与式（5-21）相近，即

$$\overline{P}_{全}=\overline{E}_{s全}+\overline{R}_{s全}+\overline{P}_{g全}+\overline{q} \tag{5-26}$$

或者

$$\overline{P}_{全}=\overline{R}_{全}+\overline{E}_{s全}+\overline{E}_{g全}+\overline{U}_{g全}+\overline{q} \tag{5-27}$$

式中：脚注“全”是指全流域；其余符号意义同前。

全流域的地表水资源量$\overline{W}_{s全}$（即河川径流量）为

$$\overline{W}_{s全}=\overline{R}_{全}=\overline{R}_{山}+\overline{R}_{平}=\overline{R}_{s山}+\overline{R}_{s平}+\overline{R}_{g山}+\overline{R}_{g平} \tag{5-28}$$

全流域的地下水资源量$\overline{W}_{g全}$为

$$\overline{W}_{g全}=\overline{W}_{g山}+\overline{W}_{g平}-\overline{W}_{g重} \tag{5-29}$$

式中：$\overline{W}_{g重}$为山丘区和平原区之间的地下水资源重复计算量，包括上游山丘区的侧向潜流补给量$\overline{U}_{g山}$和地表水渗漏补给量$\overline{Q}_{表补}$等。

由此，得出全流域的水资源总量计算公式：

$$\overline{W}_{全}=\overline{W}_{s全}+\overline{W}_{g全}-\overline{W}_{g重} \tag{5-30}$$

或者

$$\overline{W}_{全}=\overline{W}_{山}+\overline{W}_{平}=\overline{R}_{全}+\overline{E}_{g全}+\overline{U}_{g全}+\overline{q} \tag{5-31}$$

式（5-30）中的$\overline{W}_{g重}$，包括全部基流量和地表水渗漏补给部分。

第二节　水质迁移转化原理

水质迁移转化（water quality transfer and transform)，是指污染物在进入水体后会经历一系列复杂的反应过程，并导致其在水体中的含量不断变化。水质迁移转化原理是水

资源学的一个重要理论，它经常被用来定量分析天然水体对污染物的容纳和自净能力，对于水资源保护和水污染防治具有重要的理论指导作用。本节将在叙述污染物在水中的迁移转化原理基础上，介绍水质迁移转化基本方程和求解方法。

一、污染物在水中的迁移转化原理

污染物在进入水体后会经历一系列复杂的物理、化学及生物反应过程，并导致其在水体中的含量不断变化，这些过程包括溶解平衡作用、氧化还原作用、配合作用、吸附作用(界面化学平衡作用)、生物降解作用等[2]。以上作用可能对于水质改善是正面的（如耗氧有机物的降解过程），但也有可能是负面的（如汞的甲基化过程）。下面以耗氧有机物为例介绍其在水体中的转化原理。

耗氧有机物主要指动、植物残体和生活工业产生的碳水化合物、脂肪、蛋白质等易分解的有机物，它们在分解过程中要消耗水中的溶解氧，故称为耗氧有机物。耗氧有机物中的碳原子处于还原状态，所以它们在热力学上都是不稳定的，在与大气中氧分子或与溶解氧接触的条件下，死亡有机体中的碳原子被氧化为高价状态，当条件有利时会氧化为最终产物 CO_2。

耗氧有机物在水体中的分解过程分为好氧和厌氧两种情况。如果地表水溶解氧足够供应有机物氧化的需要，则有机物在好氧细菌的作用下进行氧化分解。在好氧分解过程中，有机物含有的碳、氮、磷和硫等化合物分解为二氧化碳、硝酸盐、磷酸盐、硫酸盐等无机物。好氧分解过程进行得比较快，最终产物也比较稳定，图 5-1 给出了在一般情况下有机物的好氧分解过程。当溶解于水中的氧耗尽时，好氧细菌便死亡，取而代之的是厌氧细菌，在缺乏溶解氧的条件下有机污染物进行厌氧分解。厌氧分解的最终产物是 NH_3、腐殖质、CO_2、CH_4 和硫化物（如 H_2S），其中 NH_3、CH_4、H_2S 等气体在水中达到饱和时，就会逸出水面进入大气，这些气体中有些成分（如 H_2S）恶臭难闻、令人感到厌恶。厌氧分解过程比较缓慢，同时其最终产物不是很稳定，当遇到表层水中的溶解氧或大气中的氧气时还能进一步被氧化，生成硝酸盐、硫酸盐或 NO_x、SO_x 等气体产物。在自净过程中促使有机物进行分解的，主要是水栖细菌、真菌、藻类及许多单细胞或多细胞低等生物。

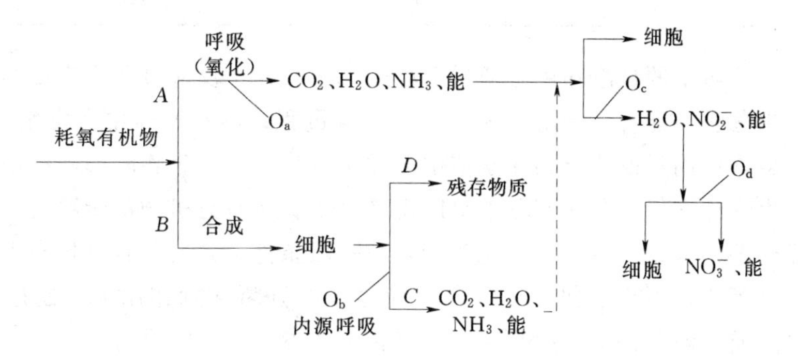

图 5-1 水中有机物的好氧分解示意图

A—将吸收有机物氧化为无机物并释放能量；*B*—合成微生物新的细胞体；*C*—微生物的细胞质通过呼吸而氧化；*D*—释放残存物质

以上主要介绍了耗氧有机物在水体中的转化过程。对于水体中的其他溶质来说，通常会有多种水化学反应同时进行。例如重金属在水体中可能进行的反应有沉淀与溶解、氧化与还原、配合与螯合、吸附与解吸等，这些反应往往与水体的酸碱性和氧化还原条件有着密切关系。污染物在水体中的主要反应过程及其影响因子见表 5-1。

表 5-1　污染物的主要反应过程及影响因子[2]

反应名称	过程描述	代表性物质	影响因子
挥发	表示物质的挥发损失过程	液氨、盐酸、苯乙烯、丙二醇、甘烷、酚、甲苯、乙苯、二甲苯、甲醛等	决定于物质的蒸汽压、水溶性和环境因素，如风速、水流和温度
吸附	表示吸收（吸附）和分配（溶解）的一般概念	重金属、芳烃类化合物	决定于物质的亲水和疏水性质及吸附剂的成分；其决定因素有溶解性、吸附剂含量等
光解	物质既进行从吸收能量引起的直接转化反应，又进行反应过程中的非直接转化，如由于被激发的化学物质或自由基作用而引起的氧化作用	百菌清、蒽醌类化合物、含氟有机化合物、氰化物	决定于从紫外线到可见光范围内物质的吸收光谱系数，如一天给定时间内太阳光强度的分配、季节、水的深度和臭氧层的厚度，也决定于化学反应的量子场
氧化还原	通过与氧化剂或还原剂作用而发生的化学反应来打开化学物质的化学键	含有铁、氮、硫、锰、砷等多价元素的盐类或氧化物	决定于可能反应位数量和类型，也决定于氧化剂或还原剂的存在
水解	物质与水、氧和氧离子的反应，通常导致基团的产生和其他官能团的消失	弱碱弱酸盐、金属氮化物、金属硫化物、酯类、二糖、多糖、二肽、多肽、亚胺	决定于自然 pH 值条件下可水解的官能团的存在及其数目，以及不同 pH 值条件下加入的酸和碱及催化反应
生物富集	水生生物在水体中对化学物质的吸收和累积作用，它往往是通过水和脂肪之间的分配完成的	重金属、有机氯杀虫剂、多氯联苯	决定于物质特性（疏水性）和生物的脂肪含量，代谢和净化过程的速率
生物降解	生物酶对物质的催化转化过程	耗氧有机物、酚类、芳烃化合物、有机磷杀虫剂、除草剂	决定于物质的稳定性和毒性、微生物的存在以及环境因素（包括 pH 值、温度、溶解氧、可利用的氮）

污染物在水环境中的自净作用是通过上面的一个或几个反应过程来实现的。例如，汞在水体中会发生蒸发、配合、吸附、甲基化等反应过程；酚在水体中会发生吸附、挥发、氧化、生物降解等作用；氮化合物在水体中会发生氧化还原、生物降解等作用。对于有机污染物来说，生物化学氧化具有十分重要的意义。尽管所有有机物都能够被氧化，但被氧化的难易程度却差别很大。以化学氧化为例，在一般条件下，有些有机物易于氧化，有些不易氧化或极难氧化。不少有机物的氧化反应需要在强氧化剂作用下，或是在较高温度下，或是在强酸或强碱条件下，或是在适当催化剂的参与下才能进行。

二、污染物迁移转化过程描述

污染物在水中的迁移转化是一种综合物理、化学、生物的极其复杂的综合过程，各种过程有其自身的特性和规律，完全识别这些规律目前尚有难度，但可以通过水质分析和数

学模型来对这些过程进行概化。总体来说，污染物在水中的物理化学作用表现在以下几个方面：①迁移与扩散；②吸附与解吸；③沉淀与再悬浮；④降解。其概念如图 5-2 所示。

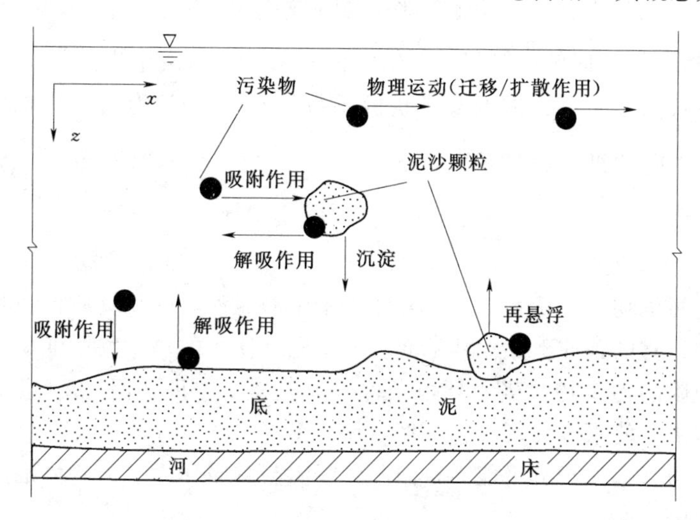

图 5-2 污染物在水体中迁移转化的概念图

1. 迁移与扩散作用

一般情况下，随着工业废水和城市生活污水排入河流中的污染物，主要以溶解状态或胶体状态，随水流一起迁移和扩散混合。由于这样的作用，污染物在随水流向下游迁移的同时，还不断地与周围的水体相互混合，很快得到稀释，使污染物浓度降低，水质得到改善。因此，迁移与扩散是水体自净的重要作用。

(1) 迁移作用。对于过水断面上的任一点来说，污染物经过该点并沿流向（设为 x 方向）的输移通量为

$$F_x = uC \tag{5-32}$$

式中：F_x 为过水断面上某点沿 x 方向的污染物输移通量，$mg/(m^2 \cdot s)$；u 为某点沿 x 方向的流速，m/s；C 为某点污染物的浓度，mg/m^3。

对于整个过水断面，污染物的输移率为

$$F_A = \overline{u}\overline{C}A = Q\overline{C} \tag{5-33}$$

式中：F_A 为过水断面上的污染物输移率，mg/s；$\overline{u}$为经过该断面的水体平均流速，m/s；A 为过水断面面积，m^2；$\overline{C}$为断面上污染物的平均浓度；Q 为该断面的流量，m^3/s。

(2) 扩散作用。扩散作用是由于污染物在空间上存在浓度梯度，从而使得其不断趋于均化的物质迁移现象。扩散作用包括分子扩散作用、紊动扩散作用和离散作用三个方面。分子扩散，是指水中污染物由于分子的无规则运动，从高浓度区向低浓度区的运动过程；紊动扩散，是由紊流中涡旋的不规则运动而引起的污染物从高浓度区向低浓度区的迁移过程；纵向离散，也称为弥散，是由于断面非均匀流速作用而引起的污染物离散现象[3]。

分子扩散过程服从费克（Fick）第一定律，即单位时间内通过单位面积的溶解物质的质量与溶解物质浓度在该面积法线方向的梯度成正比。紊动扩散过程和离散过程也可采用类似表达分子扩散通量的费克第一定律来表达。由此，水体中污染物扩散作用的数学表达

式为

$$M_x=-(E_{mx}+E_{tx}+E_{dx})\frac{\partial C}{\partial x} \tag{5-34}$$

式中：M_x 为扩散通量，即单位时间、单位面积内在 x 方向由于扩散作用通过的污染物质量，mg/(m² · s)；E_{mx} 为 x 方向的分子扩散系数，m²/s；E_{tx} 为 x 方向的紊动扩散系数，m²/s；E_{dx} 为 x 方向的纵向离散系数，m²/s；C 为水体污染物浓度；$\frac{\partial C}{\partial x}$ 为沿 x 方向的浓度梯度。

2. 吸附与解吸作用

水中溶解的污染物或胶状物，当与悬浮于水中的泥沙等固相物质接触时，将被吸附在泥沙表面，并在适宜的条件下随泥沙一起沉入水底，使水的污染物浓度降低，起到净化作用。相反，被吸附的污染物，当水环境条件（如流速、浓度、pH 值、温度等）改变时，也可能又溶于水中，使水体的污染物浓度增加（图 5-2）。前者称吸附，后者称解吸。研究表明，吸附能力远远大于解吸能力，因此，吸附与解吸作用总的趋势是使水体污染物浓度减少。

吸附与解吸过程是一种复杂的物理化学过程。可根据弗劳德利希（Freundlich）吸附等温式的形式可近似推导泥沙对水中污染物的吸附速率方程：

$$\frac{\mathrm{d}S}{\mathrm{d}t}=k_1\zeta^{-b}\frac{C}{W}-k_2\zeta^{b}S \tag{5-35}$$

式中：S 为泥沙吸附浓度，mg/g；ζ 为无量纲化的 S 值；C 为水体污染物浓度；W 为水体的含沙量，g/L；b 为与活化能有关的指数；k_1、k_2 分别为吸附速率系数和解吸速率系数，d^{-1}。

3. 沉淀与再悬浮作用

一定意义上说，水中悬浮的泥沙本身就是一种污染物，含量过多，将使水体浑浊，透明度减少，妨碍水生生物的光合作用和生长发育。此外，泥沙颗粒还是重金属等污染物的载体。因此，泥沙的沉淀与再悬浮，也是污染物在水体中的一项重要物理化学过程（图 5-1）。

关于污染物沉淀与再悬浮量的计算，可采用两种途径进行：一是按照河流动力学和泥沙工程学原理，先计算河段含沙量变化过程和冲淤过程，然后考虑泥沙对污染物的吸附-解吸作用，进一步算出污染物的沉淀与再悬浮量。这种方法考虑因素全面，计算精度较高，但需要资料多，计算工作量大，应用尚不广泛。另一种方法，是采用一个系数直接对污染物的减少或增加进行估算，其表达式一般为

$$\frac{\mathrm{d}C}{\mathrm{d}t}=-K_sC \tag{5-36}$$

式中：K_s 为沉淀与再悬浮系数，沉淀时取正号，表示水中污染物减少；再悬浮时取负号，表示该项作用使水体污染物浓度增加。K_s 与水流速度、泥沙组成、温度等因素有关，可通过实际模拟计算进行优选。

4. 降解作用

通常，大多数污染物在随水流迁移扩散的同时，还在微生物的生物化学作用下分解和

转化为其他物质，从而使水体中污染物浓度降低，这种现象被称为降解。以有机污染物为例，有机污染物进入水体后，若水体中存在溶解氧（游离氧 O_2），称该水体处于好氧状态，此时受好氧微生物新陈代谢的作用，使有机物发生氧化分解和转化，生成无机物并为水生生物所吸收，同时也使水中的溶解氧不断消耗。当溶解氧过低时，会使鱼类以至于原生动物大批死亡，病源菌大量繁殖，正常的生态平衡和物质循环被破坏。溶解氧耗尽后，水体进入厌氧状态，有机污染物会受厌氧微生物的代谢作用发生分解与转化，生成甲烷、二氧化碳、氨、硫化氢和一些厌氧微生物，使水体变黑发臭，造成令人厌恶的水污染现象。有机污染物的降解，一般认为可按一级反应动力学来计算，即

$$\frac{dC}{dt}=-K_1C \tag{5-37}$$

式中：K_1 为有机污染物的降解速率系数（简称降解系数），d^{-1}。

目前，我国的水体有机污染是最普遍的水环境问题，研究水中有机物降解规律，对预测和防治水体有机污染具有重要意义。

三、水质迁移转化基本方程

水质迁移转化基本方程是根据微元水体中水流连续性原理、能量守恒原理、物质转化与平衡原理而建立的模拟水质运动、变化过程的最基本方程。在此基础上，可结合污染物的各自特点，进一步建立相应的水质数学模型，如富营养化模型、重金属模型等。

任何水体的污染问题，严格来说都是三维结构的。但实际上，可以根据混合情况将其简化为二维、一维甚至是零维来处理。例如，对于混合基本均匀的小型湖泊、水库，可建立零维水质模型；对于中小型河流，可简化为一维结构来处理。下面将简单介绍不同空间维数的水质迁移转化基本方程。

1. 零维水质基本方程

如果将一个水库、湖泊或河段看成是完全混合的、水质浓度均一的单元水体，在微时段 dt 内，当流量为 Q_I、污染物浓度为 C_I 的污水进入该单元后，由于水体的搅拌混合作用，污染物瞬间即均匀分散至整个单元内，混合后的污染物浓度为 C，同时在 dt 时段内又有流量为 Q 的水体流出（图 5-3）。此时，可依据水量平衡和质量守恒原理建立稳态、非稳态情况的基本方程。

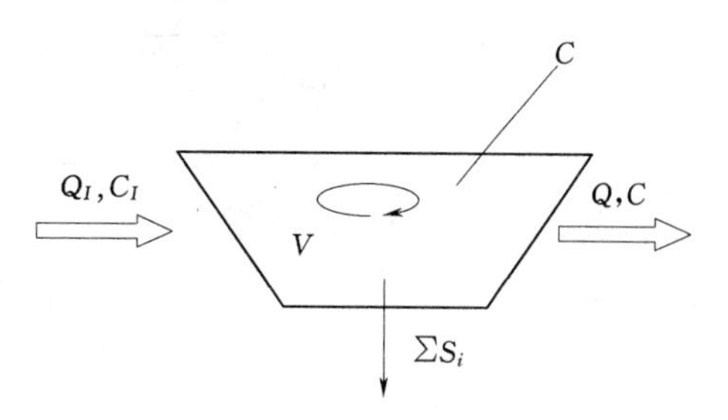

图 5-3　完全混合的单元水体

（1）非稳态情况。非稳态是指流量、污染物浓度不稳定，随时间而变化的情况。非稳态下的基本方程为

$$\frac{dC}{dt}=\frac{Q_I}{V}C_I-\frac{Q}{V}C+\sum S_i \tag{5-38}$$

式中：C 为单元水体内的污染物浓度，mg/L；C_I 为流入该单元水流的污染物浓度，mg/L；Q_I、Q 分别为流入、流出该单元的流量，L/d；V 为该单元的水体体积，L；$\sum S_i$ 为该单元的源漏项，表示各种作用（如生物降解作用、沉淀作用等）使单位水体的某类污染

物在单位时间内的变化量，mg/(L·d)，$\sum S_i$ 增加时取正号，称源项；减少时取负号，称漏项。

(2) 稳态情况。稳态是指流量、浓度不随时间而变化的情况，稳态实际上是非稳态的一种特例。不过，非稳态情况常常可以通过一定的简化，使之近似为稳态。例如枯水期，当计算时段不长时，可由该时段的浓度、流量平均值代表该时段的浓度、流量变化过程，从而使计算简化。

稳态时，$\frac{dC}{dt}=0$，$Q=Q_I$，V 为常数，则上式变为

$$C=C_I+\frac{V}{Q}\sum S_i \tag{5-39}$$

2. 一维水质基本方程

对于河流来说，其深度和宽度相对于它的长度是非常小的，排入河流的污水，经过一段距排污口很短的距离，便可在断面上混合均匀。因此，绝大多数河流的水质计算常常简化为一维水质问题，即假定污染物浓度在断面上均匀一致，只随流程方向发生变化[3]。

假定某一微分河段（图 5-4），dx 为该河段长度，Q、$Q(x+dx)$ 分别为通过上、下断面 A 和 $A(x+dx)$ 的流量，q 为 dx 间的单位长度入流流量，C、$C(x+dx)$ 分别为上、下断面水流的污染物浓度，M_1、$M_1(x+dx)$ 分别为上、下断面的污染物分子扩散通量，M_2、$M_2(x+dx)$ 分别为上、下断面的污染物紊动扩散通量，M_3、$M_3(x+dx)$ 分别为上、下断面的污染物离散通量，$\sum S_i$ 为河段内部各种作用引起的单位水体在单位时间内的污染物变化量，即源漏项。

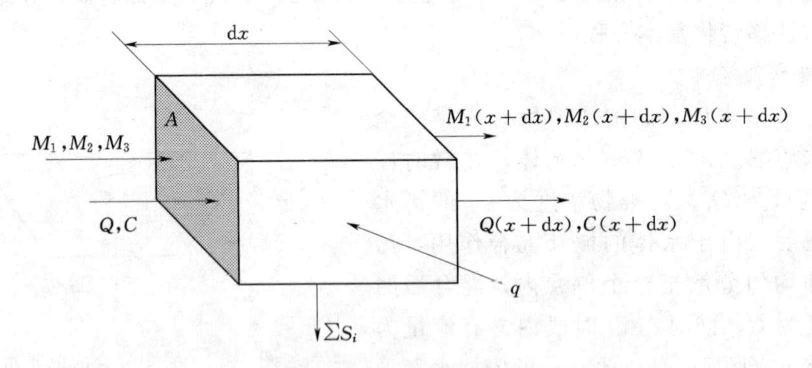

图 5-4　一维微分河段水量、水质平衡示意图

根据图 5-4 所表达的某河段单元污染物质量平衡关系，再结合前面分析的污染物在水体中的各种物理化学过程，由质量守恒原理可建立一维水质迁移转化基本方程。

$$\frac{\partial CA}{\partial t}+\frac{\partial CQ}{\partial x}=\frac{\partial}{\partial x}\left[(E_{mx}+E_{tx}+E_{dx})\frac{\partial CA}{\partial x}\right]+\sum S_iA \tag{5-40}$$

式中各符号意义同前。

对于均匀河段（即过水断面、流速、扩散系数均为常数），则上式可写为

$$\frac{\partial C}{\partial t}+u\frac{\partial C}{\partial x}=\frac{\partial}{\partial x}\left[(E_{mx}+E_{tx}+E_{dx})\frac{\partial C}{\partial x}\right]+\sum S_i \tag{5-41}$$

因为河流的离散系数 E_d 一般要比分子扩散系数 E_m、紊动扩散系数 E_t 大得多，后者与前者相比，常常可以忽略，则 x 方向上的扩散系数 $E_x=E_{mx}+E_{tx}+E_{dx}\approx E_{dx}$。于是，得到最常见的河流一维水质迁移转化基本方程形式：

$$\frac{\partial C}{\partial t}+u\frac{\partial C}{\partial x}=E_x\frac{\partial^2 C}{\partial x^2}+\sum S_i \tag{5-42}$$

对于均匀河段，流量和排污稳定时，各断面的污染浓度不随时间变化，即 $\frac{\partial C}{\partial t}=0$，于是得到稳态的一维水质迁移转化基本方程：

$$u\frac{\partial C}{\partial x}=E_x\frac{\partial^2 C}{\partial x^2}+\sum S_i \tag{5-43}$$

3. 二维水质基本方程

二维水质模拟可分为水平二维和竖向二维两种情况。水平二维是指水体的流速和污染物浓度仅在水平面的纵向、横向变化，在竖向（水深方向）混合均匀。例如浅水湖泊的水质模拟可简化为水平二维来处理。竖向二维是指水体的流速和污染物浓度仅在纵向和竖向变化，在横向（宽度方向）保持不变。例如河道型水库可简化为竖向二维问题来处理。下面以水平二维水质模型为例，介绍水质基本方程表达形式。

假定某一浅水湖泊，将其沿 x、y 方向剖分成若干个微分水体单元，截取其中某一水体单元（图 5-5），设该单元长为 dx、宽为 dy、高为水深 H。类似推导一维水质迁移转化方程那样，根据质量守恒原理，即可得到如下所示的水平二维水质迁移转化基本方程：

$$\frac{\partial CH}{\partial t}+\frac{\partial uCH}{\partial x}+\frac{\partial vCH}{\partial y}=\frac{\partial}{\partial x}\left(E_x\frac{\partial CH}{\partial x}\right)+\frac{\partial}{\partial y}\left(E_y\frac{\partial CH}{\partial y}\right)+H\sum S_i \tag{5-44}$$

式中：E_x 为 x 方向的分子扩散系数、紊动扩散系数和离散系数之和；E_y 为 y 方向的分子扩散系数、紊动扩散系数和离散系数之和；u、v 分别为 x、y 方向上的流速分量，m/s；H 为水深，m；其他符号意义同前。

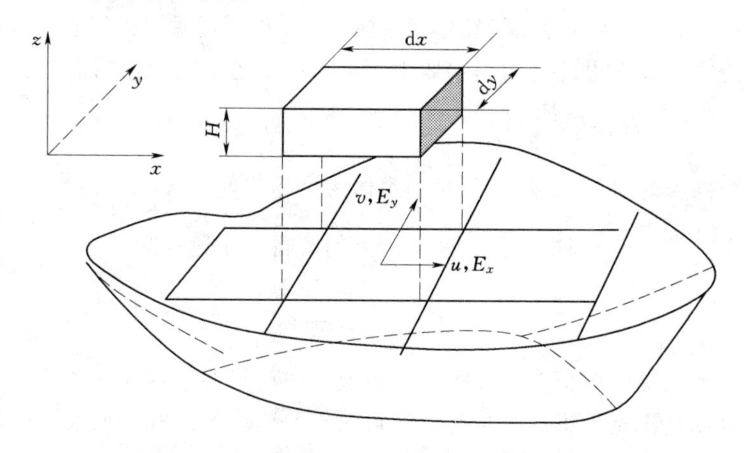

图 5-5　二维微分河段水量、水质平衡示意图

4. 三维水质迁移转化基本方程

采用类似一维河流水质迁移转化基本方程的推导过程，可以推导出一个具有 x、y、z 坐标的三维空间中任一微小单元的某种污染物浓度随时间的变化率与该处污染物在迁移、扩散作用下的输移量及源漏项的关系，其表达式为

$$\frac{\partial C}{\partial t}+\frac{\partial uC}{\partial x}+\frac{\partial vC}{\partial y}+\frac{\partial wC}{\partial z}=\frac{\partial}{\partial x}\left(E_x\frac{\partial C}{\partial x}\right)+\frac{\partial}{\partial y}\left(E_y\frac{\partial C}{\partial y}\right)+\frac{\partial}{\partial z}\left(E_z\frac{\partial C}{\partial z}\right)+\sum S_i \quad (5-45)$$

式中：u、v、w 分别为 x、y、z 三个方向上的流速分量，m/s；E_x、E_y、E_z 分别为 x、y、z 三个方向上的紊动扩散系数、分子扩散系数和离散系数之和。

上式建立的三维水质迁移转化方程适合于竖向、横向、纵向都没有均匀混合的水域，是描述污染物浓度随时间、空间变化理论上最完整的水质方程。但是如要求解和应用它，需要分别知道某时刻空间位置上的污染物浓度，以及 x、y、z 三个方向上的流速、扩散系数、源漏项等，而这些值又涉及物理、化学、生物学等许多因素，因此极难求解。实际应用上，常需要针对研究水域以及污染物的特性进行各种简化，如简化为二维、一维或零维。

四、水质迁移转化基本方程的求解

水质迁移转化基本方程的求解方法主要有两种：一是解析法；二是数值法。

1. 解析法

解析法是通过高等数学上的微分和积分变换等方法来建立水质模型的数学表达式，进而实现对数学模型求解的方法。下面主要介绍零维和一维水质迁移转化基本方程的解析解。

(1) 零维水质情况的解析解。零维水质迁移转化方程如式 (5－38) 所示。为便于表达和求解，设水质迁移转化方程的源漏项由一阶反应动力学关系（即$\sum S_i=-K_1C$）来表示，并令 $R=\frac{Q_I}{Q}$、$T=\frac{V}{Q}$，代入式 (5－38) 后，得

$$\frac{\mathrm{d}C}{\mathrm{d}t}=\frac{R}{T}C_I-\left(\frac{1}{T}+K_1\right)C \quad (5-46)$$

式中：K_1 为流入单元水体的污染物一级反应动力学系数（即降解系数），d^{-1}；R 为水体的入流量与出流量之比；T 为入流水量在单元水体容积中的滞留时间；其他符号意义同前。

求解该微分方程，即得混合均匀水体中污染物浓度随时间变化的数学表达式：

$$C=\frac{RC_I}{1+K_1T}\left[1-\mathrm{e}^{-\left(\frac{1}{T}+K_1\right)t}\right]+C_0\mathrm{e}^{-\left(\frac{1}{T}+K_1\right)t} \quad (5-47)$$

式中：C_0、C 分别为时间 $t=0$ 和 $t=t$ 时的水体污染物浓度，mg/L。

稳态条件下，即$\frac{\mathrm{d}C}{\mathrm{d}t}=0$ 时，则式 (5－39) 的解析解表达式为

$$C=\frac{C_I}{1+K_1T} \quad (5-48)$$

(2) 一维水质情况的解析解。一维水质情况的解析解要比零维水质情况复杂得多。为了简化计算仅介绍稳态条件下的解析解。假设对于一个均匀河段，如果污染物在河流中只进行一级降解反应，则式 (5－43) 变为

$$\frac{d^2C}{dx^2}-\frac{u}{E_x}\frac{dC}{dx}-\frac{K_1}{E_x}C=0 \tag{5-49}$$

这是一个典型的二阶常微分方程，如果在 $x=0$ 处污染物浓度为 C_0，对其求解可得

$$C=\begin{cases} C_0\exp\left[\frac{ux}{2E_x}\left(1+\sqrt{1+4K_1\frac{E_x}{u^2}}\right)\right] & x<0 \\ C_0\exp\left[\frac{ux}{2E_x}\left(1-\sqrt{1+4K_1\frac{E_x}{u^2}}\right)\right] & x\geqslant 0 \end{cases} \tag{5-50}$$

式中：u 为河段平均流速，m/s；其他符号意义同前。

对于一般不受潮汐影响的内陆河流，扩散、离散作用相对迁移作用很小，设定 $E\approx 0$，则由高等数学得到 $\lim\limits_{E_x\to 0}\left[\frac{ux}{2E_x}\left(1-\sqrt{1+4K_1\frac{E_x}{u^2}}\right)\right]=-\frac{K_1x}{u}$，由此，得到上断面排污对下断面浓度变化过程为

$$C=C_0\exp\left(\frac{-K_1x}{u}\right) \tag{5-51}$$

该式是河流水质模拟预测中常用的表达式。

需要说明的是，式（5-51）仅适用于在一个均匀河段的上游存在污染源 C_0 的情况。如果河段是不均匀的、具有多个排放口时，则必须把它分成多个在上游断面只有一个排放口或支流的均匀河段。

2. 数值法

数值法是随着计算机的出现而迅速发展起来的一种近似计算方法，是用离散方法对数学模型进行离散，进而求出其数值解的方法。常用的数值法有有限差分法、有限单元法等。下面简要介绍有限差分法的求解机理。

有限差分法就是用差分商近似代替方程中的微分商的一种数值求解方法。采用这种方法在实际应用上比较多，而其求解的关键就是选择适当的差分体系，并对时间和空间坐标进行离散化，如图 5-6 所示。

根据图 5-6 对时间和空间坐标按等间距离散，则时间、距离坐标分别为：$t_j=j\Delta t$，$x_i=i\Delta x$，并设节点处的水质浓度为 $C(x_i,t_j)=C_i^j$，于是可用 $\frac{\partial C}{\partial t}=\frac{C_i^{j+1}-C_i^j}{\Delta t}$ 来近似替代浓度对时间的偏导数项。在对空间导数进行差分时，可取时间 t_j 或 t_{j+1} 时的浓度，也可以用这两个时刻浓度的加权平均值，如 $\frac{\partial C}{\partial x}=\frac{C_i^j-C_{i-1}^j}{\Delta x}$ 或 $\frac{\partial C}{\partial x}=\frac{C_{i+1}^{j+1}-C_i^{j+1}}{\Delta x}$，则一维水质迁移转化基本方程式（5-40）的有限差分可写为

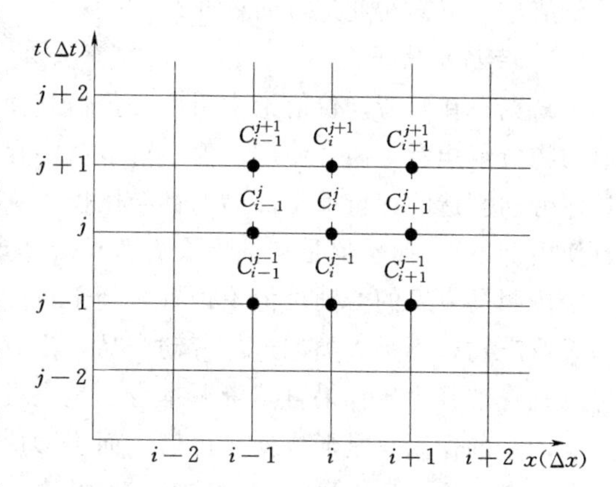

图 5-6　时间、空间坐标离散化示意图

$$A_i^j\frac{C_i^{j+1}-C_i^j}{\Delta t}+Q_i^j\frac{C_i^{j+1}-C_{i-1}^{j+1}}{\Delta x}$$

$$=\frac{1}{\Delta x}\left(E_{xi}^{j}A_{i}^{j}\frac{C_{i+1}^{j+1}-C_{i}^{j+1}}{\Delta x}-E_{xi-1}^{j}A_{i-1}^{j}\frac{C_{i}^{j+1}-C_{i-1}^{j+1}}{\Delta x}\right)+S_{i}^{j}A_{i}^{j} \quad (5-52)$$

式中：S 为源漏项，即式（5-42）中的 $\sum S_i$。

式（5-52）经过整理并插入边界条件后，可构成一个关于水质浓度 C_i^j 的“三对角线”矩阵方程，再通过追赶法等方法来求解该方程[3]。

第三节　水资源价值理论

水资源价值理论（theory of water resources value），也是水资源学的基本理论之一，它是水资源经济调控和管理制度建立的理论依据，主要研究水资源是否有价值、其价值形态如何、水资源价值是如何流动、变化的以及如何确立正确的水资源价值观等所有与经济制度有关的理论问题。

一、水资源价值的理论基础

按照传统思想对水资源价值的理解，水资源是一种“无价的，可以任意使用的”自然资源，这种资源价值观是来源于以往人类对于水资源“取之不尽，用之不竭”的错误认识。尽管水资源对人类经济生产活动具有十分重要的意义，但是人类在从事生产活动和计算生产效益时，往往只考虑投入的劳动力、相关设备以及其他原材料的成本，而很少将水资源本身的价值考虑进去。对水资源价值的错误认识导致人类对水资源的无节制开发和随意浪费，其后果就是今天呈现在人类面前的水资源短缺、水环境恶化以及由此造成的威胁人类生存的各种危机，比如环境危机、粮食危机等。残酷的现实和人类认识水平的不断提高，使得人类对传统的水资源开发利用观念进行批判和反思，并逐步认识到水资源本身也具有价值，在使用水资源进行生产活动的过程中必须考虑水资源自身的成本——水资源价值。

关于水资源是否具有价值，学术界有不同的解释，其代表性的观点有劳动价值论和效用价值论，下面对此进行简要介绍。

1. 劳动价值论

马克思在其劳动价值论中指出，价值与使用价值共处于同一商品体内，使用价值是价值的物质承担者，离开使用价值，价值就不存在了。使用价值是商品的自然属性，它是由具体劳动创造的；价值是商品的社会属性，它是由抽象劳动创造的。“物的有用性使物具有使用价值”，而价值是“抽象人类劳动的体现或物化”。

按照马克思的劳动价值论理解，处于自然状态下的水资源等自然资源，是自然界赋予的天然产物，不是人类创造的劳动产品，没有凝结着人类的劳动，因此不具有价值。马克思对此曾解释为：如果自然资源本身不是人类劳动的产品，那么它就不会把任何价值转给产品；它的作用只是形成使用价值，而不形成交换价值。一切未经人的作用而天然存在的生产资料，如土地、风、水、矿产、原始森林等，都是这样（只有使用价值）[4]。

运用劳动价值论来对照当今社会中水资源等自然资源的价值，不难发现这与我们今天水资源紧缺、水价上涨的现实不符。这是因为在过去，由于人类开发利用自然资源的程度很低，自然资源的可利用量相对比较充裕，不需要人们再付出具体劳动就会自我更新和恢

复，因而在这一特定的历史条件下自然资源似乎是没有价值的。而人类发展到今天，对自然资源的利用量已接近或超过其再生能力，人类必须对自然资源的再生投入劳动，于是整个现存的、有用的、稀缺的自然资源（不管过去是否投入劳动）都表现为具有价值，其价值量的大小就是在自然资源的再生过程中人类所投入的社会必要劳动时间[5]。

因此，劳动价值论所提倡的“一切未经人的协助就天然存在的生产资料不具有价值”观点存在认识上的不足。但如果将该观点立足于20世纪后半叶的现实社会，此时的经济高度发达，资源环境问题成为世界面临的主要问题，资源的供给已难以满足日益增长的经济需求，必须采取措施来保障自然资源的再生和恢复，这样就不可避免地要投入人的劳动，水资源等自然资源具有价值又正好符合劳动价值论的观点。

综上所述，随着时代的变迁和社会的进步，运用单纯的劳动价值论来解释水资源等自然资源是否具有价值是有一定困难的。

2. 效用价值论

效用价值论是从物品满足人的欲望能力或人对物品效用的主观评价角度来解释价值及其形成过程的经济理论。所谓的效用是指物品满足人的需求的能力。效用价值论认为，一切生产活动都是创造“效用”的过程，然而人们获得效用却不一定非要通过生产来实现，效用不但可以通过大自然的赐予获得，而且人们的主观感受也是效用的一个来源。只要人们的某种欲望或需求得到了满足，人们就获得了某种效用。

效用价值论自19世纪初提出后经历了一系列的发展，其中边际效用论是效用价值论后期发展的产物。边际效用，是指在不断增加某一消费品所取得的一系列递减的效用中，最后一个单位所带来的效用。边际效用论的主要观点是：①价值起源于效用，效用是形成价值的必要条件，效用就是物品能够满足人们需要的某种属性，而价值是人们对物品效用的主观评价；②价值取决于边际效用量，即满足人的最后（亦即最小）欲望的那一单位商品的效用；③服从边际效用递减和边际效用均等规律，边际效用递减规律，是指人们对某种物品的欲望程度随着享用该物品数量的不断增加而递减；边际效用均等也称边际效用均衡定律，它是指不管哪种欲望的最初大小如何，只有最终使各种欲望满足的程度彼此相同，才能使人们从中获得的总效用达到最大；④效用程度是由供给和需求之间的状况决定的，其大小与需求强度成正比例关系，物品的价值最终由效用性和稀缺性共同决定的[5]。

运用效用价值论很容易得出水资源具有价值的结论。因为水资源是人类生活不可缺少的自然资源，无疑对人类具有巨大的效用。此外，自20世纪70年代以来，水资源供给与需求之间产生了尖锐的矛盾，水资源短缺已成为全球性问题，水资源满足既短缺又有用的条件，因此，水资源具有价值。

但值得注意的是，效用价值论也存在一些问题：①将商品的价值混同于使用价值或物品的效用，商品具有价值与使用价值两种属性，效用价值论将两者混为一体，抹煞了商品价值范畴所固有的社会属性；②效用价值论决定价值的尺度是效用，效用本身是一种主观心理现象，无法从数量上精确地加以计量。此外，效用价值论将商品价值从客观的社会历史范畴划分到主观的个人心理范畴，完全割裂了商品的价值同劳动之间的关系，削弱了价值本身所固有的物质属性[4]。

总体来说，尽管效用价值论得出了水资源具有价值的结论，但该理论尚存在着一定的缺陷[4]。

二、水资源价值的内涵

我国对水资源价值的研究，主要是基于劳动价值论中的土地（自然资源）价值观，并在研究中对其不足之处进行了补充和扩展，使其更适合实际情况。随着改革开放的深入，近年来也有一些资本主义市场经济理论融入其中。然而，不管运用什么样的理论来解释水资源价值，其内涵是相对一致的，并主要体现在以下三个方面：稀缺性、资源产权和劳动价值。

1. 稀缺性

稀缺性是资源价值的基础，也是市场形成的根本条件，只有稀缺的东西才会具有经济学意义上的价值，才会在市场上有价格。水资源等自然资源之所以成为资源，是因为其稀缺，空气、阳光等虽然也是人类生存所必需的要素之一，但由于其容易获取且不受限制，故不列在资源之内。而自然资源之所以具有价值，是因为其在经济社会发展过程中的稀缺性所致，可以说稀缺性是水资源价值存在的充分条件。

对于水资源价值的认识，是随着人类社会的发展和水资源稀缺性的逐步提高（水资源供需关系的变化）而逐渐发展和形成的。水资源价值也存在从无到有、由低向高的演变过程。在古代，人们傍水而居，直接利用水资源为自身服务，受当时生产力水平的限制对水资源的开发利用量远小于地表水资源量，对于水资源价值的理解，也只认识到水资源开发利用的成本，而未认识到水资源是具有资源价值的。随着生产力的发展，每个新的社会历史时期，都有新的技术出现，增强了人类开发利用水资源的能力，扩大和增加了开发利用的水资源种类和范围。自工业革命以后，人类社会迅速发展，世界人口急剧增加，致使人们对水的需求越来越大，水的供给日益不能满足需求，在世界部分地区，水的供需矛盾紧张，水已经成为经济发展的制约因素之一，此时人们才真正认识到水资源的价值及重要性，认识到水资源的稀缺性，也开始重视水资源的优化配置、合理利用和保护问题[5]。

需要说明的是，资源的稀缺性又是一个在时空上相对的概念，特别是对于水资源更是如此，在某一地区或某一时期水资源紧缺，而在另一地区或另一时期可能并不缺少，这样就可能导致水资源的价值量有所不同。可以说，水资源价值的大小是其在不同地区不同时段的水资源稀缺性的体现。

2. 资源产权

产权是与物品或劳务相关的一系列权利或一组权利，是经济制度运行的基础。本书在第八章第一节还要对产权进行详细说明，在此先简要介绍有关产权和资源价值之间的关系。

产权是交易的先决条件，而资源配置、经济效率和外部性问题等都和产权密切相关。从资源配置的角度来看，产权通常包含以下权利：所有权、使用权、收益权和转让权。所有权就是资源归谁所有的问题；使用权决定是否使用资源、何时以何种方式使用资源的权利；收益权就是通过使用资源有权获取收益；转让权就是处置资源的权利。产权的初始界定就是通过法律明确这些权利归谁享有。

要体现水资源的价值，一个很重要的方面就是对其产权的界定。设想在一个没有资源产权的地区，任何人均可以以任何方式使用水资源，而且不用支付报酬，这样只有在水资

源无限的情况下，才不会稀缺。产权体现了所有者对其所拥有资源的一种权利，是规定使用权的一种法律手段。在各种可能的限制条件下，产权附带使用权。

我国《宪法》第一章第九条明确规定：水流（即水资源）等自然资源属于国家所有，禁止任何组织或者个人用任何手段侵占或者破坏自然资源。《中华人民共和国水法》第三条明确规定：水资源属于国家所有。国家保护依法开发利用水资源的单位和个人的合法权益。以上表明：国家所有即国家对水资源拥有产权，这是国家对水资源所有权的体现；任何单位和个人开发利用水资源即是使用权的转让，需支付一定的费用，这些费用也正是水资源开发利用过程中所有权及其所包含的其他一些权利（使用权等）的转让的体现[6]。

3. *劳动价值*

水资源价值中的劳动价值是劳动价值论的具体体现，它主要是指水资源所有者为了在开发利用和交易获益中处于有利地位，需要通过水文监测、水资源保护、水资源规划等一系列手段对其所拥有的水资源数量和质量进行调查、管理，这些工作所消耗的劳动和资金则使得水资源价值中拥有一部分劳动价值。劳动价值是区别天然水资源价值和已开发利用水资源价值的重要性质。若资源价值中包含了人类的劳动和资金的投入，则其为已开发的自然资源；若没有人类劳动的投入，则其为尚未开发的自然资源。但未开发的自然资源同样具有价值，即由于资源稀缺性和产权所形成的价值。

以上介绍了水资源价值内涵的三个方面。对于不同的水资源类型来讲，它们的价值内涵会有所不同。如对于未经开发利用的水资源，其价值有可能仅仅是资源产权或极少一部分劳动价值。对于水资源丰富地区，其稀缺性不明显，由稀缺性体现的价值就可能较小。对于水资源紧缺的地区，其价值就包括稀缺性、资源产权和劳动价值。在洪水季节，水不仅不会表现出资源的稀缺性，反而给人类带来灾害，因而洪水不是资源，但经人类的调蓄可以成为资源。在枯水季节，水资源的稀缺性可能较高，其稀缺性所体现的价值量也可能很大。因此，对于不同的水资源及其价值的认识，应根据具体情况具体分析，只有这样才能正确认识水资源价值[5]。

三、水资源价值流

从商品的生产和经营角度来看，价值流是指创造价值的所有过程，包括商品的价值形成、增值、转移和交换等过程，是一项从价值产生开始到价值最终实现结束的一组活动。在此过程中，人们通过有目的的劳动把自然物（物质流）变成经济物（能量流），价值就沿着生产链不断形成、增值和转移，并通过交换关系得到实现（价值流）[7]。价值流理论与水资源特征的结合对于理解由于水资源时空分布差异而造成水资源价值的变化具有重要意义。

水资源价值流，是指单位水资源量在不同的时空条件下，因自然环境、社会环境、经济环境等因素的差异而导致的水资源价值的变化过程[4]。水资源价值流作为价值流的一种，具备价值流的一般规律，即在水资源形成、转化和使用的过程中带来水资源价值的增值、转移和交换，但由于水资源又具有诸多特性，使其又有别于平常经济活动中的价值流，具有极其鲜明的特点：①水资源价值流的空间变化特性，受水资源时空变化和经济社会发展不均衡性影响，水资源价值流随空间变化而变化，经济社会发展的不均衡性是影响水资源空间价值变化过程的重要因素；②水资源价值流的连续传递性，水资源的流动特性

决定了水资源价值的传递性，水资源流动的连续性又决定了水资源价值传递的连续性；③水资源价值流的逆向传递特性，无论是对于消耗性用水（如农田灌溉）还是非消耗性用水（如水力发电），位于上游断面的水流价值与下游水流的价值有关，下游水流产生的价值对上游水流价值形成具有贡献，价值的增值是从下游向上游运移传递的；④水资源价值流受国家宏观政策影响比较大，为了国家整体利益，国家经常会采取相关政策对其进行宏观调控，有时国家的政策性倾斜会使正常的水资源生产成本难以收回，此时的水资源价值难以真正体现，水资源价值流也无可避免地受到影响。综上所述，水资源价值流不仅与水资源所处地点产生的价值有关，而且与水资源循环路径、水资源在循环中所处的位置密切相关[7]。

水资源价值流的方向是由水资源的多用途性和有限性两个基本属性来决定的。首先看水资源的多用途性，水资源价值反映在水资源的生产功能、生活功能、环境功能以及景观功能等各个方面。一定的水资源量经过人类生产生活使用后，其形态在一定的条件下是可以循环往复的。同时，在这一过程中，水资源价值也会发生相应变化，如图 5-7 所示。

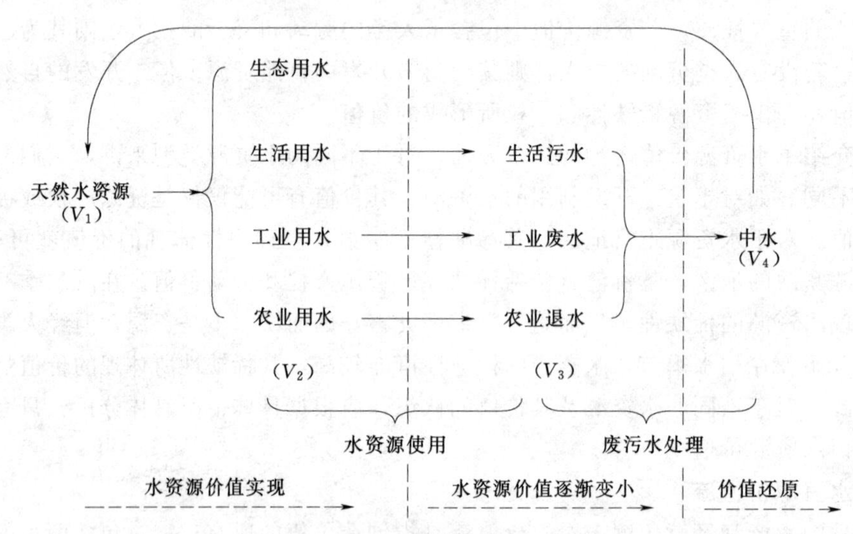

图 5-7　水资源价值流示意[8]

图 5-7 清楚地告诉我们水资源价值是如何在生产和生活过程中发生价值变化的。如果把天然状态下的水资源价值用 V_1 表示，投入各种生产生活用途中的水资源的价值用 V_2 表示，各种废污水的水资源价值用 V_3 表示，处理后的水资源的价值用 V_4 表示，按其经济价值来衡量，其大小关系可以表示为

$$V_2 > V_1 \geqslant V_4 > V_3$$

值得注意的是，水资源在这里指的是包括各种废污水在内的所有水体；各种废污水价值的衡量比较困难，其大小可以大于 0，等于 0，甚至小于 0[8]。

其次再看水资源的有限性，水资源稀缺程度的改变也会导致水资源价值发生变化，从而形成水资源价值流。无论是同一区域内不同时间的水资源稀缺性变化，还是一定时期内水资源稀缺程度不同区域间的水资源调配，在这一过程中，水资源价值始终随着水资源稀缺程度的增大而增大。其变化过程如下：

水资源充裕 ——单位水资源价值增值——→ 水资源稀缺

总之，水资源价值与许多因素有关，人类的许多行为都可能会导致水资源价值流发生变化。因此在水资源的开发利用过程中必须要保护水资源，只有这样，才有可能做到水资源的可持续利用[8]。

四、水资源耦合价值

通过上面对水资源价值流的分析可知，不同使用功能和不同稀缺条件下的水资源具有的价值也不尽相同。例如，参与工业生产的水资源由于其产生的经济效益相对较高，所具有的价值也较高，而工业废水由于可能含有对环境有害的污染物质，因此其水资源价值就相对较小，并且对环境的污染程度越高，水资源价值也就越低，甚至有可能出现水资源负价值。再如，水资源稀缺程度越高，水资源价值越高，而水资源稀缺程度越低，水资源价值也越低。然而，在某些特殊条件下，由于水资源过于丰裕，有可能对社会造成一定的危害，如突发大洪水对社会所造成的危害是巨大的，在这种情况下，水资源价值同样为负。对于单位体积的水资源而言，其价值既可能由于所处状态的改变而发生变化，也可能由于稀缺程度的改变而发生变化，并且这种变化有可能在正价值与负价值之间相互转换[8]。

考虑到水资源价值有正价值和负价值之分，由此便提出了水资源耦合价值。水资源耦合价值是指单位体积的水资源，在经过使用并又重新回到自然界的循环过程中，水资源价值的相互影响、相互作用而形成的新价值。水资源耦合价值是水资源整体价值在经济活动中的具体表现形式，是在水资源正价值和负价值相互影响、相互作用下的综合价值，下面通过图 5-8 来更详细地描述水资源耦合价值。

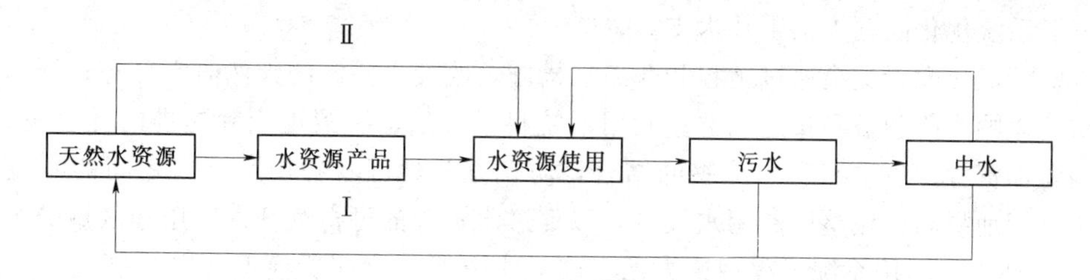

图 5-8　水资源耦合价值流程图[4]

一般来讲，天然水资源被人类使用有两种途径：一是天然水资源首先经过人类的劳动转化成劳动产品——水资源产品，此时水资源价值第一次增值，水资源产品再成为工农业生产或生活的原料资源参与生产，由此实现了水资源价值的第二次增值（即Ⅰ）；二是天然水资源被直接使用，参与生产或生活用途（即Ⅱ）。随后，在水资源使用过程中其自身使用价值不断下降，最终成为污水重新回到自然界中或被处理后进行回用；污水资源价值为负价值，它除了给经济带来各种损失之外，还会使天然纯净的水资源受到污染，使其质量与功能下降，价值受到折损。由此可见，在整个水循环过程中，水资源价值既有增值过程，又有减值过程，甚至会出现负价值，而水资源耦合价值就是表述水循环过程中水资源价值总变化量的具体数值。

水资源耦合价值是不同于水资源价值的独立概念，它是在考虑了经济因素、环境因素和社会因素及其综合效果后得出的综合价值，因此，它可被看做是一个综合指标，用来反

映水资源的开发利用是否合理。此外，水资源耦合价值还可以应用于水资源的优化配置，通过水资源耦合价值可以将多种水资源配置方案进行排序，从而筛选出最佳的水资源配置方案[4]。

第四节　水资源优化配置理论

水资源合理分配问题，一直是水资源开发利用的一个关键环节。人们在生产实践过程中已积累了许多宝贵的经验，尤其是现代科学技术的广泛应用，为水资源的合理分配提供技术支撑。其中，水资源优化配置就是随着系统工程理论在水资源学上的应用而发展起来的一种十分有效的技术方法。

一、水资源优化配置的概念[9,10]

水资源优化配置（water resources optimal allocation）的概念是在一定的经济社会条件及水资源问题出现的背景下提出的。一方面，随着人口增长、经济社会发展，出现了有限水资源与不断增加的需水量之间的尖锐矛盾。在很多国家和地区，水资源短缺已成为制约经济社会发展的主要因素。这就迫使人们寻找水资源的最佳分配，以实现有限水资源发挥最大综合效益的愿望。这是开展水资源优化配置研究的前提条件和原动力。另一方面，正是由于水资源短缺，使得水资源在用水行业、用水部门、用水地区、用水时间上存在客观的竞争现象，而对于这种现象的不同解决方案（即配水方案）将导致不同的社会效益、经济效益以及环境效益。这就为选择最佳效益的配水方案提供了可能。这是开展水资源优化配置研究的基础条件。再一方面，随着系统工程理论方法的出现及不断发展，为解决复杂水资源系统优化问题提供了技术支撑。

水资源优化配置泛指通过工程和非工程措施，改变水资源的天然时空分布；开源与节流并重，兼顾当前利益和长远利益；利用系统科学方法、决策理论和先进的计算机技术，统一调配水资源；注重兴利与除弊的结合，协调好各地区及各用水部门之间的利益与矛盾，尽可能地提高区域整体的用水效率，以促进水资源的可持续开发利用和区域的可持续发展[11]。亦即“运用系统工程理论方法，建立水资源优化配置模型，以此制定水资源配置方案”。

通过水资源优化配置研究来制定水资源配置方案至少有两方面的作用：一方面，通过控制社会发展规模、调整经济结构以及节约用水等措施，使需水量在可供水量允许范围内，减小人类活动对水资源的压力；一方面，通过工程措施和非工程措施，改变水资源系统的时空分布特征，以最大可能满足经济社会可持续发展的需要，创造最大的综合效益。水资源优化配置要综合考虑当前与未来的水资源供需矛盾，协调解决各类用水竞争，提出兼顾上下游、左右岸关系、不同水利工程投资关系、经济与生态环境用水效益等一系列复杂关系的水资源分配方案。实现优化配置，是人们在对稀缺资源进行分配时的目标和愿望。一般而言，优化配置的结果对某一个体的效益或利益并不是最高最好的，但对整个资源分配体系来说，其总体效益或利益是最高最好的。

二、水资源优化配置的原则

在进行水资源优化配置时，应遵循如下原则：

（1）公平性原则。水资源是人类生存和发展必不可少的基础性资源，在水资源开发利用时如果只考虑经济效益势必使得地区之间、产业之间、社会各阶层之间发展越来越不平衡，进而影响到整个社会的安全稳定。因此，在进行水资源分配时要把握公平公正的原则，综合考虑不同区域间和社会各阶层间的各方利益进行水资源的科学分配，实现不同区域（上下游、左右岸）之间的协调发展，以及资源利用效益在同一区域内社会各阶层中公平分配。

（2）高效性原则。追求效益是水资源作为社会经济行为中的商品属性而决定的。由于水资源具有多用途性，其不同用途和使用对象带来的效益就不相同；同时，由于地区之间经济基础、产业结构等条件不同，即使使用等量水资源，带来的效益也不相同。此外，水资源还具有维持生态系统发展、参与物质循环等生态用途，这些用途虽然难以被货币化，但却是十分重要的。在进行水资源配置时，应以其利用的经济效益作为区域经济发展的重要指标，而其对人类社会、生态环境的保护作用（或效益）作为整个社会健康发展的重要指标，使水资源利用达到物尽其用的目的，这种高效性不是单纯追求经济意义上的效益，而是同时追求经济、环境和社会协调发展的综合利用效益。

（3）可持续原则。水资源是一种再生资源，具有时空分布不均和对人类利害并存的特点。对它的开发利用要有一定限度，必须保持在它的承载能力之内，以维持自然生态系统的更新能力和可持续地利用。流域是由水循环系统、社会经济系统和生态环境系统组成的具有整体功能的复合系统，流域水循环是生态环境最为活跃的控制性因素，并构成流域经济社会发展的资源基础。以流域为基本单元的水资源优化配置，要从系统的角度，注重除害与兴利、水量与水质、开源与节流、工程与非工程措施的结合，统筹解决水资源短缺与水环境污染对社会经济可持续发展的制约。水资源的优化配置必须与流域或区域社会经济发展状况和自然条件相适应，因地制宜，按地区发展计划，有条件地分阶段配置水资源，以利环境、经济、社会的协调持续发展。

这些原则在建立水资源优化配置数学模型时应尽可能量化为具体的约束条件进入模型。

三、水资源优化配置模型

水资源优化配置就是运用系统工程理论，将区域或流域水资源在各子区、各用水部门间进行最优化分配。也就是要建立一个有目标函数、约束条件的优化模型。

首先，需要划分计算单元，并确定供需双方的基本情况。对于供水侧，要明确有哪些水源、可供水量、供水方式、输水能力等；对于需水侧，要明确有哪些用水部门、用水方式、需水量、单方水产值、污废水排放量等。

其次，需要确定模型目标函数。对于一般的水资源优化配置模型，可以视目标要求不同，选择目标函数。根据目标函数方程个数的不同，可以分为单目标模型和多目标模型。

最后，列举出模型的所有约束条件。根据实际问题的限制条件，列出在配置过程中的所有约束条件，包括供水约束、输水能力约束、排水水质约束等。

同一般优化模型一样，水资源优化配置模型是由目标函数和约束条件组成。一般形式如下：

$$\left.\begin{aligned}&Z=\max[F(X)]\\&G(X)\leqslant 0\\&X\geqslant 0\end{aligned}\right\}\qquad(5-53)$$

式中：X 为决策向量；$F(X)$ 为综合效益函数；$G(X)$ 为约束条件集。

在上述模型中，如果含一个目标函数方程就是单目标优化模型，如果含多个（两个或两个以上）目标函数方程就是多目标优化模型。

（一）水资源优化配置单目标决策模型

水资源优化配置单目标决策模型主要用于解决水资源开发利用过程中的某一具体问题，例如确定农业灌溉面积，确定城市发展规模，确定主要水利工程的供水规模及路线，以及确定最优分水策略等。

1. 目标函数

通常，单目标决策模型是按照经济效益最大化的原则来进行水资源分配的。水资源配置的经济效益主要包括工业与城市供水效益、灌溉用水效益及发电用水效益等，由此构建供水净效益的目标函数：

$$\max f(X)=\max\left\{\sum_{t=1}^{n}[(BNI_t+BNA_t+BNE_t)-SSD_t]\right\}\qquad(5-54)$$

式中：BNI_t、BNA_t、BNE_t 分别为第 t 时刻的工业与城市供水效益、灌溉用水效益、发电用水效益；SSD_t 为第 t 时刻的供水成本费用；n 为计算时段长度。

2. 约束条件

对于某一个区域来说，在水资源配置过程中应遵循如下约束条件。

（1）用水总量控制约束。区域用水总量应小于当地的用水总量控制指标或水资源可利用总量，即

$$\sum(Y_{ind}+Y_{dom}+Y_{agr}+DY_{env})\leqslant WU_s\qquad(5-55)$$

式中：Y_{ind}、Y_{dom}、Y_{agr}、Y_{env} 分别为工业用水量、生活用水量、农业用水量和生态用水量；WU_s 为用水总量控制指标或水资源可利用总量。

（2）供水能力约束。各水源的供水量不能超过其自身的供水能力限值，即

$$XW_a(i)\leqslant XW_s(i),\quad\forall i\qquad(5-56)$$

式中：$XW_a(i)$ 为第 i 个水源的实际供水量；$XW_s(i)$ 为第 i 个水源的供水能力。

（3）用水效率约束。某行业的用水定额或国民经济整体用水定额应小于设计的用水效率指标：

$$DW_a\leqslant DW_s\qquad(5-57)$$

式中：DW_a 为某行业（或国民经济整体）用水定额；DW_s 为按照一定要求给出的行业（或国民经济）用水定额约束。

（4）非负约束。模型要满足决策变量非负约束。

$$x_{ij}\geqslant 0\qquad(5-58)$$

（5）其他约束条件。针对具体情况，可能还需要增加一些其他约束条件，如排水规模约束、水功能区达标约束、最低水位约束等。

（二）水资源优化配置多目标决策模型

现代新思路下的水资源优化配置模型，追求社会、经济、环境综合效益最大，可以把“社会、经济、环境综合效益最大”作为目标函数，这就涉及水资源优化配置的多目标决策问题。

假设研究区划分为 K 个子区，$k=1$，2，…，K；k 子区有 $I(k)$ 个独立水源、$J(k)$ 个用水部门。研究区内有 M 个公共水源，$c=1$，2，…，M。公共水源 c 分配到 k 子区水量用 D_c^k 表示。其水量和其他独立水源一样，需要在各用水户之间进行分配。因此，对于 k 子区而言，是 $I(k)+M$ 个水源、$J(k)$ 个用水户的水资源优化配置问题。

1. 目标函数

假设水资源优化配置考虑到社会效益、经济效益、环境效益，对应把目标函数分成三个目标，即社会效益目标、经济效益目标、环境效益目标。

目标 1：社会效益。由于社会效益难以定量表达，也很难写出一个统一的目标函数。这里仅用区域总缺水量最小来间接反映。因为区域缺水量大小或缺水程度直接会影响到社会发展和安定，可以作为社会效益的一个侧面反映。

$$\max f_1(X)=-\min\left(\sum_{k=1}^{K}\sum_{j=1}^{J(k)}\left\{D_j^k-\left[\sum_{i=1}^{I(k)}x_{ij}^k+\sum_{c=1}^{M}x_{cj}^k\right]\right\}\right) \tag{5-59}$$

式中：D_j^k 为 k 子区 j 用户的需水量，万 m^3；x_{ij}^k、x_{cj}^k 分别为独立水源 i、公共水源 c 向 k 子区 j 用户的供水量，万 m^3。

目标 2：经济效益。用供水带来的直接经济效益来表示。

$$\max f_2(X)=\max\left\{\sum_{k=1}^{K}\sum_{j=1}^{J(k)}\left[\sum_{i=1}^{I(k)}(b_{ij}^k-c_{ij}^k)x_{ij}^k a_{ij}^k+\sum_{c=1}^{M}(b_{cj}^k-c_{cj}^k)x_{cj}^k a_{cj}^k\right]\right\} \tag{5-60}$$

式中：b_{ij}^k、b_{cj}^k 分别为独立水源 i、公共水源 c 向 k 子区 j 用户的单位供水量效益系数，元/m^3；c_{ij}^k、c_{cj}^k 分别为独立水源 i、公共水源 c 向 k 子区 j 用户的单位供水量费用系数，元/m^3；a_{ij}^k、a_{cj}^k 分别为独立水源 i、公共水源 c 向 k 子区 j 用户供水效益修正系数，与供水次序、用户类型及子区影响程度有关。

目标 3：环境效益。环境效益也不易准确度量，很难用一个统一的目标函数来表达。与水资源利用直接有关的环境问题，可以用污水排放量最小来衡量。因此，可以选择重要污染物的最小排放量来表示环境效益。

$$\max f_3(X)=-\min\left\{\sum_{k=1}^{K}\sum_{j=1}^{J(k)}0.01d_j^k p_j^k\left[\sum_{i=1}^{I(k)}x_{ij}^k+\sum_{c=1}^{M}x_{cj}^k\right]\right\} \tag{5-61}$$

式中：d_j^k 为 k 子区 j 用户单位污水排放量中重要污染物的浓度，mg/L，一般常用化学需氧量（COD）、生化需氧量（BOD）等水质指标来表示；p_j^k 为 k 子区 j 用户的污水排放系数。

2. 约束条件

一方面，可以从水资源配水系统的各个环节分别进行分析；另一方面，可以从社会、经济、水资源、环境相互协调方面进行分析。为了说明问题，下面列出部分约束条件以供参考。

(1) 供水系统的供水能力约束。

公共水源
$$\begin{cases}\sum_{j=1}^{J(k)} x_{cj}^{k} \leqslant W(c,k) \\ \sum_{k=1}^{K} W(c,k) \leqslant W_{c}\end{cases} \tag{5-62}$$

独立水源
$$\sum_{j=1}^{J(k)} x_{ij}^{k} \leqslant W_{i}^{k} \tag{5-63}$$

式中：W_c、W_i^k 分别为公共水源 c 和 k 子区独立水源 i 的可供水量上限；$W(c,k)$ 为公共水源 c 分配给 k 子区的水量；其他符号含义同前。

(2) 输水系统的输水能力约束。

公共水源
$$x_{cj}^{k} \leqslant Q_{c} \tag{5-64}$$

独立水源
$$x_{ij}^{k} \leqslant Q_{i}^{k} \tag{5-65}$$

式中：Q_c、Q_i^k 分别为公共水源 c、k 子区独立水源 i 的最大输水能力。

(3) 用水系统的供需变化约束。

$$L(k,j) \leqslant \sum_{i=1}^{I(k)} x_{ij}^{k} + \sum_{c=1}^{M} x_{cj}^{k} \leqslant H(k,j) \tag{5-66}$$

式中：$L(k,j)$、$H(k,j)$ 分别表示 k 子区 j 用户需水量变化的下限和上限。

(4) 排水系统的水质约束。

达标排放
$$c_{kj}^{r} \leqslant c_{0}^{r} \tag{5-67}$$

总量控制
$$\sum_{k=1}^{K} \sum_{j=1}^{J(k)} 0.01 d_{j}^{k} p_{j}^{k} \left[\sum_{i=1}^{I(k)} x_{ij}^{k} + \sum_{c=1}^{M} x_{cj}^{k} \right] \leqslant W_{0} \tag{5-68}$$

式中：c_{kj}^r 为 k 子区 j 用户排放污染物 r 的浓度；c_0^r 为污染物 r 达标排放所规定的浓度；W_0 为允许的污染物排放总量；其他符号含义同前。

(5) 非负约束。

$$x_{ij}^{k}、x_{cj}^{k} \geqslant 0 \tag{5-69}$$

(6) 其他约束条件。针对具体情况，可能还需要增加一些其他约束条件。比如，投资约束、风险约束、最低水位约束等。

由目标函数和约束条件组合在一起就构成了水资源优化配置模型，见式 (5-70)。该模型是一个十分复杂的多目标、多水源、多用户的优化模型。

$$\left.\begin{aligned} &\text{目标函数：} && \max f_1(X) \\ & && \max f_2(X) \\ & && \max f_3(X) \\ &\text{约束条件：} && G(X) \leqslant 0 \\ & && X \geqslant 0 \end{aligned}\right\} \tag{5-70}$$

3. 决策变量

模型中的决策变量可分为三类：①反映需水结构调控方案的变量，如各区域、各部门的发展规模、节约用水方案等，隐含在模型的供需变化约束中起作用；②反映供水结构调控方案的变量，如水利工程的布局、规模及建设次序等，隐含在模型中的供水能力约束中

起作用；③反映运行管理策略方案的变量，如水量宏观调配、工程运行策略的变量，由不同水源向不同用户的供水量和输水能力约束反映。

四、优化技术与模拟技术简介

上文建立的水资源优化配置模型实际上是一个优化模型。如果仅针对建立的模型本身而言，它是一个普通的优化模型。这也是水资源系统分析中常用的优化技术方法，它的求解需要借助优化技术方法来实现，一般分为两大类：一类是解析技术，即通过运筹学所讲的优化技术（如线性规划、非线性规划、动态规划等）来寻找最优解；另一类是计算机模拟技术，即通过对现实情况的仿真模拟来寻找较优解。

1. 优化技术

在水资源规划与管理过程中，总会遇到不同的水资源配置方案选择问题。此时，按照一定的标准从中选出最好的方案实施，以达到最满意的效果，这就是水资源配置最优化问题。解决最优化问题的技术称为最优化技术，简称优化技术。常用的优化技术包括线性规划、整数规划、非线性规划、动态规划等，下面主要介绍线性规划模型和非线性规划模型的求解原理。

（1）线性规划模型。当目标函数和约束条件都是线性函数时，称为线性规划模型。求解线性规划模型的常用方法是单纯形法，即根据问题的目标，在由约束条件切割成的凸多面体各极点中，从一个极点转移到相邻极点，使目标函数值逐步增加（或减小），直到目标函数值达到最大（或最小）时为止。此时，极点所对应的决策变量值就是最优解。

（2）非线性规划模型。当目标函数或约束方程中有一个或多个非线性函数时，称为非线性规划模型。当非线性规划模型比较简单时，实际应用时常采用线性化技术，把非线性方程近似地用一系列线性函数表示，再用线性规划方法求解。常用的线性化技术有变量分割法、可分规划法等。

如果非线性规划模型比较复杂，不能采用线性化技术进行处理，就只能用非线性规划方法求解。求解的方法不外乎两类：一类是解析解；一类是数值解。

解析法的使用条件是：目标函数可用解析式表达。当无约束条件时，可简单对目标函数求导数，使导数等于零，就可得到极值（极大值或极小值）；当目标函数受等式条件约束时，可采用拉格朗日乘子法求极值，即引入拉格朗日乘子 λ，将目标函数与等式约束联系起来，把约束问题转变为等价的无约束极值问题求解；当目标函数受不等式条件约束时，可采用 H. W. Kuhn 和 A. W. Tucker 提出的不等式约束条件下的非线性优化问题求解方法。

采用数值法求解非线性规划模型时，根据计算方法的不同有多种类型。对于单变量函数，常采用黄金分割法，逐渐逼近最优解；对于多变量函数，则可用爬山法和以梯度法为基础的数值法（如最速下降法、牛顿法、共轭梯度法等）。当有约束条件时，常采用罚函数法，把有约束问题转化为无约束问题，再求解。

2. 计算机模拟技术[10]

计算机模拟技术，是仿造真实物理系统的情况下，利用电子计算机模型（或模拟程序），模仿实际系统的各种活动，为制定正确决策提供依据的技术。从本质上看，模拟技术与解析技术的主要区别仅在于：后者可以从数学模型中一次求得解答，而前者则要通过

许多次反复的试探实验来求得问题的近似结果。这种试探性实验也常常称为水资源配置模型的测试。例如，为了确定合适的水资源配置方案，可以建立一个数学模型，如果能够用解析技术一次性得到最理想的配置方案当然最好；但如果数学模型过于复杂，难以用解析技术求解，这就要利用模拟技术来设定不同的配置方案，通过模拟结果来分析各方案的优劣，最终选择一个合适的近似解答。简略地说，模拟是一种问答的技术，即它要解决的问题是“如果这样做，将会发生什么？”所以利用模拟来解决问题时，最终结果的可靠程度取决于试验次数的多少以及试验方案选择的方式。试验次数越多，所得结果就越可靠。

应用计算机模拟技术解决实际问题的主要内容与步骤有三个：

(1) 建立系统的计算机模型（或模拟程序）。

(2) 运用模型进行计算（或实验）。

(3) 分析模拟计算结果，并作出决策。

在模拟技术应用的过程中必须解决的几个关键问题包括：

(1) 建立可靠的模拟模型。计算机模拟能否反映客观实际、能否得到有价值的输出结果与建立的模拟模型好坏关系密切。只有建立可靠的模拟模型，才有可能保证输出结果可信。

(2) 确定输入，也就是如何划分拟选方案。在多数情况下，可以针对具体情况来人为确定所要模拟计算的输入，也可以使用优选技术（如网格法、对开法、旋升法、最陡梯度法、切块法等），逐步优选方案，作为输入。

(3) 输出结果择优标准的确定。对于众多模拟方案的输出结果，到底选择哪一个方案，要有明确的判定标准。比如，在进行水资源配置模拟实验研究时，可以选择“满足所有约束条件下的目标函数值最大”作为判定标准。

计算机模拟技术，是水资源规划与管理中应用最广的一种计算方法。它是通过计算机仿造系统的真实情况，针对不同系统方案多次计算（或实验），对照优化模型，可以回答“如果……，则……”。比如，针对水资源配置优化模型，就是“如果……，则系统是（或不是）满足水资源配置准则，目标函数值为……”。因此，这种方法向人们提供一个“政策分析”的工具，决策人员可以试验各种虚拟假设的水管理政策，将计算机模拟结果作为决策的重要参考依据。

采用计算机模拟技术进行水资源优化配置，一般有以下方法步骤（图 5-9）。

第一步：首先进行调查研究，提出问题，分析问题，对水资源系统进行系统分析。这是建立水资源配置优化模型之前的前期研究工作。

第二步：研究量化方法，建立水资源优化配置模型。这是进行模拟实验的重要前提。

第三步：拟定水资源配置方案，确定输入，即选定模拟的方案。可以根据具体的情况，人为设定配置方案；也可以使用优化技术逐步优选方案。

第四步：模拟计算，输出结果。并以“目标函数值最大”为目标，选择最优方案。

第五步：通过方案分析与模型使用效果分析，评估模型，并进一步剖析系统，得到更多信息，反过来再修改模型，直至得到满意的分析结果。

五、优化技术在水资源优化配置中的应用

水资源优化配置，就是针对水资源系统，利用优化技术方法，依据一定的目标（单一目

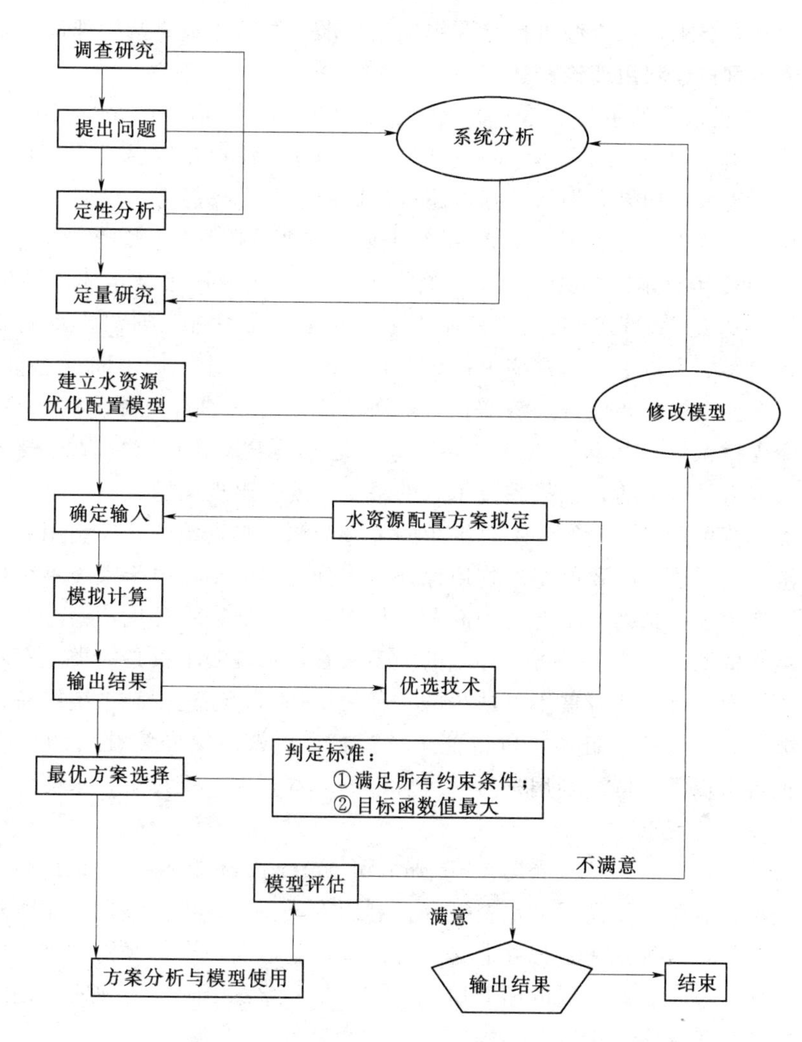

图 5-9　采用计算机模拟技术进行水资源优化配置的方法步骤图

标或多目标），在水资源系统的综合约束条件下，使水资源配置达到目标最优的过程。可见，水资源优化配置的发展是与优化技术相联系的，也就是说，水资源优化配置仅仅是优化技术在水资源配置中的一种应用。当然，这种应用具有重要的现实意义，对水资源合理利用有重要的指导作用。特别是在目前情况下，人类面临着前所未有的水资源问题、环境问题以及经济社会发展问题，要实现经济社会发展、水资源利用、生态系统保护的协调发展和综合目标最大，显然需要优化技术来参与。即应用优化技术来协调水资源系统各要素之间的关系，实现社会效益、经济效益、环境效益的综合目标最大，保证经济社会可持续发展。

第五节　水资源可持续利用理论*

可持续发展，是 20 世纪 90 年代以来全世界使用频率较高的词汇之一，广泛被各国政府和学者所关注。水资源是可持续发展的基本支撑条件之一，保证水资源的可持续利用是可持续发展的基本要求，水资源可持续利用理论是水资源学的重要基础理论。

一、水资源可持续利用理论概述

“发展”是人类永恒的主题，是人类满足自身需要的实践活动的全部过程和结果。人类为了发展就必须占用一定的自然空间以从事生产活动，消耗自然界资源，并向自然界排放废渣、废气和废水。如果人类活动强度超过地球的最大支撑能力，就必然会导致人类生存条件的恶化甚至丧失。历史记载了20世纪中期以来西方国家发生的多次重大公害事件。比如，1953—1956年日本熊本县水俣市，含甲基汞的工业废水污染水体，导致汞中毒者283人，其中60人死亡；1985年英国威尔士由于化工厂将酚排入迪河，造成200万居民饮用污染水，44%的人口中毒。这些事件令人铭记在心，也让人们不断反思自己的行为。当然，人类社会要发展，要促进经济增长，但决不能以过度消费资源、牺牲环境为代价。因为地球生命支撑系统（如水、土地、环境等）是人类发展和赖以生存的根本保证。然而，它的支撑能力是有限的，如果超过了它的限度，就会出现问题。

水是人类维持生命和发展经济不可缺少的宝贵资源。水资源的开发利用为人类社会进步、国民经济发展提供了必要的基本物质保证。十分遗憾的是，由于人类不合理的开发和利用水资源，产生了一系列与水有关的问题，如水资源短缺、水环境污染等。

因此，从水资源与社会、经济、环境的关系来看，水资源不仅是人类生存不可替代的一种宝贵资源，而且是经济发展不可缺少的一种物质基础，还是生态系统维持正常状态的基础条件。哪一方面离开水资源，也不能正常运行，更谈不上经济社会的持续、稳定发展。因此，保持水资源可持续利用是可持续发展的基本要求。反过来，水资源开发利用必须坚持可持续发展的观点。

水资源可持续利用（sustainable utilization of water resources），是指保障生态系统完整性和支撑经济社会可持续发展的水资源开发利用方式。实现可持续发展是水资源可持续利用的目标。当然，实现这一目标并非是一件易事，它涉及社会、经济发展和资源、环境保护等多个方面，以及它们之间的相互协调，同时，也涉及国际间、地区间的广泛合作、全社会公众的参与等众多复杂问题。

水资源可持续利用理论就是应用可持续发展理论来指导水资源开发利用实践，并逐步形成的水资源学基础理论。在水资源规划与管理中，用到可持续发展指导思想，在定量化研究中经常用到基于可持续发展量化的水资源优化配置模型构建与计算。因此，在水资源可持续利用理论中，重要的基础内容就是可持续发展的量化方法研究。关于这方面的内容很多，也在不断发展之中，本节仅作简单介绍。

二、可持续发展量化准则[10]

随着可持续发展策略在世界范围的积极响应和《21世纪议程》的实施，业已对经济社会发展的科学准则带来了很大冲击。从更一般的科学意义和社会实践的观点看，科学准则是一个范例，它浓缩了与科学基准有关的所有导则与规范，可以说它是在共识的基础上从理论到实践应遵循的行为准则。

目前，随着学科的交叉，人们在认识和改造世界过程中面临着各种各样的问题和挑战，这也引发了人们对自身发展历程新的思考和反思。如何正确认识发展的有利方面和不利方面？有利方面和不利方面的判定标准是什么？用什么样的“尺度”衡量发展是良性

的？什么样的发展是符合可持续发展定义的发展？这就要求制定可持续发展新的科学准则，特别是从量化的角度，亟需提出可供操作的量化标准。

另外，从《21世纪议程》要求的社会、经济、资源、环境相协调的高度，也迫切需要逐步转变到新的行为准则。从量化研究的角度，可持续发展至少应具备如下三个基本准则。

1. 可承载

可持续发展不允许破坏地球上的生命支撑系统（如空气、水、土壤等），即处在可承载的最大限度之内，以保证人类福利水平至少处在可生存状态。“可承载”通常是针对“资源”、“环境”而言，如资源可承载、环境可承载等。可持续发展要求社会、经济、资源、环境协调发展就必须满足“可承载”准则。

2. 有效益

可持续发展鼓励经济增长，然而它与传统的经济学观点有质的区别。不仅重视增长数量，更追求改善质量。它以保护自然环境为基础，以改善和提高生活质量为目标，与资源、环境的承载能力相协调。因此，可持续发展要求经济投入和资源管理带来的发展是一种有效益的发展（包括经济效益、社会效益、环境效益等）。

3. 可持续

可持续发展不仅要考虑当代人，而且要顾及到后代人。不仅要保证现代的发展，而且要保证未来的发展，使发展处在不断增长的趋势。它与传统的“短期经济增长”观念截然不同，发展是有持续性的。

三、可持续发展量化研究方法

根据国内外研究动态，本节介绍两种可持续发展量化研究方法。一种是基于“社会净福利函数W”的量化方法；一种是基于“发展综合指标测度（DD）”的量化方法。前一种方法，最早是由Daniel P. Loucks于1997年提出的[12]，是用经济学手段，量化可持续发展中的社会、经济和环境效益。第二种方法，最早是由左其亭于2000年提出的❶[10]，是采用模糊隶属度定量描述方法和多准则集成技术，来量化可持续发展中的可承载能力、经济效益和可持续性以及它们的集成等问题。

（一）基于“社会净福利函数”的量化方法[10]

社会净福利函数，是对国民收入（GDP）的一种“绿化”，是从GDP中扣除恢复生态系统良性循环所需的支出后，得到的一个新指标，也称为净经济福利。计算公式如下：

$$W(k,T)=G(k,T)-C(k,T) \tag{5-71}$$

式中：$W(k,T)$为第T个时段选择第k个方案时所对应的净福利；$G(k,T)$为第T个时段选择第k个方案时所对应的GDP；$C(k,T)$为第T个时段选择第k个方案时恢复生态系统良性循环所需的支出，其值包括生态系统破坏所造成的经济损失值和恢复生态系统所需的各种费用。

根据可持续发展的概念和基本目标，可持续发展应遵循以下准则：效益最大化、可生存、可承载和可持续。它们的量化方法如下。

❶ 左其亭，可持续水资源管理的理论方法及应用研究，武汉水利电力大学博士学位论文，2000.

1. 效益最大化

可持续发展是以保护生态系统为基础，以提高社会福利和改善人民生活为目标，是一种追求效益最大化的发展（包括经济效益、社会效益和环境效益），因此，效益最大化可以作为可持续发展的判据。效益最大化用 N 时段内“净福利”最大表示，即

$$\max\sum_{T=1}^{N}\frac{W(k,T)}{(1+r)^{T}} \tag{5-72}$$

式中：$W(k,T)$ 为第 T 个时段选择第 k 个方案时所对应的净福利；T 为从现在到未来的一个时段（时段的大小主要依据研究系统的规模、复杂程度以及可预测期的长短而定，例如，根据研究系统的实际情况，可取每 5 年为一个时段，当然也可以取每 10 年或 1 年等任意值为一个时段），T 的取值为 1，2，…，N；N 为系统可有效预测的最大时段个数（如每 5 年为一个时段，30 年预测期内 $N=6$）；k 为第 T 个时段的决策变量（方案）；r 为第 T 个时段的贴现率。

2. 可生存

可生存是对可持续发展进行的一种约束。它要求可持续发展首先必须解决人类生存问题，发展带来的社会净福利必须满足人类最低生活标准的需要。即，“可生存”量化如下：

$$\begin{cases} g(k,T)\geqslant g_{\min} & \text{（对经济社会系统的要求）} \\ Wl(k,T)\geqslant Wl_{\min} & \text{（对资源系统的要求）} \\ Eq(k,T)\geqslant Eq_{\min} & \text{（对生态系统的要求）} \end{cases} \tag{5-73}$$

式中：$g(k,T)$ 为第 T 个时段选择第 k 个方案时所对应的人均 GDP；$g_{\min}$ 为当前人们满足最低生活标准所需的人均 GDP；$Wl(k,T)$ 为第 T 个时段选择第 k 个方案时所对应的生活总需求资源量；$Wl_{\min}$ 为满足人们生理与生活所需的最小资源需求量；$Eq(k,T)$ 为第 T 个时段选择第 k 个方案时所对应的环境质量；$Eq_{\min}$ 为满足人们生活、生产及享乐需求的最低环境质量标准。

3. 可承载

可承载是从保护自然资源和生态系统的角度出发，对可持续发展进行的一种约束。它要求不以资源的耗竭和环境的衰退为代价换取经济社会的发展，发展应在地球生命支撑系统（即水、土壤和生态系统）的承载能力之内。即，“可承载”量化如下：

$$\begin{cases} Wx\leqslant Wk_{\max} & \text{（资源可承载）} \\ W(k,T)\leqslant Wec & \text{（生态系统可承载）} \end{cases} \tag{5-74}$$

式中：Wx 为资源总需求量；$Wk_{\max}$ 为最大可供资源量；Wec 为对应生态系统承载能力阈值的净福利。

4. 可持续

在可持续发展研究对象中，经济社会系统可持续发展表现为人均净福利不断增长；资源系统可持续发展表现为系统资源总需求量和总可供资源量调配得当、相差不大；生态系统可持续发展表现为环境质量逐步改善。即

$$\begin{cases} \dfrac{W(k,T+1)}{R(k,T+1)}\geqslant\dfrac{W(k,T)}{R(k,T)}\Leftrightarrow\dfrac{W(k,T+1)}{W(k,T)}\geqslant\dfrac{R(k,T+1)}{R(k,T)} & \text{（经济社会系统）} \\ \| W^{use}(k,T)-W^{sup}(k,T)\| \leqslant\varepsilon & \text{（资源系统）} \\ Eq(k,T+1)\geqslant Eq(k,T) & \text{（生态系统）} \end{cases} \tag{5-75}$$

式中：$R(k,T)$ 为第 T 个时段选择第 k 个方案时所对应的人口总数；$W^{use}(k,T)$ 为第 T 个时段选择第 k 个方案时系统资源总需求量；$W^{sup}(k,T)$ 为第 T 个时段选择第 k 个方案时系统总可供资源量；ε 为资源总需求量与总可供资源量两者匹配调节值；$Eq(k,T)$ 为第 T 个时段选择第 k 个方案时所对应的环境质量。

将“效益最大化”作为可持续发展的目标函数，“可生存”“可承载”“可持续”作为可持续发展的约束条件，便可构造出可持续发展的一般数学模型。

$$\left.\begin{array}{ll}\text{目标函数：}\max\sum_{T=1}^{N}\dfrac{W(k,T)}{(1+r)^{T}} & \text{（效益最大化）}\\ \text{约束条件：}g(k,T)\geqslant g_{\min};Wl(k,T)\geqslant Wl_{\min};Eq(k,T)\geqslant Eq_{\min} & \text{（可生存）}\\ \quad Wx\leqslant Wk_{\max};\quad W(k,T)\leqslant Wec & \text{（可承载）}\\ \quad \dfrac{W(k,T+1)}{W(k,T)}\geqslant\dfrac{R(k,T+1)}{R(k,T)};\ \|W^{use}(k,T)-W^{sup}(k,T)\|\leqslant\varepsilon; & \\ \quad Eq(k,T+1)\geqslant Eq(k,T) & \text{（可持续）}\end{array}\right\}\tag{5-76}$$

利用上述模型，能够十分清楚地将区域发展的轨线描绘出来，很容易判定系统是否处于可持续发展状态及其存在的问题。图 5-10 所述的几种典型“净福利指标”$W(k,T)$ 轨线，“可持续”“可生存”“有效益”的判别十分明显。

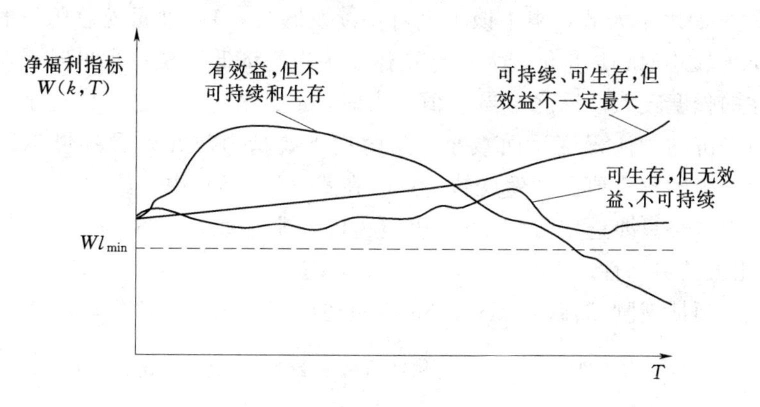

图 5-10　几种典型“净福利指标”轨线图[10]

（二）基于“发展综合指标测度”的量化方法[10]

1. “可承载”程度的量化方法

“可承载”“可持续”在实际度量界定上存在模糊性，可以用模糊数学中的隶属度进行量化。

假如反映“可承载”能力的因子有多个。现考察任一指标 e，对应的隶属度 $\mu(e)$。$\mu(e)$ 称作“单指标（或单因子）e 可承载隶属度”，它是对“可承载”程度的一种度量。

为了无量纲化以及能使单因子间互相比较，采用下面的指标转换：对于单因子指标 e，选定“可承载”限度 e_0，当 e 越大，可承载程度也越大时（如人均粮食产量），定义 $x=e/e_0$；当 e 越大，可承载程度越小时（如水体矿化度），定义 $x=e_0/e$；对于某单因子在

T 时刻指标 $Y_i(T)$，描述的可承载程度为 $\mu_{LI}[Y_i(T)]$（隶属函数可据具体情况选定）。那么，有多个因子组成的整个系统的可承载隶属程度描述如下：

$$LI(T)=\prod_{i=1}^{n_1}\mu_{LI}^{a_i}[Y_i(T)] \tag{5-77}$$

式中：n_1 为系统有 n_1 个因子被考虑是否可承载；$LI(T)$ 为系统在 T 时段可承载隶属度；a_i 为第 i 因子的指数权重，可根据因子的重要程度给 a_i 赋值，也可以采用变权法计算得到。

2. “有效益”的量化方法

(1)“经济增长”指标 $EG(T)$。取经济学指标（如国民生产总值、工农业总产值、人均国民生产总值等）SP。设初始年 SP 值为基准值 SP_0。为了使数据无量纲化，可以进行初始化，即令 $x=SP/SP_0$。用下面的隶属函数（也可以根据具体情况另选）来量化表示“经济增长”指标：

$$EG(T)=\mu=\frac{x-a}{x+a} \tag{5-78}$$

式中：a 为待定系数。

采用式（5-78）的理由和好处在于：①选定合适的 a 值，总可以把 $EG(T)$ 值映射到 [0, 1] 上 [当然，如果某地区的发展水平很低，有可能出现 $x<a$ 的情况，即 $EG(T)<0$，这说明 T 时段发展水平太低，根本谈不上可持续发展]；②从隶属函数所作的曲线图中可以看出，当 x 值较小时，μ 变化较大，这正体现了当经济低于某一水平时，对经济的变化较敏感，关注的程度较大；反之，当 x 值较大时，μ 变化较小，这正体现了当经济超过某一水平时，对经济的关注程度反而减小，这时把主要精力放在资源环境承载能力的提高上，这也符合一个国家或地区的发展轨迹；③在式（5-78）中，给出了一个待定系数 a，可以针对不同地区，只要选定 $\mu=0.6$（假定为温饱水平线）对应的 SP 值，就可以确定 a。这样就有很大的灵活性。

比如，在新疆博斯腾湖流域，选 1986 年为初始年，$SP_0=927.9$ 元/人；假定温饱水平线为 $SP_1=2000$ 元/人。则 $x_1=2000/927.9\approx2.2$。代入式（5-78）：$\frac{x_1-a}{x_1+a}=0.6$，解得 $a=0.55$。即隶属函数为 $EG(T)=\mu=\frac{x-0.55}{x+0.55}$。

(2) 发展综合指标测度 $DD(T)$。社会发展不仅要有“经济增长”，而且要讲究发展的质量，因此把它们综合起来表征社会发展的状态是很有必要的。前面介绍的“可承载”隶属度 $LI(T)$ 是对“人类生存质量”的一种定量描述；$EG(T)$ 是对“经济增长”的一种定量描述。把二者结合在一起是必要的，这里介绍用“发展综合指标测度 $DD(T)$”来量化表示的方法，公式如下：

$$DD(T)=EG(T)^{\beta_1}LI(T)^{\beta_2} \tag{5-79}$$

式中：β_1、β_2 是分别给定“经济增长”$EG(T)$、“可承载”$LI(T)$ 的一个指数权重。根据其重要程度，给 β_1、β_2 赋值。通常可取 $\beta_1=\beta_2=0.5$。

$DD(T)$ 是系统在 T 时段“发展综合指标测度”，$DD(T)\in[0,1]$。$DD(T)$ 作为衡量 T 时段“发展”的一个“尺度”。对于同一系统、同一时段，$DD(T)$ 越大，认为发展程

度越高，效益越大。

(3) 可持续发展目标函数——效益最大 max(BTI)。前面介绍的 $DD(T)$ 值是衡量 T 时段“发展”的一个“尺度”，而可持续发展要求的是在可预测的全时段（设共 N 个时段）内总效益最大。为了消除时段个数不同带来的差异（且具有可比性），拟采用效益的平均值来衡量。

令 $BTI=\sum_{T=1}^{N}DD(T)/N$，称 BTI 为“目标函数值”。“可持续发展”要求发展给人类带来尽可能大的经济效益，兼顾“可承载”准则，可以用目标函数值最大来衡量，即

$$\max(BTI)=\max\left[\sum_{T=1}^{N}DD(T)/N\right] \tag{5-80}$$

3. “可持续”准则的量化及可持续发展态势的判定

可持续发展不仅要求满足“发展”（包括“可承载”“有效益”准则），而且要求发展是“可持续”的（即发展是持续提高的）。对于发展综合指标测度 $DD(T)$，“可持续”准则定义为：$DD(T)\geqslant DD(T-1)$。令 $x=DD(T)/DD(T-1)$（如果 $T=1$，约定 $x=1$）。按照“可持续”准则的定义，给出 T 时段相对 $T-1$ 时段发展持续提高的隶属函数（也可以根据具体情况另选），如下式：

$$\mu_{SU}[DD(T)]=\begin{cases}1 & x\geqslant 1\\ x & x<1\end{cases} \tag{5-81}$$

$\mu_{SU}[DD(T)]$ 是整个系统在 T 时段相对 $T-1$ 时段发展是否持续提高的一种度量，但它还不能判别全时段发展是否是良性的、满足可持续发展定义的发展。为此，还要对发展态势进行判别。

定义全时段发展相对可持续性的隶属度（简称“态势隶属度”）为

$$SDDT=\left\{\prod_{T=1}^{N}\mu_{SU}[DD(T)]\right\}^{\frac{N_0}{N}} \tag{5-82}$$

式中：N 为整个时段个数（如 N 年）；N_0 为选定的常数（如 5，10，…，N）。

依据实际资料，我们至少可以根据社会、经济、资源、环境画出“发展综合指标测度”$DD(T)$ 曲线图。根据该图就可以判定发展是不是可持续发展，发展的态势如何，以及研究区的发展水平，进而优选可持续发展途径。

图 5-11 是假设的 3 种发展过程 $DD(T)$ 曲线。过程 1 是符合可持续发展定义的发展；过程 2 和过程 3 都是不可持续发展。另外，根据 T 时段的 $DD(T)$ 值大小也可以判定该地区的发展水平。从图 5-11 中可以看出，在 T_1 时段之前，尽管过程 3 明显比过程 1 发展水平要高，但这仅仅是暂时的，从全时段来看，过程 3 是不可持续发展。这种假象很容易使人迷惑，也是目前已有的发展模式（如，“高消耗高污染”发展模式）常表现的现象。这种短期发展模式必须要被揭穿，也一定要认识其不可持续性，坚持走可持续发展道路。

四、基于可持续发展量化的水资源优化配置模型

水资源开发利用必须坚持可持续发展的观点，在实际工作中，需要把可持续发展的观点贯穿到整个水资源工作中。本小节介绍的基于可持续发展量化的水资源优化配置模型就

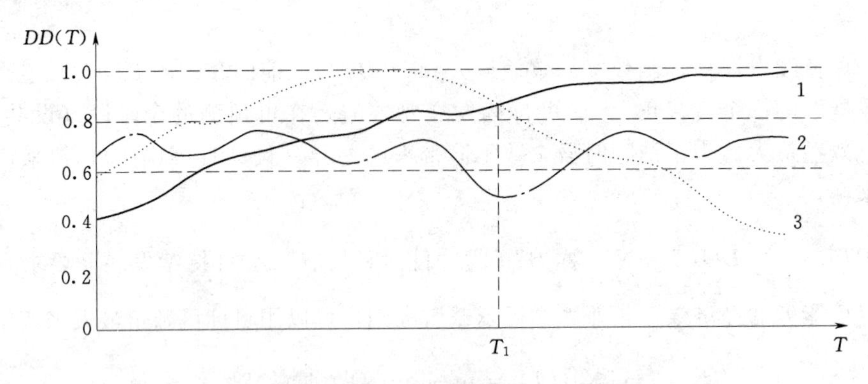

图 5-11　可持续发展判别曲线示意图[10]

是满足可持续发展目标和准则的水资源管理模型，用到上文介绍的量化研究方法以及水资源优化配置模型。

1. 目标函数

水资源可持续利用优化模型是以可持续发展为目标，要求“发展”的目标函数 BTI 值达最大。也就是在某一特定的时段，在满足一定条件下，使 N 个时段的总效益达到最大（即目标函数值 BTI 最大）。于是，有目标函数：

$$\max(BTI) = \max[\sum_{T=1}^{N} DD(T)/N] \tag{5-83}$$

2. 约束条件

（1）可承载。欲保证整个系统可持续发展，必然要求系统可承载程度达到某一最低水平（设 LI_0）。于是，有可承载条件方程式：

$$LI(T) \geqslant LI_0$$

有时在 $T=1$ 时段以前，由于一些原因，使得可承载能力较低或丧失严重。这样，采取任何措施也难以很快达到可承载条件。为此，针对具体情况，应规划到某一时刻 T_1 要求其达到该条件。于是，有可承载条件方程式：

$$LI(T) \geqslant LI_0,\ T \geqslant T_1 \tag{5-84}$$

（2）可持续。欲保证整个系统可持续发展，必然要求系统发展是“可持续”的，即要求态势隶属度超过某一最低水平（设 $SDDT_0$），即

$$SDDT \geqslant SDDT_0 \tag{5-85}$$

（3）其他约束条件。针对具体情况，可能还需要增加一些其他约束条件，如本章第四节所介绍的水资源优化配置模型的约束条件。

将目标函数和约束条件组合在一起就构成了水资源可持续利用优化模型，即

$$\left.\begin{array}{ll} \text{目标函数：} & \max(BTI) \\ \text{约束条件：} & LI(T) \geqslant LI_0,\ T \geqslant T_1 \\ & SDDT \geqslant SDDT_0 \\ & \text{其他约束条件} \end{array}\right\} \tag{5-86}$$

该模型是一个十分复杂的多阶段优化模型。由于该模型 T 时段的以后过程受其以前的演变过程所影响，显然不符合运筹学中动态规划的重要性质——无后效性，因此该模型不是一个动态规划模型，只能说成是一个多阶段优化模型。

另外，由于有水资源转化模型等子模型的嵌入以及隶属函数的引入，一般来讲，该模型的目标函数和约束条件均为（或含有）非线性函数。于是，该模型又是一个非线性优化模型。

故所建立的水资源可持续利用优化模型［式（5-86）］是一个十分复杂的多阶段非线性优化模型，可以采用计算机模拟技术来优选得到水资源管理方案。

第六节 人水和谐理论*

人水和谐是21世纪初我国政府提出并被广泛采用的概念，是新时期治水指导思想。人类生活在自然界，必须与自然界和谐相处，这是历史证明的真理。以往那种企图征服自然的做法已经带来了自然界的报复，迫使人们不得不改变自己的行为，顺应自然、尊重自然，与自然和谐共处。人水和谐思想是人类看待人与水关系的主流思想，成为新时期人类治水的重要指导思想。随着人水和谐指导思想的应用，人水和谐理论成为水资源学的重要基础理论。

一、人水和谐理论概述

1. 人水和谐概念及形成过程

随着经济社会的发展，人水关系面临着前所未有的挑战。由于自然界的水资源量是有限的，水体的纳污能力也是有限的，人类对水资源的需求却在不断增加，对环境的改造甚至破坏在不断加深，很可能引起水资源系统的破坏，导致“不健康的水循环”和“恶化的生态系统”。为了保护人类赖以生存的生命支撑系统，就需要协调人水关系，走可持续发展道路[13]。也就是基于这一形势，“人水和谐”逐步成为现代治水、开发利用水的主导思想。

尽管“人水和谐”概念一提出就得到大多数人的认可，但是人水和谐的概念尚未统一。按照字面上理解，“人”是社会的主体，“水”是人类赖以生存和发展的基础性和战略性自然资源，“和谐”是和睦协调之意。不同时期不同文献中，对“人水和谐”的涵义有不同的认识和侧重点。这里介绍本书作者曾给出的一种定义：人水和谐是指“人文系统与水系统相互协调的良性循环状态，即在不断改善水系统自我维持和更新能力的前提下，使水资源能为人类生存和经济社会可持续发展提供久远的支撑和保障”[13]。

在人类社会发展的不同阶段，人水关系经历着不断的变化。在古代，由于人类生产力水平较低，人类只能顺从自然，多数在河流取用水方便的地区生活，人水关系还算大体和谐，这是一种原始的和谐关系。这个时期人类对洪水的规律并无认识，洪水肆虐人类，人类束手无策，只好避之[13]。

到了工业革命以后，人类社会生产力水平迅速提高，人类改造自然的能力不断增强，受“人定胜天”思想观念的主导，人类开始征服自然，以自然的主人自居。为了满足人类对水的需要，人类加大了水资源开发利用的力度。结果虽然使得人类社会的物质文明达到了前所未有的高度，但是同时，由于人类对自然界的肆意污染和破坏，最终也遭到了来自自然的报复，引发各种水问题，人水冲突日益尖锐，影响到了人类的生存和发展[13]。

面对这些危机，现代人类社会开始反思自己的发展历程和行为，迫使人类重新看待水资源的价值和内容，重新认识人水关系，强调水资源的可持续利用，强调人水和谐相处。2001年，我国才把人水和谐思想纳入现代水利的内涵和体系中。2004年我国将“中国水周”活动的宣传主题确定为“人水和谐”。2005年，人大十届三次会议提出“构建和谐社会”的重大战略部署，“人水和谐”成为新时期治水思路的核心内容。之后，人水和谐思想逐步被大多数人所接受，逐步成为我国治水、开发利用水的主导思想。在学术界，大约从2005年才开始对人水和谐理论方法进行研究。

2. 人水和谐理论的主要理念

根据目前人们对人水和谐的理解，总结人水和谐理论的主要理念如下[14]：

（1）坚持以人为本、全面、协调、可持续的科学发展观，解决由于人口增加和经济社会高速发展出现的洪涝灾害、干旱缺水、水土流失和水污染等水问题，使人和水的关系达到一个协调的状态，使宝贵有限的水资源为经济社会可持续发展提供久远的支撑，为构建和谐社会提供基本保障。

（2）坚持辩证唯物主义哲学思想，认为人和水都是自然的一部分，人和水必须协调发展。在自然这个统一体中，人依赖于水，又具备改造水的能力；水为人类的发展提供支撑，同时通过各种灾害限制人类活动。因此，人类必须限制和规范自己的行为，尊重水的运动规律和自然属性，确保人与水和谐相处。

（3）重视人水和谐思想观念的宣传与普及。只有公众认识到水资源的稀缺性、不可替代性、对人类生存的重要性，才能主动去节水、保护水，朝着人水和谐的目标上努力。这是实现水资源可持续利用、保障人水和谐相处的重要基础。

（4）人水关系的调整特别是人水矛盾的解决主要通过调整人类的行为来实现，需要调整好社会关系，合理分配不同地区、不同部门、不同用户的用水量和排污量，既共享水资源又共同承担保护水资源的责任。

（5）人水和谐目标应包含三方面内容：①水系统自身的健康得到不断改善；②人文系统走可持续发展的道路；③水资源为人类发展提供保障，人类主动采取一些措施来改善水系统健康，协调人水关系。

（6）对人与水关系的研究不能就水论水，就人论人；必须将人和水纳入各自的系统（人文系统与水系统）或人水大系统中进行研究。

（7）在观念上，要牢固树立人水和谐相处的思想；在思路上，要从单纯的就水论水、就水治水向追求人文系统的发展与水系统的健康相结合的转变；在行为上，要正确处理水资源保护与开发之间的关系。

二、人水和谐理论体系框架

在以上认识的基础上，根据作者最近几年的研究，总结出人水和谐理论体系，如图5-12所示。在人水和谐思想的指导下，发展人水和谐理论。为了更好地把人水和谐理论应用于实际，需要从定性和定量两方面入手来研究和应用。定性研究和应用主要侧重在人

水和谐理念的创新和应用。定量研究和应用主要集中在人水和谐评估、人水关系和谐论研究、人水和谐调控与水资源优化配置。两方面相互联系、相互支持，共同推动人水和谐理论发展，以指导治水实践，实现人水和谐[14]。

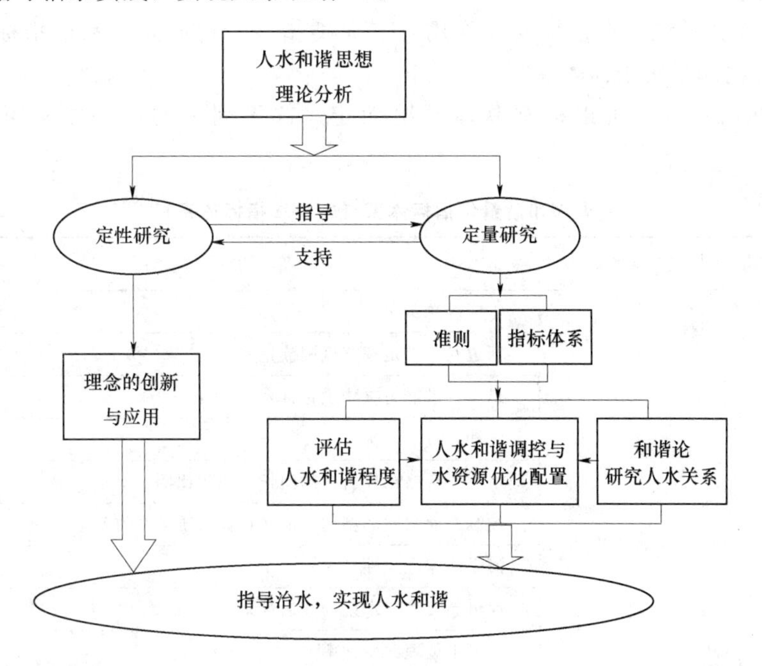

图 5-12　人水和谐理论体系框架

三、人水和谐量化研究方法

（一）人水和谐量化准则和指标体系

1. 准则

从量化研究的角度看，判断人水和谐有三个基本准则[13]：①健康（Healthiness），主要是从水系统的角度考虑，是指“水资源系统特别是河流系统生态功能没有受到损坏，具有较强的自我修复和更新能力以及一定的抗干扰能力”；②发展（Development），主要是从人文系统的角度考虑，是指“经济社会的发展在不破坏地球上生命支撑系统的范围内进行，实现经济社会的可持续发展”；③协调（Harmony），主要是从人文系统和水系统之间相互作用的角度考虑，是指“人文系统与水系统关系处于协调发展的状态，即水系统必须为人类及经济社会的发展提供必要支撑和安全保障；人类在发展中不断为水系统健康提供保障，并不断采取主动改善措施，人水关系进入不断改善的良性循环状态”。把由健康（Healthiness）、发展（Development）、协调（Harmony）构成的人水和谐准则，称为“H-D-H 准则”。

2. 指标体系

以提出的准则为基本框架，建立以目标层、准则层、分类层及指标层四个层次构成的指标体系[13]：①目标层，人水和谐度是用来综合反映人文系统与水系统相互协调和发展的程度，用人水和谐度来表达人水和谐的总体程度；②准则层，通过前文介绍的健康、发展和协调三大准则，分别从水系统、人文系统以及水系统与人文系统的相互作用及关系的角度来衡量人水系统的健康度、发展度和协调度；③分类层，每个准则又包含不同类型和方面的指标；④指标层，是具体的指标，每个分类层由多个具体指标构成。

按照人水和谐准则，将人水和谐程度计算指标分为健康（水系统）、发展（人文系统）、协调（人文系统与水系统相互作用）三大类指标，构成人水和谐指标体系，称为“H-D-H 三准则四层次指标体系”[13]。

具体指标的选择，可以根据具体情况而定。这里列举的部分指标可供选择，见表 5-2。

表 5-2　人水和谐量化指标体系（H-D-H 指标体系）

目标层	准则层	分类层	指标层
人水和谐度（HWHD）	健康度（HED）X_1	水资源状况	水资源总量
			河道径流满足率（低限流量）
			最大排洪能力（防洪标准）
			泥沙含量
			水质不合格水体所占的河长或面积比例
			控制断面水质类型比功能区目标水质类型的差额
			河岸河床稳定性
			河道断流率（水系的连通性）
			地下水位埋深变化率
			地下水矿化度
			洪灾频率
			地下水下降区比例
		生态环境状况	天然植被覆盖率（绿化覆盖率）
			生态环境需水满足程度
			耕地盐碱化比例
			水土流失比例
			水系统抗干扰能力
			河岸亲水景观舒适度
			代表生物生存状况（动植物）
			沙尘暴天数
			纳污能力
	发展度（DED）X_2	社会发展水平	区域人口密度
			人口增长率
			大专以上文化程度占人口比例
			平均期望寿命
			城市化率
			恩格尔系数
			年人平均收入

续表

目标层	准则层	分类层	指标层
人水和谐度（HWHD）	发展度（DED）X_2	经济发展水平	人均GDP
			经济增长率
			产业结构（工业农业等所占GDP比重）
			达到温饱生活水平的人口比例
			城乡收入差距
		技术发展水平	万元工业产值用水量
			单方灌溉引水产值
			灌溉用水定额
			渠系水利用系数
			水资源重复利用率
			节水灌溉面积比例
			工业用水重复利用率
			供水效益——费用比
		发展安全保障	人均粮食产量
			人均耕地面积
			人均用水量
			人均生活用水量
			人均能源及主要矿产资源储量
	协调度（HAD）X_3	水对人文系统的服务功能	社会安全饮用水人数所占比例
			需水满足率（工业/农业/第三产业/生活/生态）
			供水保证率（缺水率）
			通航水深保证率/河流通航比例
			年水产总值
			年径流变化率
			工程供水系数
			自来水普及率
			人均水资源量
			亩均水资源量
		人对水系统的开发与保护	水资源开发利用率
			水能资源开发利用率
			流失面积治理率
			城市污水处理率
			污水处理达标率
			垃圾无害化处理率
			优良河势保持率
			天然湿地保留率
			人均BOD（COD）排放量
			水利及环保投资占GDP比重

续表

目标层	准则层	分类层	指标层
人水和谐度（HWHD）	协调度（HAD）X_3	水资源管理水平及公众意识	水法律法规建设与宣传机制
			硬件建设（监测站点及信息系统建设）水平
			管理体制及管理水平
			水权市场建设
			公众对河流保护自觉度
			公众节水意识
			水事纠纷解决机制及程度
			公众参与水资源管理决策的程度

人水和谐度 *HWHD* 是反映人水系统健康、发展和协调三方面指标（变量）的函数，且又随着时段 *T*、空间 *L* 变化，它可表达为

$$HWHD(T,L)=f(X_1,X_2,X_3) \tag{5-87}$$

式中：X_1 为反映“健康”指标的变量；X_2 为反映“发展”指标的变量；X_3 为反映“协调”指标的变量，它们均由多个具体指标组成。

（二）人水和谐程度评价

1. 人水和谐度（*HWHD*）

用“人水和谐度”指标来度量人文系统与水系统的和谐程度（即 Human-water harmony degree），简称 *HWHD*。人水和谐度由健康度（简称 *HED*）、发展度（简称 *DED*）、协调度（简称 *HAD*）构成，取值范围为 [0,1][13]。

2. 单指标评价——五节点隶属函数描述方法

在指标体系中，每个指标均可表征单指标的人水和谐度（称 SHD_i），取值范围为 [0,1]。为了量化描述单指标的人水和谐度，作以下假定：各指标均存在 5 个代表性数值：最差值、较差值、及格值、较优值和最优值。取最差值或比最差值更差时该指标的和谐度为 0，取较差值时该指标的和谐度为 0.3，取及格值时该指标的和谐度为 0.6，取较优值时该指标的和谐度为 0.8，取最优值或比最优值更优时该指标的和谐度为 1。设 a、b、c、d、e 分别为某指标的最差值、较差值、及格值、较优值和最优值，利用 5 个特征点（a，0）、（b，0.3）、（c，0.6）、（d，0.8）和（e，1）以及上面的假定，可以得到某指标和谐度的分段线性变化曲线以及表达式[13]。通过分段线性函数就可以计算某个单指标 i 表征的和谐度（SHD_i，$SHD_i \in [0,1]$）。

因为这个分段线性函数是由确定的五个节点所得到的隶属函数，所以把该方法称为“五节点隶属函数描述方法”。

3. 综合评价——单指标量化-多指标综合-多准则集成（SMI-P）评价方法

上文介绍了单指标评价方法。而反映健康、发展、协调的指标很多，需要针对健康、发展、协调三大类指标，采用多指标综合评价方法，分别计算健康度（*HED*）、发展度（*DED*）、协调度（*HAD*）。根据单一指标和谐度 SHD_i，可以按照权重加权计算，即：

$$HED\text{ 或 }DED\text{ 或 }HAD = \sum_{i=1}^{n}(w_i SHD_i) \in [0,1](w_i\text{ 为权重}) \tag{5-88}$$

也可采用指数权重加权计算，即：

$$HED\text{ 或 }DED\text{ 或 }HAD = \prod_{i=1}^{n} SHD_i^{\beta_i} \in [0,1](\beta_i\text{ 为指数权重}) \tag{5-89}$$

按照人水和谐三个准则，采用多准则集成方法，把健康、发展、协调三准则综合起来表征人水和谐程度。人水和谐度（$HWHD$）计算公式如下[13]：

$$HWHD = HED^{\beta_1} DED^{\beta_2} HAD^{\beta_3} \tag{5-90}$$

式中：β_1、β_2、β_3 分别是给定的健康度 HED、发展度 DED、协调度 HAD 的指数权重；$HWHD$ 为人水和谐度，$HWHD \in [0,1]$。$HWHD$ 越大，认为人水和谐程度越高。只有当健康度、发展度、协调度都比较大时，$HWHD$ 才有可能较大。因此，人水和谐度 $HWHD$ 计算式比较科学地定量表达了人水和谐关系和程度。

把以上方法统称为"单指标量化-多指标综合-多准则集成"评价方法，简称为 SMI-P 方法（该方法最早由左其亭于 2008 年提出）。

四、基于人水和谐量化的水资源优化配置模型

基于人水和谐量化的水资源优化配置模型，就是以人水和谐为目标，要求人水和谐度 $HWHD$ 值达最大。即，在满足一定约束条件下，使其总人水和谐度达到最大（即目标函数值 $HWHD$ 最大），即：

$$\max(HWHD) \tag{5-91}$$

此外，在模型中，除了常规的约束条件外，还增加了考虑人水和谐准则的约束：

（1）健康准则约束。要求水资源系统的生态功能没有受到损坏，具有较强的自我修复和更新能力，以及一定的抗干扰能力。在定量上，要求健康度达到某一最低水平（设为 HED_0）。即：

$$HED \geqslant HED_0 \tag{5-92}$$

（2）发展准则约束。要求高效利用享有的资源，支撑社会发展的规模、经济发展的程度。在定量上，要求发展度达到某一最低水平（设为 DED_0）。即：

$$DED \geqslant DED_0 \tag{5-93}$$

（3）协调准则约束。要求水系统必须为人类及社会经济的发展提供必要支撑和安全保障，人类在发展中不断为水系统健康提供保障，并不断采取主动改善的措施。在定量上，要求协调度达到某一最低水平（设为 HAD_0）。即：

$$HAD \geqslant HAD_0 \tag{5-94}$$

课 外 知 识

1. 可持续发展的概念及由来[10]

自第二次世界大战以来，随着科学技术的进步和社会生产力的飞速发展，人类创造了前所未有的物质财富，并加速推进了人类文明发展的进程。与此同时，也出现了人口过快增长、资源过度消耗、环境质量严重下降等问题，使自然界生命支撑系统承受越来越大的

压力。像环境污染、生态系统破坏、全球气候变化、“厄尔尼诺”现象的发生等诸多灾害已经给经济社会发展和生命财产带来严重损失。在这种严峻形势下，人类不得不重新反思自己的发展历程，重新审视自己的经济社会行为。人们终于认识到：高消耗、高污染、先污染后治理的传统发展模式已不再适应当今和未来发展需要，必须寻找一条社会、经济、资源、环境相协调的可持续发展道路。

人们对日益严重的环境问题的认识由来已久，然而，由于立足的社会阶层不同，观点也各异，从“对人类社会发展历程进行反思”到“走在一起讨论可持续发展问题”经历了很艰苦的历程。“可持续发展”的概念、思想的诞生，从几次国际大会就可窥见一斑。

1972 年，在瑞典斯德哥尔摩召开的世界环境大会上，人们开始改变多年来习以为常的“世界是无限的”观念，开始明白“只有一个地球”的含义。人们已经认识到由于盲目发展带给人类的严重灾难，并开始觉醒：经济增长要与环境、资源相协调。可惜的是，在此次大会上没能就环境与发展问题达成共识，其冲突表现在发达国家和发展中国家间的尖锐分歧。发达国家担心的主要是污染、人口过剩和自然保护；而发展中国家则认为，污染和自然环境恶化等问题是次要的，他们所面临的是更为迫切的贫困问题：饥荒、疾病、文盲和失业。最终此次大会也未能解决这一分歧，在最后的大会简报上简明地把这一情况概括在这样一个标题中：“只有 113 个地球”。尽管如此，这次世界环境大会的意义是重大的，它扭转了人们的观点，孕育着“可持续发展”的萌芽。

随着时间的推移，全球环境问题继续在恶化，国际社会的关注也越来越大。1983 年 12 月，由挪威首相 Brundt land 夫人主持成立一个独立的特别委员会（即“世界环境与发展委员会”），专门研究制订“全球的变革日程”。这个由政治家、学者组成的委员会不负众望，经过四年的努力，终于在 1987 年的世界环境与发展委员会上由 Brundt land 夫人等作了题为《Our Common Future》（我们共同的未来）的报告。该报告明确提出了“可持续发展”的概念，即可持续发展是指“人类在经济社会发展和能源开发中，以确保它满足目前的需要而不破坏未来发展需求的能力”。它有三个基本要求：第一，开发不允许破坏地球上基本的生命支撑系统，即空气、水、土壤和生态系统；第二，发展必须在经济上是可持续的，即能从地球自然资源中不断地获得食物和维持生态系统的必要条件与环境；第三，要求建立国际间、国家、地区、部落和家庭等各种尺度上的可持续发展社会系统，以确保地球生命支撑系统的合理配置，共同享受人类发展与文明，减少贫富差别。

1992 年 6 月，被称为“地球首脑会议”的“世界环境与发展大会”在巴西里约热内卢由联合国组织召开。百国政府首脑聚集一堂，共同商讨人类摆脱环境危机的对策。“可持续发展”的概念已被大会所接受，通过了意义深远的《21 世纪议程》文件。

“可持续发展”这一术语，在世界范围内逐步得到认同并成为大众媒介使用频率较高的词汇之一。对可持续发展的研究也很快拓广到一些学科，对其研究的机构也如同雨后春笋般发展起来。与此同时，学术界对“可持续发展”的不同定义和解释也纷纷出现。虽然这些定义和解释各有侧重，但它们的中心思想基本是围绕着“既满足目前的需要而不破坏未来发展需求的能力”，亦即 Brundt land 夫人等在世界环境与发展委员会上提出的定义。

从可持续发展的概念可以看到，可持续发展的内涵十分丰富，涉及社会、经济、人口、资源、环境、科技、教育等各个方面，但究其实质是要处理好人口、资源、环境与经

济协调发展关系。其根本目的是满足人类日益增长的物质和文化生活的需求，不断提高人类的生活质量。其核心问题是，有效管理好自然资源，为社会进步和经济发展提供持续的支撑力。

可持续发展的内涵概括如下：

(1) 促进社会进步是可持续发展的最终目标。可持续发展的核心是“发展”，是要为当今社会和子孙后代造福。造福的标准不仅仅是经济增长，还特别强调用社会、经济、文化、环境、生活等多项指标来衡量，需要把当前利益与长远利益、局部利益与全局利益有机地结合起来，使经济增长、社会进步、环境改善统一协调起来。

(2) 可持续发展是以资源、环境作为其支撑的基本条件。因为社会发展与资源利用和环境保护是相互联系的有机整体，如果没有资源与环境作为基本支撑条件，也就谈不上可持续发展。资源的持续利用和环境保护的程度是区分传统发展与可持续发展的主要标准，所以如何保护环境和有效利用资源就成为可持续发展首要研究的问题。

(3) 可持续发展鼓励经济增长，但可持续发展所鼓励的经济增长绝不是以消耗资源、牺牲环境为代价，而是力求减少消耗、避免浪费、减小对环境的压力。

(4) 可持续发展强调资源与环境在当代人群之间以及代际之间公平合理地分配。为了全人类的长远和根本利益，当代人群之间应在不同区域、不同国家之间协调好利益关系，统一合理地使用地球资源和环境，以期共同实现可持续发展的目标。同时，当代人也不应只为自己谋利益而滥用环境资源，在追求自身的发展和消费时，不应剥夺后代人理应享有的发展机会，即人类享有的环境权利和承担的环境义务应是统一的。

(5) 可持续发展战略的实施以适宜的政策和法律体系为条件，必须有全世界各国、全社会公众的广泛参与。可持续发展是全球的协调发展。虽然各国可以自主选择可持续发展的具体模式，但是由此产生的环境问题是全球所共同面临的问题，必须通过全球的共同发展综合地、整体地加以解决。因此，各国必须着眼于整个人类的长远和根本利益，积极统一采取行动，加强合作，协调关系。同时，积极倡导全社会公众的广泛参与。

2. 和谐论及其在水资源学中的应用[15]

“和谐”(harmony) 一词出现频率很高，比如常常提及：和谐社会、和谐校园、和谐城市、和谐家庭、和谐世界、和谐课堂、和谐企业、和谐管理、和谐法制、和谐文化、和谐权、和谐理念、生活和谐、家庭和谐等。“和谐论”一词也有很多用法，部分是从哲学、政治学、社会学、经济学、美学、佛学等角度讨论“和谐”问题，部分是从应用的角度与“和谐”一词联系起来。然而，多数只是搬用“和谐论”一词，并没有什么真正的意义，也缺乏具体的概念。

2009 年，左其亭给出的定义是：“和谐”是为了达到“协调、一致、平衡、完整、适应”关系而采取的行动；和谐论是研究“和谐”行为的理论和方法，具体定义为：和谐论是研究多方参与者共同实现和谐行为的理论和方法[15]。左其亭于 2009 年首次提出和谐论五要素、和谐论的数学描述方法、和谐度方程、和谐评估、和谐调控，构建了以定量化研究为特色的和谐论研究理论体系[15]。

在我国古代，提倡人与人和谐、人与自然和谐相处的观点由来已久。我国古代就有“天人合一”的哲学思想。老子提出的“万物负阴而抱阳，冲气以为和”。孔子倡导的“礼

之用，和为贵”。春秋战国时期诸子百家强调人与自然“天人调谐”、人与人“和睦相处”、人与社会“合群济众，善解能容”。大禹治水、都江堰的建设都崇尚“人与水和谐”，使人对水能够趋利避害。西汉贾让提出著名的治河三策，其上策便是人与水和谐，指出在抵御洪水的同时，要给洪水以出路[15]。

在西方国家，也普遍存在和谐思想。毕达哥拉斯提出“整个天就是一个和谐”，赫拉克利特提出“和谐产生于对立的东西”。马克思主义唯物辩证法的根本思想倡导的“对立与统一的辩证关系”，实际上也是和谐思想。从人与自然的关系来看，人类主宰自然是不可能的，而是被迫与自然和谐相处，这正是由于自然界伟大力量反扑的结果。正如恩格斯所说：“我们不要过分陶醉于我们对自然界的胜利。对于每一次这样的胜利，自然界都对我们进行报复”。因此，人与自然也应和谐相处[15]。

和谐论主要论点概括如下[15]：

（1）和谐论提倡用“以和为贵”的理念，来处理各种关系。和谐的思想是和谐论的基石。比如，对待家庭关系，主张建立和谐家庭；对待国际关系，主张建立和谐世界；对待人与人之间的关系，主张和谐相处；对待人与自然关系，主张人与自然和谐。

（2）和谐论提倡理性地认识各种关系中存在的矛盾和冲突，允许存在“差异”，提倡以和谐的态度来处理各种不和谐的因素和问题。当然也不是对不和谐因素视而不见。既要看到和谐的主流，又要看到不和谐的存在。例如，在处理国际关系中，允许各国存在不同立场和观点；在对待“香港问题”“澳门问题”上，允许“一国两制”；在对待“台湾问题”上，赞同“求同存异”的思想。

（3）和谐论坚持以人为本、全面、协调、可持续的科学发展观，解决自然界和人类社会面临的各种问题。比如，解决由于人口增加和经济社会高速发展出现的洪涝灾害、干旱缺水、水土流失和水污染等水问题，使人和水的关系达到一种协调的状态，使宝贵有限的水资源为经济社会可持续发展提供久远的支撑，从而实现人水和谐。

（4）和谐论坚持辩证唯物主义哲学思想，关注人和自然界的辩证唯物关系，提倡人与自然和谐相处的观念，认为人和自然协调发展是必要的、可能的；主张人类应主动协调好人与人的关系，这是协调人与自然关系的基础。例如，人水关系的调整特别是人水矛盾的解决主要是通过调整人类的行为来实现，需要调整好社会关系，合理分配不同地区、不同部门、不同用户的用水量和排污量，既共享水资源又共同承担保护水资源的责任。

（5）和谐论坚持系统的观点，提倡采用系统论的理论方法来研究和谐关系问题。因为和谐关系一般比较复杂，至少涉及两个以上的参与者，达到和谐目标本身就是一个系统科学问题。例如，研究人水关系，必须将人和水纳入各自的系统（人文系统与水系统）或人水大系统中进行研究，对人与水关系的研究不能就水论水、就人论人，要系统研究。

（6）和谐论是研究多种多样关系的重要理论方法。自然界和人类社会包括各种各样的关系，如人与人、人与单位、人与社区、单位与单位、社区与社区、地区与地区、人与自然、各种事物之间、生物与生物等。如何处理这些关系以达到“和谐共处”，具有重要的现实意义。和谐论为揭示自然界和人类社会的和谐关系奠定了理论基础，具有广阔的应用前景。

在水资源学中为什么需要应用和谐论？可从以下几方面回答：

（1）解决水资源与经济社会发展的不协调关系，需要贯彻和谐思想。人水关系必须走“和谐”之路，这是人类发展的必然选择，和谐论正好符合这个需求。

（2）水问题复杂，现实矛盾众多，特别是人类面临前所未有的开发带来的环境灾难，必须贯彻和谐思想。

（3）和谐论在水资源研究中有“用武之地”，用于解决众多人水矛盾问题。从理念、定性分析、定量分析、应用，都说明和谐论在水资源学中具有重要意义。

和谐论在水资源学中的应用范围：

（1）基于和谐论理念，解读人水关系，寻求水资源规划与管理的方向。

（2）研究人水作用机理，分析破解水问题的途径。

（3）寻找水资源开发与保护“平衡点”，实现区域发展与水资源协调发展。

（4）和谐评估应用于对区域或流域水资源管理水平或绩效的评估，有助于进一步选择调控方向。

（5）构建基于和谐论的水资源优化配置模型，应用于面向人水和谐的水资源规划与管理。

（6）和谐调控应用于水资源规划方案、水价制定、用水调度、政策制度等。

思　考　题

1. 以某一区域或流域为例，搜索相关资料，建立该区域或流域的水量平衡方程。

2. 简述一个闭合流域的水资源转化模型。

3. 污染物在水体中的物理化学过程有哪些？试简要说明。

4. 选择一个小河流，搜索相关资料，计算该河流的水环境容量。

5. 简要介绍水资源价值的内涵。

6. 水资源价值流是由什么来决定的？结合某地区实际情况，展开讨论。

7. 简述水资源优化配置概念、模型及应用。

8. 综述基于“社会净福利函数”和基于“发展综合指标测度”的可持续发展量化方法。

9. 阐述基于可持续发展量化的水资源优化配置模型建立方法和应用前景。

10. 简述人水和谐理论的主要理念及对治水的指导作用。

参　考　文　献

[1] 刘俊民，余新晓．水文与水资源学 [M]. 北京：中国林业出版社，1999.

[2] 窦明，左其亭．水环境学 [M]. 北京：中国水利水电出版社，2014.

[3] 雒文生，宋星原．水环境分析及预测 [M]. 武汉：武汉水利电力大学出版社，2000.

[4] 姜文来．水资源价值论 [M]. 北京：科学出版社，1998.

[5] 陈家琦，王浩，杨小柳．水资源学 [M]. 北京：科学出版社，2002.

[6] 沈大军，梁瑞驹，王浩，等．水价理论与实践 [M]. 北京：科学出版社，1999.

[7] 阮本清，张春玲．水资源价值流的运移传递过程 [J]. 水利学报，2003，(9)：1-7.

[8] 姜文来，唐曲，雷波，等．水资源管理学导论［M］．北京：化学工业出版社，2005.
[9] 左其亭．城市水资源承载能力——理论·方法·应用［M］．北京：化学工业出版社，2005.
[10] 左其亭，陈曦．面向可持续发展的水资源规划与管理［M］．北京：中国水利水电出版社，2003.
[11] 许新宜，王浩，甘泓．华北地区宏观经济水资源规划理论方法［M］．郑州：黄河水利出版社，1997.
[12] Daniel P. Loucks. Quantifying Trends in System Sustainability［J］. Hydrological sciences Journal，1997，42 (4)：513－530.
[13] 左其亭，张云．人水和谐量化研究方法及应用［M］．北京：中国水利水电出版社，2009.
[14] 左其亭．人水和谐论——从理念到理论体系［J］．水利水电技术，2009，40 (8)：25－30.
[15] 左其亭．和谐论：理论·方法·应用［M］．北京：科学出版社，2012.

第六章　水 资 源 评 价

水资源评价（water resources assessment），是对一个国家或地区的水资源数量、质量、时空分布特征和开发利用情况作出的分析和评估。尽管水是循环的、可恢复的自然资源，但就某一地区而言，在一定时间内可供人们使用的水量总是有一定限度的。为了摸清水资源状况，需要对水资源进行科学评价，这也是开展与水有关活动的基础以及制定供水决策的依据。本章将介绍有关水资源评价方面的知识。

第一节　水资源评价概述

一、水资源评价工作发展历程

早在19世纪中期，一些国家已开展与水资源评价相关的工作。如美国在1840年对俄亥俄河和密西西比河的河川径流量进行了统计。至20世纪初，水资源评价工作有了更多的应用，如美国在此期间曾组织编写了《纽约州水资源》《科罗拉多州水资源》《联邦东部地下水》等报告；苏联在20世纪30年代编制的《国家水资源编目》等。这些都是针对河川径流量的统计分析，有的还包括对径流水质成分的资料整理和其他各类水文资料的统计。然而，上述工作由于受到认识水平和技术水平的限制，大多局限于对各类水文资料的统计、整理和分析，缺乏在此基础之上的数值计算和量化评价，因此这些只能算是与水资源评价相关的初步实践活动。

自20世纪60年代以来，由于水资源问题日益突出和大量水资源工程的兴建，开展水资源评价工作的重要性和紧迫性普遍被认可。1977年，联合国在阿根廷马德普拉塔召开的世界水会议的第一项决议中指出：没有对水资源的综合评价，就谈不上对水资源的合理规划与管理。这次会议通过了“马德普拉塔行动纲领”，并提出“对于那些以工业、农业、城市生活供水和水能利用为目的而进行的水资源开发与管理活动，如果不在事先对可供水的量和质进行评价，就不可能合理进行”。在此期间，水资源评价理论也得到了一定程度的发展。如，1965年美国开始进行全国水资源评价工作，并于1968年完成了评价报告，这是美国开展的第一次国家级水资源评价活动。报告对美国水资源的现状和未来发展趋势进行了研究分析，讨论了缺水地区的水资源供需情况和问题，划分了美国主要的水资源分区，并预测了2020年美国全国的需水状况。在1978年，美国又开始进行第二次全国水资源评价工作。但这一次研究的内容，与第一次评价有较大的差异，对天然水资源状况的评价不再作为重点，而是把重点放在分析可供水量和用水需求上。在这次评价活动中，对一些与水资源有关的关键性问题进行了研究，如一些地区地表水供水不足、地下水超采、水质污染、饮用水水质超标、洪水灾害、水土流失、河道清淤和清淤物的堆置、海湾和河口沿岸水质变坏等问题，都提出了可能的解决途径。

我国水资源评价工作起始于20世纪50年代，在当时开展的全国各大流域规划工作中，曾对各流域的河川径流量进行了统计。但比较全面系统的全国水文整编资料，是1963年出版的《全国水文图集》一书。该书对全国的降水、河川径流、蒸发、水质、泥沙侵蚀等水文要素的天然情况进行了分析，编制了各种等值线图、分区图表等。《全国水文图集》的出版可以看做是中国第一次全国性水资源基础评价的雏形，然而不足之处在于只涉及水文要素的天然基本情势，未涉及水的利用和污染问题。20世纪80年代初，我国开展了第一次全国性水资源及其开发利用调查评价工作。限于当时的条件，与水有关的各部门如水利电力部、地质矿产部、交通部水运部门等分别独立地开展了评价工作，并形成了各自研究报告，如水利电力部提出的《中国水资源评价》和《中国水资源利用》，地质矿产部提出的《中国地下水资源评价》，交通部提出的《中国水运资源评价》。严格来说，虽然各有关部门都提出了全国性的评价成果，但终究各部门提出的成果仍然属于部门级的成果，而不是国家级的成果。为此，全国水资源协调小组在1987年汇总各部门的研究成果，提出了《中国水资源概况和展望》，其内容涉及城乡供水、农田水利、内河航运、水能利用、水产养殖、防洪、水土保持和水源污染等方面[1]。2002年，由国家发展和改革委员会、水利部会同有关部门联合部署了全国水资源综合规划编制工作，这意味着全国第二次水资源评价工作正式拉开序幕。此次水资源综合规划工作共包含水资源调查评价、水资源开发利用情况调查评价、需水预测、节约用水、水资源保护、供水预测、水资源配置、总体布局与实施方案、规划实施效果评价等九部分内容，水资源评价涉及其中第一、第二部分内容，并为后面工作的开展提供支持。

从国内外有关水资源评价工作的发展进程可以看出，水资源评价的内容正随时代的前进而不断增加和完善。从早期只统计天然情况下河川径流量及其时空分布特征开始，继而增加了水资源工程规划设计所需要的水文特征值计算方法及参数分析，然后又增加了水资源工程管理及水源保护的内容，特别是对水资源供需情况的分析和展望，以及在此基础上的水资源开发前景展望逐渐成为主要的内容。此外，对水资源开发利用措施的环境影响评价，也正在成为人们关注的新焦点[1]。

二、水资源评价的意义[2]

（1）水资源评价是水资源合理开发利用的前提。一个国家或地区，要合理地开发利用水资源，首先必须对本国或本地区水资源的状况有全面了解，包括水源、水资源量、开采利用量、水质和水环境状况等。所以，科学评价水资源状况，是水资源合理开发利用的前提。

（2）水资源评价是科学规划水资源的基础。为了充分发挥水资源作用，最大可能地减少水害，需要在详细调查的基础上，科学规划未来的水资源开发利用安排。这其中非常重要的基础条件是摸清水资源状况，利用水资源评价的成果。

（3）水资源评价是保护和管理水资源的依据。水是人类不可缺少而又有限的自然资源，因此必须保护好、管理好，才能兴利去害，持久受益。水资源保护和管理的政策、法规、措施、具体实施方案的制定等，其根本依据就是水资源评价成果。

三、水资源评价的技术原则及要求

按照中华人民共和国行业标准《水资源评价导则》（SL/T 238—1999），水资源评价应包括水资源数量评价、水资源质量评价、水资源开发利用及其影响评价三部分内容。

水资源评价要求客观、科学、系统、实用，并遵循以下技术原则：①地表水与地下水统一评价；②水量水质并重；③水资源可持续利用与经济社会发展和生态系统保护相协调；④全面评价与重点区域评价相结合。

在进行水资源评价时，应制定评价工作大纲，统一技术要求，编写技术细则。技术细则要明确提出工作所需的基础资料和成果，对资料年限、统计口径、适用范围、精确程度等提出技术要求；规范各种图、表具体内容，制作步骤和方法，表示方式与效果；统一规范和规定评价方法。水资源评价工作的一般要求如下：

（1）水资源评价应以调查、搜集、整理、分析利用已有资料为主，必要时再辅以观测和试验工作。分析评价中应注意水资源量评价、水资源质量评价及水资源开发利用评价之间的资料衔接。

（2）水资源评价使用的各项基础资料应具有可靠性、合理性与一致性。

（3）水资源评价应分区进行。各单项评价工作在统一分区的基础上，可根据该项评价的特点与具体要求，再划分计算区域评价单元。

（4）水资源评价成果应能够充分反应各评价水体的时程分配和空间分布规律。

（5）全国及区域水资源评价应采用日历年，专项工作中的水资源评价可根据需要采用水文年。计算时段应根据评价目的和要求选取。

（6）应根据经济社会发展需要及环境变化情况，每隔一定时期对前次水资源评价成果进行全面补充修订或再评价。

四、水资源分区

为了反映水资源量地区间的差异，分析各地区水资源的数量、质量及其年际、年内变化规律，提高水资源量的计算精度，在水资源评价中应对所研究的区域，依据一定的原则和计算要求进行分区，即划分出计算和汇总的基本单元。

1. 分区原则

（1）水文气象特征和自然地理条件相近，基本上能反映水资源的地区差别。

（2）尽可能保持河流水系的完整性。为便于水资源量的计算及应用，大江、大河进行分段，自然地理条件相近的小河可适当合并。

（3）结合流域规划、水资源合理利用和供需平衡分析及总水资源量的估算要求，兼顾水资源开发利用方向，保持供排水系统的连贯性。

2. 分区方法

为了提高水资源评价结果的精度，需要对评价区进一步划分更小的计算单元，即水资源分区。水资源分区有按流域水系分区和行政分区两种方法。采用哪种方法分区，应根据水资源评价成果汇总要求和水资源量分析计算条件及要求而定。一般在山丘区应按流域水系分区，平原区可按排水系统结合供需平衡情况分区。各省（自治区、直辖市）、地、县水资源评价，也可结合供需平衡兼顾水资源开发利用按行政区划划分。

全国性水资源评价要求进行一级流域分区和二级流域分区；区域性水资源评价可在二级流域分区的基础上，进一步分出三级流域分区和四级流域分区。另外，水资源评价还应按行政区划进行行政分区。全国性水资源评价的行政分区要求按省（自治区、直辖市）和地区（市、自治州、盟）两级划分；区域性水资源评价的行政分区可按省（自治区、直辖市）、地区（市、自治州、盟）和县（市、自治县、旗、区）三级划分。

例如，在2002年开始的全国水资源综合规划工作中，按流域水系共划分了10个水资源一级区（图6-1），即：①松花江区，包括松花江流域以及黑龙江、乌苏里江、图们江、绥芬河等国际河流中国境内部分；②辽河区，包括辽河流域、辽宁沿海诸河以及鸭绿江中国境内部分；③海河区，包括海河流域、滦河流域及冀东沿海区；④黄河区；⑤淮河区，包括淮河流域及山东半岛沿海诸河；⑥长江区，含太湖流域；⑦东南诸河区；⑧珠江区，包括珠江流域、华南沿海诸河、海南岛及南海各岛诸河；⑨西南诸河区，包括红河、澜沧江、努江、伊洛瓦底江、雅鲁藏布江等国际河流中国境内部分以及藏南、藏西诸河；⑩西北诸河区，包括塔里木河等西北内陆河以及额尔齐斯河、伊犁河等国际河流中国境内部分。

在水资源分区的基础上，分别进行降水量、地表水资源量、地下水资源量、水资源总量、水资源质量、水资源可利用量以及水资源开发利用水平的评价。

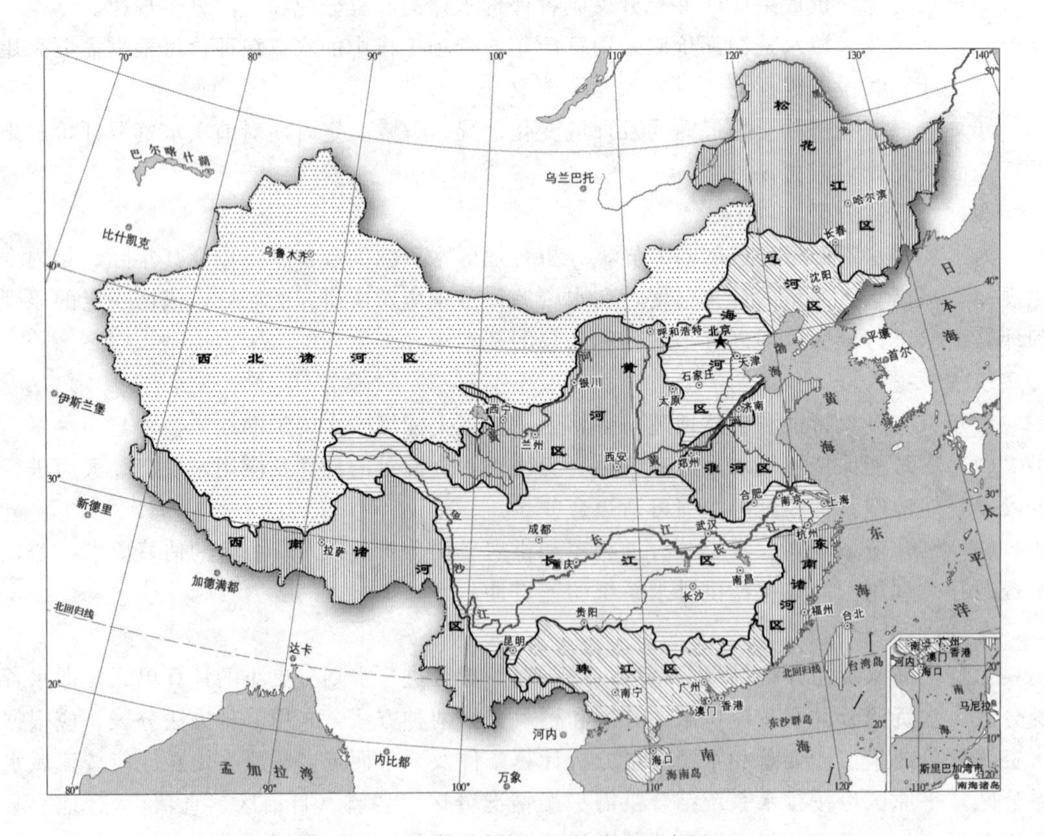

图6-1 全国水资源一级分区示意图

第二节 水资源数量评价

水资源数量评价，主要包括地表水资源量计算、地下水资源量计算以及水资源总量计算。在进行水资源量计算时，在有条件的地区，还应进行相关数据的收集与计算，如降水量、蒸发量的分析计算。下面将对这些内容作简单介绍。

一、降水

降水是水循环的重要环节，是陆地上各种水体的直接或间接补给源，降水量与降水特征对各种水体的水文规律和水资源特征研究具有决定性作用。在水资源分区确定之后，需对分区内年降水量特征值、地区分布、年内分配和多年变化进行分析研究，并编制相应的图表，包括：①雨量站分布图；②多年平均年降水量等值线图；③多年降水量变差系数C_v值等值线图；④多年降水量偏差系数C_s与变差系数C_v比值分区图；⑤同步期降水量等值线图；⑥多年平均连续最大4个月降水量占全年降水量百分率图；⑦主要测站典型年降水量月分配表等。

（一）降水资料的收集与审查

降水资料的收集主要是通过水文气象部门的水文站、雨量站、气象站等观测获取。近年来随着雷达探测、气象卫星云图等高新技术的发展，降水资料的获取途径也有了更进一步的发展。在实施水资源评价时，历年的降水资料可通过《水文年鉴》《水文资料》《水文特征值统计》等统计资料收集获取，有时需要到水文、气象部门去摘抄。针对收集的资料，要注意以下几点：

（1）根据资料可靠、系列较长、分布均匀、具有较好代表性等原则，在评价区内选取一定数量的测站资料作为分析的依据。

（2）为了正确绘制边界地区的等值线，为地区间计算结果协调创造条件，需要收集部分系列较长的区域外围站资料，以供分析。

（3）对选用资料应认真校对，资料来源和质量应加以注明，如站址迁移、合并和审查意见等。

为保证计算结果的精度，针对以上收集的资料，还要做好相应的资料审查工作。审查方法通常可以通过本站历年和各站同年资料对照分析，视其有无规律可循，对特大、特小值要注意分析原因，是否在合理范围内；对突出的数值，要深入对照其汛期、月、日的有关数据，方能定论。需要注意的是，个别地区的夏秋暴雨具有局部性特点，相邻两站的降水量可能相差较大。山区的降水量有时在空间分布上极为复杂，如出现相邻站降水量同步性差时要进一步分析测站位置、地形等因素的影响。一旦问题查清，应设法校正，并采用校正后的数据；无法校正而又相差过大的资料数据只得舍弃，但必须经过多方论证。不论是对实测资料进行校正还是舍弃，都要对这些情况详加说明。

对资料的审查和合理性检查，应贯穿整个工作的各个环节，如资料抄录、插补延长、分析计算和等值线绘制等环节。

（二）单站统计分析[2]

单站统计分析的主要内容是对已被选用测站的降水资料分别进行插补延长、系列代表

性分析和统计参数分析。

1. 资料的插补延长

为了减少样本的抽样误差，提高统计参数的精度，对缺测年份的资料应当插补，对较短的资料系列应适当延长，但展延资料的年数不宜过长，最多不超过实测年数。相关线无实测点据控制的外延部分在使用时应特别慎重，一般不宜超过实测点数变幅的50%。资料插补延长的主要途径如下：

(1) 直接移用。两站距离很近，并具有小气候、地形的一致性时，可以合并进行统计或将缺测的月、年资料直接移用。

(2) 相关分析。相关分析是资料插补延长方法中适用范围较广，效果较好的一种方法，这种方法的关键是选择适当的参证站或参证变量。在实际工作中，通常利用年降水量和汛期雨量作为参证变量来插补展延设计站变量。

(3) 汛期雨量与年降水量相关关系移置法。当设计站年降水量资料很少（年数$n<10$）或没有年降水量资料，只有长期汛期降水量资料（如汛期雨量站）情况时，不能直接采用上述两种方法。为了充分利用现有雨量资料，更合理、更准确地推求汛期雨量站的年降水量，可采用汛期雨量与年降水量相关关系移置法。

(4) 等值线图内插。利用设计站附近雨量站降水资料，绘制局部次、月、汛期、非汛期和年降水量等值线图，用来插补制图范围内设计站点的降水量。

(5) 取邻站均值。在地形、气候条件一致的地区，移用同期邻近几个站的算术平均值代替缺测站点的资料。此法一般用在非汛期，因为非汛期降水在面上变化较小。

(6) 同月多年平均。对缺测个别非汛期月份的站，因非汛期各月降水量不大，占年降水量比重又很小，且年际变化不大，亦可采用同月降水量的多年平均值进行插补。

(7) 水文比拟法。在地理相似区，可将插补站与参证站同步观测降水量均值的比值，作为缺测期间两站降水量的比值，以插补缺测的年（或月）降水量。

2. 资料的代表性分析

资料的代表性，指样本资料的统计特性（如参数）能否很好地反映总体的统计特性，若样本的代表性好，则抽样误差就小，年降水成果精度就高。如果实测年降水样本系列是总体中的一个平均样本，那么这个实测样本系列对总体而言有较好的代表性，据此计算的统计参数接近总体实际情况；如果实测样本系列处于总体的偏丰或偏枯时期，则实测样本系列对总体就缺乏代表性，用这样的样本进行计算会产生较大的误差。

因降水系列总体的分布是未知的，若仅有几年样本系列，是无法由样本自身来评定其代表性的。但据统计数学的原理可知，样本容量愈大，抽样误差愈小，但也不排除短期样本的代表性高于长期样本的可能性，只不过这种可能性较小而已。因此，样本资料的代表性好坏，通常通过其他长系列的参证资料来分析推断。那么，对特定区域而言，年降水样本系列究竟取多长年限才能代表总体？样本和总体统计参数的差别如何？这些就是系列代表性分析所要解决的问题。

系列代表性分析方法有：①长短系列统计参数对比；②年降水量模比系数累积平均过程线分析；③年降水量模比系数差积曲线分析。

3. 统计参数的分析确定

降水量一般按日历年统计，在计算分区内各站的降水统计参数时，通常分两种情况，一是分析计算各站同步期系列的统计参数，二是计算各站多年系列的统计参数。需确定的统计参数是降水系列的均值 X、变差系数 C_v、偏差（偏态）系数 C_s。目前，我国普遍采用适线法分析确定统计参数（可参阅《工程水文学》教材）。

（三）降水量的地区分布

由雨量站观测的降水量，只代表流域中某点或小范围的降水情况，而在水资源评价时，需要计算全流域（或区域）的平均降水量。针对各雨量站的降水资料，经过资料审查、插补展延、代表性分析和统计参数分析，获得各站点及其所代表附近区域的降水这一水文要素的变化规律，利用其降水特征分析研究分区整体范围降水特性，称为降水量地区分布。由点雨量转换为面雨量的常用方法有算术平均法、等值线法、泰森多边形法（可参阅《工程水文学》教材）。

通过转化后，获取的区域降雨量资料主要包括：①多年平均年降水量等值线图；②多年降水量变差系数 C_v 值等值线图；③多年降水量偏差系数 C_s 与变差系数 C_v 比值分区图；④同步期平均年降水量等值线图。

（四）降水量年内分配和多年变化

1. 降水量的年内分配

（1）多年平均连续最大 4 个月降水量占全年降水量百分率及其出现月份分区图。选择资料质量较好，实测系列长且分布比较均匀的代表站，统计分析多年平均连续最大 4 个月降水量占多年平均年降水量的百分率及其出现时间，从而绘制降水量百分率图及其出现月份分区图，以反映降水量集中程度和相应出现的季节。

（2）代表站不同保证率年降水量月分配过程。对不同降水类型的区域，分区选择代表站，统计分析各代表站不同保证率年降水的月分配过程，列出“主要测站不同保证率年降水量逐月分配表”和“代表站分时段平均降水量统计表”，以示年内分配及其在地区上的变化。不同保证率年降水的月分配过程根据典型年内分配过程按同倍比缩放法推求。典型年的选择原则是：年降水量接近设计频率的年降水量；降水量年内分配具有代表性；月分配过程对径流调节不利。

2. 降水量的多年变化

（1）统计各代表站年降水量变差系数 C_v 值或绘制 C_v 值等值线图。年降水量变差系数 C_v 值反映年降水量的年际变化。C_v 值大，说明年降水系列比较离散，即年降水量的相对变化幅度大，该处水资源的开发利用也就不利。

（2）年降水量丰枯分级统计。选择一定数量具有长系列降水资料的代表站，分析旱涝周期变化，连涝连旱出现时间及变化规律，结合频率分析计算，可将年降水量划分为 5 级：丰水年（$P<12.5\%$），偏丰水年（$P=12.5\%\sim37.5\%$），平水年（$P=37.5\%\sim62.5\%$），偏枯水年（$P=62.5\%\sim87.5\%$），枯水年（$P>87.5\%$）。由此对年降水量进行统计，以分析多年丰枯变化规律。

二、蒸发

蒸发也是水循环中的重要环节之一，在研究某一流域（或区域）的水量平衡、热量平衡、水资源量估算中起到重要作用。自然界蒸发面的形态各种各样，由此蒸发的形式也有所不同，如水面蒸发、土壤蒸发、植被蒸腾等。蒸发量的测算可针对不同蒸发面来选取相应的方法。

1. 水面蒸发

影响水面蒸发的因素主要有两类：一是气象因素，如气压、温度、风速、湿度、降水等；二是自然地理因素，如水质、水深、水面和地形等。计算水面蒸发量的常用方法有器测法、水量平衡法、水汽输送法等［可参阅《水资源学教程》（第一版），2008］。

一般冷湿地区水面蒸发量小，干燥、气温高的地区水面蒸发量大，高山区水面蒸发量小，平原区水面蒸发量大。我国水面蒸发强度的主要分布地区如表6-1所示。

表6-1　　我国水面蒸发强度的主要分布地区[3]

水面蒸发量/mm	地　区
>2000	塔里木盆地，柴达木盆地沙漠区
1200～1600	青藏高原，西北内陆地区，华北平原中部，西辽河上游区，广东省、广西壮族自治区南部沿海和台湾省西部，海南岛和云南省大部
800～1000	长江以南的广大山区
600～800	大小兴安岭，长白山，千山山脉

2. 土壤蒸发

土壤蒸发取决于两个条件：一是土壤蒸发能力，二是土壤的供水条件。影响土壤蒸发能力的因素是一系列气象因子，如温度、湿度、风速等；影响土壤供水条件的因素有土壤含水量、土壤孔隙性、地下水位的高低和温度、梯度等。土壤蒸发量的确定可采用器测法、水量平衡法等［可参阅《水资源学教程》（第一版），2008］。

3. 植物蒸腾

植物蒸腾是植物根系从土壤中吸收水分，通过叶面、枝干蒸发到大气中的一种生理过程，其观测往往是在一个生长植物的容器内进行，测量时将土壤表面密封以防止土壤蒸发损失水分，通过定时对植物及容器进行称重，来测定各个时段植物的蒸发量。

植物蒸腾强度与土壤湿度、温度、光照等密切相关，尤其是土壤含水量。天然情况下，同一区域的温度、光照基本一致，植物的蒸腾过程与土壤的蒸发过程很相似，因此，常常与土壤蒸发一起计算，两者统称为陆面蒸发。

4. 区域总蒸发

区域的总蒸发包括水面、土壤、植被和其他方面的蒸发和蒸腾。一个地区只要气候条件一致，水面蒸发将大致相同，而土壤蒸发、植物蒸腾和其他方面的蒸发则受土壤条件及植被状况的影响。由于土壤条件及植被状况在流域内各处都不一样，要直接测出一个流域的总蒸发量几乎是不可能的。比较可行的是对全区进行综合研究，再应用水量平衡法、经验公式法等来进行计算。

区域蒸发的空间分布可用区域蒸发等值线图来反映，其在时间上的变化一般跟降水、径流一致，但其变幅较小。这主要是因为雨季虽然降水量多，但由于雨季多为阴雨天气，地面受到的辐射较小；旱季则一方面有较强烈的辐射，另一方面除降水，还有区域土壤蓄

水量可供蒸发，故区域蒸发量相对较高，往往高于同期降水量。

5. 干旱指数

干旱指数为年蒸发能力与年降水量的比值，是反映气候干湿程度的指标，即

$$\gamma = E/P \tag{6-1}$$

式中：γ 为干旱指数；E 为某一地区的年蒸发能力，可近似用 E601 型蒸发器观测的水面蒸发量代替；P 为当地的年降水量。

γ 是衡量一个地区降水量多少的一个重要参数。它表示某一特定地区的湿润和干旱的程度。γ 值大于 1.0，表明蒸发量大于降水量，γ 值越大，干旱程度就越严重。我国干旱指数 γ 在地区上变化很大，最小值小于 0.5，最大值大于 100（如吐鲁番盆地的 γ 达 318.9）。γ 的地区分布与年降水量、年径流深的分带关系如表 6-2 所示。

表 6-2　干旱指数与降水、径流的分带关系[3]

降水分带	年降水量 P/mm	干旱指数 γ	径流系数 α	年径流深 /mm	径流分带	占国土面积比例 /%
十分湿润带	>1600	<0.5	>0.5	>800	丰水带	7.8
湿润带	800～1600	0.5～1.0	0.25～0.5	200～800	多水带	26.1
半湿润带	400～800	1～3	0.1～0.25	50～200	过渡带	18.6
半干旱带	200～400	3～7	<0.1	10～50	少水带	20.9
干旱带	<200	>7		<10	干涸带	26.6

三、地表水资源量

地表水资源量评价，主要以河流、湖泊、水库等水体作为评价对象。其评价内容主要包括径流分析计算和地表水资源量计算，在一些特殊地区还要进行入海、出境、入境水量计算和人类活动对河川径流的影响分析。对于一个流域来说，河川径流量就是全流域可能被利用的地表水资源量。

（一）径流分析计算[3]

径流分析计算主要是对研究区的年径流特征值、地区分布、年内分配和多年变化进行分析计算，在此基础上编制相关的图表：①水文站分布图；②多年平均径流深、变差系数 C_v 等值线图；③年径流量偏差系数 C_s 与变差系数 C_v 比值分区图；④同步期年径流深和 C_v 等值线图；⑤多年平均最大 4 个月径流量占全年径流量的百分率图；⑥选用测站天然年径流量特征值统计表；⑦主要测站年径流量年内分配表。

1. 资料收集与整理

收集径流资料的要求与收集降水资料的要求基本相同，主要内容包括：

（1）摘录研究区域及其外围有关水文站历年流量资料，尽量选用正式刊印的水文年鉴资料，其次是专门站、临时站的资料。

（2）搜集流域自然地理资料，如地质、土壤、植被和气象资料等。

（3）搜集流域水利工程，包括水库工程指标、水库蓄水变量、蒸发和渗漏资料，以及工农业用水资料。

（4）审查水文资料，包括测站沿革、断面控制条件和测验方法、精度以及集水面

积等。

(5) 选择适当比例尺地形图，以此作为工作底图。

2. 径流资料的还原计算

在未受到或极少受到人类活动干扰的情况下，河川保持其原有的天然径流状态。但在受到人类活动影响之后，流域自然地理条件发生了变化，影响到地表水的产流、汇流过程，从而影响径流在空间和时间上变化，使水文测站实测水文资料不能真实地反映地表径流的固有规律。因此，为使河川径流计算成果基本上反映天然状态，并使资料系列具有一致性，对水文测站以上受水利工程等影响而减少或增加的水量应进行还原计算。还原计算应采用调查和分析计算相结合的方法，并尽量搜集历年逐月用水资料，如确有困难，可按用水的不同发展阶段，选择丰、平、枯典型年份，调查其年用水量和年内变化情势。

径流还原计算的方法包括分项调查法、分析切割法、降雨径流相关法和模型计算法等。下面重点介绍分项调查法，其他方法可参阅《工程水文学》教材。在分项调查法中，还原项目包括工农业用水（地表水部分）、水库蓄水变量、水库蒸发损失、水库渗漏、跨流域引水及河道（决口）分洪等。还原计算所用的水量平衡方程式为

$$W_n = W_m + W_{irr} + W_{ind} + W_{ret} + W_{ree} + W_{div} + W_{fd} + W_{res} \quad (6-2)$$

式中：W_n 为还原后的天然水量；W_m 为水文站实测水量；W_{irr} 为灌溉耗水量；W_{ind} 为工业耗水量；W_{ret} 为计算时段始末水库蓄水变量；W_{ree} 为水库水面蒸发量和相应陆地蒸发量的差值；W_{div} 为跨流域引水增加或减少的测站控制水量；W_{fd} 为河道分洪水量；W_{res} 为水库渗漏量。

在估算还原水量时，水库蓄水变量、水库蒸发损失、跨流域引水量、大型灌区引水量等，一般可应用实测资料进行计算；中、小型灌区引水量和一些跨流域引水量，由于缺乏资料，可通过调查实灌面积和净定额进行估算；河道（决口）分洪水量，应通过洪水调查或洪水分析计算来估算；关于水库渗漏量，包括坝身渗漏、坝基渗漏和库区渗漏三部分，在有坝下反滤沟的实测资料的水库，可以此作为计算坝身渗漏的依据，但坝基和库区渗漏难以直接观测，只能用间接方法粗略估算。如利用多次观测的水库水量平衡资料，建立水库水位与潜水流量关系曲线，然后由库水位求得潜流，即坝基和库区渗漏量。

此外，当选用站只有短期实测径流资料，或资料虽长而代表性不足，或资料年限不符合评价要求年限，若直接根据这些资料进行计算，求得的成果可能有很大误差。为了提高计算精度，保证成果质量，必须设法插补展延年月径流系列。通常采用相关分析法展延径流系列，例如可选用相邻站的径流量或降水量作为参证资料来展延选用站的年、月径流系列。

3. 还原计算水量的合理性分析

(1) 对于工农业、城市用水定额和实耗水量的计算，要结合工农业特点、发展情况、气候、土壤、灌溉方式等因素，进行部门之间、地区之间和年际之间的比较，以检查其合理性。

(2) 还原计算后的年径流量应进行上下游、干支游、地区之间的综合平衡，以分析其合理性。

(3) 对还原计算前后的降雨径流关系，进行对比分析。

4. 年径流量的时空变化分析

年径流量的多年变化通常包括变化幅度和变化过程。以降雨补给为主的河流，年径流量的多年变化除受降雨年际变化的影响外，还受流域的地质地貌、流域面积大小、山丘区和平原区面积相对比重的影响。由于流域面积越大，流域降雨径流的不均匀性越大，从而各支流之间的丰枯补偿作用也越大，使年际变化减小；同时，面积越大的河流，一般基流量也越大，也起减缓多年变化的作用；而面积太小，流域往往不闭合。所以，年径流量C_v等值线图及年径流量C_s/C_v分区图，主要依据中等面积站点绘制。

降水在地区分布的不均匀性，决定了径流在地区分布的不均匀性。对于较大研究范围，假如根据总径流量判断，全区域是平水年，各河或各分区不一定都是平水年，而一般是丰、平、枯各类都有；全区域是丰水年，往往是由部分河系或分区特大洪水造成的，其他区域有可能是平水或枯水；全区域同时发生大水的机遇是存在的，但机遇较小；全区域同时发生干旱的年份对某些地区则可能较常见。年径流的地区分布研究，就是力图全面、准确地反映年径流的上述特性。依据各个径流站的分析计算成果，综合地区分布规律。

（二）区域地表水资源量计算

以上所述的单站径流量分析计算成果，代表了径流站以上汇水区域的地表水资源量，而设计区域往往不恰好是一个径流站的汇水区域，即设计区域是非完整流域，一般是包含一个或几个不完整水系的特定行政区。所以，区域地表水资源量的计算方法与单站径流量的分析计算有所不同，但前者以后者为基础。

1. 区域地表水资源量的计算内容

区域地表水资源量的计算即为区域内河川径流量的计算，主要内容包括：①区域多年平均年径流量；②不同设计保证率的区域年径流量；③不同设计典型年区域年径流量的年内分配；④区域年径流的空间分布。

为了避开局部与整体频率组合的困难，当区域内有多个计算单元时，在分析计算中可先估算各计算单元的逐年年径流量，再计算区域的逐年年径流量，然后利用区域年径流量系列进行频率分析，推求区域地表水资源的年内、年际变化规律和空间分布规律。

2. 地表水资源量的计算方法

根据区域的气候及下垫面条件，综合考虑气象、水文站点的分布、实测资料年限及质量等情况，选择合适的方法。常用的方法有：代表站法、等值线图法、年降水径流关系法和水文比拟法[可参阅《水资源学教程》(第一版)，2008]。

在应用时，针对实际情况可选用不同方法来计算分区年径流量系列：当区内河流有水文站控制时，根据控制站天然年径流量系列，按面积比修正为该地区年径流系列；在没有测站控制的地区，可利用水文模型或自然地理特征相似地区的降水-径流关系，由降水系列推求径流系列；还可通过绘制年径流深等值线图，从图上量算分区年径流量系列，经合理性分析后采用。在求得年径流系列的基础上进行分区地表水资源量的计算。

3. 区域地表水资源量计算

在进行水资源评价时大多是以行政区域为计算单元来开展工作的。由于一个行政区域内有闭合流域，也有区间，有山丘区，也有平原区，因此比单一的小流域更为复杂。区域地表水资源量估算的主要内容有区域面积的确定、区域年径流系列的组成及统计参数的计

算等。估算时要注意不同来源数据的协调。

(1) 区域径流系列的计算。一个较大区域往往会包含若干个小流域（或区间），这些小流域（或区间）即使在同一年份出现的径流量在其各自系列中的经验频率也不相同，即各小流域（或区间）具有相同频率的年径流量不大可能恰好在同一年同步出现。因此，估算区域地表水资源量时不能简单地将各小流域（或区间）同频率的年径流量相加而得，必须设法先求出其同步的年径流系列，再进行频率分析，计算出各种频率的年径流量。

(2) 山丘区的地表水资源量计算。在天然条件下，山丘区的河川径流量通常就是水资源总量（此指闭合流域），地表水资源量即地表径流量。如将历年的河川径流过程分割为地表径流 R_s 和地下径流 R_g，便得到 R_s 和 R_g 两个系列，分别对径流量 R、地表径流量 R_s、地下径流量 R_g 和降水量 P 进行统计分析，并求出 $R-P$、R_s-P、R_g-P 的统计关系曲线及相应参数（图 6-2），由此可推求各种频率下的水资源总量、地表水资源量和地下水资源量。但分析中不论是插补延长系列还是频率计算，都要注意三者之间的对应关系。

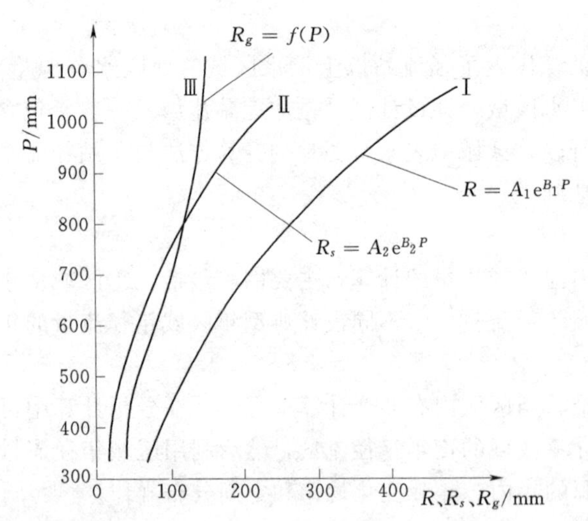

图 6-2 水资源量与降水量相关关系图

(3) 平原区的地表水资源量计算。在天然条件下，平原区的地表水资源量也可用地表径流量来表示。但由于平原区水资源开发利用活动剧烈且水资源转化频繁，因此平原区的水资源量计算比较复杂。在水资源转化强烈的地区，地表水以河渠渗漏、田间渗漏的形式转化为地下水，同时还有地下水向河川径流的补给。因此，水资源总量为

$$W=R_s'+P_g' \quad (6-3)$$

式中：R_s'为扣除渗漏量后的地表径流量；P_g'为地下水得到的总补给量，包括降水入渗补给量 P_g、地表水体（指河道、湖泊、水库等）的渗漏补给量 $Q_{水}$、渠系渗漏补给量 $Q_{渠}$ 和田间渗漏补给量 $Q_{田}$。由此，式（6-3）可写为

$$W=R_s'+P_g+Q_{水}+Q_{渠}+Q_{田} \quad (6-4)$$

(4) 计算单元的水资源量分析。对于区域内某一计算单元来说，其上端接受上一个计算单元的输入，下端又向下一个计算单元输出，因此本单元的水资源量是由本地产水量和客水两部分组成。

客水，一般指流入本单元的非本地产生的河川径流。在地表水、地下水多次转化的地区，上游的河川径流转化为潜流，再流入本单元，也是客水。客水的共同特征是：全部是由计算单元外的区域降水所形成的产水量。对客水的分析就是对上游河川径流的分析估算。客水在上游水资源量估算时已经计入，在估算本单元水资源量时不再计入，但在进行水资源供需分析时，可考虑作为可利用的水资源。一般情况下，评价区域都不是闭合的，

可能有一条或几条河流穿越本区，带来客水，对这些客水要进行分析说明，以避免与上游地区产生的水资源量重复估算。

本地产水量的分析，因没有独立的单元流量过程线，故不能采用以上介绍的方法。对山丘区，下断面和上断面河川径流量之差即为单元的水资源总量。故从理论上讲，将每年的下断面径流量减去上断面径流量，得到计算单元的径流量系列，即可按前述方法作频率分析，但误差很大。对地表径流量同样可以进行分析估算。如缺乏径流资料，可以采用水文比拟法进行计算。在平原区的计算单元中，水文比拟法是主要的分析工具。在本单元内或邻近地区，寻找代表流域或水平衡计算单元，分析流域模型的结构和参数，建立水文模型，或者分析降水-径流关系、河渠渗漏经验公式等，把它们移用到该计算单元[4]。

（5）区域水资源量的汇总。通常，在进行水资源评价时，先估算出最上游的各计算单元和区间的水资源量，再向高一级水资源分区汇总，即分析估算更大区域的水资源量，最后汇总到各水资源一级分区。在一个较大的区域内，各个计算单元同一年出现的年径流量（或年降水量）在各自的系列中占有的经验频率往往是不同的，即各个单元具有相同频率的年径流量不大可能在同一年发生。因此，不能把各个单元同频率的年径流量相加作为整个地区这一频率的年径流量。推而广之，水资源总量、地表水资源量和地下水资源量也都是如此。必须先设法求出整个地区的水资源量系列，再进行频率计算，以推算各种频率年份的水资源量。

4. 地表水资源时空分布特征分析

地表水资源时空分布特征分析应符合下列要求：①选择集水面积为300～5000km^{2}的水文站（在测站稀少地区可适当放宽要求），根据还原后的天然年径流系列，绘制同步期平均年径流深等值线图，以此反映地表水资源的地区分布特征；②按不同类型自然地理区选取受人类活动影响较小的代表站，分析天然径流量的年内分配情况；③选择具有长系列年径流资料的大河控制站和区域代表站，分析天然径流的多年变化。

年径流的年际变化特征描述，主要内容包括：①区域年径流系列的统计参数有均值、C_v值和C_s/C_v值；②相应于不同保证率的设计年径流量。年径流的年内分配特征描述，主要内容包括：①多年平均最大4个月径流量占全年径流量的百分率；②各种典型年（多年平均、不同保证率）径流量月分配过程统计表；③年径流的空间分布。当设计区域范围较大时，应绘制多年平均径流深R、变差系数C_v等值线图和C_s/C_v分区图。

四、地下水资源量

地下水资源量是指地下水体中参与水循环且可以逐年更新的动态水量。要求对浅层地下水资源量及其时空分布特征进行全面评价。地下水资源量评价内容包括：补给量、排泄量、可开采量的计算和时空分布特征分析。在地表水和地下水相互转化明显的地区，如岩溶地区、山前平原区，应把地表水和地下水作为统一的循环系统进行评价。

（一）资料的收集

在地下水资源量评价之前，应获取评价区以下资料：

（1）地形地貌、地质构造及水文地质条件。

（2）降水量、蒸发量、河川径流量。

（3）灌溉引水量、灌溉定额、灌溉面积、开采井数、单井出水量、地下水实际开采量、地下水动态、地下水水质。

（4）包气带及含水层的岩性、层位、厚度及水文地质参数，对岩溶地下水分布区还应搞清楚岩溶分布范围、岩溶发育程度。

（二）地下水资源量评价的主要内容

（1）在进行地下水资源量评价时，首先应根据对水文气象条件、地下水埋深、含水层和隔水层的岩性、灌溉定额等资料的综合分析，确定地下水资源量评价中所必需的水文地质参数。这些参数主要包括：给水度、降水入渗补给系数、潜水蒸发系数、河道渗漏补给系数、渠系渗漏补给系数、田间渗漏补给系数、井灌回归系数、渗透系数、导水系数、越流补给系数。

（2）平原区地下水资源量评价应分别进行补给量、排泄量和可开采量的计算，其中：①地下水补给量包括降水入渗补给量、河道渗漏补给量、水库（湖泊、塘坝）渗漏补给量、渠系渗漏补给量、侧向补给量、田间渗漏补给量、越流补给量、人工回灌补给量及井灌回归量，沙漠区还应包括凝结水补给量，各项补给量之和为总补给量，总补给量扣除井灌回归补给量即为地下水资源量；②地下水排泄量包括潜水蒸发量、河道排泄量、侧向流出量、越流排泄量、地下水实际开采量，各项排泄量之和为总排泄量；③计算的总补给量与总排泄量应满足水量平衡原理；④地下水可开采量是指在经济合理、技术可能且不发生因开采地下水而造成水位持续下降、水质恶化、海水入侵、地面沉降等水环境问题和不对生态系统造成不良影响的情况下，允许从含水层中取出的最大水量。地下水可开采量应小于相应地区地下水总补给量。

（3）平原区深层承压地下水补给、径流、排泄条件一般很差，不具有持续开发利用意义。需要开发利用深层地下水的地区，应查明开采含水层的岩性、厚度、层位、单位出水量等水文地质特征，确定出限定水位下降值条件下的允许开采量。

（4）山丘区地下水资源量评价可只进行排泄量计算。山丘区地下水排泄量包括河川基流量、山前泉水出流量、山前侧向流出量、河床潜流量、潜水蒸发量和地下水实际开采净消耗量。各项排泄量之和为总排泄量，即为地下水资源量。

（5）应分析人类活动对地下水资源各项补给量、排泄量和可开采量的影响，并计算相应的增减水量。

（6）地下水资源量评价的计算系列尽可能与地表水资源量评价的计算系列同步，应进行多年平均地下水资源量评价。地下水资源量按水文地质单元进行计算，并要求分别计算、评价流域分区和行政分区的地下水资源量。

（三）地下水资源量计算方法[3]

1. 平原区地下水补给量的计算方法

平原区地下水总补给量包括降雨入渗，山前侧渗，河道、渠系渗漏，田间回归和越流补给等项。

（1）降雨入渗补给量。降雨入渗补给是地下水最主要的补给来源。降雨入渗补给量可按下式计算：

$$W_p = FP\alpha \tag{6-5}$$

式中：W_p 为降雨入渗补给量；F 为计算区面积；P 为年降雨量；α 为降雨入渗系数。

（2）山前侧向补给量。山前侧向补给主要是山丘区的产水通过地下径流，侧向补给平原地下水。其补给量可采用达西公式分段选取参数进行计算。

$$W_f = KAI \tag{6-6}$$

式中：W_f 为山前侧向补给量；K 为含水层的渗透系数；A 为过水断面面积；I 为垂直于剖面方向上的水力坡度。

（3）河道渗漏补给量。当河水位高于两岸地下水位时，河水渗漏补给地下水。首先分析计算区内骨干河流的水文特征和地下水位变化的关系，以确定河水补给地下水的地段，然后根据资料情况，采用以下公式来进行计算：

$$W_r = (Q_U - Q_d)(1-\lambda)L/L' \tag{6-7}$$

式中：W_r 为河道渗漏补给量；Q_U、Q_d 分别为上、下游水文站实测流量；L'为两水文站间河段长；L 为计算河道或河段长度；λ 为修正系数。

λ 值为两测站间水面蒸发量与两岸浸润带蒸发量之和占（$Q_U - Q_d$）的比率，对间歇性河流及黏性土为主的河道，λ 值取 0.45；对常年流水且砂性土为主的河道，λ 值取 0.10～0.15。

（4）渠系渗漏补给量。该项是指灌溉渠道进入田间以前，各级渠道对地下水的渗漏补给量。一般情况下，渠系水位均高于地下水位，多数以补给为主。渠系渗漏补给量可采用入渗补给系数法来进行计算。

$$W_c = W_d m \tag{6-8}$$

式中：W_c 为渠系渗漏补给量；W_d 为渠首引水量；m 为渠系渗漏补给系数，$m=\gamma(1-\eta)$；γ 为修正系数；η 为渠系水有效利用系数。

渠首引水量要根据灌区实际供水情况，进行调查统计，主要渠系的有效利用系数 η 可以选择有代表性的地段实测得到。

（5）田间回归补给量。该项是指地表水和地下水进入田间以后，灌溉过程补给地下水的量，有渠灌和井灌回归补给两类。常用回归系数法计算，即

$$\left.\begin{aligned} W_c &= \beta_c Q_{ci} \\ W_w &= \beta_w Q_{wi} \end{aligned}\right\} \tag{6-9}$$

式中：W_c、W_w 分别为渠灌和井灌的回归补给量；β_c、β_w 分别为渠灌和井灌回归补给系数；Q_{ci}、Q_{wi} 分别为渠灌和井灌用水量。

灌溉回归补给系数 β 是指田间灌水入渗补给地下水的水量与灌溉水量的比值。β 值随灌水定额、土质和地下水埋深发生变化，一般取值范围为 0.1～0.2。

（6）越流补给量。当上下含水层有足够的水头差，且隔水层是弱透水时，则水头高的含水层地下水可以通过弱透水层补给水头较低的含水层。其补给量通常可用下式计算：

$$W_0 = \Delta H F t K_e \tag{6-10}$$

式中：W_0 为越流补给量；ΔH 为水头差；F 为计算面积；t 为计算时段；K_e 为越流系数，是表示弱透水层在垂直方向上导水性能的参数，可用下式求得：

$$K_e = k'/m' \tag{6-11}$$

式中：k'为弱透水层的渗透系数；m'为弱透水层的厚度。

以上六项补给量加起来，即为平原地区地下水总补给量，也就是地下水在计算时段内

的总收入量。

2. 平原区地下水排泄量的计算方法

平原区地下水排泄量包括泉水出露、侧向流出、河道排泄、人工开采和潜水蒸发等。在大量开采情况下，泉水出露很少，可通过实测求得；向区外的侧向流出量可用达西公式计算。这里重点介绍后两个量的计算。

(1) 人工开采量。包括工业、生活和农业用水三个方面。前二者一般管理比较好，多数都装有水表计量；农业机井数量多而且十分分散，一般通过调查、统计来估算。常用的方法有：

1) 单井实测流量法。该方法的计算式为

$$Q_m=(n_1q_1+n_2q_2+\cdots+n_iq_i)\eta \tag{6-12}$$

式中：Q_m 为年总开采量；n_1，n_2，…，n_i 为不同泵型年末配套井数；q_1，q_2，…，q_i 为不同泵型单井年开采量；η 为机井利用率。

2) 井灌定额估算法。该方法的计算式为

$$Q_m=f_1m_1+f_2m_2+\cdots+f_im_i \tag{6-13}$$

式中：Q_m 为年总开采量；f，f_2，…，f_i 为不同作物的种植面积；m_1，m_2，…，m_i 为不同作物的井灌定额。

m 值一般通过典型调查或实测资料确定。用此法计算的结果，应与单井实测流量法的结果相互验证，使结果更合理、准确。

(2) 潜水蒸发量。浅层地下水受土壤毛细管的作用，不断地沿毛细管上升，一部分受气候的影响，蒸发散失；一部分湿润土壤，供植物吸收。潜水蒸发量的大小，主要决定于气候条件、埋藏深度和包气带岩性，其量值可采用下式计算：

$$E=FE_0C \tag{6-14}$$

式中：E 为潜水蒸发量；F 为蒸发面积；E_0 为水面蒸发量，一般采用 E601 蒸发器观测资料；C 为潜水蒸发系数。

3. 山丘区地下水补给量的计算

山丘区地下水主要靠降雨入渗补给，由于山丘区水文地质条件复杂，观测孔少和观测资料有限，很难较正确地估算补给量。通常，根据均衡原理，计算总排泄量来代替总补给量。

山丘区地下水总排泄量包括山前侧向流出量、河床潜流量、河川基流量、山前泉水出露量和人工开采量。

(1) 山前侧向流出量：实际上就是平原区的山前侧向补给量。

(2) 河床潜流量：是指出山口的河流，通过松散沉积物的径流量。当河床沉积物较厚时，采用达西公式计算；当沉积物厚度较薄时，潜流量可以忽略不计。

(3) 河川基流量：是山丘区地下水主要排泄量，可以通过分割流量过程线的方法求得。

(4) 山前泉水出露量：主要通过调查统计和实测而获得。

(5) 人工开采量：同样包括工业用水、农业用水和生活用水三个方面，通常采用实测和调查统计获得。

4. 地下水重复计算量

重复计算量包括地下水内部、地下水与地表水之间两部分，在评价计算时，要扣除重复计算量。

（1）地下水内部重复计算量包括井灌回归补给量和山前侧向补给量。井灌回归实际上是重复利用水量。山前侧向补给量是重复计算两次的量。山丘区水量平衡计算时，它被作为排泄项计入山丘区总排泄量；平原区水量平衡计算时，则以收入项计入平原总补给量之中。所以，当需要评价山丘区和平原区的总水资源量时，此项必须从山丘区或平原区中扣掉一次。

（2）地下水与地表水之间的重复计算量包括山丘区河川基流、河道渗漏、渠系渗漏和渠灌田间回归4项。河川基流量属山丘区和平原区重复计算量，在山丘区计算时作为山丘区排泄量计入其中，在平原区计算时又作为平原径流量计入地表水之中，因此在计算水资源总量时应扣掉一次。后三项属平原区地表水、地下水之间的重复量，在计算水资源总量时，也应从其中扣掉一次。

5. 地下水资源量

地下水补给、排泄资料往往不完整、不系统，难以取得较完整的、长系列的逐年地下水补给量或排泄量，这种情况下可只推求多年平均的地下水补给量或排泄量，作为多年平均地下水资源量。但在资料充分时，应分别计算逐年地下水补给量或排泄量，然后采用统计分析方法推求多年平均地下水资源量以及不同保证率的地下水资源量。

当评价区域范围较大，按地形地貌及水文地质条件可划分为多个计算单元，分单元计算、统计地下水资源量，以充分反映地下水资源的空间分布。

五、水资源总量

（一）基本要求[5]

（1）水资源总量评价，是在地表水和地下水资源量评价的基础上进行的。主要内容包括“三水”（降水、地表水、地下水）转化关系分析、水资源总量计算和水资源可利用量估算。

（2）“三水”转化和平衡关系的分析内容应符合下列要求：①分析不同类型区“三水”转化机理，建立降水量与地表径流、地下径流、潜水蒸发、地面蒸发等分量的平衡关系，提出各种类型区的水资源总量表达式；②分析相邻类型区（主要指山丘区和平原区）之间地表水和地下水的转化关系；③分析人类活动改变产流、入渗、蒸发等下垫面条件后对“三水”转化关系的影响，预测水资源总量的变化趋势。

（3）水资源总量分析计算应符合下列要求。

1）分区水资源总量的计算途径有两种（可任选其中一种方法计算）：一是在计算地表水资源量和地下水补给量的基础上，将两者相加再扣除重复水量；二是划分类型区，用区域水资源总量表达式直接计算。

2）应计算各分区和全评价区同步期的年水资源总量系列、统计参数和不同频率的水资源总量。在资料不足地区，组成水资源总量的某些分量难以逐年求得，则只计算多年平均值。

3）利用多年平衡情况下的区域水量平衡方程式，分析计算各分区水文要素的定量关系，揭示产流系数、降水入渗补给系数、蒸发系数和产水模数的地区分布情况，并结合降水量和下垫面因素的地带性规律，检查水资源总量计算成果的合理性。

(4) 分析地表水与地下水利用过程中的水量转化关系，用扣除地下水可开采量本身的重复利用量以及地表水可利用量与地下水可开采量之间的重复利用量的办法，估算水资源可利用总量。

（二）水资源总量的计算方法[4]

在水资源总量计算中，由于地表水和地下水相互联系和相互转化，使河川径流量中包含了一部分地下水排泄量，而地下水补给量中又有一部分来自于地表水体的入渗，故不能将地表水资源量和地下水资源量直接相加作为水资源总量，而应扣除两者之间相互转化的重复水量，即

$$W=R+Q-D \tag{6-15}$$

式中：W 为水资源总量；R 为地表水资源量；Q 为地下水资源量；D 为地表水和地下水相互转化的重复水量。

由于重复水量 D 的确定方法因评价区的类型不同而各异，故水资源总量的计算方法也有所不同。下面分三种类型区来进行介绍。

1. 单一山丘区水资源总量的计算

这种类型的地区一般包括山丘区、岩溶山区、黄土高原丘陵沟壑区。地表水资源量为当地河川径流量，地下水资源量按排泄量来计算，地表水和地下水相互转化的重复水量为河川基流量。当地的水资源总量 W 为

$$W=R_m+Q_m-R_{gm} \tag{6-16}$$

式中：R_m 为山丘区河川径流量；Q_m 为山丘区地下水资源量；R_{gm} 为山丘区河川基流量。

(1) 山丘区地下水资源量的计算。通常，直接计算山丘区的地下水补给量非常困难，因此常采用排泄量近似作为补给量来计算地下水资源量 Q_m，即

$$Q_m=R_{gm}+U_{gm}+Q_{km}+Q_{sm}+E_{gm} \tag{6-17}$$

式中：R_{gm} 为河川基流量；U_{gm} 为河床潜流量；Q_{km} 为山前侧向流出量；Q_{sm} 为未计入河川径流的山前泉水出露量；E_{gm} 为山区潜水蒸发量。

通过调查发现，U_{gm}、Q_{km}、Q_{sm} 及 E_{gm} 一般所占比重很小，如我国北方山丘区，以上四项之和仅占其地下水总排泄量的 8.5%，而 R_{gm} 占 91.5%[4]。

(2) 山丘区河川基流量的计算。山丘区河流坡度陡，河床切割较深，水文站得到的逐日平均流量过程线既包括地表径流，又包括河川基流，加之山丘区下垫面的不透水层相对较浅，河床基流基本是通过与河流无水力联系的基岩裂隙水补给的，因此，河川基流量可以用分割流量过程线的方法来推求，具体方法有直线平割法、直线斜割法等。以直线斜割法为例，对于某河流流量年过程线（图 6-3），自起涨点 a 至峰后无雨情况下退水段的转折点 b（又称拐点）处，以直线相连，直线以下部分即为河川基流量。退水转折点 b 可用综合退水曲线法确定，即绘制逐年日平均流量过程线，选择峰后无雨、退水时间较长的退水段若干条，将各退水段在水平方向上移动，使尾部重合，做出下包线即为综合退水曲线。把综合退水曲线绘在透明纸上，再在欲分割的流量过程线上水平移动，使其与实测流量过程线退水段尾部相重合，两条曲线的分叉处即为退水转折点 b。斜线 ab 以上部分为

地表径流，斜线 ab 以下部分为地下径流。

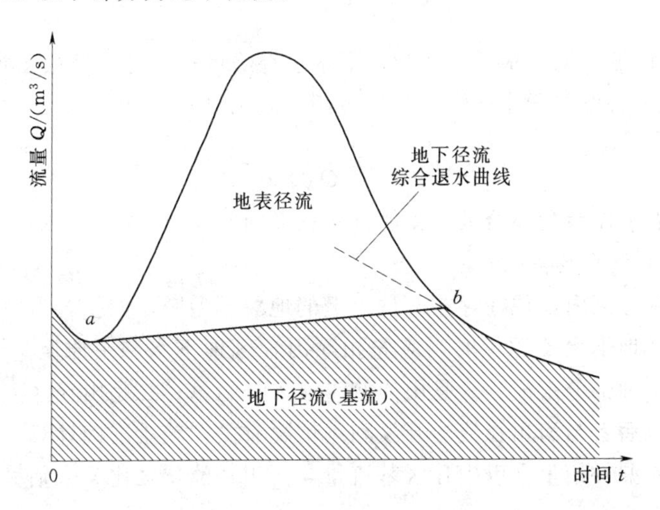

图 6-3　直线斜割法示意图

2. 单一平原区水资源总量的计算

这种类型的地区一般包括北方平原区、沙漠区、内陆闭合盆地平原区、山间盆地平原区、山间河谷平原区、黄土高原台塬阶地区。平原区的地表水资源量为当地河川径流量。地下水除由当地降水入渗补给外，一般还有外区（主要是上游山丘区）的侧渗流入补给、平原区地表水渗漏补给、越流补给等。地表水和地下水相互转化的重复水量有地表水渗漏补给量、平原区河川基流量和侧渗流入补给量。当地的水资源总量 W 为

$$W=R_p+Q_p-(Q_{表补}+Q_k+R_{gp}) \tag{6-18}$$

式中：R_p 为平原区河川径流量；Q_p 为平原区地下水资源量；$Q_{表补}$ 为地表水渗漏补给量，由河道、湖泊、水库等地表水体渗漏补给量 $Q_{水}$、渠系渗漏补给量 $Q_{渠}$、田间回归量 $Q_{田}$ 组成；Q_k 为侧渗流入补给量；R_{gp} 为平原区降水形成的河川基流量。

（1）平原区地下水资源量的计算。平原区的地下水资源量 Q_p 的计算公式如下：

$$Q_p=P_r+Q_k+Q_{表补}+Q_e \tag{6-19}$$

式中：P_r 为降水入渗补给量；Q_e 为越流补给量；其他符号意义同前。

降水入渗补给量是平原区地下水的重要来源。据统计分析，我国北方平原区降水入渗补给量占平原区地下水总补给量的53%左右，而其他各项（未考虑 Q_e）之和占47%左右[4]。

（2）平原区重复水量的计算。平原区地表水和地下水之间重复水量中的地表水渗漏补给量 $Q_{表补}$ 和侧流入渗补给量 Q_k 前已述及。平原区降水形成的河川基流量 R_{gp} 与潜水埋深和降水入渗补给量有关，当潜水位高于河水位时，则有一部分降水入渗补给量排入河道，故在其他各项补给量很小的情况下，可用水文分割法近似估算平原区降水形成的河川基流量。而在其他各项补给量占较大比重时，排入河道的地下水量既有降水入渗补给量也有其他补给量。因此，需要将二者分开，一般采用以下方法：

1）根据平原排涝河道的流量资料，用逐次洪水分割推求平原区河川基流量。

2）用降水入渗补给量与总补给量之比值，乘以河道排泄量（排入河道的地下水量）来估算平原区的河川基流量 R_{gp}：

$$R_{gp}=Q_R\frac{P_r}{U} \tag{6-20}$$

式中：Q_R 为排入河道的地下水量；U 为地下水总补给量；其他符号意义同前。

3）在侧渗流入补给量很小的情况下，可用下式估算：

$$R_{gp}=Q_R\frac{P_r}{Q_{表补}+P_r} \tag{6-21}$$

式中：$Q_{表补}$为地表水体渗漏补给量；其他符号意义同前。

3. 多种地貌类型的混合区

在多数水资源分区内，往往存在两种以上的地貌类型区，如上游为山丘区，下游为平原区。在计算全区地下水资源量时，应先扣除山丘区地下水和平原区地下水之间的重复量。这个重复量由两部分组成，一是山前侧渗流入补给量；二是山丘区河川基流对平原区地下水的补给量。后者与河川径流的开发利用情况有关，较难准确计算，一般用平原区地下水的地表水体渗漏补给量乘以山丘区基流量与河川径流量之比 k 来估算。当地的地下水资源量 W_g 按下式计算：

$$W_g=Q_m+Q_p-(Q_k+kQ_s) \tag{6-22}$$

式中：Q_m 为山丘区地下水资源量；Q_p 为平原区地下水资源量；Q_k 为山前侧渗流入补给量；Q_s 为地表水对平原区地下水的补给量；k 为山丘区河川基流量 R_{gm} 与河川径流量 R_m 的比值。

由于在计算地下水资源量时已扣除了一部分重复量，因此，地表水资源量和地下水资源量之间的重复量 D 为

$$D=R_{gm}+R_{gp}+(1-k)Q_s \tag{6-23}$$

式中：R_{gm}为山丘区河川基流量；R_{gp}为平原区降水形成的河川基流量；其他符号意义同前。

全区水资源总量 W 按下式计算：

$$W=R+Q-[R_{gm}+R_{gp}+(1-k)Q_s] \tag{6-24}$$

式中：R 为全区河川径流量；Q 为全区地下水资源量；其他符号意义同前。

六、水资源可利用量计算

水资源可利用量，是指在可预见的时期内，在统筹考虑生活、生产和生态用水的基础上，通过经济合理、技术可行的措施在当地水资源量中可一次性利用的最大水量。

（一）地表水资源可利用量的计算方法

地表水资源可利用量可用扣损法来进行计算，即由地表水资源量减去河道内最小生态需水量和汛期下泄洪水量计算得出：

$$W_{su}=W_q-W_e-W_f \tag{6-25}$$

式中：W_{su}为地表水资源可利用量；W_q 为地表水资源量；W_e 为河道内最小生态需水量；W_f 为汛期洪水弃水量。

（二）地下水资源可开采量的计算方法[6]

地下水资源可开采量计算方法很多，但一般不宜采用单一方法，而应同时采用多种方法并将其计算成果进行综合比较，从而合理地确定可开采量。分析确定可开采量的方法有

实际开采量调查法、开采系数法、平均布井法等。

1. 实际开采量调查法

该法适用于浅层地下水开发利用程度较高、开采量调查统计较准、潜水蒸发量较小、水位动态处于相对稳定的地区。若平水年年初、年末浅层地下水位基本相等，则该年浅层地下水实际开采量便可近似地代表多年平均浅层地下水可开采量。

2. 开采系数法

在浅层地下水有一定开发利用水平的地区，通过对多年平均实际开采量、水位动态特征、现状条件下总补给量等因素的综合分析，确定出合理的开采系数值，则地下水多年平均可开采量等于开采系数与多年平均条件下地下水总补给量的乘积。在确定地下水开采系数时，应综合考虑浅层地下水含水层岩性及厚度、单井单位降深出水量、平水年地下水埋深、年变幅、实际开采模数和多年平均总补给模数等因素。

3. 平均布井法

根据当地地下水开采条件，确定单井出水量、影响半径、年开采时间，在计算区内进行平均布井，用这些井的年内开采量代表该区地下水的可开采量，计算公式为

$$W_{gu}=q_sNt \tag{6-26}$$

$$N=F/F_s=F/(\pi R^2) \tag{6-27}$$

式中：W_{gu} 为地下水资源可开采量；q_s 为单井出水量；N 为计算区内平均布井数；t 为机井多年平均开采时间；F 为计算区布井面积；F_s 为单井控制面积；R 为单井影响半径。

单井出水量的计算，必须在广泛搜集野外抽水试验资料的基础上进行。采用该法计算时，应注意与该地区现状条件下多年平均浅层地下水总补给量相验证（一般应小于现状条件下多年平均浅层地下水总补给量）。

（三）水资源可利用总量的计算方法

根据前面对地表水与地下水水量转化关系分析结果，采用如下公式来估算水资源可利用总量：

$$W_u=W_{su}+W_{gu}-Q_{gr}-Q_c \tag{6-28}$$

式中：W_u 为水资源可利用总量；W_{su} 为地表水资源可利用量；W_{gu} 为地下水资源可开采量；Q_{gr} 为地下水可开采量本身的重复利用量；Q_c 为地表水资源可利用量与地下水资源可开采量之间的重复利用量。

与水资源量计算相同，可利用水资源量的分析计算也包括以下四种情况：①多年平均水资源可利用量；②保证率 $P=50\%$ 的水资源可利用量；③保证率 $P=75\%$ 的水资源可利用量；④保证率 $P=95\%$ 的水资源可利用量。保证率原则上以供水保证率为准，缺乏资料地区也可以用降水保证率替代。

第三节 水资源质量评价

一、评价的内容和要求

1. 评价内容

水资源质量的评价，就是根据评价目的、水体用途、水质特性，选用相关参数和相应

的国家、行业或地方水质标准对水资源质量进行评价。水资源质量评价的内容包括：河流泥沙分析、天然水化学特征分析、水资源污染状况评价。

河流泥沙是反映河川径流质量的重要指标，主要评价河川径流中的悬移质泥沙的含量。天然水化学特征是指未受人类活动影响的各类水体在自然界水循环过程中形成的水质特征，是水资源质量的本底值。水资源污染状况评价是指地表水、地下水资源质量的现状及预测，其内容包括污染源调查与评价，地表水资源质量现状评价，地表水污染负荷总量控制分析，地下水资源质量现状评价，水资源质量变化趋势分析及预测，水资源污染危害及经济损失分析，不同质量的可供水量估算及适用性分析。

2. 评价要求

地表水资源质量评价应符合下列要求：

(1) 在评价区内，应根据河道地理特征、污染源分布、水质监测站网，划分成不同河段（湖、库区）作为评价单元。

(2) 在评价大江、大河水资源质量时，应划分成中泓水域与岸边水域，分别进行评价。

(3) 应描述地表水资源质量的时空变化及地区分布特征。

(4) 在人口稠密、工业集中、污染物排放量大的水域，应进行水体污染负荷总量控制分析。

地下水资源质量评价应符合下列要求：

(1) 选用的监测井（孔）应具有代表性。

(2) 应将地表水、地下水作为一个整体，分析地表水污染、纳污水体、污水灌溉和固体废弃物的堆放、填埋等对地下水资源质量的影响。

(3) 应描述地下水资源质量的时空变化及地区分布特征。

3. 评价步骤

(1) 水环境背景值调查。指在未受人为污染影响的状况下，确定水体在自然发展过程中原有的化学组成。因目前难以找到绝对不受污染影响的水体，所以测得的水环境背景值实际上是一个相对值，可以作为判别水体受污染影响程度的参考比较指标。进行一个区域或河段的评价时，可将对照断面的监测值作为背景值。

(2) 污染源调查评价。污染源是影响水质的重要因素，通过污染源调查与评价，可确定水体的主要污染物质，从而确定水质监测及评价项目。

(3) 水质监测。根据水质调查和污染源评价结论，结合水质评价目的、评价水体的特性和影响水体水质的重要污染物质，制定水质监测方案，进行取样分析，获取进行水质评价必需的水质监测数据。

(4) 确定评价标准。水质标准是水质评价的准则和依据。对于同一水体，采用不同的标准，会得出不同的评价结果，甚至对水质是否污染的结论也不同。因此，应根据评价水体的用途和评价目的选择相应的评价标准。

(5) 按照一定的数学方法进行评价。

(6) 评价结论。根据计算结果进行水质优劣分级，提出评价结论。

二、常见水质指标

水质指标是水体中所赋存的杂质成分，可用来衡量水体容纳或包含污染物多少。水质指标可分为物理指标、化学指标和生物学指标三类[7]。

1. 物理指标

（1）水温。水体温度升高时水生生物活性增加，溶解氧减少。当水温超过一定界限时，会出现热污染，危及水生生物。人为造成的环境水温变化应限制在夏季周平均最大温升不高于1℃，冬季周平均温降不高于2℃。

（2）色度。纯净的水在水层浅时是无色的，深时为浅蓝色。水中含有污染物质时，水色随污染物质的不同而变化，如含低价铁化合物时为淡绿色，含高价铁化合物时呈黄色。色度是水色的定量指标，它是用除去悬浮物后的水样和一系列不同色度的标准液进行比较而测定，单位为度。

（3）臭味。清洁的水没有味道，当水中溶解有不同物质时会产生不同的味道。水体受污染后，常会产生一些臭味。根据人的嗅觉，将臭味的强度分为无臭、极微弱、弱、明显、强和极强六个强度等级（表6-3），一般用经验确定。

表6-3　水体中臭味强度等级表

强度等级	程度	反应	强度等级	程度	反应
0	无臭	不发生任何气味	3	明显	易于察觉，不处理不能饮用
1	极微弱	一般不易察觉	4	强	嗅后使人不快，不能饮用
2	弱	未指出前一般不易察觉到	5	极强	臭气极强

（4）浊度。浊度是反映水中悬浮物对光线透过时所发生的阻碍程度的指标。水中含有泥土、粉砂、微细有机物、无机物、浮游动物和其他微生物等悬浮物和胶体物都可使水体呈现浑浊。水的浊度大小不仅与水中悬浮物的含量有关，而且与其粒径大小、形状、颗粒表面对光的散射性有密切关系。

2. 化学指标

（1）pH值。pH值是表示水体中氢离子浓度的单位，它是检测水体受酸碱污染程度的一个重要指标。天然水体的pH值为6～9，世界卫生组织规定的饮用水标准中pH值适宜范围为7.0～8.5，极限范围为6.5～9.2。

（2）阳离子。水体中常见阳离子有Na^+、K^+、Ca^{2+}、Mg^{2+}等。Na^+是水体中分布最广，含量变化最大的主要阳离子，从每升水数毫克到数十克不等，用高浓度含Na^+的水灌溉会引起土壤盐碱化；K^+的溶解度也很大，但由于K^+容易为植物所吸收，也容易发生吸附、降解等物理化学反应，故水体中K^+含量并不大；Ca^{2+}和Mg^{2+}是由于水体溶解碳酸盐类岩石的结果，当水体中含有大量的Ca^{2+}和Mg^{2+}时，对于生活和工业用水都有较大影响，如容易形成锅垢浪费燃料甚至引起爆炸等，因此常用硬度来作为描述水体中Ca^{2+}、Mg^{2+}含量多少的指标。

（3）阴离子。水体中常见的阴离子有Cl^-、SO_4^{2-}、HCO_3^-、CO_3^{2-}等。Cl^-是水体中

最稳定的阴离子，在水体中广泛分布且含量变化很大，从每升水数毫克到数十克不等；SO_4^{2-} 含量仅次于 Cl^-，每升最多可达数克；HCO_3^- 在水体中的溶解度也较大，但一般不会超过 1g/L。

(4) 化学需氧量。化学需氧量（chemical oxygen demand，COD）是用氧化剂氧化水中有机污染物时所消耗的氧化剂量，用氧当量（以 mg/L 为单位）表示。化学需氧量愈高，表示水体中的有机污染物愈多。根据所选用的氧化剂不同，其表达式又有不同，如以高锰酸钾作为氧化剂时，测得的值称为 COD_{Mn}；如以重铬酸钾作为氧化剂时，测得的值称为 COD_{cr}。

(5) 生物化学需氧量。生物化学需氧量（bio-chemical oxygen demand，BOD），又称为生化需氧量，是水中有机污染物被好氧微生物分解时所需要消耗的氧当量。它反映了在有氧条件下，水体中可被生物降解的有机污染物的量。生化需氧量愈高，表示水体中有机污染物愈多。测定生化需氧量时一般以 20℃作为测定的标准温度，通常至少需要 20 天时间，但这在实际工作中有困难，目前以 5 天作为测定生化需氧量的标准时间，称为 5 日生化需氧量（用 BOD_5 表示）。

(6) 溶解氧。溶解氧（Dissolved Oxygen，DO）是溶解于水体中的分子态氧。溶解氧是地表水水质评价的重要指标，水体中溶解氧含量的多少，直接会影响到水生生物的生存、繁殖和化学物质的分解、化合等生物化学行为。

(7) 营养元素。氮（N）、磷（P）是植物生长不可缺少的营养元素。然而水体中的氮、磷的大量存在又会导致天然水体富营养化。反映水体中氮、磷元素含量的水质指标有总磷、无机磷、有机磷、总氮、氨氮、硝酸盐、亚硝酸盐、有机氮等。

(8) 重金属。重金属通常指比重大于 5，密度大于 4.5g/cm^3 的金属元素，常见的有汞、镉、铅、镍等生物毒性较强的金属元素和锌、铜、钴、锡等毒性较弱的金属元素。重金属在自然环境的各部分都有一定的含量，在天然水体中重金属含量均很低，如汞含量介于 0.001～0.01mg/L 之间，铬含量小于 0.001mg/L，在河流和淡水湖中铜的含量平均为 0.02mg/L，镍为 0.001mg/L。

(9) 非重金属无机有毒物质。非重金属无机有毒物质主要有氰化物和砷。氰化物是剧毒物质，人体摄入致死量是 0.05～0.12g。

3. 生物学指标

(1) 细菌总数。细菌总数是指水体中大肠菌群、病原菌、病毒及其他细菌的总数，以每升水样中的细菌总数表示。水体中细菌总数反映了水体受细菌污染的程度，细菌总数愈多，表示病原菌与病毒存在的可能性愈大。

(2) 大肠菌群。水是传播肠道疾病的一种重要媒介，而大肠菌群被视为最基本的粪便污染指示菌群。水体中大肠菌群的个数可表明水样被粪便污染的程度，间接表明有肠道病菌（伤寒、痢疾、霍乱等）存在的可能性。大肠菌群数以每升水样中所含有大肠菌群的数目来表示。

除上述物理、化学和生物学三类指标外，有时还要检测放射性物质指标。放射性物质也是一类对人体和水生生物有害的物质，它可以附着在生物表面或通过食物链在生物体内富集，能引起癌症和遗传变异。

值得关注的是，随着经济的发展和环境保护意识的提高，水质指标体系是在不断发展变化的。如德国现行饮用水水质标准共有43项指标；加拿大现行饮用水水质标准（第六版）中包括生物学指标、物理化学指标和放射性指标，共139项；《美国饮用水水质标准》中分为法定强制性的国家一级饮用水规程和非强制性的国家二级饮用水规程，其中一级饮用水规程列出了81项水质指标，二级饮用水规程列出了15项水质指标。我国于2006年，由国家标准委员会和卫生部联合发布了经过修订的《生活饮用水卫生标准》（GB 5749—2006），其检测指标共计106项。

三、水质标准

由于经济社会各部门对水资源的使用目的不同，水参与人们生产生活的方式各异，因此，不同部门对水质的要求也不一致。如饮用水主要考虑是否对人体健康有害；农业用水及水产养殖则要求在保证产量的同时，不降低产品的质量；工业用水对水质要求的差异更大，主要在于用水目的、过程和工艺及环节不同，有的符合一般水质标准即可，有的则要求经过高级处理才能使用。

水质好坏的评价，可从前面介绍的化学、物理、生物学指标中筛选部分指标，并根据水体实际监测结果来定性分析。然而，由于水的成分十分复杂，为适用于各种供水目的，需要对各种水质成分制定一个统一标准或界限，这种数量界限就是水质标准。国家乃至地方规定的各种用水标准，都是按照各用水部门的实际需要来制定的，它是水质评价的基础。目前我国颁布的水质标准和行业标准已有几十种，如《地表水环境质量标准》（GB 3838—2002）《海水水质标准》（GB 3097—1997）《地下水质量标准》（GB/T 14848—93）《生活饮用水卫生标准》（GB 5749—2006）《渔业水质标准》（GB 11607—89）《农业灌溉水质标准》（GB 5084—92）《再生水回用景观水体的水质标准》（CJ/T 95—2000）和《生活杂用水水质标准》（CJ/T 48—1999）等。国家颁布的水质标准具有强制性的法律效力，各行业必须遵照执行。

1.《地表水环境质量标准》（GB 3838—2002）（节选）[8]

该标准基本项目适用于全国江河、湖泊、运河、渠道、水库等具有使用功能的地表水水域。依据地表水水域环境功能和保护目标，按功能高低依次划分为五类。

Ⅰ类：主要适用于源头水、国家自然保护区。

Ⅱ类：主要适用于集中式生活饮用水地表水源地一级保护区、珍稀水生生物栖息地、鱼虾类产卵场、仔稚幼鱼的索饵场等。

Ⅲ类：主要适用于集中式生活饮用水地表水源地二级保护区、鱼虾类越冬场、洄游通道、水产养殖区等渔业水域及游泳区。

Ⅳ类：主要适用于一般工业用水区及人体非直接接触的娱乐用水区。

Ⅴ类：主要适用于农业用水区及一般景观要求水域。

对应地表水上述五类水域功能，将地表水环境质量标准基本项目标准值分为五类，不同功能类别分别执行相应类别的标准值（表6-4）。水域功能类别高的标准值严于水域功能类别低的标准值。同一水域兼有多类使用功能的，执行最高功能类别对应的标准值。

表 6-4　　地表水环境质量标准基本项目标准值　　单位：mg/L

序号	项　目	Ⅰ类	Ⅱ类	Ⅲ类	Ⅳ类	Ⅴ类
1	水温/℃	人为造成的环境水温变化应限制在：周平均最大温升≤1℃，周平均最大温降≤2℃				
2	pH值（无量纲）	6～9				
3	溶解氧≥	饱和率90%（或7.5）	6	5	3	2
4	高锰酸盐指数≤	2	4	6	10	15
5	化学需氧量（COD）≤	15	15	20	30	40
6	五日生化需氧量（BOD_5）≤	3	3	4	6	10
7	氨氮（NH_3-N）≤	0.015	0.5	1.0	1.5	2.0
8	总磷（以P计）≤	0.02（湖、库0.01）	0.1（湖、库0.025）	0.2（湖、库0.05）	0.3（湖、库0.1）	0.4（湖、库0.2）
9	总氮（湖、库，以N计）≤	0.2	0.5	1.0	1.5	2.0
10	铜≤	0.01	1.0	1.0	1.0	1.0
11	锌≤	0.05	1.0	1.0	2.0	2.0
12	氟化物（以F^-计）≤	1.0	1.0	1.0	1.5	1.5
13	硒≤	0.01	0.01	0.01	0.02	0.02
14	砷≤	0.05	0.05	0.05	0.1	0.1
15	汞≤	0.00005	0.00005	0.0001	0.001	0.001
16	镉≤	0.001	0.005	0.005	0.005	0.01
17	铬（六价）≤	0.01	0.05	0.05	0.05	0.1
18	铅≤	0.01	0.01	0.05	0.05	0.1
19	氰化物≤	0.005	0.05	0.2	0.2	0.2
20	挥发酚≤	0.002	0.002	0.005	0.01	0.1
21	石油类≤	0.05	0.05	0.05	0.5	1.0
22	阴离子表面活性剂≤	0.2	0.2	0.2	0.3	0.3
23	硫化物≤	0.05	0.1	0.2	0.5	1.0
24	粪大肠菌群/(个/L)≤	200	2000	10000	20000	40000

2.《地下水质量标准》(GB/T 14848—93)（节选）[9]

依据我国地下水水质现状、人体健康基准值及地下水质量保护目标，并参照了生活饮用水、工业、农业用水水质最高要求，将地下水质量划分为五类。

Ⅰ类：主要反映地下水化学组分的天然低背景含量。适用于各种用途。

Ⅱ类：主要反映地下水化学组分的天然背景含量。适用于各种用途。

Ⅲ类：以人体健康基准值为依据。主要适用于集中式生活饮用水水源及工、农业用水。

Ⅳ类：以农业和工业用水要求为依据。除适用于农业和部分工业用水外，适当处理后可作生活饮用水。

Ⅴ类：不宜饮用，其他用水可根据使用目的选用。

地下水质量分类指标见表 6-5。

表 6-5　　地下水环境质量标准主要项目标准值

序号	项　目	Ⅰ类	Ⅱ类	Ⅲ类	Ⅳ类	Ⅴ类
1	色度/度	≤5	≤5	≤15	≤25	>25
2	嗅和味	无	无	无	无	有
3	浑浊度/度	≤3	≤3	≤3	≤10	>10
4	肉眼可见物	无	无	无	无	有
5	pH 值	6.5～8.5			5.5～6.5，8.5～9	<5.5，>9
6	总硬度（以 $CaCO_3$ 计）/(mg/L)	≤150	≤300	≤450	≤550	>550
7	溶解性总固体/(mg/L)	≤300	≤500	≤1000	≤2000	>2000
8	硫酸盐/(mg/L)	≤50	≤150	≤250	≤350	>350
9	氯化物/(mg/L)	≤50	≤150	≤250	≤350	>350
10	铁（Fe）/(mg/L)	≤0.1	≤0.2	≤0.3	≤1.5	>1.5
11	锰（Mn）/(mg/L)	≤0.05	≤0.05	≤0.1	≤1.0	>1.0
12	铜（Cu）/(mg/L)	≤0.01	≤0.05	≤1.0	≤1.5	>1.5
13	锌（Zn）/(mg/L)	≤0.05	≤0.5	≤1.0	≤5.0	>5.0
14	钼（Mo）/(mg/L)	≤0.001	≤0.01	≤0.1	≤0.5	>0.5
15	钴（Co）/(mg/L)	≤0.005	≤0.05	≤0.05	≤1.0	>1.0
16	挥发性酚类（以苯酚计）/(mg/L)	≤0.001	≤0.001	≤0.002	≤0.01	>0.01
17	阴离子合成洗涤剂/(mg/L)	不得检出	≤0.1	≤0.3	≤0.3	>0.3
18	高锰酸盐指数/(mg/L)	≤1.0	≤2.0	≤3.0	≤10	>10
19	硝酸盐（以 N 计）/(mg/L)	≤2.0	≤5.0	≤20	≤30	>30
20	亚硝酸盐（以 N 计）/(mg/L)	≤0.001	≤0.01	≤0.02	≤0.1	>0.1
21	氨氮（NH_4）/(mg/L)	≤0.02	≤0.02	≤0.2	≤0.5	>0.5
22	氟化物/(mg/L)	≤1.0	≤1.0	≤1.0	≤2.0	>2.0
23	碘化物/(mg/L)	≤0.1	≤0.1	≤0.2	≤1.0	>1.0
24	氰化物/(mg/L)	≤0.001	≤0.01	≤0.05	≤0.1	>0.1
25	汞（Hg）/(mg/L)	≤0.00005	≤0.0005	≤0.001	≤0.001	>0.001
26	砷（As）/(mg/L)	≤0.005	≤0.01	≤0.05	≤0.05	>0.05
27	硒（Se）/(mg/L)	≤0.01	≤0.01	≤0.01	≤0.1	>0.1
28	镉（Cd）/(mg/L)	≤0.0001	≤0.001	≤0.01	≤0.01	>0.01
29	铬（六价）（Cr^{6+}）/(mg/L)	≤0.005	≤0.01	≤0.05	≤0.1	>0.1
30	铅（Pb）/(mg/L)	≤0.005	≤0.01	≤0.05	≤0.1	>0.1
31	铍（Be）/(mg/L)	≤0.00002	≤0.0001	≤0.0002	≤0.001	>0.001
32	钡（Ba）/(mg/L)	≤0.01	≤0.1	≤1.0	≤4.0	>4.0
33	镍（Ni）/(mg/L)	≤0.005	≤0.05	≤0.05	≤0.1	>0.1

续表

序号	项　目	Ⅰ类	Ⅱ类	Ⅲ类	Ⅳ类	Ⅴ类
34	滴滴涕/(μg/L)	不得检出	≤0.005	≤1.0	≤1.0	>1.0
35	六六六/(μg/L)	≤0.005	≤0.05	≤5.0	≤5.0	>5.0
36	总大肠菌群/(个/L)	≤3.0	≤3.0	≤3.0	≤100	>100
37	细菌总数/(个/L)	≤100	≤100	≤100	≤1000	>1000
38	总σ放射性/(Bq/L)	≤0.1	≤0.1	≤0.1	>0.1	>0.1
39	总β放射性/(Bq/L)	≤0.1	≤1.0	≤1.0	>1.0	>1.0

四、评价方法

由于不同用水目的均有相应的水质评价标准，从而规范了不同水质水体的使用范围。然而在更多的情况下，需要对水环境质量给出一个综合评价结果，以便更好地说明水体的综合质量状况，为水污染防治、水资源合理利用与保护提供科学依据。目前，水质评价方法很多，按选取评价项目的多少可分为单因子评价方法和综合评价方法。

1. 单因子评价方法

单因子评价法是目前普遍使用的水质评价方法，它是将各水质浓度指标值与评价标准逐项对比，以单项评价最差项目的级别作为最终水质评价级别。此类方法具有简单明了，可直接了解水质状况与评价标准之间的关系等优点，同时便于给出各评价指标的达标率、超标率和超标倍数等特征值。比较有代表性的单因子评价方法有单项污染指数法、污染超标倍数法等。

(1) 单项污染指数法。单项污染指数法是指某一评价指标的实测浓度与选定标准值的比值，计算公式为

$$I_i=\frac{C_i}{C_{si}} \tag{6-29}$$

式中：I_i 为评价指标 i 的污染指数；C_i 为评价指标 i 的实测值，mg/L；C_{si} 为评价指标 i 的标准值，mg/L。

当评价指标的污染指数 $I_i \leqslant 1$ 时，表明该水质指标能够满足所给定的水质标准；污染指数 $I_i>1$ 时，则表明该水质指标超过给定的水质标准，不能满足使用要求。

(2) 污染超标倍数法。污染超标倍数法是依据污染超标倍数来判断水体污染程度的一种方法，计算公式为

$$P_i=\frac{C_i-C_{si}}{C_{si}}=\frac{C_i}{C_{si}}-1 \tag{6-30}$$

式中：P_i 为评价指标 i 的超标倍数；其他符号意义同前。

2. 综合评价方法

综合评价方法的主要特点是用各种污染物的相对污染指数进行数学上的归纳和统计，得出一个较简单的代表水体污染程度的数值，这类方法能够了解多个水质指标及其与标准值之间的综合对应关系，但有时也会忽略高浓度污染物的影响。下面简单介绍几种常用的综合评价方法。

(1) 评分法。评分法的求解原理与步骤如下：

1）首先进行各单项指标评价，划分指标所属质量等级。

2）针对等级划分结果，分别确定单项指标评价分值 F_i（表 6-6）。

表 6-6　各等级分值 F_i 表

类别	Ⅰ	Ⅱ	Ⅲ	Ⅳ	Ⅴ
F_i	0	1	3	5	10

3）按式（6-31）计算综合评价分值 F。

$$F=\sqrt{\frac{\overline{F}^2+F_{\max}^2}{2}} \tag{6-31}$$

$$\overline{F}=\frac{1}{n}\sum_{i=1}^{n}F_i \tag{6-32}$$

式中：$\overline{F}$为各单项指标评分值 F_i 的平均值；$F_{\max}$ 为单项指标评分值 F_i 中的最大值；n 为项数。

4）根据 F 值，按表 6-7 的规定划分水环境质量级别，如"优良（Ⅰ类）"、"较好（Ⅲ类）"等。

表 6-7　F 值与水环境质量级别的划分

级　别	优　良	良　好	较　好	较　差	极　差
F	<0.80	0.80～2.49	2.50～4.24	4.25～7.19	≥7.2

（2）多项污染指数法。在单项污染指数法的基础上，可通过相应的综合集成算法对各评价指标的污染指数进行集成，从而求出一个综合指数，这种方法称为多项污染指数法。多项污染指数法具有以下几种表达形式：

1）均值型污染指数：
$$I=\frac{1}{n}\sum_{i=1}^{n}I_i \tag{6-33 (a)}$$

2）加权叠加型污染指数：
$$I=\sum_{i=1}^{n}W_iI_i \tag{6-33 (b)}$$

3）加权均值型污染指数：
$$I=\frac{1}{n}\sum_{i=1}^{n}W_iI_i \tag{6-33 (c)}$$

4）均方根型污染指数：
$$I=\sqrt{\sum_{i=1}^{n}I_i^2/n} \tag{6-33 (d)}$$

式中：W_i 为权重系数，$\sum_{i=1}^{n}W_i=1$；其他符号意义同前。

下面给出均值型污染指数所对应的水质污染程度分级表（表 6-8）。

表 6-8　水质污染程度分级

P	级　别	分级依据
<0.2	清洁	多数项目未检出，个别检出也在标准内
0.2～0.4	尚清洁	检出值均在标准内，个别接近标准

续表

P	级 别	分 级 依 据
0.4～0.7	轻污染	个别项目检出值超过标准
0.7～1.0	中污染	有两次检出值超过标准
1.0～2.0	重污染	相当一部分项目检出值超过标准
>2.0	严重污染	相当一部分检出值超过标准数倍或几十倍

(3) 内梅罗水质指数法。内梅罗水质指数法是由美国学者内梅罗（N. L. Nemerow）提出，其特点是不仅考虑了各种污染物实测浓度与相应环境标准的比值的平均水平，而且也考虑了实测浓度与环境标准比值的最高水平。其计算公式为

$$PI_j=\sqrt{\frac{\max(C_i/L_{ij})^2+\text{average}(C_i/L_{ij})^2}{2}} \tag{6-34}$$

式中：PI_j 为 j 用途时的水质指数；C_i 为水体中 i 污染物的实测浓度；L_{ij} 为水体中 i 污染物作为 j 用途时的水质标准；max（…）为取最大值；average（…）为取平均值。

内梅罗水质指数法共选取了14种水质指标作为计算水质指数的依据，这些指标分别为：pH值、水温、水色、透明度、总溶解固体、溶解氧、总氮、碱度、硬度、氯、铁、锰、硫酸盐、大肠杆菌数。同时，还将水体用途划分为三类：①人直接接触使用的 PI_1；②人间接接触使用的 PI_2；③人不接触使用的 PI_3。在进行评价时，先按照三类用途分别计算 PI_j 值，然后再求三类用途的总指数，按下式进行计算：

$$PI=\sum_{j=1}^{3}W_jPI_j \tag{6-35}$$

式中：PI 为三类用途的水质总指数；PI_j 为某种用途的水质指数；W_j 为某种用途权重系数，内梅罗将第一类和第二类用途的权重设定为0.4，第三类设定为0.2。

在计算出内梅罗综合指数 PI 后，可按以下标准进行判别：当 $PI\leqslant 1.0$ 时，水质处于清洁水平；当 $1.0<PI\leqslant 2.0$ 时，水质处于轻污染水平；当 $PI>2.0$ 时，水质处于污染水平。

第四节 水资源开发利用及其影响评价

水资源开发利用及其影响评价是对水资源开发利用现状以及存在问题的调查分析，是水资源评价工作的重要组成部分，是开展水资源保护、规划和管理的基础性前期工作。其目的是通过对评价区经济社会现状调查、供水与用水现状调查、水资源开发利用对环境影响评价以及区域水资源综合评价，对全区的水资源开发利用状况以及对社会、经济、环境等各方面带来的影响进行全面、系统的评价，为区域水资源规划和管理工作的顺利开展提供技术支持。

一、经济社会发展现状调查分析

水资源是经济社会发展不可缺少的一种宝贵资源。在水资源比较短缺的地区，水资源成为制约经济社会发展的主要因素。同时，经济社会发展对水资源既有积极的作用（如增

加对水资源保护的投入），也有不利的影响（如用水量增加、水污染加剧）。总之，二者相互联系、相互制约、相互影响。

在开展水资源开发利用影响评价时，首先要调查评价区的经济社会发展状况，因为水资源规划和管理中的许多指标都涉及经济社会的某个方面，如万元产值用水量、灌溉用水定额等。经济社会发展现状调查包括社会发展现状调查、经济发展现状调查、自然资源开发现状调查三部分内容。社会发展现状调查主要着重分析评价区的人口分布状况、城镇及乡村发展情况等，一些常用指标如人口总数、人口密度、城市人口总数、城市人均住宅面积、农村人均基础设施支出等。经济发展现状调查从工农业和城乡两方面入手，着重分析产业布局及发展状况，分析各行业产值、产量情况，一些常用指标包括人均国内生产总值（用 GDP 表示）、GDP 增长率、人均粮食产量、工业总产值占 GDP 比重等。自然资源开发现状调查主要包括可用于农牧业的土地、可开发利用的矿产、可利用的草场、林区等自然资源的现状分布、数量、开发利用状况、程度及存在的主要问题等方面的调查分析。

二、供用水现状调查分析

（一）供水现状调查分析

供水现状调查主要考虑当地地表水、地下水、过境水、外流域调水、微咸水、海水淡化、中水回用等多种水源，并按蓄、引、提、调等四类工程措施来进行统计。要分析各种供水方式的实际供水量占总供水量的百分比，并分析各供水方式的调整变化趋势。分区统计的各项供水量均为包括输水损失在内的毛供水量。

在供水现状调查的同时，还应对评价区的水资源开发程度进行调查分析。水资源开发程度调查，是指对评价区内已有的各类水利工程及措施情况进行调查了解，包括各种类型及功能的水库、塘坝、引水渠首及渠系、水泵站、水厂、水井的数量和分布。对水库要调查其设立的防洪库容、兴利库容、泄洪能力、设计年供水能力及正常或不能正常运转情况；对各类供水工程措施要了解其设计供水能力和有效供水能力；对于有调节能力的蓄水工程，应调查其对天然河川径流经调节后的改变情况。有效供水能力，是指当天然来水条件不能适应工程设计要求时实际供水量比设计条件有所降低的实际运行情况，也包括因地下水位下降而导致水井出水能力降低的情况。

（二）用水现状调查分析

1. 用水现状调查内容和目的

用水现状调查可选择资料条件较充分的最近一年作为基准年（并不一定是现状年），调查统计分析该年以及近几年的用水情况。在用水的大分类中，一般分为工业用水、农业用水、生活用水、生态用水等几个方面。在工业用水中一个较大的门类是火电厂用水，包括锅炉用水和冷却水。其他工业部门分类很多，只能选择有代表性的行业，如重工业、轻工业，或分为耗水工业和非耗水工业等。农业用水包括农、林、牧、渔业等各部门用水。生活用水包括城镇生活用水和农村生活用水，其中城镇生活用水又包括居民住宅用水、市政公共用水、环境卫生用水等。生态用水包括河流、湖泊、湿地、植被等不同生态系统用水。

用水调查可从两方面入手：一是针对代表性用水单位作典型调查，经分析后推算到群体；二是从供水水源的供水量上进行汇总统计。前者的工作量较大，且由点推面的估计有

时会因所选择典型的代表性不全面而导致计算的总用水量有偏差。后者的困难在于供水水源比较分散，集中供水工程措施的供水量比较好统计，但分散的、自备的供水水源则不好统计。

通常，工业用水量随工业规模的变化或结构的调整而变化；生活用水量主要随城区建设规模的发展和城乡人口的迁移而变化；农业用水量年际变化较大，除了有工程供水能力变化的原因外，还随各年农作期间降水的多少及其分布有密切关系，因此需分析不同保证率降水情况下的农业用水指标，或简单用丰水年、平水年和枯水年情况下的农业用水指标分别进行统计。通常对农业灌溉用水以每单位面积耕地年用水量作为指标，而工业用水则在分门别类统计后以代表性行业或全体行业的万元产值用水量作为指标，生活用水则常以每人每日（或每人每年）用水量作为指标。

在以上各类用水调查基础上，可根据用水地点的不同，分为河道内用水和河道外用水两类进行统计，前者如水力发电用水、内河航运用水、河道内生态用水、渔业用水等，后者指把水引出到河道以外去利用，如农田灌溉用水、生活用水、工业用水、河道外生态用水等。

用水调查的目的主要包括以下两个方面：一是为了还原水文观测系列资料到天然来水情况。这种调查需要按测站与测站的区间，并按与各年观测资料相应的历史年、月去调查各自的用水情况。通常，对于用水比重占该河年径流较小的情况，用水调查资料的误差对整个还原后观测系列的影响较小，尚不至影响资料的统计效果。但对于用水比重较大的河流，这种做法就很可能影响还原后资料系列的质量。二是为了了解当前各行业的用水情况，以作为今后发展需水预测的根据。这种调查可根据典型调查推算的面上用水量和相应的供水量相互检验，这样可以取得较为可信的用水数据。

2. 现状用水效率分析

在用水调查的基础上，还要根据统计整理的资料来分析现状用水效率，进而更好地了解评价区的节水潜力。现状用水效率分析的内容包括：

（1）应根据典型调查资料或分区水量平衡法，分析各项用水的消耗系数和回归系数，估算耗水量、排污量和灌溉回归量，对水资源有效利用率作出评价。

（2）分析近几年万元工业产值用水定额和重复利用率的变化，并通过对比分析，对工业节水潜力作出评价。

（3）分析近几年的城镇生活用水定额，并通过对比分析，对生活用水节水潜力作出评价。

（4）分析各项农业节水措施的发展情况及其节水量，并通过对比分析，对农业节水潜力作出评价。

（5）分析城镇工业废水量、生活污水量和污废水处理、回用状况，对近几年的发展趋势进行评价。

（6）有条件的地区，可分析海水和微咸水利用及其替代淡水量，对近几年发展趋势进行评价。

（三）现状供用水存在问题分析

在供用水现状调查基础上，还要进一步分析评价区的水资源供需平衡状况，具体要求

如下：

(1) 以基准年经济社会指标和现有水利工程条件为依据。

(2) 根据供水保证率对基准年供水量作必要修正，包括扣除掉地下水超采量和未经处理污水利用量。

(3) 以基准年实际用水量为基础，对不合理的用水定额作必要的调整，重新估算基准年的合理需水量。

(4) 按流域自上而下、先支流后干流的方式分区进行供需分析，对各分区和全流域的余缺水量作出评价；对当地地表水、地下水开发利用程度进行分析，并结合现有的供水工程分布和控制状况，对当地水资源的进一步开发潜力作出分析评价。

通过供需现状分析，目的是为了了解在当前条件下水资源的盈缺状况以及水资源的供水潜力。在分析水的供需现状时，应注意水的重复利用，包括在同一用户内部的循环用水以及不同用户间的重复使用，如上游用水户的排水经过处理或未经过处理，又供下游用水户使用，以及企业内部循环水的再次利用等。

此外，还要分析近几年因供水不足造成的影响，并估算其造成的直接和间接经济损失。出现供水缺口一般有两种情况：一种是工程型缺水，工程设备能力不能适应用水增长的要求，出现供不应求；另一种情况是资源型缺水，即水资源短缺，当地用水要求已超过某些年份的实际水资源可利用量，也会出现供不应求。

三、水资源开发利用对环境的影响评价

水资源开发利用所造成的环境问题主要表现在以下几个方面：①水体污染；②河道退化、断流，湖泊、水库萎缩消亡；③次生盐碱化和沼泽化；④地面沉降、岩溶塌陷、海水入侵、咸水入侵；⑤沙漠化。

针对上述环境问题，应开展如下评价工作：①分析环境问题的性质及其成因；②调查统计环境问题的形成过程、空间分布特征和已造成的正面和负面影响；③分析环境问题的发展趋势；④提出防治、改善措施。

此外，针对上述环境问题，还要进一步考虑以下因素：①对于河道退化和湖泊、水库萎缩问题，还要评价河床变化和湖泊、水库蓄水量及水面面积减少等定量指标；对于河道断流问题，还要评价河道断流发生的地段及起讫时间；②对于次生盐碱化和沼泽化问题，还要评价发生次生盐碱化和沼泽化地区的面积、地下水埋深、地下水水质、土壤质地和土壤含盐量等定量指标；③对于地面沉降问题，还要评价开采含水层及其顶部弱透水层的岩性组成、厚度；年地下水开采量、开采模数、地下水埋深、地下水位年下降速率；地下水位降落漏斗面积、漏斗中心地下水位及年下降速率；地面沉降量及年地面沉降速率；④对于海水入侵和咸水入侵问题，还要评价开采含水层岩性组成、厚度、层位；开采量及地下水位；水化学特征，包括地下水矿化度或氯离子含量；⑤对于沙漠化问题，还要评价地下水埋深及植物生长、生态系统的变化。

上述问题都要针对具体情况来进行分析评价，并分别按照对环境质量的影响范围及其深度予以说明。在对规划水利工程进行环境影响评价时，应注意水利工程的兴建是否会出现给水环境带来无法接受的不利影响的情况，并进行不同方案比较以权衡有利和不利后果的影响程度，同时提出如何有针对性地保护环境，不向或少向不利于人类生存环境的方向

发展而应增加的工程和措施建议。

四、水资源综合评价

水资源综合评价是在水资源数量、质量和开发利用现状评价以及对环境影响评价的基础上，遵循生态系统良性循环、水资源永续利用、经济社会可持续发展的原则，对水资源的时空分布特征、利用状况及与经济社会发展的协调程度所作的综合评价。

水资源综合评价内容包括：评价区水资源条件综合分析；分区水资源与经济社会的协调程度分析；水资源供需发展趋势分析等。

1. 评价区水资源条件综合分析

评价区水资源条件综合分析是对评价区水资源状况及开发利用程度的整体性评价，通常要从不同方面、不同角度选取有关社会、经济、资源、环境等各方面的指标，并选用适当的评价方法对评价区进行全面综合的评价，给出一个定性或定量的综合性结论。

2. 分区水资源与经济社会的协调程度分析

分区水资源与经济社会协调程度分析，主要是通过建立评价指标体系来定量表达分区水资源与经济社会的协调程度，由此实现对评价区内各计算分区的分类排序。

评价指标应能反映分区水资源对经济社会可持续发展的影响程度、水资源问题的类型以及解决水资源问题的难易程度，常用评价指标有：①人口、耕地、产值等经济社会状况的指标；②用水现状及需水情况的指标；③水资源数量、质量的指标；④现状供水及规划供水工程情况的指标；⑤描述评价区环境状况的相关指标等。

评价时，要对所选指标进行筛选和关联分析，确定重要程度。在确定了评价指标后，采用适当的技术与方法，建立数学模型对评价分区水资源与经济社会协调发展情况进行综合评判。评判内容包括：①按水资源与经济社会发展严重不协调区、不协调区、基本协调区、协调区对各评价分区进行分类；②按水资源与经济社会发展不协调的原因，将不协调分区划分为资源型缺水、工程型缺水、水质型缺水等类型；③按水资源与经济社会发展不协调的程度和解决的难易程度，对各评价分区进行分析和排序。

3. 水资源供需发展趋势分析

水资源供需发展趋势分析要满足以下要求：①不同水平年的选取应与国民经济和社会发展五年计划及远景规划目标协调一致；②应以现状供用水水平和不同水平年经济、社会、环境发展目标以及可能的开发利用方案为依据，分区分析不同水平年水资源供需发展趋势及其可能产生的各种问题，其中包括河道外用水和河道内用水的平衡协调问题。

课 外 知 识

1. 水质综合评价方法[1]

除了本章前面介绍的水质评价方法以外，常见的水质综合评价方法还有模糊集理论评价方法、灰色系统理论评价方法等。

自 20 世纪 80 年代以来，模糊集理论和灰色系统理论在我国水质综合评价工作中迅速发展。这两种理论的出发点是：考虑到在水质评价中还有许多不确定性存在，很难用简单的物理关系完全表达清楚，模糊性和灰色性是自然现象中客观存在的事实，即在一定的条

件下，概念本身没有明确的外延而处于模糊的或灰色的状态，同理水质标准也不存在“非此即彼”的绝对状态，而必须承认有“亦此亦彼”的中介状态存在。

模糊集理论是在20世纪60年代由美国学者扎德（L. A. Zadeh）教授首次提出，并由此产生了新的数学分支——模糊数学。到80年代初模糊数学才开始应用于环境系统，随后广泛应用于水质综合评价。利用模糊集理论进行水质评价的原理是：首先要对水质指标样本子集，按照各样本与标准样本间欧氏距离 D 相近的归类原则，选择合理分类数；再以各样本对各聚类中心的加权欧氏距离平方和为最小的原则作为目标函数，求出各样本属类的隶属度，最后按最大隶属度原则，作出水质类型的综合评判。

灰色系统理论是在20世纪80年代由我国学者邓聚龙教授首先提出，随后由夏军教授引入到水文学、水资源学领域，包括在水质评价中的应用。灰色系统理论是考虑到信息的不完全度而建立的，由于系统中的信息有一部分是未知的，对于因复杂及不完全的信息引起的系统不确定性可以用系统中的灰参数来表征，这种灰参数不是单值而是一个具有上下限的阈值。在水质评价中应用灰色系统理论的方法有灰色聚类法和灰色关联度法。以灰色聚类法为例，该方法考虑按水质分级标准结合当地实际情况，能够划分为几个取值有一定范围的级别，即可作为几个灰类，并按聚类指标所属类别，以确定不同的白化函数，然后确定各聚类的权值及聚类系数，并按聚类系数最大的原则，确定样本属于何类。

2. 南水北调工程的环境影响评价

我国对南水北调工程的可行性研究始于20世纪50年代，历时半个世纪。长江水利委员会、黄河水利委员会、海河水利委员会、中国水利水电科学研究院等多家单位进行了大量的勘测、科研和规划设计等工作，对南水北调工程实施方案业已作过多次的研究和论证。总体来说，南水北调工程的环境影响评价可从以下三个方面来展开：

（1）调水工程对水源区及长江和汉江中下游地区的环境影响评价，包括调水给丹江口库区可能带来的环境问题（如移民、水土流失、库岸再造、森林覆盖率下降等）；调水对长江水生生物与鱼类资源的影响；调水对汉江中下游河道水环境容量和水体富营养化问题的影响；调水对长江和汉江中下游河道的环境作用机理（河床再造，湿地退化，土壤沙化，水土流失）；调水对长江入海口咸水入侵与泥沙淤积的影响；调水对长江入海口及临近海域水环境的影响等。

（2）调水工程对输水干渠沿线的环境影响评价，包括调水工程对输水干渠沿线土壤次生盐渍化的影响；调水工程与输水沿线河流洪峰相遇后的防洪问题；不同流域丰枯遭遇概率及其调水量的控制影响；极端气候条件对输水干渠沿线工程的影响等。

（3）调水工程对受水区的环境影响评价，包括受水区调水与洪灾遭遇的次生环境问题；受水区的次生盐渍化问题；受水区的污废水处理问题等。

南水北调工程是一个跨时间、地域的大规模调水工程，由它引起的环境影响是一个极为复杂的问题，其影响后果的显现有一定滞后过程。因此，在工程实施之前，必须周密规划，科学论证，优化选取。对可能遇到的各种环境问题要深入研究，找出其中各系统之间的相互关系及影响规律，并提出合理的预防措施和建议。

思　考　题

1. 简述水资源评价的内容。

2. 在区域径流系列计算时，讨论不同河川径流方法的应用范围。

3. 某河道监测断面的监测结果如下：DO浓度为8.5mg/L；COD_{Mn}浓度为6.38mg/L；氨氮浓度为1.13mg/L；镉浓度为0.005mg/L；氟化物浓度为1.0mg/L；石油类浓度为0.02mg/L；总磷浓度为0.25mg/L。用评分法来评价该河段水质状况。

4. 介绍供水调查和用水调查的内容。

5. 选定某一水利工程，从网上查阅资料，讨论其对环境的影响。

参　考　文　献

[1] 陈家琦，王浩，杨小柳．水资源学[M]．北京：科学出版社，2002.

[2] 左其亭，王树谦，刘廷玺．水资源利用与管理[M]．郑州：黄河水利出版社，2009.

[3] 何俊仕，粟晓玲．水资源规划及管理[M]．北京：中国农业出版社，2006.

[4] 刘俊民，余新晓．水文与水资源学[M]．北京：中国林业出版社，1999.

[5] 中华人民共和国水利部．SL/T 238—1999　水资源评价导则[S].

[6] 赵宝璋．水资源管理[M]．北京：水利电力出版社，1994.

[7] 刘满平．水资源利用与水环境保护工程[M]．北京：中国建材工业出版社，2005.

[8] 国家环境保护总局．GB 3838—2002　地表水环境质量标准[S].

[9] 国家技术监督局．GB/T 14848—93　地下水质量标准[S].

[10] 窦明，左其亭．水环境学[M]．北京：中国水利水电出版社，2014.

第七章 水资源保护

水资源保护（water resources protection），是通过行政、法律、工程、经济等手段，保护水资源的质量和供应，防止水污染、水源枯竭、水流阻塞和水土流失，以尽可能地满足经济社会可持续发展对水资源的需求。水资源保护包括水量保护与水质保护两个方面。在水量方面，应统筹兼顾、综合利用、讲求效益，发挥水资源的多种功能，注意避免水源枯竭，过量开采，同时，还要考虑生态保护和环境改善的用水需求。在水质方面，应防止水环境污染和其他公害，维持水质良好状态，特别要减少和消除有害物质进入水环境，加强对水污染防治的监督和管理。总之，水资源保护的最终目的是为了保证水资源的永续利用，促进人与水协调发展，并不断提高人类的生存质量。本章将介绍有关水资源保护方面的基本知识。

第一节 水污染来源及危害

随着人类对环境的干扰作用加剧，使大量的有害物质进入水体，并造成水的感观性状、物理化学性能、化学成分及生物组成等产生了不利于人类生产、生活的水质恶化现象，即水体受到了污染。严重的水污染，很难恢复到原有的良好状态，妨碍水体的正常功能，破坏生态环境，造成水质、生物、环境系统等方面的巨大危害和损失。

一、水体中污染物的来源

通常，天然水体所包含的各种阴阳离子、气体、微量元素以及胶体、悬浮物质等对人体和生物的健康影响不大。然而，在人类利用和改造自然的过程中，消耗了一定的纯净水体并将大量未经处理的废水、废物直接排放到江河湖海，从而改变了水体的化学成分。当污染物在水体中积累到一定水平时，便形成了水污染。严重的水污染，很难恢复到原有的良好状态，妨碍水体的正常功能，破坏生态环境，造成水质、生物、环境系统等方面的巨大危害和损失。一般来讲，水体中的污染物来源主要包括以下几个方面：

（1）工业生产过程排出的废水、污水和废液等，统称工业废水。受产品、原料、药剂、工艺过程、设备构造、操作条件等多种因素的综合影响，不同的工矿企业产生的废水所含的成分相差很大。同时工业污染源具有量大、面广、成分复杂、毒性大、不易净化、处理难等特点，是重点治理的污染源。

（2）人们日常生活中排出的各种污水混合液，统称生活污水。随着人口的增长与集中，城市生活污水已成为一个重要污染源。生活污水包括厨房、洗涤、浴室、厕所用水后的污水，这部分污水大多通过城市下水道与部分工业废水混合后排入天然水域，有的还汇合了城市降水形成的地表径流。生活污水中悬浮杂质有泥沙、矿物质、各种有机物、胶体

和高分子物质（包括淀粉、糖、纤维素、脂肪、蛋白质、油类、洗涤剂等）；溶解物质有各种含氮化合物、磷酸盐、硫酸盐、氯化物、尿素和其他有机物分解产物；此外，还有大量的各种微生物，如细菌、多种病原体。生活污水一般呈弱碱性，pH 值约为 7.2～7.8，污水中的成分随各地区人们日常生活的习惯不同而不同。

(3) 通过土壤渗漏或排灌渠道进入地表和地下水的农业用水回归水，统称农田退水。农业用水量通常比工业用水量大得多，但利用率很低，灌溉用水中的 30%～50%要经过农田排水系统或其他途径排泄。随着农药、化肥使用量的日益增加，大量残留在土壤里、飘浮于大气中或溶解在水田内的农药和化肥，通过灌溉排水和降水径流的冲刷进入天然水体，形成面污染源。现代化农业和畜牧业的发展，特别是大型饲养场的兴建，会使各类农业废弃物的排放量增加，从而增加天然水体的污染负荷。水土流失使大量泥沙及土壤有机质进入水体，是我国许多地区主要的面污染源。此外，大气环流中的各种污染物质（如汽车尾气、酸雨烟尘等）的沉降，也是水体污染的来源[1]。

(4) 交通污染源。铁路、公路、航空、航海等交通运输部门，除了直接排放各种作业污水（如货车、货船清洗废水），还有船舶的油类漏泄、汽车尾气中的铅通过大气降水而进入水环境等。例如，船舶在水域中航行时排放的污水，会对水体造成污染，其主要污染物是石油等。

二、水污染的分类

由于进入水体的污染物类型和特性不同，因此造成的水污染形式也各异。按污染的属性进行分类，可分为物理性污染、化学性污染和生物性污染。其主要污染物、污染的危害标志以及污染物的来源部门、场所，如表 7-1 所示。

表 7-1　水污染的类型、污染物及来源[2]

污染类型			污染物	污染标志	污废水来源
物理性污染	热污染		热的冷却水	升温、缺氧或气体过饱和、热、富营养化	火电、冶金、石油、化工等工业
	放射性污染		铀、钋、镭、锕、钍、镤等	放射性沾污	核研究生产、试验、医疗、核电站
	表观污染	水的混浊度	泥、沙、渣屑、漂浮物	混浊	地表径流、农田排水、生活污水、大坝冲沙、工业废水
		水色	腐殖质、色素、染料、铁、锰等金属阳离子	染色	食品、印染、造纸、冶金等工业废水和农田排水
		水臭	酚、氨、胺、硫醇、硫化氢	恶臭	食品、制革、炼油、化工、农肥生产等工业
化学性污染	酸碱污染		无机或有机的酸、碱物质	pH 值异常	矿山、石油、化工、化肥、造纸、电镀等工业，酸洗工业酸雨
	重金属污染		铜、镍、钴、铅、锌、锑、铋、汞、镉等	毒性	矿山、冶金、电镀、仪表、颜料等工业
	非金属污染		砷、氟、硫、硒、氰化物等	毒性	化工、火电站、农药、化肥等工业
	耗氧有机物污染		糖类、蛋白质、油脂、木质素等	耗氧，进而引起缺氧	食品、纺织、造纸、制革、化工等工业废水，生活污水，农田排水

续表

污染类型		污染物	污染标志	污废水来源
化学性污染	农药污染	有机氯、有机磷农药、多氯联苯等	严重时水中生物大量死亡	农药、化工、炼油等工业，农田排水
	易分解有机物污染	酚类、苯、醛类	耗氧、异味、毒性	制革、炼油、化工、煤矿、化肥等工业废水及地面径流
	石油类污染	石油及其制品	漂浮和乳化、增加水色、毒性	石油开采、炼油、油轮等
生物性污染	病源菌污染	病毒、病菌、虫卵	水体带菌、传染疾病	医院、屠宰、畜牧、制革等工业废水，生活污水，地面径流
	霉菌污染	霉菌毒素	毒性、致癌	制药、酿造、食品、制革等工业
	藻类污染	无机和有机氮、磷、硅	富营养化、恶臭、严重时鱼类大量死亡	化肥、化工、食品等工业废水，生活污水，农田排水

按污染源的分布状况分类，可分为点源污染和面源污染。点源污染主要指工业废水和城镇生活污水的排放所造成的污染，其特点是均有固定的排放口；面源污染主要指来自流域广大面积上的降雨径流污染，如农药、化肥污染。

按照受污染水体的分类，还可分为河流污染、湖泊污染、水库污染和地下水污染等。一般来说，河流污染容易消除与控制。这是因为河水交替快，自净能力强。然而也正是由于河水的流动特性，使得污染物迁移扩散快，污染影响范围大。湖泊由于水体交换缓慢，自净能力较弱，尤其是对污染物的稀释和输送能力弱，因此湖泊污染要比河流污染难治理得多。此外由于湖泊常是孕育水生生物的天然场所，故湖泊对污染物的生物降解、累积和转化能力强，例如，酚可在藻类、细菌或底栖动物的新陈代谢中分解成二氧化碳和水，从而有利于湖泊净化；而无机汞则能被生物转化成有机的甲基汞，并在食物链中传递浓缩，使污染危害加重。水库兼有河流和湖泊两者的特征，其自净能力比湖泊大、比河流小，另外，由于水库的修建改变了水体的水温结构，从而导致其在物理、化学及生物特性方面发生了一定的变化。地下水流动极其缓慢，因此地下水污染具有过程缓慢，不易发现和难以治理的特点，受污染的地下水域，即使在彻底控制其污染源后，一般也需要几十年甚至更长的时间才能使水质复原[1]。

三、水污染的主要危害

水污染能使水体产生物理性、化学性和生物性的危害。所谓物理性危害，指恶化感官性状，减弱浮游植物的光合作用，以及由热污染、放射性污染带来的一系列不良影响；化学性危害是指化学物质降低了水体自净能力，毒害动植物，破坏生态系统平衡，引起某些疾病和遗传变异，腐蚀工程设施等；生物性危害，主要指病源微生物随水传播，造成疾病蔓延。

水体中氮、磷等营养元素增多会引起富营养化现象。富营养化是指湖泊、水库和海湾等封闭性或半封闭性水体内的营养元素富集，导致水体生产力提高，藻类异常繁殖，使水质恶化的过程。水体呈富营养化状态时，藻类大量繁殖，并成片成团地覆盖水体表面，水体透明度明显下降，溶解氧降低。水体富营养化对鱼类生长极为不利，藻类大量生长会导致水体中溶解氧含量失衡。过饱和的溶解氧会产生阻碍血液流通的生理疾病，使鱼类死亡；缺氧也会使鱼类死亡。

重金属毒性强，饮用水含微量重金属，即可对人体产生毒性效应。一般重金属产生毒性的浓度范围大致是1～10mg/L。毒性强的汞、镉产生毒性的浓度为0.1～0.01mg/L。多数重金属半衰期长，一段时期内不易消失，进入水体后，也不能被微生物所降解，这是重金属与有机污染物最显著的区别。此外，水体中的微量重金属可被水生生物（如鱼类等）摄取吸收，并可通过食物链（如人吃鱼等）逐级放大，以致达到很高的富集系数和毒性影响。例如，日本的“水俣病”就是甲基汞通过鱼、贝类等食物摄入人体后引起中毒所致；“骨痛病”则是由于镉中毒引起的骨骼软化所致。

石油类污染物进入水体后会影响水生生物的生长，降低水资源的使用价值。大面积的油膜将阻碍大气中的氧气进入水体，从而降低水体的自净能力。石油污染对幼鱼和鱼卵的危害很大，并使鱼虾类产生石油味，降低水产品的使用价值。此外，石油类污染物中还包含一些多环芳烃致癌物质，可经水生生物富集后危害人体健康。

酚类化合物具有较弱的毒性。长期摄入超过人体解毒剂量的酚，会引起慢性中毒。苯酚对鱼的致死浓度为5～20mg/L，当浓度为0.1～0.5mg/L时，鱼类食用有酚味。

氰化物具有剧毒性，0.12g氰化钾或氰化钠可使人立即致死。水体中氰化物含量超标能抑制细胞呼吸，引起细胞内窒息，造成人体组织严重缺氧的急性中毒。

病原微生物可引起各类肠道传染病，如霍乱、伤寒、痢疾、胃肠炎及阿米巴、蛔虫、血吸虫等寄生虫病。另外还有致病的肠道病毒、腺病毒、传染性肝炎病毒等。

第二节 水功能区划分

水功能区划分是根据水资源的自然条件、功能要求、开发利用状况和经济社会发展需要，将水域按其主导功能划分为不同的区域，确定其质量标准，以满足水资源合理开发和有效保护的需求，为科学管理提供依据[3]。

一、水功能区划分的目的

（1）确定重点保护水域和保护目标。水功能区划分主要是在对研究区域内水系进行系统调查和分析的基础上，科学合理地在相应水域划定具有特定功能、满足水资源合理开发利用和保护要求并能够发挥最佳效益的不同区域。然后，确定各水域的主导功能及功能顺序，制定水域功能不遭破坏的水资源保护目标。

（2）科学地计算水功能区纳污能力。通过正确地划分水功能区，可以科学地计算水功能区纳污能力，从而达到既能充分利用水体自净能力、节省污水处理费用，又能有效地保护水资源和生态系统、满足水域功能要求的目标。

（3）排污口的优化分配和综合整治。在科学地划定水功能区，并计算出纳污能力后，制定入河排污口的排污总量控制规划，并对该水域的污染源进行优化分配和综合治理，提出入河排污口布局、限期治理和综合整治的意见。这样可将水资源保护的目标管理落实到污染源综合整治的实处，从而保证水功能区水质目标的实现。

二、水功能区划分的指导思想及原则

1. 指导思想

水功能区划分应结合流域或区域水资源开发利用规划及经济社会发展规划，并根据水资源的可再生能力和自然环境的承受能力，科学合理地开发和保护水资源，既满足当代和本区域对水资源的需求，又不损害后代和其他区域对水资源的需求。促进经济社会和生态系统的协调发展，实现水资源可持续利用，保障经济社会的可持续发展。

2. 基本原则[3]

(1) 前瞻性原则。水功能区划分应具有前瞻性，要体现社会发展的超前意识，结合未来经济社会发展需求，引入本领域和相关领域研究的最新成果，为将来进一步发展留有余地。

(2) 统筹兼顾，突出重点原则。水功能区划分应将流域或区域作为统一的整体来考虑，分析河流上下游，左右岸，省界、市界、县界，湖泊水库的不同水域，近期、远期社会发展需求对水域保护功能的要求。统筹考虑流域或区域水资源综合开发利用和国民经济发展规划对水资源保护的要求。此外，还要对某些重要用水需求特殊对待，如对于饮用水源地、工业用水区等重点水域，要作为优先保护对象来考虑。

(3) 分级与分类相结合的原则。通过水功能区划分，在宏观上对流域水资源的保护和利用进行总体控制，协调地区间的用水关系；在整体功能布局确定的前提下，再在重点开发利用水域内详细划分各种用途的功能类别和水域界线，协调行业间的用水关系，建立水功能区之间横向的并列关系和纵向的层次体系。

(4) 水质与水量统一考虑的原则。一般来讲，水体的水质功能与其水量大小密切相关，因此在进行水功能区划分时应将水质和水量统一考虑，既要考虑水资源的开发利用对水量的需要，又要考虑水质是否能满足使用要求。

(5) 便于管理，实用可行的原则。为便于管理，水功能区的分区界限应尽可能与行政区界限一致；在类型划分时要选用目前实际使用的、易于获取和测定的指标，并考虑定量和定性指标相结合。区划方案的确定既要反映实际需求，又要考虑技术经济现状和发展，力求实用、可行。

三、水功能区划分的步骤和依据

我国目前的水功能区划分采用的是两级体系，即一级区划和二级区划（图 7－1）。水功能一级区分为四类，即保护区、缓冲区、开发利用区和保留区；水功能二级区是在一级区划的开发利用区内进行，共分为七类，分别为饮用水源区、工业用水区、农业用水区、渔业用水区、景观娱乐用水区、过渡区和排污控制区。一级区划要求在宏观上解决水资源开发利用与保护的问题，主要协调地区间关系，并考虑发展的需求；二级区划主要协调各用水部门之间的关系。

1. 水功能一级区的划分

水功能一级区划分的程序是：首先划定保护区，然后划定缓冲区和开发利用区，最后划定保留区。

(1) 保护区。指对水资源保护、饮用水保护、生态系统和珍稀濒危物种的保护具有重要意义的水域。其划分依据为：①源头水保护区，即重要河流的源头河段划出专门涵养保护水源的区域；②国家级和省级自然保护区范围内的水域；③已建的和在规划水平年内建

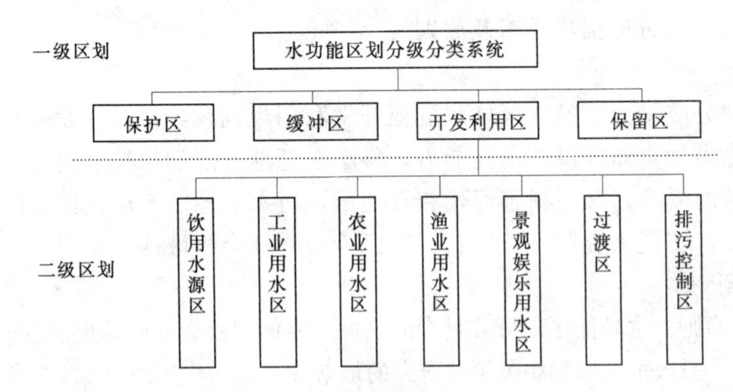

图 7-1 水功能区划分级分类体系示意图

成的跨流域、跨省区的大型调水工程水源地及其调水线路；④对典型生态、自然环境保护具有重要意义的水域。

(2) 缓冲区。指为协调省际间或矛盾突出的地区间的用水关系而划定的水域。其划分依据为：①跨省、自治区、直辖市行政区域河流、湖泊的边界水域；②河流沿线上下游地区间或部门间矛盾比较突出或者有争议的水域，缓冲区的长度视矛盾的突出程度而定。

(3) 开发利用区。指具有满足工农业生产、城镇生活、渔业、娱乐和净化水体污染等多种功能要求的水域和水污染控制、治理的重点水域。其划分依据为：取（排）水口较集中，取（排）水量较大的水域（如流域内重要城市河段、具有一定灌溉用水量和渔业用水要求的水域等）。具体划分可参见水功能二级区的划分方法。

(4) 保留区。指目前开发利用程度不高，但为今后开发利用和保护水资源而预留的水域。保留区内水资源应维持现状不遭破坏。其划分依据为：①受人类活动影响较少，水资源开发利用程度较低的水域；②目前不具备开发条件的水域；③考虑到可持续发展的需要，为今后的发展预留的水域；④划定保护区、缓冲区和开发利用区后的其余水域。

表 7-2 给出了全国水功能一级区划的统计结果。全国重要江河湖泊一级水功能区共 2888 个，区划河长 177977km，区划湖库面积 43333km^2。其中，保护区 618 个，占总数的 21.4%；缓冲区 679 个，占总数的 23.5%；开发利用区 1133 个，占总数的 39.2%；保留区 458 个，占总数的 15.9%。

表 7-2　　全国重要江河湖库一级水功能区划成果[4]

分区	合计			保护区			缓冲区			开发利用区			保留区		
	个数	河长/km	湖库面积/km^2	个数	河长/km	湖库面积/km^2	个数	河长/km	湖库面积/km^2	个数	河长/km	湖库面积/km^2	个数	河长/km	湖库面积/km^2
全国合计	2888	177977	43333	618	36861	33358	679	55651	2685	1133	71865	6792	458	13600	506
松花江	289	25097	6771	101	7451	6766	42	3964	0	102	11925	5	44	1757	0
辽河	149	11294	92	42	1353	0	4	202	0	78	9092	92	25	647	0
海河	168	9542	1415	27	1145	1115	9	600	0	85	5917	292	47	1880	8
黄河	171	16883	456	36	2240	448	16	2966	0	59	9836	8	60	1841	0
淮河	226	12036	6434	64	1811	5987	16	888	0	107	8331	447	39	1006	0

续表

分区	合计			保护区			缓冲区			开发利用区			保留区		
	个数	河长/km	湖库面积/km^2	个数	河长/km	湖库面积/km^2	个数	河长/km	湖库面积/km^2	个数	河长/km	湖库面积/km^2	个数	河长/km	湖库面积/km^2
长江	1181	52660	13610	187	9109	9120	407	28698	2039	416	10878	1961	171	3975	498
东南诸河	126	4836	1202	25	679	471	17	787	0	71	3208	731	13	162	0
珠江	339	16607	1213	52	1912	995	90	5967	0	143	6608	218	54	2120	0
西南诸河	159	16876	1482	48	5025	888	69	10627	568	37	1012	26	5	212	0
西北诸河	80	12146	10658	36	6136	7568	9	952	78	35	5058	3012	0	0	0

2. 水功能二级区的划分

水功能二级区划分的程序是：首先，确定区划具体范围，包括城市现状水域范围以及城市在规划水平年涉及的水域范围；其次，收集划分水功能区的资料，包括水质资料（如取水口和排污口资料）、特殊用水要求（如鱼类产卵场、越冬场，水上运动场等）、以及规划资料（包括陆域和水域的规划，如城区的发展规划、河岸上码头规划等）；第三，对各水功能二级区的位置和长度进行适当的协调和平衡，尽量避免出现从低功能区向高功能区跃变的情况；最后，考虑与区域水资源综合规划衔接，并进行合理性检查，对不合理的水功能区进行调整。

（1）饮用水源区。指为满足城镇生活用水需要而保留的水域。其划分依据为：根据已建生活取水口的布局状况，结合规划水平年内生活用水发展要求，将取水口相对集中的水域划为饮用水源区。划区时，尽可能选择在开发利用区上游或受开发利用影响较小的水域。

（2）工业用水区。指为满足城镇工业用水需要而保留的水域。其划分依据为：根据工业取水口的分布现状，结合规划水平年内工业用水发展要求，将工业取水口较为集中的水域划为工业用水区。

（3）农业用水区。指为满足农业灌溉用水需要而保留的水域。其划分依据为：根据农业取水口的分布现状，结合规划水平年内农业用水发展要求，将农业取水口较为集中的水域划为农业用水区。

（4）渔业用水区。指具有鱼、虾、蟹、贝类产卵场、索饵场、越冬场及洄游通道功能的水域，或养殖鱼、虾、蟹、贝、藻类等水生动植物的水域。其划分依据为：根据鱼类重要产卵场、栖息地和重要的水产养殖场来进行划分。

（5）景观娱乐用水区。指以景观、疗养、度假和娱乐需要为目的的水域。其划分依据为：根据当地是否有重要的风景名胜、度假、娱乐和运动场所涉及的水域来进行划分。

（6）过渡区。指为使水质要求有差异的相邻水功能区顺利衔接而划定的区域。其划分依据为：根据两个相邻水功能区的用水要求来确定过渡区的设置。低功能区对高功能区水质影响较大时，过渡区的范围应适当大一些。

（7）排污控制区。指接纳生活、生产污废水比较集中，且所接纳的污废水对水环境无重大不利影响的区域。其划分依据为：在排污口较为集中，且位于开发利用区下游或对其他用水影响不大的水域。排污控制区的设置应从严掌握，其分区范围也不宜划得过大。

表7-3给出了全国水功能二级区划的统计结果。

表 7-3 全国重要江河湖泊二级水功能区划成果[4]

分区	合计			饮用水源区			工业用水区			农业用水区			渔业用水区			景观娱乐用水区			过渡区			排污控制区	
	个数	河长/km	湖库面积/km²	个数	河长/km	湖库面积/km²	个数	河长/km	湖库面积/km²	个数	河长/km	湖库面积/km²	个数	河长/km	湖库面积/km²	个数	河长/km	湖库面积/km²	个数	河长/km	湖库面积/km²	个数	河长/km
全国合计	2738	72018	6792	687	13160	2015	553	14999	179	625	32166	450	90	2075	2335	243	3502	1803	309	4116	10	231	2000
松花江	219	11925	5	33	1187	0	28	2423	0	81	6846	5	3	189	0	6	128	0	35	780	0	33	372
辽河	262	9092	92	71	2283	92	26	1095	0	91	4489	0	7	250	0	10	162	0	31	521	0	26	292
海河	147	5917	292	32	1222	271	16	955	0	70	3290	11	1	36	0	10	151	10	10	183	0	8	80
黄河	234	9836	8	36	1717	0	34	2012	0	70	4233	0	7	512	0	11	105	8	35	681	0	41	576
淮河	275	8331	447	42	997	145	15	369	0	116	5669	153	12	327	142	16	154	0	28	406	7	46	409
长江	978	11031	1961	258	2480	749	297	3880	169	78	1501	205	22	220	565	130	1838	270	125	911	3	68	201
东南诸河	179	3208	731	59	735	635	36	1205	0	36	622	0	5	28	3	28	394	93	15	224	0	0	0
珠江	323	6608	218	132	2286	110	88	2227	0	31	928	73	26	513	35	19	359	0	21	265	0	6	30
西南诸河	59	1012	26	20	115	13	7	135	10	16	531	3	0	0	0	11	211	0	5	20	0	0	0
西北诸河	62	5058	3012	4	138	0	6	698	0	36	4057	0	7	0	1590	2	0	1422	4	125	0	3	40

四、水功能区水质目标拟定

水功能区划定后，还要根据水功能区的水质现状、排污状况、不同水功能区的特点以及当地技术经济条件等，拟定各水功能一级、二级区的水质目标值。水功能区的水质目标值是相应水体水质指标的确定浓度值。下面给出各水功能区水质目标拟定的参考依据。

在水功能一级区中，保护区应按照《地表水环境质量标准》(GB 3838—2002) 中Ⅰ、Ⅱ类水质标准来定，因自然、地质原因不满足Ⅰ、Ⅱ类水质标准的，应维持水质现状；缓冲区应按照实际需要来制定相应水质标准，或按现状来控制；开发利用区按各二级区划来制定相应的水质标准；保留区应按现状水质类别来控制。

在水功能二级区中，饮用水源区应按照《地表水环境质量标准》(GB 3838—2002) 中Ⅱ、Ⅲ类水质标准来定；工业用水区应按照《地表水环境质量标准》(GB 3838—2002) 中Ⅳ类水质标准来定；农业用水区应按照《地表水环境质量标准》(GB 3838—2002) 中Ⅴ类水质标准来定；渔业用水区应按照《渔业水质标准》(GB 11607—89)，并参照《地表水环境质量标准》(GB 3838—2002) 中Ⅱ～Ⅲ类水质标准来定；景观娱乐用水区应按照《景观娱乐用水水质标准》(GB 12941—91)，并参照《地表水环境质量标准》(GB 3838—2002) 中Ⅲ～Ⅳ类水质标准来定；过渡区和排污控制区应按照出流断面水质达到相邻水功能区的水质要求选择相应的水质控制标准来定。

第三节　污染源调查与预测

一、污染源调查

污染源调查是指根据控制污染、改善环境质量的要求，对某一地区（如一个城市、一个流域，甚至全国）造成污染的原因进行调查，建立各类污染源档案，在综合分析的基础上选定评价标准，估量并比较各污染源对环境的危害程度及其潜在危险，确定该地区的重点控制对象（主要污染源和主要污染物）和控制方法的过程。

1. 污染源调查的目的与内容

污染源调查的目的是弄清水域中污染物的种类、数量、排放方式、排放途径以及污染源的类型和位置，在此基础上进一步判断出主要的污染物和主要的污染源，为水资源保护与水环境治理提供依据。

根据污染源分类的不同和调查目的不同，污染源调查可分为工业污染源调查、生活污染源调查和农业污染源调查，其中前两个为点污染源，后一个为面污染源。

(1) 工业污染源调查。

1) 污染物生产量及排放途径：污染物种类、数量、成分、性质、排放方式、规律、途径、排放浓度、排放量、排放口位置、类型、数量、控制方法、历史情况、事故情况。

2) 污染处理工艺：治理方法、治理工艺、综合利用、投资、效果、运行费用、管理体制等。

3) 污染危害调查：包括人体健康危害调查、动植物危害调查、污染物危害造成的经济损失调查、危害生态系统情况调查。

4) 生产发展情况调查：包括生产发展方向、规模、指标、布局、污染的治理计划及

预期效果等。

（2）生活污染源调查。

1）城市居民人口调查：总人口、总户数、流动人口、年龄结构、密度。

2）居民用水排水状况：居民用水类型（集中供水或分散自备水源）、居民生活人均用水量，办公、旅馆、餐饮、医院、学校等的用水量、排水量、排水方式及排污途径。

3）城市污水和垃圾的处理和处置：城市污水处理总量，污水处理率，污水厂的个数、分布、处理方法、投资、运行和维护费用，处理后的水质；城市垃圾总量、处置方式、处置点分布、管理人员、管理水平、投资和运行费用等。

（3）农业污染源调查。

1）农药的使用：调查使用的农药品种、数量、使用方法、有效成分含量、使用时间、农作物品种、使用的年限。

2）化肥的使用：施用化肥的品种、数量、方式、时间。

3）农业废弃物：作物茎秆、牲畜粪便的产量，处理和处置方式及其综合利用情况。

4）水土流失情况：水土流失面积以及水土流失量。

2. 污染源调查的原则[4]

（1）目的要求要明确。污染源调查的目的要求不同，其方法步骤也就不同。例如，针对一个城市电镀车间开展的调查工作，重点是摸清污染源的分布、规模、排放量以及评价其对环境的影响，从环境保护和生产发展的要求来看，如何更合理地调整电镀车间的场地位置、解决电镀污水的处理与排放问题是关键。如果要制定一个水系或区域的综合防治方案，污染源调查的目的则是要摸清该水系或区域的主要污染物和主要污染源，其调查方法和步骤与前者是不同的。

（2）要把污染源、环境和人体健康作为一个系统来考虑。在污染源调查过程中，不仅要重视污染源的自身特性（如数量、类型和排污量），同时还要重视所排放污染物的物理、化学性质，进入环境的途径以及对人体健康的影响等因素。

（3）要重视污染源所处的位置及周围环境。在开展污染源调查时，应对污染源所在的位置和周围环境的背景进行调查，包括污染源距离河道远近、地貌、水质、水文、气象、生物和社会经济状况等。

（4）注重污染源调查工作程序。从污染源调查的开始就要设计出一个好的工作程序，调查、评价、控制管理是紧密相联的三个环节，在调查过程中一定要紧紧抓住这些环节。

3. 污染源调查的方法

污染源调查方法可分为普查、详查、重点调查和典型调查。

普查就是对各类污染源进行全面调查。详查是在普查的基础上，针对那些排放量大、影响范围广泛、危害严重的重点污染源而进行的详细调查。重点调查是选择一些对环境影响较大的污染源进行细致调查的方法，它为解决实际问题提供重要的资料，尤其适用于那些只有少数污染源，但其污染物排放又是区域内主要污染来源的单位。典型调查是根据所研究问题的目的和要求，在总体分析的基础上有意识地对区域内一些具有代表性污染源进行细致调查和剖析的调查方法[1]。

4. 污染物排放量的估算

确定污染物排放量的方法主要有统计报表法、现场调查法、排污系数法等。

(1) 统计报表法。统计报表法是指排污单位按照统一的表格形式所规定的填报内容和指标要求等，经实际统计后向上级提交报表的方法。按照汇总后的统计报表，可以根据行业、部门、区域、污染物的类型分别开列清单，得到按不同分类要求统计的污染物排污量。这种方法适用于普查。

(2) 现场调查法。现场调查法是通过对某个污染源进行现场测定，得到污染物的排放浓度和流量，然后计算出排放量。如对于某工厂和车间的废水排放系统中某一排污口，可选定合适的采样测点和采样测流频率，实测废水的流量、污染物浓度等，进而计算得出有害物质的排放量。

(3) 排污系数法。排污系数法也称经验估算法，它是根据生产过程中单位产品的经验排污系数和产品产量计算污染物排放量。计算公式为

$$Q=KWT \tag{7-1}$$

式中：Q 为污染物排放量；K 为单位产品的经验排放系数；W 为某种产品的单位时间产量；T 为时间。

各种污染物的排放系数 K 与原材料、生产工艺、生产设备及操作水平有关。各地区、各单位由于生产技术条件的不同，污染物排放系数与实际排放系数可能有很大差别，因此，若选用有关文献给出的排污系数，应根据实际情况予以修正。

5. 污染物入河量的估算

污染物入河量，指由入河排污口进入水功能区的污废水量和污染物量。由于污废水自陆域上的污染源排放后，在输送过程中总是存在着各种损失（如渗漏、蒸发或污染物降解等）。因此进入水体的污废水和污染物总量必然小于污染源排放的污废水和污染物总量。进入河流的污染物量占污染物排放总量的比例通常用污染物入河系数来表示，其计算公式如下：

$$k_r=\frac{W_{河}}{W_{排}} \tag{7-2}$$

式中：k_r 为入河系数；$W_{河}$ 为污染物入河量；$W_{排}$ 为陆域各污染源的污染物排放量。

一般情况下，污染物进入水域的数量受众多因素的影响，情况复杂且区域差异很大，因此可采用典型调查法来推求各污染源的入河系数。典型调查法的原理是：首先选取设置有独立入河通道或入河排污口的污染源，分别在污染源排放口和入河排污口监测污染物排放量和入河量，可求得污染物的入河系数；再选取各类典型水域和河段，监测其所对应的陆域范围内所有污染源的污染物排放量和水域内所有排污口的污染物入河量，可求得典型水域所对应的陆域范围的污染物入河系数。因排水区域环境状况的不同和污水性质的差异，污染物入河系数变化较大，一般在 0.5～0.9 之间。

对有水质水量资料的入河排污口，根据污废水排放量和水质监测资料，按下式估算主要污染物入河量：

$$W_{河}=Q_{河}C_{河} \tag{7-3}$$

式中：$W_{河}$ 为污染物入河量；$Q_{河}$ 为污废水入河量；$C_{河}$ 为污染物的入河浓度。

对于有污染源排污资料而无入河排污口资料的排污口，其污染物入河量可先用典型调查法计算出入河系数，再通过下式计算污染物入河量：

$$W_{河}=k_r W_{排} \tag{7-4}$$

二、污染源预测

污染源预测就是要估计未来某一水平年或几个水平年污染源所排放的污染物的特性，如排污量、污染物浓度等，从而为水资源保护提供基础数据。

1. 资料的收集和整理

在开展规划水平年污染源预测工作时，首先要对预测需要的数据资料进行收集和整理。通常，由于所采用的预测方法不同，对资料详细程度的要求也不同。但在收集资料时，往往尽可能多地获取资料以便能应对不同预测方法的需要。总的来说，预测所需要的资料可分为两大类：一类是描述污染源自身特征的资料，如污染物排放量、污染类型、生产工艺、污染处理水平等；另一类是对污染源产生外部影响的资料，如经济社会发展规划和目标、人口增长率、政府部门的统计资料等。

此外，由于在获取的资料中可利用的往往只占一小部分，而且这一部分资料也不一定是完整的，因此还必须对这部分资料进行归纳、整理和插补。在污染源预测中，经过对大量原始资料的整理，可以获得某地区近年万元产值的排污量、人均排污量、工业增长率、人口增长率、各行业排污类型等资料，这些资料将直接用于污染源预测。

2. 污染源排放量预测

规划水平年污染源排放量预测由城镇生活污染源预测和工业污染源预测两部分组成。生活污染源排放量的增长主要与城市居住人口数量增长和居民生活水平提高有关；工业污染源排放量的变化主要与区域工业结构、生产工艺条件、工业规模和管理水平等有直接关系。

（1）生活污水量预测。生活污水量预测计算公式为

$$Q_{生}=0.365PF \tag{7-5}$$

式中：$Q_{生}$ 为生活污水量，万 m^3；P 为预测年份人口数，万人；F 为人均生活污水量，L/(d・人)；0.365 为单位换算系数。

预测年份人均生活污水量可由该年份的人均生活需水量乘以排放系数来估算。预测年份人口数采用地方规划人口数，当无地方规划时，可根据人口预测模型［式（7-6)］计算得到。

$$P=N(1+R)^n \tag{7-6}$$

式中：P 为规划水平年的总人口数；N 为基准年的总人口数；R 为规划期内的人口年平均增长率；n 为规划水平年距基准年的年数。

（2）工业废水量预测。工业废水量预测的计算公式为

$$Q_{工}=DG(1-\Delta p)=DG\left(1-\frac{p_2-p_1}{1-p_1}\right) \tag{7-7}$$

式中：$Q_{工}$ 为预测年份的工业废水量，万 m^3；D 为预测年份工业产值，万元；G 为基准年万元产值工业废水量，m^3/万元；Δp 为预测年份工业用水重复利用率的增长率，%；p_1、p_2 为基准年和预测年工业用水重复利用率，%。

在工业废水量预测中，工业产值采用该地区工业规划值。万元工业产值废水量由基准年工业产值和工业废水排放量计算求得。随着技术进步、设备更新、管理水平提高，万元产值工业废水量将逐渐减少。这里仅通过“工业用水重复利用率”指标来综合表达其他因素对废水排放量的影响。

(3) 污染物排放量预测。生活污水和工业废水中污染物排放量预测计算公式为

$$W=(Q-Q_0)C_0\times10^{-2}+W_0 \tag{7-8}$$

式中：W 为预测年份某污染物排放量，t；Q 为预测年份生活污水和工业废水排放量，万 m^3；Q_0 为基准年生活污水和工业废水排放量，万 m^3；C_0 为含某污染物废水的排放标准，mg/L；W_0 为基准年某污染物排放量，t。

如果水体污染物基准年平均浓度低于排放标准，预测年份增加的污废水所携带的污染物量仍按排放标准计算，其结果必然偏大。因此，当某污染物基准年平均浓度大于排放标准时，按排放标准计算总量；当平均浓度低于排放标准时，用平均浓度计算总量，其计算式由上式变换为下列形式：

$$W=(Q-Q_0)C_0\times10^{-2}+W_0=\frac{Q}{Q_0}W_0 \tag{7-9}$$

$$C_0=\frac{W_0}{Q_0}\times10^2 \tag{7-10}$$

3. 污染物入河量预测

在对规划水平年污染源排放量预测的基础上，进而对污染物入河量进行预测。

首先，要确定规划水平年的污染物入河系数。一般来讲，污染物入河系数与多种因素有关，如污染物本身的降解特性、污染源与河流的距离、排水通道渠化条件及对渗漏和蒸发的影响等。因此，在确定规划水平年污染源排污的入河系数时，要在对研究区现状入河系数进行调查的基础上，对规划水平年的城市化水平和城市发展规划进行充分分析，研究城市规模发展、截污工程建设、管网改造、污水入河方案调整和排污口优化等基础设施的改变及对污染物入河系数的影响。要紧密结合规划水平年区域及城市产业布局和工业结构调整的规划，充分考虑可能造成预测区域污染物组成和污染物入河系数变化的因素，确定预测的基本参数。

在实际工作中，可参考已得到的现状污染物入河系数，根据实际情况和综合考虑上述因素，经对现状值进行适当的修正和调整后，作为规划水平年污染物的入河系数。在其他条件不变的情况下，污染物入河系数确定的一般规律是：集中排污比分散排污值大，有汇水管网条件的比无汇水管网条件的值大，无集中污水处理设施的比有集中污水处理设施的值大，短距离排污比长距离排污值大，不易降解的废污水比易降解的废污水值大。

将各规划水平年的污染物排放量预测值与相应规划水平年污染物入河系数相乘，即可求出规划水平年的污染物入河量。

第四节　水功能区纳污能力的计算与分配*

在水资源保护中，纳污能力的确定是制定污染物排放总量控制方案的前提条件。总量

控制的核心问题就是要弄清楚水环境质量与受纳污染物之间的对应关系，确定在一定的水体中到底允许排放多少污染物，并由此制定污染物的削减量和控制量。

一、实施污染物排放总量控制的意义

防止水污染的关键技术就是要控制向水体排放污染物的数量。浓度控制一直是长期采用的方法之一。浓度控制，是指通过控制污废水的排放浓度来限制进入水体的污染物总量，其核心内容为达标排放。污染物排放标准有行业排放标准和国家污水综合排放标准等，不同行业和不同受纳水体的排放浓度要求是不同的。

应该说，浓度控制对于污染源管理和水污染控制是有效的，但还要看到其存在的问题也很多。由于没有考虑到受纳水体的纳污能力，有时候即使污染源全部达标排放，由于没法控制排放总量，纳污水体的水质还是被严重污染；再加上全国性的工业废水排放标准往往不能把所有地区和所有情况都包括进去，在执行过程中会遇到一些具体问题。如对于不同纳污能力的水体，同一行业执行同一标准，水环境污染程度却不同，纳污能力强的水体可能水功能不会受到破坏，而纳污能力弱的水体却有可能被严重污染。这些问题的解决，一方面可通过制定更加严格、具体的区域水环境污染物排放标准；另一方面，就是实行总量控制。

总量控制，是根据受纳水体的纳污能力，将所有污染源的排污总量控制在水体所能承受的范围之内，即污染源的排污总量要小于水功能区纳污能力。总量控制是目前水资源管理的一种新方法。一般情况下，可依据水功能区纳污能力，来反推允许排入水域的污染物总量，这种方法称为容量控制法；也可依据一个既定的水环境目标或污染物削减目标，推算限定排污单位的污染物排放总量，称为目标总量控制法。

将水功能区的污染物入河量分配到相应陆域各污染源，是总量控制的重要环节，也是总量控制中的关键技术问题。只有了解和掌握各水功能区污染物的控制量和削减量，才能达到有效控制水污染的目的。作为我国最严格水资源管理制度三条红线之一的限制纳污红线，就是严格控制流域或区域水功能区入河湖排污总量的红线管理指标。自改革开放以来，随着经济社会的快速发展，全国入河湖排污总量呈几何倍数增长，给多数河流造成了一定程度的污染，部分水体被严重污染、甚至丧失了使用功能。为了遏制水环境的进一步恶化，恢复水体原有使用功能，国家采取了排污总量控制与排污许可证制度，严格污染排放审批权限和排放总量控制。水功能区限制纳污红线的划定正是排污总量控制理念的重要体现，是水利部门有效管理水功能区、遏制水环境污染的重要手段。

二、水功能区纳污能力的概念及特征

1. 水功能区纳污能力的概念界定

水功能区纳污能力，又称为水功能区允许纳污总量，是在满足水域功能要求的前提下，按给定的水功能区水质目标值、设计水量、排污口位置及排污方式，功能区水体所能容纳的最大污染物量，以 t/a 表示。由于自然界的各种物理、化学和生物作用，能将一定数量的污染物迁移、扩散出水域，或者在水域内直接转化，从而使该水域的水质得到部分甚至完全恢复的能力，即为水体的自净能力。但水体的这种自净能力是有限的，因此水功能区纳污能力也有一定的上限。

当然，纳污能力的核定，既不是完全限制排污，维持水体的原始状态；也不是随意给

定水质目标，完全服务于经济发展需要；而是要协调处理好环境保护和经济发展两者之间的关系，最终达到维护生态环境健康与促进经济社会发展双赢的目的。因此，在计算纳污能力时，要坚持效益最大化的原则，充分考虑地区间的自然条件和经济社会条件差异，发挥纳污能力的经济社会效益，使得能最大程度地利用纳污能力，最终实现以较低的社会成本促进经济发展的目的。

2. 水功能区纳污能力的影响因素

影响水功能区纳污能力大小的因素众多，主要的有水体特征、水体功能特性、污染物特性、污染物排放方式等。

（1）水体特征。水体特征包括水体的几何特征（岸边形状、水底地形、水深或体积），水文特征（流量、流速、降雨、径流等），化学性质（pH 值、硬度等），物理自净能力（挥发、扩散、稀释、沉降、吸附），化学自净能力（氧化、水解等），生物降解能力（光合、呼吸作用）。水体特征决定着水体对污染物的扩散稀释能力和自净能力，从而决定着纳污能力的大小。

（2）水功能特性。水体的纳污能力是相对于水体满足一定的用途和功能而言的。水体的用途不同，允许在水体中存在的污染物含量也不同。目前，我国已划定并公布了全国重要江河湖泊的水功能区，提出了不同水功能区的水质目标要求。不同的水功能区划，对纳污能力的影响也是不同的：水质要求高的水域，纳污能力小；水质要求低的水域，纳污能力大。

（3）污染物质。不同污染物具有不同的物理化学特性和生物反应机理，同时它们对水生生物和人体健康的影响程度也是不同的。因此，不同的污染物具有不同的环境容量，这又会影响到水体的自净能力。但当水体中存在多种污染物质时，其相互之间会有一定的影响，提高某种污染物的环境容量可能会降低另一种污染物的环境容量。

（4）排污方式。水功能区纳污能力还与污染物的排放位置和排放方式有关。一般来说，在其他条件相同的情况下，集中排放的比分散排放的纳污能力小，瞬时排放的比连续排放的纳污能力小，在岸边排放的比在河中心排放的纳污能力小。因此，限定排污方式也是合理计算纳污能力的一个重要影响因素。

3. 水功能区纳污能力的基本特征

水功能区纳污能力具有以下基本特征：

（1）资源性。水功能区纳污能力是一种自然资源，其价值体现在对排入污染物的缓冲作用，即容纳一定数量的污染物也能满足人类生产、生活和生态系统的需要；但水域纳污能力是有限的可再生资源，一旦污染负荷超过纳污能力，其恢复将十分缓慢与艰难。

（2）区域性。由于受到区域地理、水文、气象等因素影响，不同水域对污染物的物理、化学和生物净化能力存在明显的差异，从而导致纳污能力量具有明显的地域特征。

（3）系统性。河流、湖泊等水域一般处在大的流域系统中，水域与陆域、上游与下游、左岸与右岸构成不同尺度的空间生态系统。因此，在确定局部水域纳污能力时，必须从流域的角度出发，合理协调流域内各水功能区的纳污能力。

三、水功能区纳污能力计算方法

1. 水质模型的选择

对于小型湖泊和水库，可视为水功能区内污染物均匀混合，故采用零维水质模型来计算纳污能力；对于宽深比不大的中小河流，污染物基本能在河道断面上均匀混合，故可采用一维水质模型来计算纳污能力；对于大型宽阔水域及大型湖泊、水库，且当资料比较充分时，可采用二维水质模型来计算纳污能力。不论采用哪种水质模型，都要对模型进行检验。下面根据《全国水资源综合规划技术细则》，介绍几种用于水功能区纳污能力计算的水质数学模型。

(1) 一般河流水质数学模型。对于一般河流，如果常年来水条件比较稳定且扩散作用相对迁移作用很小，可采用一维稳态水质迁移转化方程来描述水质浓度的变化过程，表达式如下：

$$u\frac{\partial C}{\partial x}=-KC \tag{7-11}$$

对式 (7-11) 求解后有：

$$C(x)=C_0\exp(-Kx/u) \tag{7-12}$$

式中：C_0 为起始断面污染物浓度，mg/L；K 为污染物综合衰减系数，s^{-1}；x 为排污口下游断面距控制断面纵向距离，m；u 为设计流量下岸边污染带的平均流速，m/s。

(2) 感潮河段水质数学模型。对于感潮河段，必须考虑水功能区内水流随潮汐的移流和扩散作用，因此采用一维非稳态水质迁移转化基本方程来进行描述，则有

$$\frac{\partial C}{\partial t}+u\frac{\partial C}{\partial x}=\frac{\partial}{\partial x}\left(E_x\frac{\partial C}{\partial x}\right)-KC \tag{7-13}$$

将水力参数取潮汐半周期的平均值，变为稳定情况来求解，即认为排污口是定常量排放，且$\frac{\partial C}{\partial t}=0$，方程的解为

涨潮时
$$C(x)=\frac{C_0'}{M}\exp\left[\frac{u}{2E_x}(1+M)x\right] \tag{7-14}$$

落潮时
$$C(x)=\frac{C_0'}{M}\exp\left[\frac{u}{2E_x}(1-M)x\right] \tag{7-15}$$

其中，$C_0'=\frac{[m]}{Q_h+Q_r}$，当 $Q_h \ll Q_r$ 时 $C_0'=\frac{[m]}{Q_r}$

$$M=\sqrt{1+4KE_x/u^2} \tag{7-16}$$

式中：$[m]$ 为污染物入河速率，g/s；Q_h、Q_r 分别为涨潮、落潮时的平均流量，m^3/s；E_x 为纵向离散系数，m^2/s；K 为污染物综合衰减系数。

(3) 湖 (库) 水质数学模型。对于均匀混合的湖泊或水库，在纳污能力计算时可选择零维均匀混合水质模型，即

$$C(t)=\frac{m+m_0}{K_hV}+\left(C_0-\frac{m+m_0}{K_hV}\right)\exp(-K_ht) \tag{7-17}$$

$$K_h=\frac{Q}{V}+K \tag{7-18}$$

平衡时：

$$C(t)=\frac{m+m_0}{K_hV} \tag{7-19}$$

式中：m 为污染物入湖 (库) 速率，g/s；$m_0=C_0Q$，为湖 (库) 现有污染物排放速率，

g/s；K_h 为中间变量，s^{-1}；V 为湖（库）容积，m^3；Q 为入湖（库）流量，m^3/s；K 为污染物综合衰减系数，s^{-1}；C_0 为湖（库）现状浓度，mg/L；t 为计算时段，s。

而对于非均匀混合的湖（库），则构建如下水质模型：

$$C_r = C_0 + C_p \exp\left(-\frac{K_p \Phi H r^2}{2Q_p}\right) = C_0 + \frac{m}{Q_p}\exp\left(-\frac{K_p \Phi H r^2}{2Q_p}\right) \tag{7-20}$$

式中：C_r 为距排污口 r 处污染物浓度，mg/L；C_p 为污染物排放浓度，mg/L；Q_p 为污水排放流量，m^3/s；Φ 为扩散角，由排放口附近地形决定，排污口在开阔的岸边垂直排放时，$\Phi=\pi$；在湖（库）中排放时，$\Phi=2\pi$；H 为扩散区湖（库）平均水深，m；r 为距排污口距离，m。

（4）考虑富营养化作用时的水质数学模型。对于那些具有富营养化趋势的湖（库），需要考虑氮、磷等元素的浓度变化过程，此时可选用迪隆（Dillon）模型、罗伦珍（Lorenzen）模型来计算水质浓度的变化过程。下面以迪隆模型为例来进行介绍：

$$[P] = \frac{I_p(1-R_p)}{rV} = \frac{L_p(1-R_p)}{rh} \tag{7-21}$$

$$R_p = 1 - \frac{\sum q_a [P]_a}{\sum q_i [P]_i} \tag{7-22}$$

式中：$[P]$ 为湖（库）中氮、磷的平均浓度，mg/m^3；I_p 为年入湖（库）的氮、磷量，mg/a；L_p 为年入湖（库）的氮、磷单位面积负荷，$mg/(m^2 \cdot a)$；V 为湖（库）容积，m^3；h 为平均水深，m；$r=Q/V$，1/a；Q 为湖（库）年出流水量，m^3/a；R_p 为氮、磷在湖（库）中的滞留系数；q_a、q_i 分别为年出流和入流的流量，m^3/a；$[P]_a$、$[P]_i$ 分别为年出流和入流的氮、磷平均浓度，mg/m^3。

湖（库）中氮、磷最大允许负荷量：

$$[m] = L_s A \tag{7-23}$$

$$L_s = \frac{[P]_s h Q}{(1-R_p)v} \tag{7-24}$$

式中：$[m]$ 为氮、磷最大允许负荷量，mg/a；L_s 为单位湖（库）水面积的氮、磷最大允许负荷量，$mg/(m^2 \cdot a)$；A 为湖（库）水面积，m^2；$[P]_s$ 为湖（库）中磷、氮的年平均控制浓度，mg/m^3。

2. 纳污能力计算条件

在选定水质数学模型后，还要进一步给出纳污能力计算时所需的设计水文条件、水质目标浓度、水质背景浓度等计算要素，下面介绍这些设计条件的确定原则。

（1）设计水文条件的确定。在计算纳污能力时，如果选择某一时期的实测水文资料来计算纳污能力，则计算结果仅能反映出该时期的实际情况。而在进行水资源保护和规划工作时，需要考虑水文条件时间变异性对纳污能力的影响，因此通常采用某一标准下的设计水文条件来计算纳污能力。由此计算出的结果更能反映出在某些特定情况下（如枯水年）的纳污能力大小，并有利于在不同水功能区之间进行相互比较。

纳污能力计算的水文设计条件，以计算断面的设计流量或水量表示。河流常采用设计

流量，湖泊或水库则采用设计水位或设计蓄水量。

河流设计流量的选取在不同地区有所差异。对于南方地区（包括长江、珠江、东南诸河、西南诸河四个水资源一级区），一般采用最近10年最枯月平均流量或90%保证率最枯月平均流量作为设计流量；对于北方地区（包括松花江、辽河、海河、黄河、淮河、西北内陆河六个水资源一级区），可根据实际情况适当调整设计保证率，也可选取平偏枯典型年的枯水期流量作为设计流量，如选取75%保证率的枯水期平均流量作为设计流量。集中式饮用水水源区，采用95%保证率最枯月平均流量作为其设计流量。对于季节性河流或枯季流量很小的河道，可根据流域实际情况确定设计标准。

湖泊或水库的设计水量一般采用近10年最低月平均水位或90%保证率最枯月平均水位相应的蓄水量。北方地区可考虑近10年最高月平均水位的最低水位或90%保证率最高月平均水位相应的蓄水量。根据湖泊或水库的水位资料，求出设计枯水位，其所对应的蓄水量即为设计水量。对水库而言，也可采用死库容和水库正常蓄水位之间的库容蓄水量作为设计水量。

(2) 水质目标浓度 C_s 和背景浓度 C_B 的确定。在纳污能力计算时，还要确定相应水功能区的水质目标浓度或水环境质量标准值 C_s，水质目标浓度可参考水功能区水质目标的拟定原则（见本章第二节），或按照水资源保护规划的实际要求来制定。

背景浓度 C_B 可按照以下方法来确定：在有资料的情况下，可选用相应水功能区的水质实测资料作为水质背景浓度 C_B；在资料不足或无资料的情况下，可根据上一个水功能区的水质目标浓度来确定水质背景浓度 C_B，即上一个水功能区的水质目标浓度就是下一个功能区的水质背景浓度 C_B。

四、水功能区纳污能力的分配

纳污能力的分配，是根据排污地点、数量和方式，结合污染源排污量削减的优先顺序和技术、经济的可行性等因素，对各控制水域分配纳污能力。根据纳污能力，确定控制水域所对应的陆域范围内各污染源的排污控制量或削减量，是实现水资源保护目标的重要环节，也是我国实施污染物排放总量控制的技术关键所在。

对某一水域来说，污染物排放削减量的分配有两种方法：一是将水域的纳污能力作为总量控制目标，分配到各水功能区或污染控制单元，然后再根据相应陆域污染源排放量的计算结果，分别求出各个污染源的削减量；二是根据该水域的纳污能力和总的污染物入河量，计算出水域总的污染物排放削减量，直接将其作为污染物排放削减指标，分配到各个污染源。在具体操作时，可根据实际情况来选取相应的分配方法。

1. 纳污能力分配原则

(1) 公平性原则。纳污能力分配关系到各排污单位的切身利益，因此分配应体现公平性原则。由于纳污能力的自然属性，所以每个人都有同等利用其价值的权利，要对同类型的排污者一视同仁，同时也要公平合理地分担责任。

(2) 效率原则。在基本含义上，公平和效率并不是互相矛盾的，但在实际操作中，追求效率的手段与追求公平的手段往往是相抵触的。公平性原则是纳污能力分配顺利实施的基础，而在公平的基础上还要追求经济效益，要以较低的社会成本达到保护环境、促进经济发展的目的。追求效率体现在对各区域的纳污能力分配上，在保证公平的前提下，使得

区域内总的污染物允许排放量最大。

(3) 充分利用原则。纳污能力的价值体现在水体通过对污染物的稀释扩散，既容纳了一定污染物，又不影响水体的其他使用功能。想要完全彻底地治理污染，实现污染零排放，既不经济，也不现实，应该充分地利用纳污能力，发挥其最大的使用价值。

(4) 差异性原则。在纳污能力的分配问题中，应该考虑不同水功能区中不同行业的自身特点，按照不同的水功能区进行划分。由于各种行业间污染物产生数量、技术水平或污染物处理边际费用的差异，处理相同数量污染物所需费用也相差很大或生产单位产品排放的污染物数量相差甚远。因此在各个水功能区间分配污染物允许排放量时应该兼顾这种功能划分的差别，适当进行调整，以较小的成本实现功能达标。

2. 污染物控制量与削减量的确定

根据总量控制原则，污染物实际入河量应该与相应水功能区纳污能力相适应。如果超出纳污能力就必须采取措施，如降低排放浓度、削减排放总量、增加污水处理设施等，否则水体功能就会被破坏。也就是说，必须对进入水功能区的污染物入河量和陆域污染源排放量进行控制和削减。下面分别介绍有关污染物控制量和消减量的确定方法。

(1) 污染物入河控制量。是根据水功能区纳污能力和污染物入河量，并综合考虑水功能区的水质状况、当地科技水平和经济社会发展速度等因素，来确定污染物进入水功能区的最大数量。污染物入河控制量是进行水功能区水资源保护和管理的依据。不同的水功能区入河控制量可采用下面的方法来确定：当污染物入河量大于纳污能力时，以纳污能力作为污染物控制量；当污染物入河量小于纳污能力时，以现状条件下污染物入河量作为入河控制量。

(2) 污染物入河削减量。将水功能区的污染物入河量与其入河控制量相比较，如果污染物入河量超过污染物入河控制量，其差值即为该水功能区的污染物入河削减量。

水功能区的污染物入河控制量和削减量是水行政主管部门进行水资源管理和发现污染物排放总量超标或水域水质不满足要求时，向有关政府和环境保护主管部门报告，并提出排污控制意见的依据，也是制定水污染防治规划方案的基础。

(3) 污染物排放控制量。为保证水功能区的水质符合水域功能要求，根据陆域污染源污染物排放量和入河量之间的关系表达式［式 (7-2)］，由水功能区污染物入河控制量所推出的水功能区相应陆域污染源的污染物最大排放数量，称为污染物排放控制量。

(4) 污染物排放削减量。水功能区相应陆域的污染物排放量与排放控制量之差，即为该水功能区陆域污染物排放削减量。陆域污染物排放削减量是制定污染源控制规划的基础。

第五节　生态需水量的估算*

在整个生态系统中，水是最敏感的因素之一。当前出现的环境问题都直接或间接与水有关，水成为区域环境质量的控制因素。因此从水量的角度来看，水资源保护要解决的水问题必须是以可持续发展为前提的生态需水问题，即维持生态系统需要多少水。

一、生态需水量的界定

生态需水（ecological water demand），从广义上讲，维持全球生物地球化学平衡（诸如水热平衡、水沙平衡、水盐平衡等）所消耗的水分都是生态需水[5]。生态需水量是指以水循环为纽带、从维系生态系统自身的生存和环境功能角度，相对一定环境质量水平下客观需求的水资源量。进一步来说，维系生态系统最基本的生存条件及其最基本环境服务功能所需求的水资源阈值，通常称为最小生态需水量。例如，为了维系河流某些鱼类的生存环境，需要有基本水文特征值作保证（如一定的河川基流、一定的水流速度、水深要求等）。

从生态需水量的定义可以看出，其有以下内涵：

（1）生态需水量要符合生态系统自然的时间和空间分布规律。如在时间上，河流的输沙水量和排盐水量主要集中于汛期，而维持河道基流和入湖、入海水量则要求在全年内比较均匀地分配；在空间上，要按照流域生态结构和功能划分为不同的生态类型，如河流、湖泊、湿地、植被等，以明晰需水量在空间上的差异。

（2）生态需水量是指一个流域内生态系统整体的需水量，而不是仅指某类生物个体或群体的需水量。因此，它的计算方法应侧重在生物体所在环境的整体需水量（当然包含有生物体自身的消耗水量）。

（3）计算生态需水量的目的是寻求保障流域内生态系统稳定和健康的水资源合理开发利用的阈值。一般情况下，水资源开发利用程度不是越高越好，生态需水量也不是越多越好，而是存在一个合理的阈值。

（4）生态需水量的计算应该是在满足水循环要求的基础上来实现。水循环过程是联系各生态系统的纽带，水分的运动与交换过程对生态系统的自然生长、新陈代谢有着非常重要的意义。满足水循环要求是生态需水量计算的前提条件。

二、生态需水量计算方法

通常，按水资源的补给功能将流域划分为河道外和河道内两部分，并以此分别计算各部分的生态需水量。河道外生态需水量为水循环过程中扣除本地有效降水后，需要占用一定水资源量以满足植被生存耗水的最基本水量。它主要针对不同的植被类型，分析其生态耗水机理，求出生态系统改善后的所需水量。河道内生态需水量是维系河流或湖泊生态平衡的最小水量。它主要从实现河流的功能以及考虑不同水体这两个角度出发，包括非汛期河道的基本需水量，汛期河流的输沙需水量，以及防止河道断流、湖泊萎缩等需水量。区域生态需水量计算流程见图 7-2。

（一）河道外生态需水量计算方法

河道外生态需水量计算步骤为：首先，依据一定的标准，如地形、地质差异，径流与人为影响因子，土地利用单元等，将河道外的生态系统进行逐级分区，并识别出不同生态分区中植被（林、灌、草等）覆盖的土地类型面积；其次，参考相关国家生态实验站的草地需水实验、林地需水实验等文献资料，确定不同区域不同植被类型的蒸发量；最后，根据不同植被类型的空间分布情况，扣除其消耗的有效降雨量后，确定其还需消耗的水资源量，即为现状条件下各种植被的河道外生态需水量。

根据不同地区不同植被类型的蒸腾量 E_{Ti}，估算出当地的河道外生态需水量，其计算

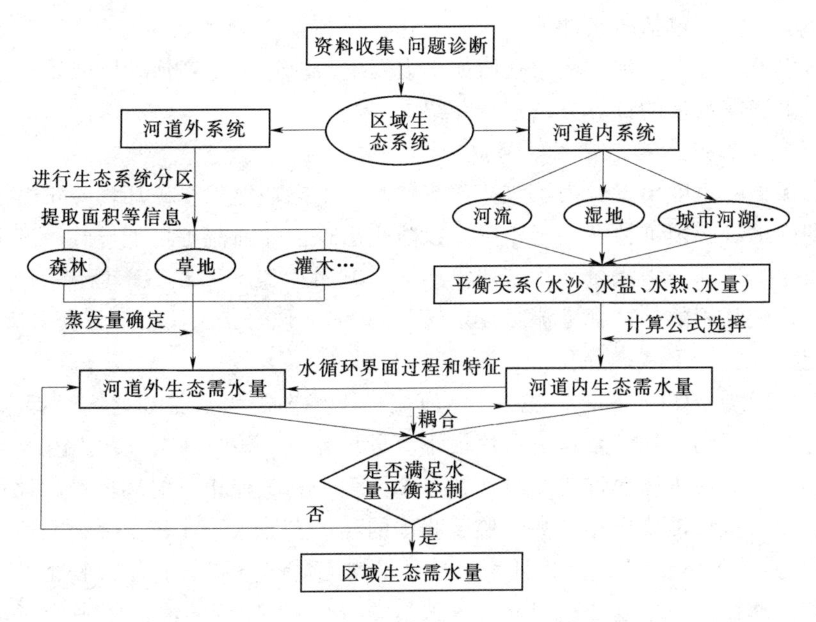

图 7－2　区域生态需水计算流程图

公式为

$$W_{out}=\sum_{i=1}^{n}A_i(E_{Ti}-P)/1000 \tag{7-25}$$

式中：W_{out}为河道外生态需水量，m^3；A_i 为某种植被 i 相应的面积，m^2；E_{Ti}为某种植被 i 的年总蒸发量，mm；P 为年降水量，mm；n 为植被类型数量。

在干旱地区，当土壤的含水量 θ 大于土壤的临界含水量 θ_k 时，植被的蒸发是充足的，不受土壤水分的限制；而当土壤的含水量小于土壤的凋萎含水量 θ_p 时，植被的蒸散发停止，植被趋于凋萎。为此，干旱地区植被的实际蒸发 E_{ci} 计算公式可表达为

$$E_{ci}=\begin{cases}\beta_i K_{ci}E_0 & \theta\geqslant\theta_k\\ \beta_i K_{ci}E_0\dfrac{\theta-\theta_p}{\theta_k-\theta_p} & \theta_k>\theta\geqslant\theta_p\\ 0 & \theta<\theta_p\end{cases} \tag{7-26}$$

式中：β_i 为某种植被的郁闭度，郁闭度是反映森林中乔木树冠遮蔽地面程度的指标，由林冠的投影面积与林地面积之比计算得出；K_{ci} 为某种植物的蒸发系数；E_0 为水面蒸发量。

以一年为时间区间，对上式进行时间积分，可以得到某种植物相应的年蒸发量为

$$E_{Ti}=\beta_i\overline{K}_{ci}\overline{E}_0\overline{K}_\theta \tag{7-27}$$

式中：$\overline{K}_{ci}$为某种植物年平均蒸发系数；$\overline{E}_0$ 为年水面蒸发量；$\overline{K}_\theta$ 为土壤的年平均含水量相对系数。

（二）河道内生态需水量计算方法

保持河流水量的多少，视不同的河流而异。一般河道内需水需考虑以下几个方面：①维持河流的正常纳污能力；②河流水生生物的生存和保护；③多沙河流的水沙平衡；④河流水力发电用水；⑤河流航运等。而在生态需水范畴内所指的河道内需水主要是指具有重大

的社会、环境效益，包括防淤冲沙，水质净化，维持野生动植物生存和繁殖，维护沼泽、湿地一定面积等的生态需水，不包括诸如水力发电、航运等生产活动所需的水量。下面对几类河道内生态需水量的计算方法进行介绍。

1. 非汛期河道基本生态需水量 W_b

从生态保护的角度出发，为了维持河流的基本生态功能不受破坏，一年内不同时期尤其是枯水期的水量必须维持在一定水平，以防止出现诸如断流等可能导致河流生态功能受损现象的发生，这部分需水量称为“非汛期河道基本生态需水量”。其计算方法到目前还没有统一，比较常用的是“标准流量设定法”，具体又包含7Q10法、蒙大拿法、月（年）保证率设定法等。

（1）7Q10法。7Q10法是常用的计算河流最小生态需水量方法之一，即采用90%保证率最枯连续7天的平均水量作为河流最小流量设计值。该方法自20世纪70年代传入我国，主要用于计算污染物允许排放量，在许多大型水利工程建设的环境影响评价中得到了广泛应用。由于该标准要求比较高，鉴于我国的经济发展水平比较落后，一般河流采用最近10年最枯月平均流量或90%保证率最枯月平均流量作为最小生态需水量[6]。

（2）蒙大拿法。蒙大拿法（Montana法），是以预先确定的河流年平均流量的百分数作为生态需水量估算的标准。该方法通常在研究优先度不高的河段中作为河流流量推荐值时使用，或作为其他方法的一种检验。在有水文站点的河流，年平均流量的估算可以从历史资料获得；在没有水文站点的河流，可通过相应水文计算方法来获得。在美国维吉尼亚地区的河流中证实：10%的年平均流量是退化的或贫瘠的栖息地条件；20%的年平均流量提供了保护水生生物栖息地的适当标准；在小河流中，定义30%的年平均流量接近最佳生物栖息地标准。蒙大拿法推荐流量见表7-4。

表7-4　蒙大拿法推荐流量表[4]

栖息地等定性描述	推荐的基流标准（年平均流量百分数）	
	一般用水期（10—次年3月）	鱼类产卵育幼期（4—9月）
最大	200	200
最佳流量	60～100	60～100
极好	40	60
非常好	30	50
好	20	40
开始退化的	10	30
差或最小	10	10
极差	<10	<10

（3）月（年）保证率设定法。月（年）保证率设定法，是7Q10法和蒙大拿法的一种演化算法。它主要根据系列水文统计资料，在不同的月（年）保证率（如50%、75%、90%）前提下，以不同的天然径流量百分比作为河道生态需水量的等级，分别计算不同保证率、不同等级下的月（年）河道基本生态需水量。

由于我国各流域水资源状况差别较大，在基础数据满足的情况下，应采用尽可能多的

方法计算生态基流，对比分析各计算结果，最终选择符合流域实际的方法和结果。例如，对于我国南方河流，生态基流应不小于90%保证率最枯月平均流量和多年平均天然径流量的10%两者之间的大值，也可采用蒙大拿法取多年平均天然径流量的20%～30%或以上。对北方地区，生态基流应分非汛期和汛期两个水期分别确定，一般情况下，非汛期生态基流应不低于多年平均天然径流量的10%；汛期生态基流可按多年平均天然径流量20%～30%确定。北方严重缺水地区的断流河段（如内陆河、海河、辽河等）生态基流可根据各流域综合规划的结果确定。

2. 河道输沙需水量 W_s

河道输沙需水量是实现河流输沙功能的基本水量。为了输沙排沙，维持冲刷与侵蚀的动态平衡所需要的那部分生态需水量称之为输沙平衡需水量，简称输沙需水量。

河道内水沙冲淤平衡问题，主要受河道外和河道内两方面因素的制约和影响。河道外的影响主要包括来水来沙条件，它与地质、地貌、降水等自然条件和流域土地资源利用、生态植被保护建设、水土流失治理，以及河流整治等诸多人工要素有关。河道内的影响主要是水动力学条件对河床边界冲刷作用的结果。在输沙总量一定的情况下，输沙需水量主要取决于水流含沙量的大小。由于水流含沙量因流域产沙量的多少、流量的大小以及水沙动力条件的不同而异，因此输送单位泥沙所需的水量也不同。一般情况下，根据来水来沙条件，可将河道输沙需水量分为汛期输沙需水量、非汛期输沙需水量和洪峰期输沙需水量[6]。

对于北方河流系统而言，汛期的输沙量约占全年输沙总量的80%左右，即河流的输沙功能主要在汛期完成。汛期输沙需水量可由下面的公式计算得出：

$$W_s = \frac{S_t}{C_{\max}} \tag{7-28}$$

$$C_{\max} = \frac{1}{n}\sum_{i=1}^{n}\max(C_{ij}) \tag{7-29}$$

式中：W_s 为汛期输沙需水量；S_t 为汛期多年平均输沙量；$C_{\max}$ 为多年最大月平均含沙量的平均值；C_{ij} 为第 i 年第 j 月的月平均含沙量；n 为统计年数。

3. 生物栖息地维持水量 W_e

生物栖息地维持水量，是指维持河流、湖泊、湿地等生物栖息场所处于健康、平衡的良好状态，并能发挥其正常生态功能（如能量平衡、食物网链、多样性、物质循环和自我调节等）所需要的水量。针对不同的生物物种和栖息场所，所选用的方法也差别较大。下面介绍几种常用方法：河道湿周法、R2CROSS法、最小水位法。

（1）河道湿周法。河道湿周法是利用河道湿周（指断面上水体与河床接触的那部分长度）作为栖息地的质量评判指标来估算期望的河道内流量值。湿周法是基于生态学假设，即保护好临界区域的水生物栖息地的湿周，也将对非临界区域的栖息地提供足够的保护。通过在临界的栖息地区域（通常大部分是浅滩）现场搜集河道的几何形状和流量数据，并以临界的栖息地类型作为河流的其余部分的栖息地指标。该法需要确定湿周与流量之间的关系。这种关系可从多个河道断面的几何尺寸-流量关系实测数据经验推求，或从单一河道断面的一组几何尺寸-流量数据中计算得出。湿周法河道内流量推荐值是依据湿周-流量

关系图中影响点（即湿周-流量关系曲线中的拐点）的位置而确定（图 7-3）。

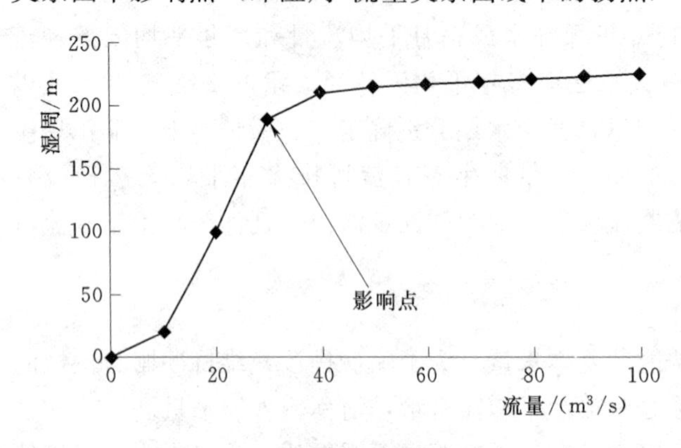

图 7-3 湿周与流量的关系曲线

（2）R2CROSS 法。R2CROSS 法适用于一般浅滩式的河流栖息地类型。该种方法的河流流量推荐值是基于这样的假设，即浅滩是最临界的河流栖息地类型，而保护浅滩栖息地也将保护其他的水生生物栖息地，如水塘和水道。该方法确定了平均深度、平均流速以及湿周长百分数作为冷水鱼栖息地指数，湿周长百分数是湿周长与河床总长之比。这三种参数是反映与河流栖息地质量有关的水流指示因子。如能在浅滩类型栖息地保持这些参数在一定的水平，将足以维护冷水鱼类与水生无脊椎动物在水塘和水道的生存环境。

（3）最小水位法。最小水位法是指根据湖泊或湿地生态系统的水位和水深来确定其生态需水量的计算方法。不同类型水体的水位和水深与相应生态系统的面积与容积具有明显的相关性。水体生态系统各组成部分生长繁殖所必需的水位和水深不同，同时为实现不同水体的环境功能，所必需的水位和水深也不同。最小水位法可表达为，维持湖泊或湿地不同生态系统需求和满足不同环境功能的最小水位中的极大值与水面面积的乘积，可由下面的公式计算得出：

$$W_e = H_{\min} S \tag{7-30}$$

式中：$H_{\min}$ 为维持湖泊不同生态系统需求和满足不同环境功能的最小水位中的极大值；S 为水面面积。

4. 环境纳污需水量 W_p

纳污能力是水体自身维持环境净化功能的一个重要方面。不同水体的水力学特性不同，选用的纳污能力计算方法也有所不同。

（1）河流纳污需水量计算方法。对于河流，主要根据其稀释、迁移、自净等环境功能来计算纳污需水量，即由一定目标下的纳污能力来推求河流的最小设计流量。首先将河流划分为若干河段，并将每一小段看作是一个闭合水体，由河流水质模型计算每个河段的水质浓度、污染物入河量和纳污能力，由此计算该河段的环境纳污需水量 Q_{ui}（$i=1, 2, \cdots, n$），最后对各河段求和即可得到整个河流的环境纳污需水量。

Q_{ui} 必须同时满足以下条件：①$Q_{ui} \geqslant \lambda Q_{wi}$；②$Q_{ui} \geqslant Q_{ri}(p)(p \geqslant p_0)$。其中 λ 为河流稀释系数；Q_{wi} 为 i 河段达标排放的污水总量；$Q_{ri}(p)$ 为在不同设计保证率 p 下 i 河段的河道流量；p_0 为选择的某最小设计保证率阈值。

（2）湖泊纳污需水量计算方法。对于湖泊，其水质状况与湖泊蓄水量、出湖流量和污染物排入量有关。可根据湖泊的稀释、自净功能来计算纳污需水量。在现状排放量一定的情况下，满足湖泊稀释、自净能力所需的最小蓄水量如下：

$$V=\frac{\Delta T[Q_c-(C_s-C_B)q_s]}{(C_s-C_B)+KC_s\Delta T} \tag{7-31}$$

式中：V 为枯水期湖泊所需最小蓄水量；ΔT 为枯水期时段，它取决于湖泊水位年内的变化，枯水时间短，水位年内变化大的可取 60～90d，常年稳定则可取 90～150d；Q_c 为现状污废水排入量；C_s 为水质目标浓度；C_B 为背景值浓度；K 为水体中污染物的降解系数；q_s 为计算时段内从湖泊中排泄的流量。

5. 城市河湖需水量 W_c

近年来，随着城市居民生活水平的显著提高，人们对城市景观功能和娱乐休闲的要求也上升到了一个新的高度。集美化环境、休闲娱乐等诸项功能于一体的城市河湖，已融入到现代城市发展和建设的理念之中，成为城市建设的一道亮丽风景线。保证城市河湖用水量是生态需水中的一项重要内容。

目前，对城市河湖需水量的计算主要有两种方法：直接计算法、间接计算法。直接计算法，就是根据城市河湖水面面积乘以需水定额直接计算得到，计算公式为

$$W_c=AW_D \tag{7-32}$$

式中：A 为城市河湖水面面积；W_D 为单位水面需水定额。

间接计算法，是根据城市人均河湖生态需水指标乘以人口数间接计算得到。计算公式为

$$W_c=PU \tag{7-33}$$

式中：P 为城市人口总数；U 为人均城市河湖需水指标。

6. 河道内生态需水总量

由于河道内用水在满足某一种主要需水目标时，还可兼顾其他用水要求，因此，河道内的生态需水量不是上述各项分量的简单累加，而要根据它们在水循环过程中的相互关系来综合计算。一种简化的河道内生态需水量计算方法为

$$W_{in}=W_b+W_s+W_e+W_p+W_c-W_d \tag{7-34}$$

式中：W_{in} 为河道内总的生态需水量；W_b 为非汛期河道基本生态需水量；W_s 为河道输沙需水量；W_e 为生物栖息地维持水量；W_p 为环境纳污需水量；W_c 为城市河湖需水量；W_d 为河道内生态需水量重复计算部分。

第六节　水资源保护的内容、步骤及措施

一、水资源保护的内容和目标

水资源保护是为了防止因不恰当的开发利用水资源而造成水源污染或破坏水源，所采取的法律、行政、经济、技术等综合措施，以及对水资源进行积极保护与科学管理的做法[7]。由于水资源具有水量和水质双重属性，因此水资源保护也要从这两方面入手：一方面是对水量合理取用及其补给源的保护，包括对水资源开发利用的统筹规划、水源地的涵养和保护、科学合理地分配水资源、节约用水、提高用水效率等，特别是保证生态需水的供给到位；另一方面是对水质的保护，包括调查和治理污染源、进行水质监测、调查和评价、制定水质保护规划目标、对污染排放进行总量控制等，其中按照水功能区纳污能力的

大小进行污染物排放总量控制是水质保护方面的重点。由于水资源的数量和质量是不可分割的整体，因此对水资源在总体上进行水量和水质的统一控制和管理，是水资源保护的基本内容。

水资源保护的目标是：在水量方面，必须要保证生态用水，不能因为经济社会用水量的增加而引起生态退化、环境恶化以及其他负面影响；在水质方面，要根据水功能区纳污能力，来规划污染物的排放量，不能因为污染物超标排放而导致饮用水源地受到污染或危及到其他用水的正常供应。

二、水资源保护的步骤

根据水资源保护的目标和内容，可把水资源保护工作概括为如下几步（图7-4）：

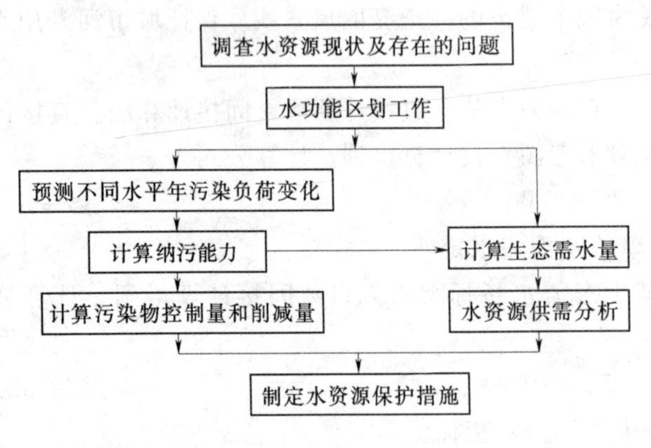

图7-4　水资源保护工作流程图

（1）调查水体和水资源的现状及存在的问题，包括了解目标水体的概况、特点及其功能。如水体的天然来水及排水条件、水污染现状和污染源的分布、识别主要污染源及污染物的类型和负荷情况、查明主要存在的环境问题及其与水资源的作用关系等。

（2）根据水利部颁布的《中国水功能区划》以及各地具体情况，对各类水体的功能进行区划，并据此拟定各水体的水质目标以及保证能达到该水质目标应采取的工程措施的设计条件。

（3）根据研究区域的经济社会发展目标、经济结构调整、人口增长、科技进步等因素，同时结合当地城市规划方案、排水管网等基础设施建设的情况，预测在各规划水平年陆域范围内的污染物排放量，再按照污废水的流向和排污口设置，将进入水体的污染物量分解到各个水功能区，求出可能进入水功能区的污染物入河量。

（4）计算水功能区纳污能力，并将各规划水平年进入水功能区的污染物入河量与相应水功能区纳污能力进行比较。当水功能区的污染物入河量大于纳污能力时，计算其污染物入河削减量；当污染物入河量小于纳污能力时，计算其污染物入河控制量。根据水功能区的污染物入河控制量和削减量，反推计算水功能区相应的陆域污染源的排放控制量和削减量。

（5）根据水资源开发利用现状情况调查，确定当前水功能区内与水相关的环境问题。根据生态与环境保护要求、水功能区纳污能力和用水规划，计算维持现状情况下水功能区所需的生态需水量。再结合当地不同规划水平年的经济社会发展目标、生态与环境保护目标、人口增长预测等因素，预测将来各水平年的生态需水量。

（6）将生态需水量计算结果与生产和生活需水预测、供水预测及水资源配置等相关部分的分析成果相结合，通过水资源供需平衡分析，设计在不同水平年不同保证率下的水资源配置方案，并进行方案的比选和评价。

（7）针对由于水资源的不合理开发利用以及不恰当的水事行为所造成的与水有关的环

境问题，结合上面的计算结果，提出相应的水资源保护对策措施。

三、水资源保护主要措施

水资源保护是一项十分重要、十分迫切也是十分复杂的工作。一般来讲，水资源保护措施分为工程措施和非工程措施两大类，如图 7-5 所示。

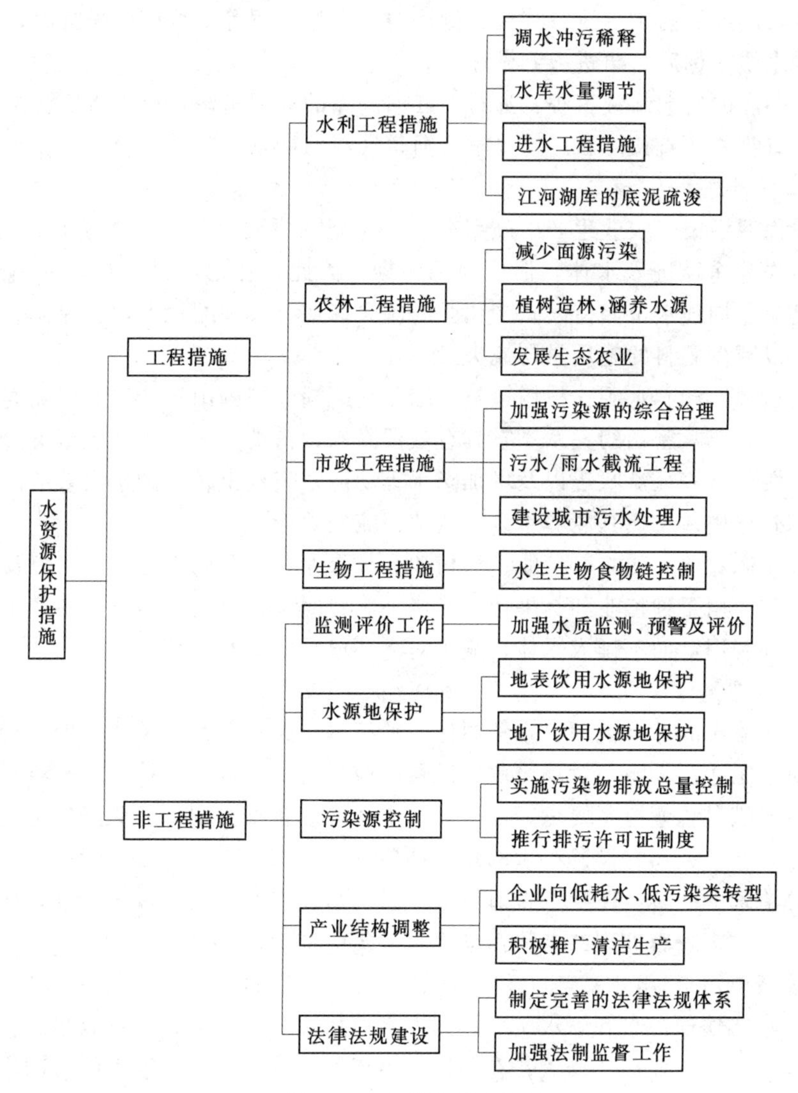

图 7-5　水资源保护措施

（一）工程措施

水资源保护可采取的工程措施包括水利工程、农林工程、市政工程、生物工程等措施。

1. 水利工程措施

水利工程是水资源保护的一项重要工程措施，通过水利工程的引水、调水、蓄水、排水等各种措施，可以改善或破坏水资源状况。因此，采用正确的水利工程能起到有效保护水资源的目的。

（1）调蓄水工程措施：通过在江河湖泊上修建一系列的水利工程（如水库和闸坝），改变天然水系的丰、枯水期水量不平衡状况，控制河川径流量，使河流在枯水期具有一定的生态用水量来稀释净化污染物质，改善水质状况。

（2）进水工程措施：从汇水区流出的水一般要经过若干沟、渠、支河而后流入湖泊、水库，在其进入湖库之前可设置渗滤沟、渗滤池、小型水库等工程措施来沉淀、过滤掉有害物质，确保水质达标后，再进入到湖库中。

（3）江河湖库的底泥疏浚工程：通过对江河湖库的底泥疏浚，可以将底泥中的营养元素、重金属等有害物质直接除去，这是解决河道底泥污染物释放的有效措施。

2. 农林工程措施

（1）减少面源污染：农业生产中施用大量的化肥（主要是氮、磷类肥料），随着地表径流、水土流失等途径进入水体，形成面源污染。因此，在汇流区域内，应科学管理农田，控制施肥量，加强水土保持，减少化肥的流失。在有条件的地方，宜建立缓冲带，改变耕种方式，以减少肥料的施用量与流失量。

（2）植树造林，涵养水源：植树造林，绿化江河湖库周围山丘大地，以涵养水源。森林与水源之间有着非常密切的关系。它具有截留降水、植被蒸腾、增强土壤下渗、抑制林地地面蒸发、缓和地表径流状况以及增加降水等功能，表现出较强的水文效应。森林通过这些功能的综合作用，发挥其涵养水源和调节径流的效能。

（3）发展生态农业：建立养殖业、种植业、林果业相结合的生态工程，将畜禽养殖业排放的粪便有效利用于种植业和林果业，形成一个封闭系统，使生态系统中产生的营养物质在系统中循环利用，而不排入水体，减少对水环境的污染和破坏。

3. 市政工程措施

（1）加强污染源的综合治理：水资源保护的根本出路在于污染预防，即进行污染源控制和治理。对于工业污染源，对环境危害严重的应优先安排资金、技术力量给予治理，确保污染物的排放满足总量控制要求；此外，在水环境综合整治中，还要坚持走集中与分散相结合的道路，在广大乡村设置小型的垃圾回收和处理设施，减小面源污染带来的危害。在工业污染源治理的同时，还要重视对城市生活污水、粪便以及垃圾的治理，逐步兴建生活污水处理厂和城市垃圾处理站，将污染物统一集中处理。

（2）建设城市污水/雨水截流工程：目前，我国城市的下水道系统多为合流制系统，即是一种兼收集、输送污水和雨水于一体的下水道系统。在晴天，它仅收集、输送污水至城市污水处理厂，经过处理后排放；在雨天，由于截流管的容量及输水能力的限制，仅有一部分雨水与污水的混合污水可送至污水处理厂处理，其余的混合污水则就近排入水体，往往造成水体的污染。为了有效地控制水体污染，应对合流下水道的溢流进行严格控制，采取改合流制为分流制（即污水、雨水分别由不同下水道系统收集输送），优化排水系统，积极利用雨水资源等措施与办法。

（3）建设城市污水处理厂并提高其处理效率：进行城市污水处理厂规划是一个十分重要和复杂的过程，在具体操作时要考虑城市的自然、地理、经济及人文等实际情况、城市水污染防治的需要以及经济上的可行性等多方面因素的影响。其规划方案应当既能满足当前城市建设和人民生活的需要，又要考虑一定规划时期后城市的发展需要。总之，这是一

项系统工程，需要进行深入细致的技术经济分析。

4. 生物工程措施

生物工程措施主要考虑利用水生生物及其食物链系统达到去除水体中氮、磷和其他污染物质的目的。其最大特点是投资省、效益好，且有利于建立合理的水生生态循环系统。

（二）非工程措施

1. 加强水质监测、预警及评价工作

加强水质监测和预警工作不应是静态的，而应是动态的。只有时刻掌握污染负荷的变化和水体水质状况的响应关系，才能对所采取的措施是否有效做出评判，并及时调整实施措施，控制污染势态的发展。

2. 做好饮用水源地的保护工作

饮用水源地保护是城市环境综合整治规划的首要目标，是城市经济发展的制约条件。必须限期制定饮用水源地保护长远规划。规划中要协调环境与经济的关系，切实做到饮用水源地的合理布局，建立健全城市供水水源防护措施，以逐步改善饮用水源的水质状况。

（1）地表饮用水源地的保护工作。要采取切实可行的措施，做好水源地的保护工作。如禁止在饮用水源保护范围内，新建有污染的企业和旅游、体育、娱乐设施；对位于该保护区域内的排污单位，要采取坚决果断的措施，禁止其向受保护的水域排污。

（2）地下饮用水源地的保护工作。在进行城市发展规划布局时，要从地下径流条件出发，并考虑工农业的总体布局，对污染源严加管制，避免地下饮用水源地受污染而无法使用的现象发生。同时，加强水源地的卫生管理，建立卫生防护带，禁止在防护带内进行任何可能引起含水层受污染的活动。

3. 积极实施污染物排放总量控制，逐步推行排污许可证制度

污染物总量控制是水资源保护的重要手段。长期以来，我国工业废水的排放实施浓度控制的方法。浓度控制尽管对减少工业污染物的排放起到了一定的积极作用，但也出现了某些工厂采用清水稀释废水以降低污染物浓度的不正当做法。其结果是污染物排放量并没有得到控制，反而浪费了大量清水。污染物排放总量控制的实质是既要控制工业废水中污染物的浓度，又要控制工业废水的排放量，在此基础上使排入水体的污染物总量得到控制。

此外，对排污企业实行排污许可证制度，也是加强水资源保护的一项有效管理措施。凡是对环境有影响、排放污染物的生产活动，均需由当地经营者向环境保护部门申请，经批准领取排污许可证后方可进行。

4. 产业结构调整

目前，我国工业生产正处于关键的发展阶段，应积极遵循可持续发展原则，完成产业结构的优化调整，使其与水资源开发利用和保护相协调。不应再发展那些能耗大、用水多、排污量大的工业。同时，还应加强对工业企业的技术改造，积极推广清洁生产。发展清洁生产与绿色产业是近年来国内外经济社会可持续发展与环境保护的一个热点。在水资源保护中应鼓励清洁生产在我国的实施。

5. 水资源保护法律法规建设

水资源保护工作必须有完善的法律、法规与之配套，才能使具体保护工作得以实施。

水资源保护的法律、法规措施应从以下几个方面考虑：

（1）加强水资源保护政策法规的建设。

（2）建立和完善水资源保护管理体制和运行机制。

（3）运用经济杠杆的调节作用。

（4）依法行政，建立水资源保护和执法体系，并进行统一监督与管理。

课外知识

1. 水污染防治行动计划

2015年4月2日，国务院出台了《水污染防治行动计划》（简称“水十条”）。“水十条”确定了我国今后一段时期内的水环境保护目标：到2020年，全国水环境质量得到阶段性改善；到2030年，力争全国水环境质量总体改善，水生态系统功能初步恢复；到21世纪中叶，生态环境质量全面改善，生态系统实现良性循环。为确保实现上述目标，“水十条”提出了10条35款，共238项具体措施。

第一条，全面控制污染物排放。针对工业、城镇生活、农业农村和船舶港口等污染来源，提出了相应的减排措施。包括集中治理工业集聚区污染；加快城镇污水处理设施建设改造，推进配套管网建设和污泥无害化处理处置；防治畜禽养殖污染，控制农业面源污染，开展农村环境综合整治；提高船舶污染防治水平。

第二条，推动经济结构转型升级。调整产业结构、优化空间布局、推进循环发展，既可以推动经济结构转型升级，也是治理水污染的重要手段。包括：加快淘汰落后产能；结合水质目标，严格环境准入；合理确定产业发展布局、结构和规模；以工业水循环利用、再生水和海水利用等推动循环发展等。

第三条，着力节约保护水资源。实施最严格水资源管理制度，严控超采地下水，控制用水总量；提高用水效率，抓好工业、城镇和农业节水；科学保护水资源，加强水量调度，保证重要河流生态流量。

第四条，强化科技支撑。完善环保技术评价体系，加强共享平台建设，推广示范先进适用技术；要整合现有科技资源，加强基础研究和前瞻技术研发；规范环保产业市场，加快发展环保服务业，推进先进适用技术和装备的产业化。

第五条，充分发挥市场机制作用。加快水价改革，完善污水处理费、排污费、水资源费等收费政策，健全税收政策，发挥好价格、税收、收费的杠杆作用。加大政府和社会投入，促进多元投资；建立有利于水环境治理的激励机制。

第六条，严格环境执法监管。加快完善法律法规和标准，加大执法监管力度，严惩各类环境违法行为，严肃查处违规建设项目；加强行政执法与刑事司法衔接，完善监督执法机制；健全水环境监测网络，形成跨部门、区域、流域、海域的污染防治协调机制。

第七条，切实加强水环境管理。未达到水质目标要求的地区要制定实施限期达标的工作方案，深化污染物总量控制制度，严格控制各类环境风险，稳妥处置突发水环境污染事件；全面实行排污许可证管理。

第八条，全力保障水生态环境安全。建立从水源到水龙头全过程监管机制，定期公布

饮水安全状况，科学防治地下水污染，确保饮用水安全；深化重点流域水污染防治，加强对江河源头等水质较好的水体保护；推进近岸海域环境保护；加大城市黑臭水体治理力度。

第九条，明确和落实各方责任。建立全国水污染防治工作协作机制。地方政府对当地水环境质量负总责，要制定水污染防治专项工作方案。排污单位要自觉治污、严格守法。分流域、分区域、分海域逐年考核计划实施情况，督促各方履责到位。

第十条，强化公众参与和社会监督。国家定期公布水质最差、最好的城市名单和各省（区、市）水环境状况。依法公开水污染防治相关信息，主动接受社会监督。邀请公众、社会组织全程参与重要环保执法行动和重大水污染事件调查，构建全民行动格局。

2. 淮河流域的水闸防污调度[8]

淮河流域现有水闸5400余座，这些闸坝的存在破坏了原有水系的连通性，导致淮河纳污能力大幅度下降。同时，为了保证灌溉等经济用水，淮河流域大多数闸坝在整个枯水期基本关闭，排入河道的工业废水和生活污水在闸坝前大量聚集，当汛期首次开闸泄洪时，高浓度污废水集中下泄，极易造成突发污染事故，致使淮河干流沿线城镇供水中断，洪泽湖等水域鱼虾大量死亡。这种因污水集中下泄而出现的大面积污染事故在1994年、2001年、2002年、2004年相继发生。

为了避免此类事故的发生，淮河水利委员会近几年通过水闸防污调度做了一些成功的尝试。一是实行水污染联防。淮河支流沙颍河、涡河和淮河干流上的部分水闸不再仅从防汛、供水角度进行调度，而是兼顾防污目的实施调度，如经常保持污水小流量下泄，通过清水稀释及充分发挥干流水体的自净能力，降解污染物。另外，为防止干流、支流污水叠加，在一定程度上进行了高浓度污水的“错峰”调度，以减缓对下游河湖的污染影响，同时，还实施了水情、水质动态监测与信息传递，尽量减免水污染“灾情”。二是制定闸坝应急调度方案。每年汛前开闸时适时进行应急调度，实施对生态与环境影响最小的污水下泄方案，防止污水团集中下泄造成水污染事故。

水闸防污调度的作用是调控淮河流域重污染水体下泄的时空分布，充分利用水体的自净能力和纳污能力，来稀释消化上游下泄的高浓度污染水体，以期达到防污、减灾的目的。

3. 排污许可证制度

凡是对环境有不良影响的各种规划、开发、建设项目、排污设施或经营活动，其建设者或经营者，需要事先提出申请，经主管部门审查批准，颁发许可证后才能从事该项活动，这就是环境保护法律中的许可证制度。在环境管理中使用的许可证种类繁多，使用最广泛的是排污许可证。

1984年颁布的《中华人民共和国水污染防治法》第十四条规定：直接或间接向水体排放污染物的企业、事业单位，应当按照国务院环境保护部门的规定，向所在地的环境保护部门申报登记拥有的污染物排放设施、处理设施和在正常作业条件下排放污染物的种类、数量和浓度，并提供防治水污染方面的有关资料。1989年召开的第三次全国环境保护会议，把“排放污染物许可证制度”确定为八项环境管理制度之一。1989年7月经国务院批准的《水污染防治法细则》第六条中规定：“企业、事业单位向水体排放污染物的，必须向所在地环境保护部门提交《排污申报登记表》。……经调查核实，对不超过国家和地方规定的污染物排放标准及国家规定的企业、事业单位污染物排放总量指标的，发给排污许可证。”至此，排污许可证制度已经确立。

思考题

1. 水污染有哪些类型？讨论其各自特点。

2. 在网上查阅有关“水俣病”和“骨痛病”方面的知识，讨论水污染对人类健康带来的危害。

3. 叙述水功能一级区和二级区的划分依据。

4. 水功能区相应陆域的污染物排放控制量与削减量是如何确定的？

5. 目前，水污染防治的关键技术为什么由浓度控制转化为总量控制？

6. 为什么在制定水资源保护措施时，要保证生态需水？

7. 通常在计算河道内生态需水量时需要考虑哪几方面的需水要求？叙述其各自计算方法。

8. 简要叙述水资源保护的主要步骤。

参考文献

[1] 陈家琦，王浩，杨小柳．水资源学［M］．北京：科学出版社，2002.

[2] 雒文生，宋星原．水环境分析及预测［M］．武汉：武汉水利电力大学出版社，2000.

[3] 史晓新，朱党生，张建永，等．现代水资源保护规划［M］．北京：化学工业出版社，2005.

[4] 窦明，左其亭．水环境学［M］．北京：中国水利水电出版社，2014.

[5] 刘昌明，何希吾．中国21世纪水问题方略［M］．北京：科学出版社，1996.

[6] 杨志峰，崔保山，刘静玲，等．生态环境需水量理论、方法与实践［M］．北京：科学出版社，2003.

[7] 陈家琦，王浩．水资源学概论［M］．北京：中国水利水电出版社，1995.

[8] 索丽生．闸坝与生态［J］．中国水利，2005，(16)：5－7.

第八章　水权、水价与水市场

随着人口的增长和社会生产力的提高，水资源逐步成为一种短缺资源，由水资源的使用而引起的纠纷也日益增多。于是作为解决或缓解水资源短缺而造成的社会内部冲突的办法，水权制度、水价、水市场由此产生。其在水资源学体系和水资源实际工作中占重要地位。

本章将结合前面介绍的基础理论知识，介绍水权和水权制度的概念、国外与国内水权制度，阐述水价的概念、内涵以及水价的构成与制定，介绍水市场的概念、内涵、功能、国外水市场以及我国水市场的运行和管理。

第一节　水权基础知识

随着我国经济社会的飞速发展以及法律制度的日臻完善，水权和水权制度的地位日益突现，并逐渐发展成为一门新的理论体系。本节将介绍有关水权理论的基础知识。

一、产权和产权制度

在介绍水权之前，首先来了解一下产权以及产权制度的相关概念和内涵。

1. 产权的界定

产权（property rights），是指由于物（品）的存在及其使用而引起的人与人之间相互认可的行为关系，也可看成在资源稀缺的条件下，人们使用资源的恰当规则。对产权的划分确定了每个人相应于物（品）的行为规范。产权是法学和经济学中的一个重要概念，在法学意义上可归结为权利与义务，而在经济学范畴内，产权注重的是效率与效益[1]。

产权具有如下内涵：①产权是一种行为权利，它规定了人们可以做什么、不可以做什么，但这种权利的行使要以有形或无形的物（品）为载体，就如经济学家登姆塞茨所说“一组产权常附着于一项物品或劳务”；②产权需要通过社会强制实施，所谓社会强制既可以表现为国家意志（即法律、法令、法规、条例、决定、政策等正式制度），也可以是社会习俗和社会公德等道德规范；③产权与外界存在着紧密联系，它通过规定人们的行为界限，进而界定了人们如何受益和受损的关系，以及如何向受损者进行补偿和向受益者进行索取；④完整的产权是一组权利的集合体，而不是某一项单独权利，如产权应包含所有权、使用权、处置权、收益权以及转让权等一系列权利[1]。

在市场经济中，产权用以界定人们在交易活动中如何受益、如何受损，以及他们之间如何进行补偿的问题。市场交易的实质是产权的交易，市场制度的核心是产权的界定，在保障自由财产权利的基础上进行公平交易和竞争。市场的参与者必须是产权界限清晰的产权主体。产权关系直接涉及人们的行为方式，并通过人们的行为方式影响资源使用和配置、经济效益和收入分配等，因此市场经济的功能就是通过相应的产权界定及制度安排提高资源配置效率，使产出增大、经济增长，提高社会福利。

2. 产权制度及其功能

在现实生活中，产权所具有的属性和用途需要一定制度的保障才能实现。产权对财产所有者的约束和限制，实质上也是对他人权利的保障，进而使经济运行得更加有序有效。产权制度就是以产权为中心，用来界定、约束、鼓励、规范、保护和调剂人们产权行为的一系列制度和规则。产权制度是人类社会发展到一定历史阶段的必然产物，是协调社会生产力、生产关系相互作用的结果。

产权制度不仅影响国民经济的发展，而且也影响人们的各种经济行为，其功能主要表现在以下三个方面。

（1）激励功能。激励就是使经济行为主体在经济活动中具有内在的推动力或使行为者努力从事经济活动，它是通过利益机制实现的。明晰的产权制度界定了产权所有者自由活动的空间，为其提供了一定程度的预期合理收益，并且这些收益能够得到法律的认可和保护，从而激励人们从事产权交易的经济行为发生。

（2）制约功能。产权制度的制约功能与激励功能相对立，它规定了产权主体不能超越的空间范畴，超过这个空间，产权主体就违反规则，将会受到不同程度的惩罚。从某种程度上来说，这也是一种“成本制约”，产权制度通过人为设定一定的交易成本来约束行为者的行为，过高的交易成本限制了经济人（即产权人）的经济行为。

（3）高效率配置稀缺资源功能。产权经济学家认为，“在本质上，经济学是对稀缺资源产权的研究，一个社会的稀缺资源的配置就是对使用资源权利的安排”。产权制度重新确定了产权所有者对资源的权利拥有关系，从而决定了资源在各行为主体之间的分布状态。产权制度影响资源配置及其利用效率。合理的产权制度总是使资源的利用向高收益方向流动，它通过产权的变更或者交易来实现。

3. 产权理论基础

目前产权理论主要是以科斯定理为核心的产权经济学。科斯作为西方制度经济学派的代表人物，对“产权”和“交易成本”表述了自己的观点：市场交易是有成本的，如果交易成本为零，只要产权界定清晰，并允许财产所有者进行交易，就能提高经济效率，实现资源的有效配置，使社会效益最大化。

科斯定理主要包括以下两点：一是在市场允许自由交易的前提下，如果交易成本为零，初始产权的界定不会影响经济运行的效率，这是科斯第一定理；二是如果交易成本为正，不同的产权界定方式会对经济效率产生不同的影响，这是科斯第二定理。就科斯第一定理而言，在交易成本为零的情况下，初始产权可以分配给任意的市场经济主体，最终均会实现社会总体效益的最大化。但在实际的市场经济中，作为生产要素的产权在交易过程中不会存在交易成本为零的情况，即一般情况下交易成本为正，这就需要对初始产权进行合理的界定，以规范市场经济主体的责、权、利关系，保证稀缺资源向高效率方向流动，最终实现资源的优化配置，提高社会的总体效益，这是科斯第二定理的实质。科斯定理的核心是初始产权必须界定明晰，这是提高资源分配效率的关键。明晰产权并不是要改变产权的归属问题，而是要明确产权交易过程中经济主体的责、权、利关系，促使经济主体规

范交易行为，实现资源的最佳配置。

科斯回避了由于外部不经济性、不完全竞争等因素造成的市场失灵，他认为只要产权界定清晰，在完全开放、竞争的市场经济中就一定能实现资源的优化配置，使社会福利最大化。市场失灵并不是把问题的解决转交给政府处理的充分条件，市场失灵的很多情况都可以由市场自身力量加以矫正，但是政府必须制定法规来控制较严重的市场失灵和负外部效应，如生态平衡破坏、水和空气污染等。环境问题可以说是外部不经济性的一个典型例子。从资源分配的角度分析，外部不经济性的存在会影响资源分配的效率，不利于资源的高效流动，进而会影响到资源的高效配置，引起浪费。因此，在稀缺资源的使用过程中，需要国家政府制定相关的法律法规来约束人们的行为，保护环境和经济社会协调可持续发展。

二、水权的概念

（一）水权的由来

水权（water rights）问题，自古就有之，然而作为一个特定的概念出现却只是近几十年来的事情。回顾人类发展历程，自从有了人类取用水行为后，就相伴产生了水权问题。

在原始社会，不同部落或个人之间因为干旱饥渴而发生争水行为，可以说就是典型的原始水权问题。尽管水权问题很早出现，但是在从原始社会直至工业革命之前的数千年农业文明的社会形态里，受科技水平与生产力的限制，人们对水资源的开发利用一直处于较低的水平，自然界中存在的水资源相对于人类的需要来说非常充裕。因此在人类生活的有限地域和常年中的大多数时间里，可以任意获取和使用水资源，很少出现为争夺水权而引发争执的现象。

工业革命以后，人类社会进入了飞速发展阶段，对水资源的开发、利用和消耗，也随着科技水平和生产力的提高而迅速增加。工程化、机械化、电气化的开发利用方式，极大地提高了全社会的工农业生产能力，提高了人们的生活质量和福利待遇。但与此同时，对水资源开发利用能力的大幅度提高和利用手段的不断强化，也加剧了对一定地区、一定条件下有限水资源的压力，在局部地区甚至破坏了正常的水循环过程，不仅在自然系统中给水资源和环境带来了严重的影响，同时也在社会系统产生了尖锐而复杂的用水矛盾。特别是分属不同行政区域管理的同一流域上下游之间、左右岸之间，由于彼此间共同存在着追求生产效益最大化、生活利益最优化的目标，因此所形成的用水矛盾和关系就更加突出和错综复杂[2]。

此外，随着人口、社会和经济的发展，许多地方不仅缺水的矛盾突出，在降水强度大的时段里，洪水灾害问题也因经济的发展、人口密度的增加和行洪区面积的缩小而变得更加突出。不仅小雨也易成大灾，而且在地区间灾害协调上，矛盾重重，难以处理。再有，在同一流域内，由于上游地区大力发展经济、忽视环境保护而造成的水污染问题，也给下游地区水资源开发利用带来极大困难和权益方面的挑战。可见，由于经济社会发展所造成或涉及的水少、水多、水污染等矛盾，均构成不同意义、不同角度的水权问题[2]。

（二）水权的概念

水权即水资源产权，是产权理论在水资源配置领域的具体体现。从产权的基本定义出

发，给出水权如下定义：水权是以水资源作为载体的各种权利的总和，它反映了由于水资源的存在和对水资源的使用而形成的人们之间的权利和责任关系[1]。从这个概念分析，水权包含以下几点含义：

（1）水权是以水资源作为载体的一种行为权利，它规定了人们面对稀缺的水资源可以做什么、不可以做什么，并通过这种行为界定了人们之间的损益关系，以及如何向受损者进行补偿和向受益者进行索取。

（2）水权的行使需要通过社会强制来实施。随着水资源日益稀缺和用水矛盾的加剧，法律、法规等制度安排成为水权行使的主要保障，因为法律制度安排具有权威性和强制性，能够有效地降低不确定性，提供明确的行为规范，从而提高水权在水资源配置上的效率。

（3）同产权一样，水权也是由一组权利所构成的集合体，而不仅仅是某一项单独权利。目前，存在争论的是应该怎样对水权的权利集合进行细致划分、水权具体包括哪些权利。由于研究者的研究目的和需求不同，因此形成了不同的水权学说，其中比较有代表性的是“一权说”“二权说”和“多权说”。

（三）水权的属性

1. 可分解性

前面提到，水权是一组权利集合体，可分解为不同的权利形式。目前，水权的可分解性已为多数人所认识，但对于怎样分解、具体包括哪些权利却存在争论。在各种学说中，多数学者就水权的所有权和使用权已达成共识，而在经营权和转让权（也称为让渡权）上，目前还存在着一定的分歧。

2. 有限性

水权的有限性包括两个方面含义：一是由于水权的权利客体是水资源，因而要受到水量、水质和用水时间、地点等客体本身自然属性的限制；二是水资源作为一种自然资源，在人类生活和经济社会发展、维持生态系统完整性和物种多样性等方面起着其他自然资源无法替代的作用，水资源的开发利用具有很大的公益性，且影响十分广泛，这些都决定了水权的行使要受到政府的严格管理和制约。

3. 排他性

水权作为产权的一种，在理论上是具有排他性的。在私有水权制度下，权利所有人可以完全自主地使用、处置水资源，独自享受行使权力的收益并承担所有成本，因而具有很强的排他性。而在共有水权制度下，由于水权包含的权利集可以进行分解，因而面对同一水资源客体，不同权项所有人可以行使互不重合的权利，如国家享有水资源所有权，而企业或个人可享有水资源的使用权。不同权项之间仍然具有排他性，只不过由于水资源复杂的自然属性和经济属性，界定水权排他性的成本非常高，以至于在有的情况下超过了由于排他性的界定而带来的收益。因此，在现实的水权制度安排中，水权的排他性常常被弱化了，但不能就此认为水权不具有排他性。

4. 可转让性

从水权的概念和内涵来看，水权是可以进行转让和交易的。但目前看来，由于水资源使用具有很大的公益性和广泛的影响，受到政府的严格管制，因而水权是否可转让在很大

程度上还取决于不同国家的管理体制和政策法规。在水权制度建立初期，一些国家为强调水权的公共性，不允许水权转让，但随着水资源的匮乏和水污染的加重，水权转让的客观需求日益强烈，可转让和交易的水权制度对于提高水资源的利用效率、促进水资源合理使用的积极作用越来越突出。当然，水权的转让和交易必须经过政府的认可和登记，转让内容也有所限制，并不是所有的权项都可以进行转让。

三、水权的界定和转让

（一）初始水权界定

研究水权的目的在于通过水权的管理手段实现对水资源的合理配置，提高水资源的使用效率。在水权管理过程中，其核心内容就是初始水权的界定问题，通常这是一个涉及社会、政治、经济、文化、技术、传统等多方面因素的复杂问题。

初始水权，是国家根据法定程序，通过水权初始化而明晰的水资源使用权。从这个定义可以看出，初始水权研究的主要是水权中的使用权，而不涉及所有权、转让权等其他权利。由于初始水权在界定时涉及面广泛，在具体操作时很难达成一致和共识，因此需要先通过立法的方式来给定明确的判别依据，许多国家在其水法中都给出有关初始水权判别的标准。

初始水权是国家水权制度建设的基础性工作，它以建立流域（或区域）水量分配机制、取水许可总量控制制度为核心，逐步明晰区域水资源管理权限，明晰区域取用水总量控制指标，并逐步规范和完善取水许可制度、水资源有偿使用制度以及其他取用水权利的确认机制。目前，我国的水资源管理正处在从取水许可制度向水权制度过渡的阶段。取水许可制度以行政管理为主，并没有进行明确的水权界定。因此，初始水权的界定将成为未来水权制度的基础和先决条件，必须在建立水权制度的初期加以解决，对历史和现状用水明确界定，授予相应的水权，从而纳入未来水权管理体系。

在水权进入市场经济之前，首先要对初始水权进行界定。由于不同国家和地区的水资源条件差异很大且长期以来形成的一些习惯、传统根深蒂固，因此初始水权的界定十分不易，必须严格遵循一定的基本原则。

1. 可持续利用原则

初始水权的界定主要是围绕水量分配来展开的，界定的原则应以有利于实现水资源可持续利用为首要原则，其权利主体不仅是当代人，还包括后代人。具体体现为水量上要考虑计划用水、节约用水等措施，并预留出一定的水量以维持生态系统和自然环境的基本平衡以及应付干旱缺水之需；水质上要便于进行水资源保护、控制或减缓水环境污染。因此，在初始水权界定时要考虑区域可持续发展战略，并适当预留部分水资源的水权，为生态和未来留有空间。

2. 效率和公平兼顾原则

建立健全水权制度，效率和公平既是出发点，也是归宿。从效率角度来看，水资源是经济社会发展的一种基础性资源，在日常经济活动中对水资源的争抢也体现出水资源是一种有价值的经济物品，而经济物品的分配应以效率为先。因此初始水权的界定应有利于促进水资源向效益高的产业分配，使水资源的经济效益发挥到最大。从公平角度来看，水资源毕竟不是一种单纯的经济物品，它在维持人类和其他生物生存方面具有不可替代的作用。因而，需要给所有人以及各种生物一个公平享用水资源的机会，公平原则在初始水权界定中也十分重要。公平原则的一个首要方面就是生活用水优先，保障人类最基本的生存需要。另外，公平原则还体现在合理补偿方面，如果初始水权的界定导致不同区域、不同行业之间收益发生变化，应通过经济手段进行适度补偿。可见，公平原则与效率原则是初始水权界定中对等的两个基本原则[3]。

3. 遵从习惯，因地制宜原则

不同国家和地区的水资源条件存在差异，经济发展水平、政策取向等也有不同，在一个国家或地区取得良好效果的初始水权界定方式在另一个国家或地区有可能不适用。此外，由于水资源与人类生活息息相关，几乎伴随着人类发展的全过程，在水权制度建立之前就已存在一些根深蒂固的习惯用水方式，其改变可能要付出很高的成本。因此，初始水权界定应尊重已有的习惯，遵从因地制宜原则[1]。

（二）水权转让

水权转让，是在初始水权明晰的基础上，按照国家有关水权交易的法律法规和市场规则进行的转让行为，是促进水资源合理配置和高效利用的一个重要手段。初始水权是一种静态的产权，而水权转让则是在初始水权界定的基础上，让其进入水市场，再次进行水权的二次分配，通过市场的交易使其权属关系发生转变，使水权不断流向需求方。

水权转让是水权管理的目标之一。水权管理的总体思路就是首先实现水资源产权化，即成为水权，接着再实现水权的资本化，让水权进入市场进行流通。水权转让是水权资本化的体现，水权像资本一样按价值规律流动，从而保证水资源有序高效地配置。水权转让可以通过政府的行政行为来进行，如水权的征购、征用和行政调配等，但通常意义下的水权转让指的是通过市场机制进行的水权交易等市场行为。

水权转让最重要的作用就是大大提高了水权管理的灵活性和高效配置水资源的能力，这也是近年来可转让的水权制度在各国得以迅速发展的原因。水权转让的作用可表现在用水和供水两方面。首先，从用水方面来说，水权转让提高了水资源的利用效率。水权转让赋予了水资源类似商品交易的实在价值，从而使水权所有者在行使权利时会综合考虑各种成本和收益的对比，追求效益的最大化，同时激励用水户通过各种手段提高水资源的利用效率，将节约出来的水资源通过转让而获利。其次，从供水方面来说，水权转让有助于改进供水管理和服务水平。实行水权交易后，新水权的获取必须要付出相应的成本，而以前通过国家无偿占有水权来得到水资源的方式将不再被采用，因而供水部门只能通过积极改进管理和服务水平来提高效益[1]。

按照不同的分类标准，可以将水权转让分为不同的形式：

（1）按照转让期限长短，可以分为临时性水权转让、长期水权转让和永久性水权转让。临时性水权转让是指发生在1年内的权利流转，便于用来调节短期内的水资源供需平衡；永久性水权转让则指部分或全部权项一次性完全转让，由于永久性水权转让的预期收益难以确定、转让成本高、涉及面广，因而转让程序复杂，受到很强的政府管制；长期水权转让介于二者之间。

（2）按照转让区域的范围，可分为流域（或区域）内水权转让和跨流域（或区域）水权转让。流域（或区域）内水权转让影响面小，便于组织，但由于水资源地区分布极不平

衡，随着经济社会的发展，跨流域（或区域）水权的转让将逐渐成为焦点。

（3）按照转让权项是否完整，可以分为部分水权转让和全部水权转让。最常见的部分水权转让就是保留所有权而只转让使用权和其他权利。

（4）按照转让行业是否变化，可以分为行业内水权转让和行业间水权转让。行业间水权转让通常是从低效益行业转向高效益行业，如农业灌溉用水权向工业用水权转让。

此外，在实际运作中，以上这些转让形式常常是混合使用的[1]。

值得注意的是，在进行水权转让时，并不是所有水权都可以自由转让的。禁止转让的水权主要包括：①为保障日常生活、公共事业和生态用水需要而界定的基本用水权；②在非水权私有制的国家，水资源所有权通常不允许转让，只能进行水资源使用权、收益权等其他项权利的转让；③超出有效期限，或未取得合法有效性的水权；④其他为法律所禁止的水权转让。

第二节 水 权 制 度

一、水权制度概述

（一）水权制度的概念及分类

水权制度（water rights system），是界定、划分、配置、实施、保护、管理和监督水权，确认和处理各个水权主体责、权、利关系的规则，是从法制、体制、机制等方面对水权进行规范和保障的一系列制度的总称。

通常，水权制度应该包含以下内容：对构成水权的各项权利的权益、责任和义务进行规范，对水权的内容、取得方式、转让条件、转让程序等一般原则做出规定；建立水权转让机制，规范水权转让的内容，特别是对于水权的归属、权限范围和取得水权的条件在程序规范、组织规范、实施规范等方面建立完整的制度，即对各种水权的获取和转让行为均制定出严格的程序，对各种水权的获取和转让的执行者也应有严格规定，并制定出明确的法律规范进行约束和保障；对水权的转让价格也应有一定的管制，在价格不合理上涨时应采取必要的措施进行调控[2]。

由于不同国家和地区在水资源条件和政治文化背景等方面存在着一定的差异，从而在开发利用水资源时形成了不同的水权划分和管理模式，并由此形成了不同的水权制度。从法学角度来看，可将水权制度划分为依靠法律约束的水权制度和依靠传统约束的水权制度两类。依靠法律约束的水权制度是指通过水法、水行政法规和水资源管理政策等具有强制约束力的法律法规来控制水资源的开发利用，并由此形成的水权管理模式。依靠传统约束的水权制度则是根据不同国家和地区的文化背景所形成的用水习惯和习俗来控制水资源的开发利用，并由此形成的水权管理模式。目前，随着经济社会发展导致用水量不断增加以及水法律法规的日臻完善，多数国家和地区所采用的水权制度为依靠法律约束的水权制度。

从权利主体来看，可将水权制度划分为私有水权制度和共有水权制度两类。私有水权制度是将水资源的权利（主要是指所有权）界定给一个特定的人或用户的水权管理模式；共有水权制度则是将水资源的权利（主要是指所有权）界定给共同体内的所有成员的水权管理模式，若共同体的范围是国家和全民，则称为国有水权制度。

从水权制度的历史演变和发展趋势来看，正经历着从私有水权制度向共有水权制度的转变。传统的水权是依附于土地所有权的，在土地私有的情况下，水资源也就归私人所有。进入20世纪中期，随着水资源多元价值的日益显现，尤其是水资源在生态、环境等公共领域的价值越来越受到重视，各国政府开始对私有水权加以限制，将水资源权属与土地权属分离开来，明确独立的水权，水权制度也就由私有形式转向共有形式。如日本《河川法》规定："河川为公共物，其保全、利用以及其他管理必须妥善进行以期达到立法目的；河川的水流不得为私人所有。"1976年国际水法协会在委内瑞拉召开的"关于水法和水行政第二次国际会议"上就提倡，一切水资源都要公有或直接归国家管理。

总的来看，由于水资源的流动性、连续性和公益性，采取共有水权制度能够极大地降低水权界定的成本，并获得生态、环境方面的巨大收益，因此共有水权制度已成为水权界定形式的主流。但完全共有的水权，权利界限不明晰，排他性、激励性较弱，水资源高效配置的作用被大大削弱。因此，采取私有和共有混合的水权形式是比较现实的选择，亦即在共有水权框架下，根据不同区域条件、不同用水目的和不同政策目标，将水权所包含的各项权利进行分离，并有选择地将部分权项（如使用权）界定给私人。这样既有共有水权的存在以保证水资源环境功能、社会功能的实现，又有私有水权的存在以使水资源的经济功能得以更有效地发挥。实际上，水权形式在大多数国家都是复杂多元的，很少有国家建立完全单一的共有水权制度或私有水权制度。

（二）国外基本水权制度介绍

目前，国外基本水权制度主要包括以下四种形式：滨岸权制度、优先占有权制度、公共水权制度和可交易水权制度。

1. 滨岸权制度

滨岸权（riparian rights），亦称为河岸权，是指合理使用与河岸土地相连的水体但又不影响其他河岸土地所有者合理用水的权利。滨岸权制度通常被认为是水权制度的起源，它来源于英国的普通法和1804年的《拿破仑法典》，后来在美国的东部地区得到发展，成为国际上影响很大的私有水权制度之一。目前，滨岸权制度仍作为英国、法国、加拿大以及美国东部等水资源丰富的国家和地区制定水法和水管理政策的理论基础。

滨岸权制度的出现是与西方国家土地私有制度密切相关的。由于在这些国家，水权是依附于土地所有权之上，因此享有滨岸权的用户必须具备两个条件：一是要拥有持续水流经过的土地，二是必须合理用水。凡具备这两个条件的河岸土地所有者，无论其处于上游还是下游，均可以平等的享受滨岸权。此外，与土地可以转让和买卖相同，在实行滨岸权制度的国家和地区，其水权也可以进行转让和买卖。当某人获得河流沿岸土地所有权时，也就自然获得了沿岸所有水权，而出售沿岸土地的所有权时，水权也随土地所有权同时转让。

滨岸权制度虽然使水权具有了明确的享用主体，但是却限制了水权享用对象的范围，并导致了水资源的浪费。因为多数土地所有者的土地并非直接与河岸相连，致使其不能享有水的使用权；而拥有滨岸权的土地所有者，只要对水资源的使用不会影响下游的持续水流，那么对水量的使用将不受限制，这又导致其对水资源无节制地开发利用。

随着经济社会的发展和人口增长，人类对水资源的需求日益增加，传统的滨岸权制度已不能适应新的需求，特别是在水资源匮乏的地区，滨岸权制度实际上限制了经济社会的发展，使与河流不相邻的大范围城市和工业用水受到限制。为此，在部分地区（如美国东部）则采取了另一种相对灵活的方式，即对非滨岸的用水户实行取水许可证制度。非滨岸的用水户可通过法定程序申请用水，由州政府审查后颁发取水许可证，按照取水许可证中规定的用水期限和用水量大小来取水。这种取水许可证与滨岸权相结合的方式在一定程度上弥补了传统滨岸权制度的不足，但总体来看滨岸权制度适用于水资源丰富的国家和地区，而不适用于水资源短缺的干旱和半干旱地区。

2. 优先占有权制度

优先占有权（prior rights）制度，最初源于19世纪中期美国西部开发的用水实践，它是一种为有效利用水资源、解决缺水地区用水困难而建立的私有水权制度。

优先占有权制度认为，河流中的水资源属于公共领域，没有所有者，因此，谁先开渠引水并对水资源进行有益使用，谁就占有了水资源的优先使用权。优先占有权在具体使用时遵从以下原则：①水权的获取不以是否拥有与河流毗邻的土地所有权为依据，而是以占有并开发利用水资源以及不造成河流断流为约束条件；②对水资源的占有服从时间上的先后顺序，即谁先开渠引水，谁就拥有了使用水资源的优先权；③只要是有益使用，水资源可用于生活用水、农田灌溉、工业生产等任何用途，但用水户必须就用水目的、用水时间、用水对象以及用水量等方面情况向水管理部门登记并以此作为水权纠纷判决的依据。目前，实行优先占有权制度的地区有美国西部的科罗拉多州、亚利桑那州、爱达荷州、蒙大拿州、内华达州、新墨西哥州、犹他州和怀俄明州等。

较之滨岸权制度，优先占有权制度具有更强的灵活性。因为它不以拥有与河流相邻的土地所有权为条件，所以在一定条件下它可以进行调整。但优先占有权制度要受到有益使用的限制，如果在法律规定的期限内没有充分利用水资源，即可将占有权收回。虽然优先占有权制度克服了滨岸权制度的局限性，使水资源能够得到充分的利用，但仍然存在着两个缺陷：一是水权的转让和交易受到了限制，在大多数实行优先占有权制度的国家和地区，优先占有权是不能转让和交易的，即使水资源的使用权可以随土地一起转让，用水次序却要按转让的日期重新排序；二是不能引导水资源的有效使用，由于水权的转让和交易受到了限制，难以形成有效的水市场，没有水市场的存在，也就不可能引导和激励水权主体将水权投向最有效率的用途。

考虑到优先占有权制度的不足，又出现了将优先占有权制度与滨岸权制度相结合的混合水权制度。如在美国的加利福尼亚州，对于拥有河流流经土地所有权和后来购买与河流相邻土地的人，州法律承认其滨岸权；而对于那些不拥有与河流相邻土地所有权，但经过合法申请程序后可以通过滨岸地区开渠引水者，州法律承认其优先占用水权。

3. 公共水权制度

公共水权（public water rights）制度，也即共有水权制度中的国有水权制度。公共水权制度自古就有之，但现代意义上的公共水权理论及其法律制度源于前苏联的水资源管理实践。我国目前实行的也是公共水权制度。公共水权制度包括三个基本原则：一是所有权与使用权分离，即水资源属国家所有，但个人和单位可以拥有水资源的使用权；二是水资源的开发和利用必须服从国家的经济计划和发展规划；三是水资源配置一般是通过行政手段来进行。

公共水权制度与前两种水权制度有较大的差别。滨岸权制度和优先占有权制度是在私有产权制度的基础上建立起来的，它们通过对水权私有的界定来达到水权分配的目的，并以此作为解决水权纠纷的法律依据；而公共水权制度属于共有水权制度，它规定国家是水资源所有权的唯一享用主体，个人对水资源的开发利用要服从国家的经济计划和发展规划安排。

不论是公共水权制度，还是滨岸权制度和优先占有权制度，它们所面临和试图解决的问题是相同的，即如何更加合理、有效的开发利用水资源。但水权制度上的差别导致在水资源管理思路上的差异极大。如公共水权制度认为，水资源的合理利用必须通过计划管理来实现，而滨岸权制度和优先占有权制度则认为，通过私人在水资源利用问题上的决策能够促进经济增长和繁荣。从人类社会发展的实践来看，在不同的历史阶段和不同的水资源条件下，上述三种水权制度对水资源管理和经济增长都曾起到了积极作用，目前许多国家和地区也仍在使用这些管理制度。但是，进入 20 世纪以来，随着全球经济的快速发展和水资源短缺问题的日益严重，上述水权制度由于自身的缺陷都受到了一定程度的冲击和影响。例如，滨岸权制度虽然规定了合理用水，但由于水权依附于土地所有权，导致河流沿岸少数地区与远离河岸的大范围地区之间缺乏社会公平，影响了水资源的合理配置；优先占有权制度虽然改善了滨岸权制度的缺陷，但又产生了优先取得水权者及高等级水权用户用水效率不高、而未取得水权者及低等级水权用户仍无水可用的困境；公共水权制度虽然强调了全流域的计划配水，但却存在着对私人和经济主体的水权，特别是使用权、用水量和用水顺序难以清晰界定的弊端，这样对于水资源严重缺乏的干旱和半干旱地区，水权界定不明确有可能导致严重的水事纠纷，包括行业之间争水（如工业和农业争水），以及全流域各个行政区之间争水。除此之外，单一的行政配水管理方式也会引发政府在水资源管理中的寻租行为（即水资源使用者通过非正常的渠道、手段等方式获得高于公平收益之上的超额利润的行为），导致资源的浪费和腐败现象的产生。

4. 可交易水权制度

可交易水权（tradable water rights）制度，是为了提高水资源利用效率而建立的一种与市场经济相结合的水权制度。可交易水权制度既不依赖于与水相邻的土地所有权，也不存在于水资源的优先占有权，而是源于在水资源使用权基础上进一步界定的配水量权。

可交易水权制度最早出现在美国西部的部分地区，如加利福尼亚州和新墨西哥州，这些地区在优先占有权制度的基础上，逐步放宽和解除对水权转让的限制，允许优先占有水权者在市场上出售富余水量，即水权交易。除美国西部地区外，澳大利亚的维多利亚、南澳大利亚、新南威尔士等州自 1978 年开始也相继实施可交易水权制度；发展中国家智利和墨西哥分别于 1981 年和 1992 年开始尝试在政府的监管下开放水权的转让与交易。目前，越来越多的国家开始重视或准备实施可交易水权制度。

可交易水权制度的运行取决于三个重要环节，即水权界定、水价制定和水权交易管理。

（1）在实践中，水权的清晰界定是一个复杂的过程，在这个过程中，政府的作用至关

重要，特别是在实行公共水权制度的国家，由于水权本来就界定不清，因此政府的作用就更为明显。例如，智利在可交易水权制度实施之前实行的是公共水权制度，为了从公共水权制度向可交易水权制度过渡，智利各级水管理部门做了大量工作，花费了较长的时间来确认传统水权，审批新增水权，解决水权纠纷，只有在水权界定的工作基本完成后，智利才开始逐步实行可交易水权制度。

（2）承认水资源是经济物品，水就必须有价格。例如，美国加利福尼亚州采用了双轨制水价，目的是激励农业灌溉采用节水措施和提高用水效率。具体做法是将水权所规定水量中的一部分按供水成本价收费，其余部分的水价则由市场决定。澳大利亚南部墨累河流域水权交易的水价则完全由市场供求决定。不管采取哪种方法，基本原则是水价不仅要反映水资源的开发利用成本，更重要的是要反映水资源的稀缺程度。

（3）在清晰界定水权和合理制定水价的基础上，要使水权交易得以正常进行，政府还必须加强对水市场的管理，其目的是规范水市场的交易行为，降低交易成本。常采用的措施有：建立健全水法律体系；制定水市场交易规则；对水权交易进行监督并实行申报制度和登记制度等。

可交易水权制度实际上是一种政府和市场相结合的水资源管理制度，即政府为水权交易提供一个清晰、明确的法律框架和法律环境，而把提高水资源的使用效率和配置效率留给市场去解决。这样做不仅避免了水资源利用中的“市场失灵”和“政策失效”，而且还发挥了市场和政府各自的优势，是一种比较成熟和可行的水权制度，从目前各国实践的效果来看，确实起到了节约用水和优化配置水资源的作用。在美国部分地区，为了保持连续不断的用水，如渔业用水、环境保护用水和景观娱乐用水，政府必须保留或购买一些水权。可以说可交易水权制度代表了水资源管理的趋势。

二、国外代表性国家的水权制度

1. 美国的水权制度

美国水权制度的建立历史悠久，目前水权制度已成为全国水资源开发利用和水资源管理的基础。由于美国水权制度是建立在产权私有制度基础上，因此水权作为公民的私有财产而受到法律保护。美国有关水权方面的法律最初为殖民时期的《河岸法》，该法规定毗邻水体和水域的土地所有者拥有水权，但水权不得转让。随着农业在美国的发展，《河岸法》的弊端日益明显，至19世纪中期在美国西部地区开始采用《优先占有法》，其主要法则：一是先占有者具有优先使用权；二是有益用途，即水的使用不能损害他人的利益；三是不用即作废。用水权的优先次序是由各州政府认定的，拥有优先权的用户可以向比他的优先使用次序落后的用水户出售用水权，次序比较靠后的用户也可以向次序较前的用户购买用水权。这样，水资源从边际效益低的使用者向边际效益高的使用者转移，从而使利用水资源的效益和效率得以提高。然而，优先占有权制度也存在一定的不足，于是又出现了将优先占有权制度与滨岸权制度相结合的混合水权制度。

总体来看，美国的水权制度形式多样，滨岸权制度、优先占有权制度、可交易水权制度、混合水权制度、公共水权制度都有使用。比如，在美国东部的阿肯色州、特拉华州、佛罗里达州、佐治亚州等，由于水资源较为丰富，往往采用滨岸权制度；而在美国西部的犹他州、科罗拉多州和俄勒冈州等，由于干旱缺水，用水较为紧张，则通常采用优先占有

权制度；使用混合水权制度的地区也集中在美国西部，如堪萨斯州、内布拉斯加州、北达科他州、南达科他州、俄克拉荷马州以及得克萨斯州等。由于美国是私有制国家，因此使用公共水权制度的地区在美国相对较少，但也不是完全没有。公共水权制度主要是针对航运、渔业、商业目的（如游泳、水上娱乐、休闲）、科学研究以及为满足生态用水需求时，对地表水的开发使用要求。如科罗拉多州，1973年州水利局被授权拥有批准河流维持正常流量的权利，以便能合理地保护自然环境。

2. 日本的水权制度

日本是公共水权制度国家，水资源所有权归国家所有。早在1896年起实施的日本《河川法》中就提出了“流水占用”的概念，阐明江河水归国家所有。在1964年修改《河川法》时，又明确规定“河流属公共财产，不允许将河流水资源归为私有”。用户要使用水资源时，必须经相关部门批准后方可抽取部分河水用于某专项用途，在取水时，还要受以下条件限制：①水权拥有者可根据自己的用水目的取用一定量的水；②水权拥有者不能改变取水用途（如不能将生活用水用于工业生产），如需改变，要先放弃原有的水权，再重新申请新用途的水权；③获得水权转让许可的唯一条件是与水权相关的事物（如土地）要随其财产一起转让给他人或其他团体，且转让后水权将成为他人或其他团体财产的一部分。

日本水权制度的特色是水权管理分工详细。根据用水目的不同，水权分为灌溉水权、工业水权、市政水权、水电水权和渔业水权等几种；根据引水的可靠性，水权又分为稳定水权、丰水年份水权、暂时性水权和视干旱时取水可靠性情况而定的暂时性枯水年份水权。除上述水权外，还有惯例水权。惯例水权规定，水资源的取用是长期的，即使在非灌溉季节，也不用中断，引水量不随灌溉面积的减少而按比例减少。它是在干旱时期，当村民团体间发生用水冲突时，由群众授权的团体在解决冲突的过程中建立和确认的。对于引水，还建立了上游优先权和原有稻田优先权的地方惯例。上游优先权原则是上游用户优先于下游用户获得水资源，这是滨岸权的一种形式，原有稻田优先权类似于“时先权先”的优先占有原则[4]。

通常，新的水权只有在尚存足够的剩余水资源时才准予授予，即当水资源在10年一遇最小流量下，仍可以满足现有水权分配并且还有剩余水量时，才允许授予新水权。河流管理局对河水的取用进行管理，欲从河流中取水的任何人都必须向河流管理局申请获得许可证（相当于我国的取水许可制度）。

在日本，水资源所有权的主体是国家，而水资源使用权可以作为一种私人财产权转让给他人或团体。但是，水权转让必须提出申请并征得河流管理局的同意，如未经批准，不允许从一种用途转为另一种用途。如果要进行水权转让，现有水权者和欲接受水权者必须向有法定资格的河流管理局提出申请，在河流管理局与有关政府机构协商后，根据水的用途及河流的性质来决定水权转让能否成立。在水权转让时，水权必须先交回到河流管理局，再由新的申请人向河流管理局提出申请，经批准后才能得到水权。总体来看，日本现行的水权管理处在政府的强行干预下，水权转让很不灵活。依据《河川法》的规定，不允许水权拥有者把自己的水权直接卖给其他用户，所以现行法律条件下出卖水权是非法的。

3. 英国的水权制度

英国是实行滨岸权制度的传统国家，其水权管理制度主要根据英国的普通法来执行。在英国水权制度下，对于在溪流、河流以及天然渠道的水流不存在所有权问题，即属于公共所有。而对于公共区域内的地下水同样也不存在所有权问题。但是，对于那些在私有土地范围之内积聚的水或天然降水、用人工方法收集起来的自然排水以及水库中的水可以归私人所有。只要水保留在用水者的私人领地内，对这些水的所有权就会继续存在，一旦这些水流出领地，那么又重新变为公共财产。对于非公共区域内的地下水也可能变为个人的私有财产，只要把水抽取并保存在私人领地之内，就可以享有这些水。

对于私人领地内的水，无论是地表水还是地下水，使用水的权利都归地表水岸边的土地占有者所有，或归地下含水层上的土地占有者所有，他们在取水量有限或仅用于生活用水、绿化用水的情况下，可不需要事先取得许可证而直接使用。

对于公共区域内的水，任何人不得以任何形式提水取水，除非持有经地方水务局批准的取水许可证并且按照许可证上的条款进行提水取水活动。取水许可证的申请者必须具备以下条件之一：①是河岸土地占有者；②能说服地方水务局认可其拥有河岸土地；③在拟申请的许可证生效时可拥有相应的土地所有权。取水许可证一般分为两种：一种是直接为提水用水所颁发的许可证；另一种是既可现在用水，又可贮水以备以后使用的许可证。总之，取水者必须经过地方水务局批准并登记注册，才能获得许可。

在用水优先顺序方面，未做出特别条款规定用水优先顺序，只对个别用水，如家庭用水及公共用水的优先地位加以确定[4]。

4. 澳大利亚的水权制度

澳大利亚最早采用的水权制度也是滨岸权制度，在20世纪初认识到该制度不适合相对缺水的澳大利亚国情后，开始逐步推行共有水权制度。澳大利亚联邦政府通过立法，将水权与土地所有权分离，明确规定水资源是公共资源，归州政府所有，并由州政府来界定和分配水权。从20世纪80年代开始，随着水资源供需矛盾的进一步突出，可授权的水量越来越少，在部分地区已审批授权的水量甚至超过了可利用水量，新用水户已很难再通过申请获得水权，于是联邦政府立法允许进行水权交易。到目前为止，澳大利亚的水权交易已在各州广泛推行，且交易额越来越大，以维多利亚州为例，水权永久性转让的年交易量为2500万m^3，临时性转让的年交易量为2.5亿m^3，并形成了固定的水权交易市场（即水市场）。目前，澳大利亚的水权制度已基本转变为可交易水权制度。

澳大利亚是联邦制国家，各州都可以通过立法来管理本行政区域内的水资源。州内的地表水、地下水、降水均属州政府所有，并由州政府控制水的分配使用；州际河流的水资源使用由联邦政府出面协调，并达成有关各州的分水协议。水权从州到城镇再到灌区最后到农户被层层分解。

澳大利亚各州在水权管理方面有所不同，但各州的水法都对水权有明确规定。如在维多利亚州，《维多利亚水法》把水权分为三种类型：一是批发水权，即授予具有灌溉和供水职能的管理机构、电力公司的水权；二是许可证，即授予个人从河道、地下或从管理机构的水利工程中直接取水以及在河道内用水的权利；三是用水权，即灌区内的农户用于生活、灌溉和畜牧用水的权利。

根据《维多利亚水法》，水权的获取一般要经过申请人提出申请、缴纳费用，由水权管理机构通过征求意见、调查研究、决定批准或不予批准申请、发布授权命令等程序来授予。对于获得水权的用户，还要附加必须遵守的义务条件，如取水用途、最大取水量、按时支付水费、承担河道保护和环境保护的责任、采取有效利用水资源的措施等[3]。

澳大利亚采用国家政策与销售合同相结合的方法约束水市场的交易。每个州的水法都对水权交易程序和买卖合同中的有关内容作出了规定。水权交易必须以保护河流生态用水和对其他用户的影响最小为原则。

三、中国的水权制度

建设具有中国特色的水权制度是我国水资源管理体制改革的重要方向，并直接影响到我国水资源是否能被合理的开发、利用和保护。然而，由于我国在水权界定、转让、管理等各方面的研究尚处于摸索阶段，因此，水权制度建设仍然是一项艰巨的任务。

（一）我国现行水权制度介绍

1. 水权的界定

目前，水权及其管理模式在我国还是一个全新的理念，各方面对其理解和认识也不尽相同。在水权界定方面比较有代表性的有“一权说”“二权说”和“多权说”。尽管国内对水权的概念存在争议，但有一点是一致的，即水资源属于国家所有。在我国现行的《中华人民共和国水法》中则明确规定：“水资源属国家所有。水资源的所有权由国务院代表国家行使。”由此可见，我国目前实施的是共有水权制度，其中又以国有水权制度（即公共水权制度）为主，中央政府是法定的国有水权代表。共有水权制度的建立，明确了水资源所有权的主体，便于国家对水资源实行统一管理、协调和调配。

由于我国地域广阔，水资源条件的地区差别很大，中央政府集中管理水权的成本非常高，因此《中华人民共和国水法》中又做出了“国家对水资源实行流域管理与行政区域管理相结合的管理体制”的规定。这样，地方政府和流域管理机构也成了一级水权所有人代表。同一流域的水资源通常以直接的行政调配方式分到各个地区，再通过取水许可制度分配给不同用水者。

取水许可制度是我国实施水权管理的重要手段。自1993年国务院颁布《取水许可制度实施办法》以来，2006年1月24日国务院第123次常务会议又通过《取水许可和水资源费征收管理条例》，并于2006年4月15日起施行，至此我国已初步形成了一套比较完整的取水许可管理机制。《取水许可制度实施办法》和《取水许可和水资源费征收管理条例》规定，利用水利工程或者提水设施直接从江河、湖泊或者地下取水的一切取水单位和个人（农业抗旱取水、消除公共危害取水、维护生态与环境应急取水等特殊情况除外），都应当向水行政主管部门或者流域管理机构申请取水许可证，并缴纳水资源费，获得取水权。尽管取水权表面上看是由行政管理部门批准的权利，但由于长期以来我国政府行政主管部门具有水资源所有权人代表和管理者的双重身份，取水许可证实际上意味着国有水资源所有权人向许可证持有人转让了国有水资源使用权，因此，由取水许可证确定的取水权实际上是最重要的水资源使用权[5]。

2. 水权的转让

长期以来，我国一直是通过行政手段来配置和管理水资源，强调水资源的公共性，并

以法律形式明确禁止了水权转让行为。虽然近年来由于水资源紧缺，对水权转让有所放开，但总体来看，水权转让机制仍处在摸索和试探阶段。我国现有水权制度下的水权转让可以分为两个层次：第一层次是中央或地方政府、流域管理机构等水资源所有权人代表以行政分配手段或取水许可形式将水资源使用权转让给用水单位或个人，实现水资源所有权和使用权的分离；第二层次则是取水许可证在不同用水单位和个人之间的转让，这一层次的水权转让最为活跃，对高效配置水资源的作用也最大。总体来说，我国目前处于不完全开放的水权转让机制，如在《取水许可制度实施办法》中曾明确规定“取水许可证不得转让”“转让许可证的，由水行政主管部门或者其授权发放取水许可证的部门吊销取水许可证、没收非法所得”，而在《取水许可和水资源费征收管理条例》则规定“依法获得取水权的单位或者个人，通过调整产品和产业结构、改革工艺、节水等措施节约水资源的，在取水许可的有效期和取水限额内，经原审批机关批准，可以依法有偿转让其节约的水资源，并到原审批机关办理取水权变更手续”。值得关注的是，2000 年浙江省东阳、义乌两市的水权转让开辟了我国水权转让的先河，成为水权交易实质上的一次重大改革实践。

近年来，我国加快了水权转让制度的建设步伐。水利部在颁布的《开展节水型社会建设试点工作指导意见》(2002 年）中明确提出，开展节水型社会试点的地区在水资源管理过程中应达到“水权明晰”这一效果。水利部在 2005 年出台的《水利部关于水权转让的若干意见》(水政法〔2005〕11 号）中指出，要充分发挥市场机制对资源配置的基础性作用，促进水资源的合理配置，勇于创新，积极开展水权转让实践，为建立完善的水权制度创造更多的经验。在《国务院关于做好建设节水型社会近期重点工作的通知》（国发〔2005〕21 号）中则指出，水权制度是涵盖水资源国家所有，用水户依法取得、使用和转让等一套水资源权属管理的制度体系，要积极推进国家水权制度的建设。特别是党的十八届三中、四中全会将健全自然资产产权制度和健全自然资源产权法律制度作为生态文明建设的重要内容，明确提出“对水流、森林、山岭、草原、荒地、滩涂等自然生态空间进行统一确权登记，形成归属清晰、权责明确、监管有效的自然资源资产产权制度”。水资源作为最基本的自然资源，构建和完善相关制度成为今后水利工作的重点内容之一。水权转让制度的建立，能通过外界的约束和激励，形成用户自觉节水的内在动力，从而促使社会各行各业、个人和集体的自发节水。

（二）我国现行水权制度存在的问题

1. 水权的界定不明确

水权界定不明确是我国现行水权制度中最突出的问题，直接影响到水权的分配、转让、监督和管理等一系列后续工作的开展。前面提到，在我国由中央政府集中行使水权并不现实，因而在实际水资源开发利用中，地方政府和流域管理机构成了事实上的水权所有者，这又造成法定所有权主体与事实所有权主体不一致，导致水资源所有权与政府行政管理权相混淆的局面。无论是中央政府还是地方政府，目前都承担着水权所有人和水资源管理者的双重身份。此外，对于水权体系中的其他权项，如水资源使用权、收益权等，在我国目前的法律体系中都没有具体的体现和界定。也就是说，在水资源使用权、收益权等的权利主体、权限范围、获取条件等方面缺乏可操作性的法律条文。在共有水权形式下，水资源使用权的模糊使得水权排他性和执行效率降低，造成各地区、各部门在水资源开发利用方面的冲突，也不利于水资源保护和可持续利用。

2. 水权的分配和转让制度不合理

在水资源国家所有的前提下，地方政府作为公共事务的服务者和与水有关的利益代表者，由政府机构来负责水权的初始分配这一点毋庸置疑，而在完成初始分配之后，就应该借助市场机制的作用，通过水市场实现用水者之间的水权转让与交易，以使水资源能够得以最优化配置。然而，事实上我国水资源的再次分配基本上由国家控制，主要靠的仍是行政划拨，政府对水资源的无偿或低价供给造成水资源价格严重扭曲，致使用水粗放增长，浪费严重，既缺乏效率又失公平。而从水权转让角度来看，水权拥有者如果对水资源不使用，就应该让其在市场上转让，否则就该放弃该项权利。遗憾的是，我国现行的水权制度没有对水权转让做出相应的规定。虽然我国的《中华人民共和国水法》做出了节约用水并对节约用水成效显著者给予奖励的规定，但这种倡导性的法律规范难以从根本上对用水者的用水发挥节制和激励作用。对水权转让的限制，使得用水者不可能有真正的内在约束和激励，这就必然会造成水资源在实际使用中的低效率，进而直接影响到水资源的可持续利用。

3. 取水许可制度存在许多不确定性

从国外水权管理的实践来看，利用取水许可证进行水权界定和分配，并通过许可证转让来提高水资源配置效率是比较常见的做法。我国自《取水许可制度实施办法》颁布以来，在取水许可管理上已经积累了一些经验，但同样反映出来的问题也很多。首先，没有确定取水的优先次序。在实际中近似于上游优先、生活用水优先，但没有明确的法律规定，在水资源短缺时缺乏灵活的调节机制，临时性的应急方案使得水资源使用权在水量、水质上都存在很大的不确定性，用水者难以把握，且极易引起不同用水者之间的矛盾。其次，取水许可的实施过多依赖行政手段。水行政主管部门承担着水资源分配、调度以及论证取水许可证合理性等诸多责任，常常会因技术、资金等客观条件的限制而难以保证用水权利在不同行业、不同申请者之间的高效配置。何况目前流域机构和省（区）之间、省与省内地区之间在取水许可管理中的关系也尚未理顺，从而使得取水许可总量控制十分困难。再次，取水许可缺乏监督管理的必要手段，特别是缺乏水权获取、变更的登记公示，不利于公众的参与和监督[1]。

4. 缺乏完善的水资源收益补偿机制

现有的法规在规定对水资源实行取水许可制度的同时，也做出了对水资源进行有偿使用的规定，即从地下或者江河、湖泊直接取水的，要交纳水费。但该制度从全国实施的情况来看，并不乐观。我国目前征收的水费主要包括河流管理与维护费用、工程费用、供水成本费用等。由于其构成不尽合理，致使收费标准偏低，不能反映出水资源的稀缺程度。而这种较低的水价对于高效配置水资源的意义不大。同时，排污费和超标排污费本应是国家征收之后用于污染补偿和生态补偿的，而实践中所交的排污费只占应有补偿的很少部分，并且有一部分还未用于污染治理。水资源收益补偿政策的不完善使得水资源保护和治理的资金既得不到保证，也无法适应水资源优化配置的要求[2]。

（三）我国水权制度建设思路

随着我国改革开放的不断深入，以前计划经济体制下的水资源管理模式已不能满足现代水资源管理的需求。要解决我国未来发展所面临的水资源问题，就必须进行水资源管理制度创新，特别是要建立适应中国特色社会主义市场经济体制的水权制度，充分发挥市场机制在水资源配置中的作用。这就要求在水权制度建设中尽快完善初始水权分配机制，加快水权交易机制构建，建立规范的水权制度运行机制。其中，亟需重点加强以下几方面工作。

1. 准确界定水权概念

准确界定水权概念是完善我国水权制度最迫切的要求，其实现过程实际上是一个不断提高水权排他性、提高水资源利用效率的过程。要做到这一步，首先必须在法律中提出完整的水权概念，即包括水资源所有权、使用权、收益权和转让权等多项权利的一组权利集，而不仅仅是水资源所有权。实际上，在我国现行取水许可管理制度中，用户基于取水许可而使用水资源并获取收益的权利已具有了水资源使用权、收益权的涵义，因此，只需在法律中对此加以明确规定，确定其法律地位。其次，要明晰水权主体。我国水资源所有权主体是国家，而水资源使用权主体则可以由企业法人、事业单位、自然人等构成，这样就可将水资源所有权与使用权相互分离，使水资源使用权进入水市场进行转让和交易[1]。

2. 实现水权的初始分配

水权的初始分配实际上就是水资源的初始分配。从水权制度来看，也就是水资源使用权的初次分配，即在对水资源进行第一次分配后获得的使用权，这是水权制度建立的基础。为此，水权的分配方案不仅要考虑技术上可行、经济上合理，更重要的是要考虑分配方案实施后对政治、经济、文化、环境等因素的影响。根据政治民主协商和政府宏观调控的原则，水权的初始分配应该由国家授权的所有权代表——国家水行政主管部门——在充分考虑地区差异、历史用水习惯、经济发展重点、生态用水需要等因素的基础上确定用水数量、优先次序等，并按照国家宏观控制指标及具体的微观定额制定出的分配方案及合法程序来进行分配。此外，水权的初始分配还应留有一定份额的多余水量，以便在必要时进行调节。

3. 建立可转让的水权制度

水资源转让权是一个完整的水权体系中的重要组成部分。允许水权转让是提高水资源配置效率、解决水资源供需矛盾的有效手段。要建立完善的水权制度，应在明晰水权的基础上建立起可转让的水权机制，培育水市场。这可以分三步来实现：首先，在水权初始分配的基础上，可通过发放取水许可证的形式对水资源进行分配，从而将所享有的水权进行量化；其次，对目前取水许可制度中有关规定进行修订，允许许可证持有人在不损害第三方合法权益和不危害水环境状况的基础上，依法转让取水权；最后，建立水市场，通过有条件的许可证转让，实现水权转让。当然，由于水资源特殊的自然属性和经济属性，并不是所有的水权都可以进入市场进行转让，如生活用水、生态用水和其他公益性用水的水权等不能进行转让。此外，水权转让必须是有偿的，这对于促进农业节水、避免农业用水被无偿侵占有一定激励作用[1]。

4. 加强对水权转让的监督和管理

由于水资源的公共性和不可替代性，水权转让受到许多客观条件的限制，涉及多方利益，需要政府加强管理和监督。主要是通过建立水权转让的登记、审批、公示制度来限定水权转让双方的资格、确定水权转让范围、约束水权购买者的用水行为，以及保证市场公平交易的秩序，最大限度地减少或消除水权交易对国家和地区发展目标、环境目标的影响[1]。

第三节　水　　价

水价是微观层次上配置水资源的重要手段，是水资源管理的主要经济杠杆。一个完善合理的水价体系是我国现代水权制度和水资源管理体制建设的必要保障。

一、水价内涵

1. 水资源价值与水价的界定

水价与第五章第三节提到的水资源价值是两个不同的概念。

水资源价值，即水资源本身的价值，是指水资源使用者为了获得水资源使用权需要支付给水资源所有者（包括国家或集体）的一定货币额。它体现了水资源所有者与使用者之间的经济利益关系。水资源价值是水资源有偿使用的具体表现，是对水资源所有者因水资源资产付出的一种补偿，是维持水资源持续供给的最基本前提，是所有权在经济上得以体现的具体结果。

水价（water price），即水的价格，是指水资源使用者使用单位水资源所付出的价格。在制定水价时，不仅要考虑水资源价值，还要考虑工程投入、污水处理、获取利润等各方面的因素，因此如仅仅从金额上来看，水价要比水资源价值数额高。然而，必须要认识到，水资源价值是制定水价的基础，如果不存在水资源价值，那么也没有制定水价的必要。通常，在具体研究中，考虑更多的是作为整体的水价。

2. 水价的构成

按照水资源经济属性的分类，水价制定通常采用三重水价理论，即水价分为资源水价、工程水价和环境水价三个组成部分。当前多数发达国家都在实行这种机制。

（1）资源水价。即水资源价值或水资源费，是水资源的稀缺性的体现，是水权在经济上的实现形式。资源水价是水资源使用权的初次分配价格，是水价体系构成的第一层，直接关系到水权的初始分配。要确定合理的资源水价，首先应建立科学可行的核算体系。该核算体系应具有合理可靠而且可以灵活应对各种情况的核算内容，还能充分反映出与水资源使用有关的责、权、利以及一系列相关因素，诸如水资源的占用、管理、供需状况调节、取水对原有生态系统和自然环境的综合影响、调水工程中水源地与受水地区的利益均衡、以及不同行业用水的收益差别等等，从而体现出水资源使用的有偿性和补偿机制。

（2）工程水价。指水资源从其天然状态经工程措施加工后成为经济物品的加工成本水价。工程水价一般要考虑：工程投资的偿还、工程投资的回报收益、工程运营、管理、维护成本及利润等。它直接关系到水利工程建设与管理资金的筹措，并影响到水资源开发利用的可持续性，因而应该科学核算、合理计费。

（3）环境水价。指经过使用后的水体排出用户范围后污染了他人或公共的水环境，为污染治理和水环境保护所需要付出的代价，其具体体现为污水处理费。在国外这部分费用一般均采用谁污染谁付费的原则予以征收。在考虑这部分费用时应将直接污染和间接污染

等各类污染形式均考虑在内，还应考虑排污费、污水处理费和水质监测费，以便促进水资源保护和水污染防治，推动节水和污水资源化的实施。

在三重水价模式中，工程水价和环境水价主要受取水工程和治污工程的成本影响，通常变化不大；而资源水价作为取得水权的机会成本，受到需水结构和数量、供水结构和数量、用水效率和效益等因素的影响，在时间和空间上不断变化。不同的用水户，在不同地区、不同时间、使用不同水源的不同数量的水，其资源水价是不同的。国家根据水资源和经济社会发展情况主动调整资源水价，就能引导人们自觉调整用水结构和数量，实现水资源的优化配置[2]。

从可持续发展的角度看，三重水价模式反映了水资源的稀缺性，也体现了水资源保护的必要性。三重水价模式应成为我国新阶段制定水价的主要参考依据。

3. 水价与水权的关系

在现代水资源管理体制中，水权是管理的法律依据，水价是管理的经济手段，水资源的优化配置与高效利用则是管理的目的。在一定程度上可以说，水价对水资源的配置和管理起到导向和调节作用。我国目前正处在社会主义市场经济的建立与变革阶段，在水资源管理体制上处于从以往计划经济体制下的陈旧管理模式向适应社会主义市场经济发展需要的、以水权管理为核心的新的管理模式转变的过程中，水价对水权管理起着至关重要的作用。

水权制度是建立在水资源的自然条件基础上，为满足社会、经济和生态用水需要，进行水资源合理配置，并通过立法程序予以确立与保障，以及通过行政管理机制与市场调节机制来实现的一整套水资源管理与配置体系。而水价则是在水权制度运行时，将市场经济规律引入其中的各个环节，对水资源分配、使用、经营、转让等一系列活动起到调节、规范以及促进水资源开发利用过程的良性循环、可持续发展的重要作用。此外，水价的制定还可促进水利建设投资的合理回收，从而保证了水资源开发与管理资金渠道的畅通与资金的合理流转，达到水资源的合理开发、高效利用、可持续发展的目的。

二、水价的制定

（一）水价体系的构成

选择一个适合国情的水价体系是各国制定水价政策的目的，对水资源的开发利用具有重要的影响。水价体系的选择决定了是鼓励用水还是节约用水、是否满足了基本需求、是否促进水资源有效利用以及是否能保证供水企业的正常运行等问题。目前，国际上较流行的水价体系有：①与用水量无关，边际成本（是指增加单位水量所引起的总供水成本增加的金额）为零的统一水价；②单位水价不变的单一计量水价；③由基本水费和计量水费构成的两部制水价；④水价随用水量多少而变化的累进水价和累退水价；⑤随水资源丰枯变化的季节性水价；等等。

统一水价，是指不考虑用水量的变化，用户在规定时间内按照用水规模（如在未安装水表的地区一般按照家庭人口数、农田灌溉面积等来核算）支付一定的费用。由于价格结构单一，征收较方便，目前在我国的农业用水中应用较普遍。但此类水价政策的最大问题是用水浪费严重。

单一计量水价，是按照用水量的大小来计量收费，每单位用水量的价格采用相同收费标准。单一计量水价是我国目前在城市生活用水中普遍实施的水费征收方式，比较简单和容易计算，收费易于管理和推行。但从供水成本考虑，由于单位水量间存在着供水成本的差别（如供水量增多则供水成本下降），因此单一计量水价存在着不同用水量用户间互相补贴的问题。

两部制水价，是将基本水价和计量水价相结合的一种水费计收办法，其收费原则是：在某一用水量以下，收费为一固定值，不随用水量的变化而变化；超过这一用水量时，将采用按单位用水量计费的方式。两部制水价有利于保证供水企业维持固定的收入。两部制水价在我国黄河流域的灌区实施较为普遍，但在水资源紧缺的地区，由于水源无法保证，推行两部制水价较困难。

累进水价和累退水价，是根据用户用水量的级别来制定相应的水价。用水量越多、单位水价越高的是累进水价；用水量越多、单位水价越低的是累退水价。用水量级别的设置一般根据当地的具体情况来定。相对于其他收费政策，累进水价在节约用水方面极大地增强了经济刺激效果，累进水价增幅越大，越有利于水资源的高效利用。当新增供水的边际成本上升时，供水部门经常采用累进水价收费办法，每一级的水被定价于生产这种级别水的长期边际成本，这样将加速全部成本的回收。目前，在工业水价中通常采用累进水价政策。而累退水价的出发点是，当消费水量逐步增加时，供水成本随生产水量的增加而减少，由此用户所付的单位水价也随用水量的增多而减少。累退水价的计算一般基于供水成本，而且符合规模经济的成本变化规律。通常认为，累退水价不鼓励节水。但在某些情况下也不完全正确。如果小用户的用水量所占的比例较大，累退水价将对小用户征收较高的水费，有利于促进节水。因此，节水并不在于选择实施何种水价类别，而在于水价制定时所采用的措施[4]。

此外，有些国家和地区的水价还随季节的变化而出现波动，即季节性水价。例如在美国和澳大利亚，由于夏季用水量比其他季节多，特别是绿地和户外的用水量增加，增加供水的边际成本将上升，水价比其他季节高。在智利，干旱季节和正常季节也实行不同的水价，干旱季节水价高于正常季节。由于季节性水价能比较灵活地反映供求和成本的变化规律，促使企业及时调整生产方式和改善管理。目前，我国部分地区也开始实行该水价政策。如山西潇河灌区的做法是：当来水流量低于某一水平时，对于多供的水量，水价将向上浮动，且浮动幅度接近当季水价的一倍；丰水季节为动员灌区多用水，水价下浮，下浮水价最低可到当季水价的50%[4]。

（二）水价制定的原则

水价的制定是一个涉及经济社会发展方方面面的重大问题，它与国家宏观发展计划、地方水资源条件、社会承受能力以及居民的收入状况等因素有关。制定科学可行的水价是建立合理的水权制度的重要基础，并直接关系到一个合理的水价体系能否得以实现，因此，在制定水价时应注意以下原则。

1. 公平性原则

水是人类生存和发展的基础，人人都享有拥有一份干净水的权利，以满足其基本的生活需求。因此，水价的制定必须使所有人都有能力承担支付日常基本生活用水的费用。此外，在强调消除绝对贫困、满足基本需求的同时，水价制定的公平性原则还必须体现水资

源商品定价的社会公平方面，即水价将影响社会收入的分配。如对于居民生活用水，水价不宜设置过高，应采取保本或政府补贴的形式来制定水价；对于工业用水，由于相同用水量下水资源获取的利润较大，因此应采取低利润的形式来制定水价；对于桑拿、洗车等商业用水，则应采取高利润和累进水价的形式来制定水价。这样，在保证人人都能满足对用水需求外，还通过价格调整缩小了不同行业或用户间的收入差距，保证用户的支付与其所享用的服务相对等。

2. 效率原则

水资源是一种稀缺资源，在制定水价时，必须要考虑通过水价的经济杠杆作用来提高水资源利用效率的可行性。在市场经济条件下，若存在完全竞争，水价将由市场供需关系来决定；而在不完全竞争条件下，水价将不会等于边际成本，供水企业追求利润最大化，使边际成本等于边际收益，限制生产，使市场处于稀缺状态，价格高于边际成本，导致水资源的低效配置。政府部门为了限制垄断者追求超额利润，有必要对供水企业进行管制，以防止产生垄断的定价制度。按传统的做法，就是对受管制的供水企业实施平均成本定价，但这样将偏离边际成本价格，影响水资源的配置效率，因此在某些情况下会寻求一个次优的策略，如对于受水价影响较小的商品，水价可以偏离边际成本价格大一些，而对于受水价影响大的商品，则水价偏离边际成本要小，以尽量促进水资源的高效配置[6]。

3. 成本回收原则

成本回收原则是指水资源的供给价格应不小于水资源的成本价格。成本价格包括工程设施的投资、运营管理费用等。只有水价收益能保证水资源项目的投资回收，维持供水企业的正常运行，才能促进其对水资源项目投资的积极性，同时也吸引其他资金对水资源开发利用的投入，否则将无法保证水资源的持续利用。但目前我国水价的制定，还不受完全开放的市场经济来调节，而是采取国家财政补贴一部分的福利水价。因此成本回收原则往往得不到贯彻，水价水平明显偏低，而制定的水价又不能向用户传递正确的成本信息，所以水资源浪费特别严重。

4. 可持续发展原则

水价的制定，必须有利于水资源的可持续开发利用。尽管水资源是一种可再生的、循环利用的自然资源，但以水资源为物质基础的生态系统和自然环境是无法再生或很难再生的，因此必须提前采取措施加以保护。这就要求在制定水价时，应考虑水资源开发利用的外部成本，即水资源开发利用后对生态系统和自然环境的破坏和影响，并预留一定的价格空间用于补偿取水所带来的环境损失。目前，我国绝大多数城市在征收的水费中都包含有排污费或污水处理费，就是其中一个方面的体现。

在以上四条原则中，水资源高效利用是市场的职能，不在政府的职能之内，但水资源作为一种特殊的商品，政府应通过立法建立合适的体制和提供有效的经济手段，以确保市场发挥资源配置的能力。公平性原则和可持续性原则是政府的职责所在，市场经济不能解决这两个问题，政府需要强行干预，以保证这两条原则的实现。而成本回收是政府在水价制定过程中应替企业考虑的问题。在制定水价时，这四条原则要综合考虑，识别其相互矛盾和冲突的地方，并针对具体情况进行区别对待。例如，对于生活用水等公益性较强的用途，首先需要考虑的是公平性原则，在此基础上再考虑成本回收及资源的高效配置；对于

农业用水，由于国家产业政策的倾斜等原因，农业用水定价首要考虑的是资源的高效配置，然后才是成本回收，而对于公平性原则一般可不予考虑；对于工业用水，由于水是一种生产资料，将计入生产成本，最终将转嫁于商品的购买者，因此工业用水首先应考虑的是资源高效配置和成本回收，同时还必须考虑要获取一定的利润[6]。

（三）水价制定方法

一般来讲，水价的制定方法有三种，即边际成本定价方法、计划定价方法、成本核算方法。

1. 边际成本定价[7]

一般来说，边际成本分为两类：短期边际成本和长期边际成本。按照短期边际成本定价时有两个前提：一是现存资金如不用于供水工程，在短期内将没有别的用途；二是供水工程还存在一定的备用空间，不需要因用户需求增加而去扩建工程规模。由此，额外生产每单位水增加的边际成本（即短期边际成本）为劳动力、化学药品和能源的边际单位成本。按照长期边际成本定价时的前提为：现有工程的供水能力将不能满足长期用水增加的需求，必须投资兴建新工程。因此，长期边际成本为考虑资金将来的边际成本和工程扩容及维持扩容运行的投入后的边际单位成本。计算长期边际成本需要首先弄清全部未来项目的年投资增加量和管网投资、年增加的运行和维持费用、年增加的消耗和成本、年增加的供水量，然后对增加的成本和利润折旧。

长期边际成本关注将来扩容增加的成本，相对于其他定价方法，提供了一个更为确切的对未来资本需求的估计。此外，由于考虑了资金、劳动力和其他投入的机会成本（是指面临多种选择时，选择其中的一种而可能带来在其他方面的损失），长期边际成本定价将有利于推进水资源的高效分配，进而促进水资源保护。但由于低收入者可能支付不起长期边际成本定价的价格，因此该方法从政治或社会角度可能不可接受。也就是说，长期边际成本定价方法是最有效的，但不是公平的。为了改变这种状况，可采取一些措施对长期边际成本定价方法进行修正，以增进社会的公平性。如，以高于长期边际成本的价格供给高收入者，而以低于长期边际成本的价格供给低收入者。在这种情况下，只要保证修正后的总收入等于修正前的总收入就行。修正后，高收入者将付税而低收入者受到补助。

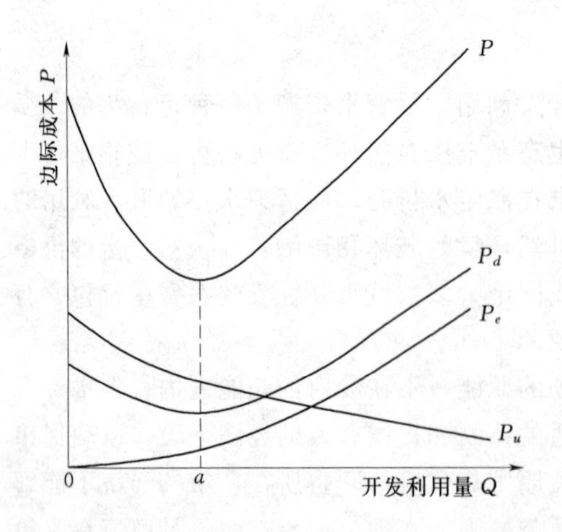

图 8-1　水资源开发利用的边际成本变化示意图
P—水资源开发利用的边际总成本；P_d—水资源开发利用的边际开发成本；P_e—水资源开发利用的边际环境成本；P_u—水资源开发利用的边际利用成本

一般，水资源开发利用的边际总成本 P 可划分为边际开发成本 P_d、边际环境成本 P_e、边际利用成本 P_u 三类。图 8-1 显示的是水资源开发利用中的各种边际成本的变化曲线。随着水资源开发利用程度的提高，其带来的环境影响越来越严重，水资源开发利用的边际环境成本 P_e 将持续上升；相对来讲，在开发利用初期，区域水资源量较丰富，水资源的开发在初期将存在一个规模生产，

边际开发成本 P_d 下降。但随着区域水资源供需矛盾的日益紧张，水资源开发难度将日益提高，有可能需要兴建大型的跨流域调水工程等才能解决水资源矛盾，水资源的边际开发成本 P_d 将上升。因此水资源的边际开发成本呈抛物线形，总是存在一个极小值和一个最优规模。对于水资源利用来讲，其边际利用成本 P_u 是一个持续下降的过程。因此，随着水资源开发利用程度的提高，区域水资源开发利用的边际总成本 P 的变化有可能呈抛物线形，也可能为一不规则的曲线，但存在一个最优点或几个局部最优点（如点 a）。

2. 计划定价法[7]

计划定价法是水价完全由地方政府或水行政主管部门决定，或上述部门参照其他方法来制定水价。其共同之处在于价格是强制实施的。由于该方法事先没有收集和评估水利工程的经济运行状况，因此价格制定很少是基于准确的成本数据，导致水价可能等于成本，也可能低于或高于成本。该方法的显著缺点是水价不能准确反映出水资源供需状况，对供水企业来讲，有可能使企业经营不能随市场的变化作出响应；对用户来讲，制定的价格不能传递正确的商品供需信息，不能对价格的变化作出需求变化反应。

在计划定价法中，存在一个十分著名的价格研究方法，即影子价格法。影子价格，是现行价格背后所隐藏的理论价格，即当社会处于某种最优状态时，能够反映出社会劳动消耗、资源稀缺程度和对最终产品需求情况的价格。而影子水价，则是指在一定的区域内和一定的供水水平下，由于多年平均有效供水增加（或减少）一个单位而造成的区域国民收入的相应增加（或减少）量。从供水单位的角度来看，影子水价反映了区域内水的一种平均临界价格，即当区域内某个供水工程的实际供水成本低于该临界价格时，供水是有利的；反之，则应采用节水，由其他供水工程供水或采用外调水等供水方案。由于影子水价是市场条件下供需动态平衡时的重要价格信号，因此可为实际水价的制定提供理论依据。

影子水价的测算可分为直接法和间接法两种。直接法是指以传统和经典的影子水价为依据，编制涉及国民经济一切重要部门在内的一个庞大的宏观经济线性规划数学模型，再通过优化方法求解影子水价。该方法在理论上可行，但在实际工作中由于涉及面广、工作量大、模型参数难以率定，故未得到广泛应用。目前，应用较广泛的是间接法求解影子水价。根据我国现行的影子水价测算方法，影子水价测算分为投入物和产出物两种情况。作为建设项目的投入物，其影子价格的测算是为了准确计算建设项目的投资费用；作为产出物，其影子价格的测算是为了准确计算供水工程的宏观经济效益。

3. 成本核算法[7]

成本核算法是基于对历史平均供水成本估计的基础上来制定水价的。我国现行城市自来水价、水利工程向城市供水水价等大多是按照该方法制定的。该方法的目的是为弥补运行费用而提供足够的收入，价格计算中所包含的利润率一般取社会平均利润率，同时为满足将来的资本需求，又预备了折旧。其缺点是由于成本数据是历史资料，不能确切反映现在和将来的市场价值的变化。

国务院在 1985 年颁布的《水利工程水费核定、计收和管理办法》中规定，水费标准应在核算供水成本的基础上，根据国家产业政策和水资源状况，对各类用水分别核定。对于工业水费，消耗水按供水部门平均投资计算的供水成本加供水投资的 4%～6%盈余来核定水费标准，水资源短缺地区的水费可略高于以上标准；对于农业以及为改善环境和公共卫生等的用水水费，一般按供水成本核定水费，即利润率为零；对于城镇生活用水水费，一般按供水成本或略加盈余核定，并应遵循以下原则：①成本是价格的最低界限，规定水价不得低于成本，这是为了最大限度地保证水利工程经营单位的基本运行能力，而且必须正确地核算成本；②把部门平均成本作为制定价格的依据，制定价格应以工程正式投入生产后的正常成本为依据，而且应以计划成本为依据；③边际成本和水价的关系，决定商品价格的是边际成本而非平均成本，但确定边际成本有困难，所以一般都采用社会平均成本增加值（增加成本总和除以增加的可供水量）的办法来确定水价。

对于水价中的盈利率问题，主要取决于某一地区的平均工资水平。由于经济社会发展水平的差异，不同地区的资金盈利水平不同，应根据当地的实际情况按不同供水对象分别对待[7]。

第四节　水　　市　　场*

一、水市场的概念及内涵

1. 水市场的定义及分类

水市场，又称为水权交易市场，是为了实现水权平等交易，并利用价格机制来实现水权流转的交易方式。从理论上讲，水市场可以建立在各个水权交易层次上，如用户之间的私人水权交易、水资源开发社团之间的集体水权交易、以及政府或国家之间的公共水权交易。但事实上，越是高层次的水权交易，由于涉及更多的社会、政治因素，其执行起来越困难。因此，目前比较活跃的主要是由用户之间、用户和社团之间进行水权转让而形成的水市场机制。

从水市场的交易形式来看，水市场包括地下水市场、地表水市场、水拍卖和水银行。地下水市场和地表水市场分别以地下水和地表水作为交换商品。水拍卖是指没有配置的或新的水权通过市场拍卖的形式进行分配，用户通过拍卖竞价而获取水权。水银行是一种通过水资源交易中介的有效调控，将多余的水资源存储起来，在需要的时候再提取出来使用，从而有效降低交易成本的市场形式。水资源由于流动性强、水文时空变化明显，因此在供给和需求之间常常存在较大的差距，使用一对一式的现货交易形式成本很高，通过建立水银行可大大降低交易成本。目前，在西方国家的水市场实践中，水银行是一种常用的水市场形式。如1991—1992年，美国加利福尼亚州遭遇大旱，出现了严重的水资源紧缺，当地政府建立了“水银行”，作为唯一的买主收购用户节约水量，调节水资源的供求平衡[8]。

2. 水市场的功能

（1）增加水资源的分配弹性，提高用水效率。水市场可以充分发挥自身对水资源供需关系的自动调节机能，增加水资源的分配弹性。只要任何因用水需求改变而使部门间产生相对边际价值变动时，水市场的自我调节可使水资源移向更高价值的用途。据美国西部推行的水市场经验显示，随着水市场的调节，当地农产品生产正由以种植低价值作物为主转向以种植高价值作物为主，而在各产业之间也出现了由低产值的农业向高产值的工业转移的趋势。所以，水市场有助于用水边际价值差异的缩小，提高用水效率。

（2）规避缺水风险。即使在水资源较充裕的地区，也会由于气候、水文条件的周期性变化而产生水资源量的随机性波动，并引发干旱和缺水现象。此类问题在现实中无法避免，但水市场可以通过对水资源的有效调节，将丰水地区（或时期）多余的水资源储存起来以供缺水地区（或时期）使用，或通过水权交易使水资源由过剩的用户向缺水的用户转移，从而规避缺水风险，有效解决用水危机。

（3）正确引导用水观念，减少浪费。水市场的调节机能可以引导人们改变传统用水观念，克服"水资源无价"的陈旧思想，减少不必要的浪费，通过市场功能来真实反映水资源的价值。

（4）促进水权制度的完善和发展。一个健全、完善的水权制度必须建立在水权自由转让和交易的基础之上，僵化、低效的水权管理体制只能阻碍水资源的合理分配和高效利用。水市场是水权制度中的重要一环，是水权在初始分配后能得以流转的基础条件。它可以提高社会用水总效益，避免"市场失灵"与"政策失效"，同时还是有效提高水权制度的经济效率、社会公平与执行可行性的最佳手段。

3. 水权、水价和水市场之间的关系

在水权初始分配完成以后，则出现了水权交易问题，而进行水权交易必须建立水市场。水市场是运用经济杠杆来调节水的供需关系，促进水资源合理配置和高效利用的有效手段。通过水市场来进行水权交易，可使买方和卖方分别获取自己需要的资源和财富，减少水资源浪费，促进社会福利共同增加。此外，水资源是一种自然资源，它要进入市场进行交换，必须具备能反映其自身价值的贸易价格，水价则是水权交易的桥梁和纽带，它赋予水资源一定的价格并通过水市场来实现交易。

从经济学角度来看，水权、水价和水市场使水权交易具备了商品市场的一般经济特征，但是由于水资源是一种特殊的商品，这又使水权交易不同于商品市场中的商品等价交换。水权的界定、水价的制定、水市场的监督和管理都要依靠政府的宏观指导，需要政府的政策扶持和法制保护，因此，水权交易又不具备完整意义上的商品交易属性特征。

从水权、水价和水市场三者的关系看，水权是水权制度建立的基础，是深化水价改革、完善水市场的必要前提，因此，要建立和发展水市场，首先要明晰水权，明确规定水权是可以交易和转让的，而且是有偿的。"有偿水权的提出是建立水市场的理论基础"，而建立完善的水市场则是水资源优化配置的目的。水价是水权转让的有效形式，是水市场发挥作用的杠杆和手段，水价的调整对于水权交易和水市场的日益完善至关重要[2]。

二、国外水市场基本情况

目前，国外的水市场主要有正规水市场和非正规水市场两种形式。正规水市场是指通过正式的途径对法律所界定的水权进行交换的市场形式，它通常是水权在一定时期内或永久性的转让；非正规水市场是指通过非正式的或私下的途径对传统的水权所进行交换的市场形式，一般是临时性的在相邻用户之间的水资源使用权的交换。非正规水市场先于正规水市场出现。

1. 非正规水市场

在一些常年不能满足用水需求的缺水国家和地区，由于长期以来政府部门在水资源合理配置方面存在着不少政策失效的地方，无法满足广大用户的需求，于是在民间自发形成了一些非正规的水市场。

非正规水市场的典型交易形式是：农户在某季或某段时间将多余的地下水或地表水卖给邻户，或一组农户把多余的水卖给邻组。通过这种方式，将水资源重新分配给更高价值的用途，而不伤害水权持有者自身的利益。此外，水权交易还能鼓励节水和更合理用水。非正规水市场在南亚地区比较普遍，如在印度，全国有超过一半的农田是农民通过非正规水市场购买水资源来进行灌溉的，而在巴基斯坦则有近70%的地域存在着活跃的非正规水贸易。实践证明，在没有政府干预的南亚地区，非正规水市场确实增加了一些最贫困农户的用水机会。例如，在整个印度，每年由于水贸易而获得的收益达13.8亿美元；而在巴基斯坦，水贸易存在的地区，农民的农业收入增加了近40%[9]。

但这些不规范的水权交易有时也带来许多问题。首先，拥有水源的富裕农户以垄断价格向邻近贫困农户收取水费，不合理的水价加剧了收入的不平等。其次，水贸易增加了对地下水的过度开采，抽干或耗尽了尚未及时补给的地下含水层，而且这种现象很难控制。第三，非正规水市场也未考虑对影响区的补偿，上游用户卖的水多于自己实际用水，减少了下游用户的用水量，而下游用户却从上游用户那里得不到任何补偿。第四，由于这种交易多数都是私下进行的，交易的实施、管理和税收难于控制。因此，非正规水市场一般都是现货水销售或单季销售，且通常是在邻里之间进行的。由于不存在长期交易，剥夺了潜在投资者或供水公司获得长期用水的机会。最后，与正规水市场相比，非正规水市场不能带来财政收入，也不能为建设新的基础设施提供足够的资金支持[4]。

2. 正规水市场

正规水市场是继非正规水市场出现之后，逐步完善而形成的。智利和墨西哥是迄今为止仅有的两个建立国家级正规水权交易制度的国家，其水市场体系为缺水的发展中国家树立了一个很好的模式。此外，美国西部和澳大利亚的一些州也建立了类似的制度，但州法律仅涉及本州辖区内的水权交易问题，并且出于政治因素以及保护第三方权益的考虑，州法律对水权交易做了较多的限制。

为了保留并提高非正规水市场所带来的收益，减少因非法和不规范交易而产生的不利影响，智利和墨西哥制定了有关水权交易方面的法律，从而使水市场正规化。正规水市场将初始水权无偿分配给现有用户和水权持有者，并允许他们出租和“现货”售水。

例如，智利的埃尔基河担负了向流域内18700hm^{2}农田灌溉和一座中等城市（约25万人）供水的任务。由于该流域降雨稀少，年平均降雨量不到120mm，因此水资源供需矛盾十分尖锐。为此，地方政府将埃尔基河水分成25000份水权，每份水权在正常年份的取水流量为1L/s。地方政府将水权分配给当地的供水公司和一般用户，再由他们通过水市场进行水权交易和转让。

三、我国水市场的建设

长期以来，我国受计划经济体制的束缚以及传统观念的影响，水资源的商品属性一直难以被人们所认识，水资源分配体制不尽合理、水资源短缺与浪费严重等一系列问题均困扰着经济社会的发展。目前，我国社会主义市场经济体制正在建立，水资源分配体制也应进行相应的改革。这种改革实际上就是建立中国水权制度以及建立具有中国特色的水市场。

（一）水市场的构建

一般意义上的市场应包含以下三方面内容：①交易主体，即谁参加交易；②交易客体，即交易的对象是什么；③如何进行交易，即交易方式或交易规则。一个功能健全的水市场，也应从这三方面来构建：①交易主体包括国家或政府，用水地区、部门、单位，用水户；②交易客体为水资源的使用权和经营权；③交易方式为国家作为水资源所有权的拥有者，将一定数量的水资源使用权出让给用户，用户根据经济效益最大化的原则对拥有的水资源使用权做出决策和选择。决策的结果主要有两种：一是自己使用或用于经营；二是将使用权再次转让给他人。此外，为了确保水资源的高效利用和水市场的有序运行，政府还应成立一定的管理机构对用户的水权转让行为进行必要的管理和监督。水市场的基本构造如图8-2所示。

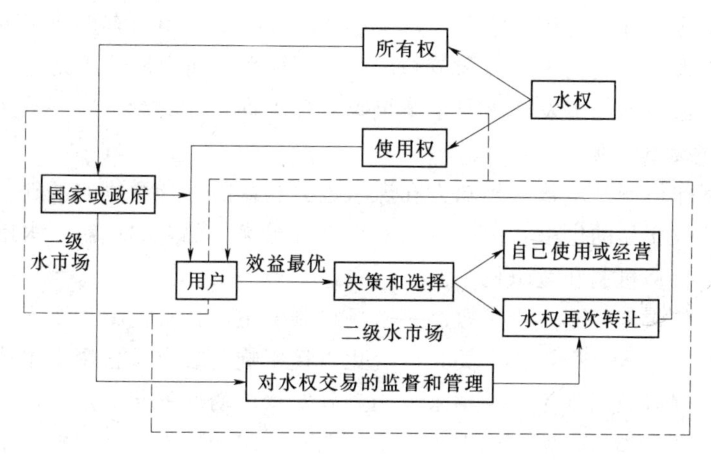

图8-2 水市场的基本构造

按照对水权的操作流程，可将水市场从内部划分为一级水市场和二级水市场。一级水市场主要由水权出让市场构成，所进行的是水资源所有者（国家或政府）和用户之间的初次水权交易；二级水市场主要由水权转让市场构成，所进行的是用户与用户之间的二次水权交易（或转让）。当水市场发育到较高的程度时，则可进一步构建水权金融市场（如水银行），借此拓宽水利建设的融资渠道，推动水利产业的更快发展。

（二）水市场的运行

1. 水市场的运行模式

（1）一级水市场为水权出让市场。其设立的目的主要是将水资源使用权由国家发放到用户手中。国务院水行政主管部门或其授权机构将以水资源所有者的身份来发放取水许可证（或水权证），用水部门、单位、用水户等通过被授予、竞拍等形式获取水资源使用权。水行政主管部门与水权获取者之间必须签订水权出让合同，获取者根据水权出让合同取得取水许可证，并进行水权登记。

（2）二级水市场。二级水市场为水权转让市场。已取得水权的单位或用户，可就其拥有的水权进行转让，但转让必须经水行政主管部门批准后才能进行。转让可通过协议、招标、拍卖等形式进行，交易双方达成一致意见后签订水权转让合同，变更取水许可证并进行水权变更登记。水权转让须遵循一定的法定程序：首先，水权拥有者向水行政主管部门或其授权机构申请进行水权转让；其次，由水行政主管部门负责组织对转让水权的资产评估；第三，水权转让双方签订水权转让合同；最后，进行水权变更登记，转让方变更或注销取水许可证，受让方办理取水许可证。

二级水市场的水权交易可分为临时性水权交易、长期水权交易和永久性水权交易。对于临时性的水权交易，只要在水权交易管理部门备案即可；对于长期的水权交易必须经过专家论证可行，经水行政主管部门审核同意，并进行公告；对于发生永久性水权交易的，要更换水权主体，颁发新的取水许可证，并取消原有取水许可证。

由于我国的水市场模式只能是一种“准市场”或“不完全市场”，因此二级水市场不能完全对外放开，而必须恪守一定的规则：①转让者必须满足自身所需的基本生活和生产用水，这是为了防止在利益驱动下，不顾本区域内的用水需求，盲目追求更大利益；②获取者要保证水资源合理的使用；③要实行有偿使用和限期使用，有偿使用可以从经济利益上激发水权获取者合理利用水资源和节约用水的积极性，而限期使用则是有偿使用的自然延伸，有利于国家根据经济发展需要重新统筹安排水资源分配[2]。

2. 水市场的运作机制[2]

水市场的运作机制是水权交易双方在谋求最大利益而进行竞争的基础上，借助供给量和价格来调节水权交易的供求状况，从而实现水资源优化配置的机制。水市场的运作机制包括供求机制、价格机制和竞争机制。

（1）水市场的供求机制。供求机制是市场机制的主体，其他相关要素的变动都围绕着供求关系而展开。在水市场，供求关系的变化直接影响到政府及各用水主体，决定了水市场内部竞争的开展以及用水主体的用水行为，并对水价的调整起决定作用。

水市场的需求是指买方所表现出来的水权购买要求和能力。水权的需求分为两类：一类是生产用水，如工业用水、农业用水等，其特征是将水资源作为一种必需的生产资料，其水权可能是通过一级水市场的水权出让获取，也可能是通过二级水市场的水权交易获取；另一类是投机需求，其特征是通过在价格波动中以低价买进和高价卖出来盈利或升值，这部分水权主要通过二级水市场的水权交易获取。

水市场的供给是指卖方所表现出来的水权转让意愿和条件。在一级水市场，水权的供给主体是水资源的所有者——国家；在二级水市场，水权的供给主体则变成了水权持有者，他们又被分为两类，一是生产用户，二是投机者。对于生产用户，他们往往在一定水权交易价格的激励下，通过调整用水结构、压缩生产经营规模、增大节水投入等措施，将节省下来的水权投入水市场以获取更大的利润，这是水市场的主要供给来源。对于投机者，由于其持有水权是一种逐利行为，在适当的条件下，也会成为水市场的供给者。

（2）水市场的价格机制。价格是市场的信息传导器，也是引导资源配置的重要手段。在水市场，水价对水权供给者和需求者的决策、对水资源配置起着至关重要的作用，也是重要的引导机制。

水价的信息传递功能表现在以下三个方面：

1）水价可反映水资源的供求状况。在水市场的所有信号中，水价是最灵敏、最有效的“调节器”，是价值规律的外在表现。一般来说，若水权供大于求，则水价下跌；供小于求，则水价上升。

2）水价可反映水资源的稀缺程度。水价不仅反映了水资源在经济社会运行过程中所起的作用，还反映出水权的机会成本，反映出所耗费的水资源对生态系统的影响。

3）水价反映出人们对水资源的依赖程度。

水价的引导机制体现在两个方面：一方面，水价可以引导用户调整生产方向和生产规模。当水价提高时，用户将转向生产低耗水产品，并尽可能地减少生产规模；水价下降时，用户将转向生产高耗水产品，并会扩大生产规模。另一方面，水价可以引导政府对水市场进行宏观调控。在一些特殊情况下，仅靠水市场自身力量无法满足供需平衡关系时，国家将依据水价提供的信息，干预市场活动。例如，当水价大幅度上扬时，预示着水权供给缺口较大，政府可通过降低水资源费、减少水权交易税以及对节水用户实行税收优惠等措施，扩大水权供应量；反之，如水价大幅度下跌，则通过适当调高水资源费、提高水权交易税、购买水权进行储备等形式，减少水权供给量，提高水价，保护用户的节水积极性。

（3）水市场的竞争机制。市场的供求失衡必然会产生竞争，而竞争的出现又推动着供求关系向平衡发展。在水市场，竞争主要来自于三个方面：第一，水权供给者之间的竞争。水权交易的方式包括协议转让、招标转让和竞价拍卖等形式，导致水权竞争的主要因素是价格。一般来说，节水边际成本低的水权最具竞争性，如灌溉用水的节水边际成本远远低于工业用水，因而在水权的供应中，具有一定的竞争优势。第二，水权购买者之间的竞争。水权购买者之间相互竞争的动机，是水资源可以满足生产需要，带来比购买水权更多的利润。其竞争力的大小取决于单位水资源的边际产出高低，边际产出越高，用户的竞争力越强。购买者之间的竞争直接推动了水价升高，并由此推动节水工作的开展。第三，水权供给者和购买者之间的竞争。买卖双方的竞争是市场竞争中的最基本的形式，也是供求关系相互制约的基本反映。供给者想以高价出售手中的水权，提高水权收益；而购买者尽量考虑以最低价格购买水权，以降低生产成本。双方竞争的结果是按照价值规律的要求形成市场价格。

从上述三种机制之间的相互关系来看，供求机制是水市场存在的基础，价格机制是反映市场变化的“晴雨表”，而竞争机制则是水市场运行的驱动力。水价反映了水权的供求状况，并且作为反馈信息，指使着水权供求关系做反向运动；而竞争又是均衡水价形成的重要因素，并促使水权供求关系作出相应的调整。水市场正是在这三种机制的交互作用下，形成某种内部平衡（图8-3）。在这种平衡状态下，水资源得以最充分的利用，配置效率达到最优。

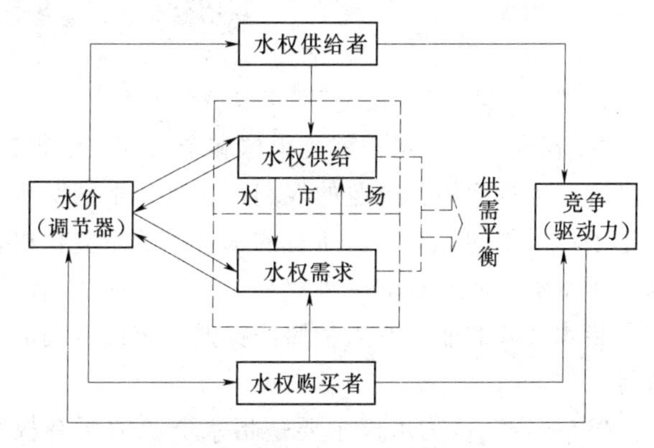

图8-3 水市场的运行机制

（三）水市场的管理

水市场管理是指对水权转让和交易等业务活动制订相应的管理规章或条例，并据此对与水权交易相关的业务活动进行管理。其目标是要充分发挥水市场的调节作用，引导水资源流向高效益产业和用途，提高水资源利用率。同时还要限制水市场的消极作用，防止对水权交易的垄断以及交易过程中的过度投机行为，减少水市场的波动，保护水权持有者的合法利益。另外，水市场管理还要协调国家、水市场中介组织和用户之间的关系，协调水市场同其他市场之间的关系。其最终目标是在政府监管和自我管理相结合的基础上，按照公开、公正与公平的原则，充分发挥市场机制的作用，高效、合理地配置水资源[2]。

水市场管理内容包括法律法规体系、监督体系、调控体系等的建设和正常运行。

水市场的法律法规体系建设，主要包括三个层次：首先，由国家在《中华人民共和国水法》《产权交易法》等相关法律法规中确定水权交易的相关条例，并以此作为水市场管理的依据；其次，水权业务的主管机构（如国家水利部或其授权的地方水行政主管部门）依据有关法律的授权制定各种执行规则、协调措施和对有关法规的解释；第三，在有关法律、法规的授权下，由水权交易机构制定更详细的水权交易组织章程、交易规则和其他自律性细则。水市场管理就是要依据上述法律、法规对水权的转让和交易进行管理。

水市场的监督体系，可分为政府监督和自我监督两个方面。政府监督是根据国家制定的相关法律法规，设立专门机构，对水权交易进行监督管理。政府监督的目的是为了规范和维护水市场的正常秩序。自我监督则是由用水户自发组织成立用水户协会等民间组织，通过制定相应的规则来约束自己行为的举措。

政府对水市场的调控主要表现在三个方面：

（1）政策引导。通过制定产业政策，根据当地水资源状况确定产业发展结构，如在缺水地区，对高耗水产业加以限制，并适当控制城市发展规模；通过调整信贷发放规定和利率优惠的信贷政策，鼓励水市场的形成和发展；通过财政补贴和调整税率，鼓励水权交易。

（2）法律法规调控。通过制定法律法规，规范市场行为，保证水市场的有效运行。

（3）直接干预。可通过设定水权交易的最高限价，控制水价的大幅度上涨。政府通过设立水市场调节基金，对水权进行收购和出售，对水权的供求平衡进行直接干预，以减少水市场的波动[9]。

课外知识

1.“一权说”“二权说”“多权说”介绍[1]

“一权说”认为水权就是单位和个人依照法律法规中的规定，对国家所有或集体所有的水资源进行使用、收益的权利。它是从水资源所有权中派生，在法律约束下形成的、受一定条件限制的、对国家所有的水资源的用益物权。目前有以下代表性的观点：①水权是独立于水资源所有权的一种权利，它是一项法律制度；②水权一般是水资源使用权；③水权是指水资源的非所有人依照法律的规定或合同的约定所享有的对水资源的使用权或收益权等。

“二权说”认为水权主要是指水资源的所有权和使用权。目前有以下代表性的观点：①《水利百科全书》对水权的定义是“部门或个人对地表水、地下水的所有权、使用权”；

②水权就是水的所有权和使用权；③水权包括水资源所有权和用益物权两部分；④水权是产权渗透到水资源领域的产物，主要是指水资源的所有权和使用权等。

“多权说”认为水权是由多个权利组成的权利集合体。我国大多数学者都持“多权说”的观点，且对水权权利范围的界定也有所不同。目前有以下观点：①水权应包括一切与水资源有关的权利，并可以将水权分解为水资源所有权、使用权、收益权和转让权；②水权是包括水资源的所有权、经营权和使用权在内的权利的总和；③水权是由水资源所有权、使用权、配水量权、转让权、交易权等组成；④水权为水资源的所有权和水资源利用和管理过程中有关水的产权，包括水资源所有权、使用权、经营权及与水有关的其他权益；⑤水权是指国家、法人、用户对于不同经济类属的水所取得的所有权、分配权、经营权、使用权，以及由于取得水权而拥有的利益和应承担的义务。

2. 美国西部地区的水权管理

(1) 水权的申请。美国西部地区水权的申请程序大致可划分为三个阶段：第一阶段(1872年以前)，水权的获取仅根据水的引取和有效利用时间来定，完全按照实质性用水的时间先后来进行排序，即实行“时先权先”原则；第二阶段(1872—1914年)，采取在拟引水地点张贴引水告示，并把告示副本送当地政府备案，以此来获得水权；第三阶段(1914年以后)，任何人如打算从河道内取水，无论是直接用水还是蓄水备用都必须向州水资源理事会提出申请，其目的在于明确新用水户的水权和保证老用水户的水权不受影响。

(2) 水权的丧失。通常，水权拥有者如果主动放弃（即不再打算对水进行有效利用的行为）水权，则意味着水权丧失。此外，如果连续5年不使用水权也会自动丧失对水权的拥有。但已被地方政府承认的滨岸权，则既不会因使用与否而获得，也不会因使用与否而丧失。

(3) 水权的裁定。对于未明确的或存在争议的地表水使用权，通常有两种方式来裁定。一是由一个或多个要求使用水资源的申诉人向水资源理事会提出请求；二是由法庭向水资源理事会提出委托书，以表明这是一件发生在申诉人之间的民事案件。根据申诉人的请求或法庭委托书，水资源理事会将开展调查，调查范围包括本河系所有引水工程和用水户，以及可供水量和其他在确定水权工作中所必需的基本资料。在裁决阶段，水资源理事会将向法庭提出包括推荐意见在内的报告，法庭最后作出裁决，裁决内容包括：向每一个当事人明确水权、优先权、水量、用水季节、水的用途、引水地点及其他必要的事项。

(4) 水权的出售和转让。由于美国西部各州已几乎没有可供开发利用的水资源，所以人们将注意力转向通过出售和转让的方式进行水的再分配，但前提是水的使用和转让不会产生任何负面影响。转让方式有的是把水权作临时或长期转让，有的把水权仍保持在所有者手中，而仅把节省出来的水转让给他人。出售和转让遵循自由市场经济的原则，在买卖双方之间自愿进行，而不受政府任何干预。

(5) 水权的管理。长期以来，美国坚持水权私有，并允许水权转让，但水权转让必须由地方水资源管理机构或法院批准，在转让前需要公告。近年来，美国水权管理又出现了新的变化。20世纪80年代初期，美国西部的水市场还只能被称为“准市场”，因为此时的市场实际只是不同用水户之间水权转让，以自发性的小型聚会形式出现。而现在美国西

部地区已建立了较为完备的水权交易体系，水资源营销成为一个普遍现象，在某些地区甚至还出现了股份制形式的水银行，即将每年供水量按照水权分成若干份，以股份制形式对水权进行管理。

3. 我国水权交易试点工作进展回顾

长期以来，我国在水权交易实践方面开展了大量的试点工作，有效推动了我国水权制度建设。2000年的“东阳-义乌”水权交易是我国首例水权交易，此次交易打破了以往单一行政配水的格局，对我国水权制度建设具有很好的推动作用。此次水权交易通过协议的形式来实现，具体做法是义乌作为受让方一次付费2亿元购买东阳横棉水库每年4999.9万m^3水的使用权，水权转让后所有权不发生变化；义乌市每年向横棉水库支付每方水0.1元的综合管理费，管道铺设费用由义乌承担。从交易效果来看，横棉水库将多余的水库弃水有偿转让给义乌市，既提高了水资源利用效率，又获得了必要的建设资金；而义乌市则得到了经济发展所需要的水资源量，缓解了水资源供需矛盾，节省了水利建设成本。在当时的背景下此次交易是双赢的局面，同时也促进了跨区域的水资源优化配置，并探索了由市场机制配置资源的可行性。

2002年，水利部在甘肃张掖市开展了基于水权交易的农村节水型社会试点工作。此次工作由当地的水行政主管部门首先对用水户的用水量进行核定，并颁布取水权，再以此为基础推行水票制，用水户根据分配的水量向管理部门购买水票，用水时先交票后取水，水票可以在市场上通过交易获得。从张掖市水权交易试点的效果来看，采用水资源量宏观调控体系和定额微观管理体系能使区域内水资源的配置更加合理，同时还能促进农村产业结构调整，提高用水户参与管理的意识。试点开展后，张掖市灌溉用水效率明显提高，水资源经济效益得到了提升，在满足向下游供水目标的前提下能保障张掖市的快速发展。

从2003年开始内蒙古和宁夏两省开展了水权转让实践工作，主要做法是内蒙古通过对鄂尔多斯南区灌区的节水改造，将节余水量供给包头市新增工业用水户，至2006年全省已有16个项目签订了水权转换协议，涉及转换水量1.3亿m^3，交易资金总额8.4亿元。

2014年，水利部印发了《水利部关于开展水权试点工作的通知》（水资源〔2014〕222号），提出在宁夏、江西、湖北、内蒙古、河南、甘肃和广东7个省区启动水权试点。其中，宁夏回族自治区、江西省、湖北省重点开展水资源使用权确权登记试点工作，在区域用水总量控制指标分解的基础上，结合小型水利工程确权、农村土地确权等相关工作，探索采取多种形式确权登记，分类推进取用水户水资源使用权确权登记；而内蒙古自治区、河南省、甘肃省、广东省重点探索跨盟市、跨流域、行业和用水户间、流域上下游等多种形式的水权交易流转模式。整个水权试点工作，拟通过2～3年时间，在水资源使用权确权登记、水权交易流转、相关制度建设等方面取得突破，为全国层面推进水权制度建设提供经验借鉴和示范。

4. 世界各国的水价构成[4]

在国外的水价构成中，一些发达国家征收水资源费（即资源水价），反映出对水资源及其开发利用的重视程度；大多数国家征收污水处理费（即环境水价），反映出对水资源的保护已深入人心；而对于供水成本的回收（即工程水价），绝大多数国家主要考虑运行

管理费，但投资费用的回收问题，各国存在着较大差异。

日本的水费划分十分详细，生活用水水费包括取水费、折旧费、利息、药品费用、维修费、动力费、工作人员工资及其他；工业用水水费包括药品费、修缮费、动力费、工作人员工资、折旧费及其利息；农业水费是由土地改良费（包括管理费和偿还金）、水利组合费、水泵组合费、渠道费和水泵费等项构成。

英国的水费是由水资源费和供水系统的服务费两部分组成。水资源费包括水资源保护费用和开发费用，其收取原则是：收取的费用应能满足供水和开发水资源的费用要求；除喷灌取水外，所有取水收费均根据许可取水量，而非实际取水量；不同水源、不同季节、不同用途确定不同的收费标准。服务费由水公司向用户收取，包括供水水费、排污费、地面排水费和环境服务费等。

法国的水费主要包括各流域制定的水资源费、污染费、税费以及有关成本等。水资源费是为水资源管理、污水回收水道整修成本和基础设施成本，以及补偿因水道变化给人们带来诸多不便而设定的。污染费是专门为工业和家庭排放污染物而制定的，从理论上讲，污染费应包括污水的处理成本，但实际上只是为了保证预算平衡而设定的。征收排污费的标准取决于污染物排放数量，同时与排放地点也有关系。水的税费共分四类，即单项税、无计量税、非承包税和承包税。

南非的水费一般包括：水资源管理费（包括信息收集费用、水资源检测及利用费用、水资源治理费用）；水资源保护费（包括污水排放和水源保护储备费用、水保持费用等）；供水工程建设、维护等费用（包括勘测、规划费用，设计和施工费用，开发的前期费用，水利工程的运行和维护费用，资产的收益，配水费用等）；实现公平和有效分配水源的费用等。

印度尼西亚从水源取水的水费通过交纳相应的取水服务费来实现。取水服务费有三种：用水补偿费、灌溉服务费和水利基础设施运行与维护费。另外，印度尼西亚政府正在考虑征收水资源服务费。

5. 智利水市场简介[4]

智利在1981年颁布的新水法中规定，政府将地表水和地下水的水权无偿授予现有用水户。水权与土地的使用权分离，除个别限制外，水权拥有者可以任何原因，向任何人按自由协商价格出售水权。此外，水资源使用权还可进行出租。水权按取水流量来确定，但如果可用水量不能满足所有水权的水量要求，就要按比例减少水权。用水户协会负责监督、分配和管理流域、干渠、二级渠道和三级渠道的水权，还可以自己制定水价以及管理一些水利基础设施。而政府则负责管理一些大坝和水库等大型水利工程并向用水户收取水费。

在智利，水资源向生产效率高的用户转移是完全自愿的，且水价没有提高。事实上通过水权交易，水价反而有所下降，其原因在于政府把水市场的运行维护以及制定水价的责任交给了用水户协会，与政府相比，用水户协会能够以较低的成本完成这些工作，因此节省了管理费用并降低了水价。此外，由于有出售多余水的机会，也减少了用户对水资源的浪费。

允许水权交易的最大益处是减少了修建水利工程给环境带来的破坏。例如，智利的拉塞雷纳市通过以低水价向农民购买水权来满足快速增长的水资源需求，而不是通过修建水利工程来增加供水量，这样农民获得了更多的利润，也引发了他们更加积极地使用节水灌溉技术。

思　考　题

1. 结合“一权说”“二权说”和“多权说”，讨论水权的构成。
2. 在水权管理过程中，为什么要先界定初始水权？
3. 目前，国外的基本水权制度都有哪几种形式？请举例说明。
4. 结合“东阳-义乌”水权转让实例，谈谈水权转让的意义和启示。
5. 水价是由哪几部分构成的？
6. 为什么说水权交易对于有效利用水资源具有积极的促进作用？
7. 说明水市场的运行机制，并讨论它们之间的相互关系。
8. 讨论水权、水价、水市场之间的关系。

参　考　文　献

[1] 姜文来，唐曲，雷波，等. 水资源管理学导论［M］. 北京：化学工业出版社，2005.
[2] 李雪松. 水资源制度研究［M］. 武汉：武汉大学出版社，2006.
[3] 黄锡生. 水权制度研究［M］. 北京：科学出版社，2005.
[4] 李晶，宋守度，姜斌，等. 水权与水价［M］. 北京：中国发展出版社，2003.
[5] 蔡守秋. 环境资源法论［M］. 武汉：武汉大学出版社，1996.
[6] 陈家琦，王浩，杨小柳. 水资源学［M］. 北京：科学出版社，2002.
[7] 沈大军，梁瑞驹，王浩，等. 水价理论与实践［M］. 北京：科学出版社，1999.
[8] 王亚华. 水权解释［M］. 上海：上海人民出版社，2005.
[9] 刘伟. 中国水制度的经济学分析［M］. 上海：上海人民出版社，2005.

第九章　水 资 源 规 划

水资源规划是水利部门的重点工作内容之一，对水资源的开发利用起重要指导作用。对水资源规划工作内容和指导思想的认识，是人类在长期水事活动实践过程中形成和发展起来的，它在内容上不断增添新的内涵，在观念上不断引入新的思想，以适应不同发展阶段、不同水资源条件下的水资源开发利用工作。随着我国水利事业的不断发展，水资源规划的指导思想也发生了很大变化，20 世纪 90 年代提出的可持续发展思想、21 世纪初提出的人水和谐思想已引起广泛关注并逐步被接受，以及 2013 年提出的水生态文明思想也在不断影响水资源规划工作。因此，在水资源规划工作内容和指导思想方面也出现很大的变化，以适应现代水资源规划的需要。

本章将介绍水资源规划的概念、编制原则、指导思想、主要工作内容和具体步骤，还将介绍水资源供需预测及供需平衡分析、水资源规划方案的制定与优选方法以及水资源规划报告书的编写。

第一节　水资源规划的概念及意义

水资源规划（water resources planning）概念的形成由来已久，它是人类长期水事活动的产物，是人类在漫长的历史长河中通过防洪、抗旱、开源、供水等一系列的水事活动逐步形成的理论成果，并且随着人类认识的提高和科技的进步而不断得以充实和发展。

一、水资源规划的概念

在我国台湾省 1972 年出版的《中国工程师手册》中认为，“以水之制控及利用为主要对象之活动，统称水资源事业，它包括水害防治、增加水源和用水”，对这些内容的总体安排即为水资源规划[1]。美国的古德曼（A. S. Goodman）认为，水资源规划就是在开发利用水资源的活动中，对水资源的开发目标及其功能在相互协调的前提下作出的总体安排[2]。我国的陈家琦先生则认为，水资源规划是指在统一的方针、任务和目标的约束下，对有关水资源的评价、分配和供需平衡分析及对策，以及方案实施后可能对经济、社会和环境的影响方面而制定的总体安排[3]。左其亭曾给出如下定义：水资源规划是以水资源利用、调配为对象，在一定区域内为开发水资源、防治水患、保护生态系统、提高水资源综合利用效益而制定的总体措施计划与安排[4]。由此可见，水资源规划的概念和内涵随着研究者的认识、侧重点和实际情况不同而有所差异。

水资源规划为将来的水资源开发利用提供指导性建议，它小到江河湖泊、城镇乡村的水资源供需分配，大到流域、国家范围内的水资源综合规划、配置，具有广泛的应用价值和重要的指导意义。

二、水资源规划的任务、内容和目的[2]

水资源规划的基本任务是：根据国家或地区的经济发展计划、保护生态系统要求以及各行各业对水资源的需求，结合区域内或区域间水资源条件和特点，选定规划目标，拟定开发治理方案，提出工程规模和开发次序方案，并对生态系统保护、社会发展规模、经济发展速度与经济结构调整提出建议。这些规划成果，将作为区域内各项水利工程设计的基础和编制国家水利建设长远计划的依据。

水资源规划的主要内容包括：水资源量与质的计算与评估、水资源功能的划分与协调、水资源的供需平衡分析与水量科学分配、水资源保护与灾害防治规划以及相应的水利工程规划方案设计及论证等。

水资源规划的目的是合理评价、分配和调度水资源，支持经济社会发展，改善环境质量，以做到有计划地开发利用水资源，并达到水资源开发、经济社会发展及自然生态系统保护相互协调的目标。

水资源规划的工作内容涉及水文学、水资源学、社会学、经济学、环境学、管理学以及水利工程经济学等多门学科，并需要国家、流域或地区范围内一切与水有关的行政管理部门的通力合作。因此，如何使水资源规划方案既科学、合理，又能被各级政府和水行政主管部门乃至一般用水者所接受，确实是一个难题。

三、水资源规划的类型

根据规划的对象和要求，水资源规划可分为以下几种类型[4]。

1. 流域水资源规划

流域水资源规划是指以整个江河流域为研究对象的水资源规划，包括大型江河流域的水资源规划和中小型河流流域的水资源规划，简称为流域规划。其规划区域一般是按照地表水系空间地理位置来进行划分、并以流域分水岭为研究水资源的系统边界。流域规划内容涉及国民经济发展、地区开发、自然资源与环境保护、社会福利与人民生活水平提高以及其他与水资源有关的问题，研究的对策一般包括防洪、灌溉、排涝、发电、航运、供水、养殖、旅游、水环境保护、水土保持等内容。具体应用时，针对不同的流域，其规划的侧重点有所不同。比如，黄河流域规划的重点是水土保持规划；淮河流域规划的重点是水资源保护规划；塔里木河流域规划的重点是生态系统保护规划。关于江河流域规划，水利部出台了《江河流域规划编制规范》（SL 201—97），可供参考。

2. 跨流域水资源规划

跨流域水资源规划是指以一个以上的流域为对象，以跨流域调水为目的的水资源规划。例如，为“南水北调”工程实施进行的水资源规划，为“引黄（指黄河）济青（指青岛）”“引青（指青龙河）济秦（指秦皇岛）”工程实施进行的水资源规划。跨流域调水，涉及多个流域的经济社会发展、水资源利用和生态系统保护等问题。因此，其规划考虑的问题要比单个流域规划更广泛、更深入，既需要探讨由于水资源的再分配可能对各个流域带来的社会经济影响、环境影响，又需要探讨水资源利用的可持续性以及对后代人的影响及相应对策。

3. 地区水资源规划

地区水资源规划是指以行政区或经济区、工程影响区为对象的水资源规划。其研究内

容与流域水资源规划基本接近，其规划的重点视具体的区域和水资源功能的不同而有所侧重。比如，有些地区是洪灾多发区，水资源规划应以防洪排涝为重点；有些地区是缺水的干旱区，则水资源规划应以水资源合理配置、实施节水措施与水资源科学管理为重点。在进行地区水资源规划时，重点考虑本地区是首要的，但同时还要兼顾更大范围或研究区所在流域的水资源总体规划，不能片面强调当地局部利益而不顾整体利益。

4. 专项水资源规划

专项水资源规划是指以流域或地区的某一专项水资源任务为对象或对某一行业所作的水资源规划。比如，防洪规划、抗旱规划、水力发电规划、灌溉规划、城市供水规划、水资源保护规划、航运规划以及某一重大水利工程规划（如三峡工程规划、小浪底工程规划）等。这类规划针对性比较强，就是针对某一专门问题而开展，但在规划时，不能仅盯住要讨论的专门问题，还要考虑对区域（或流域）的影响以及区域（或流域）水资源利用总体战略。

5. 水资源综合规划

水资源综合规划是指以流域或地区水资源综合开发利用和保护为对象的水资源规划。与专项水资源规划不同，水资源综合规划的任务不是单一的，而是针对水资源开发利用和保护的各个方面，是为水资源统一管理和可持续利用提供技术指导的有效手段。水资源综合规划是在查清水资源及其开发利用现状、分析和评价水资源承载能力的基础上，根据经济社会可持续发展和生态系统保护对水资源的要求，提出水资源合理开发、高效利用、有效节约、优化配置、积极保护和综合治理的总体布局及实施方案，促进流域或区域人口、资源、环境和经济的协调发展，以水资源的可持续利用支持经济社会的可持续发展，实现人水和谐。

四、水资源规划的重要意义

水资源规划是水利部门的重要工作内容，也是开发利用水资源的指导性文件，对人类社会合理开发利用水资源、保障水资源可持续利用和经济社会可持续发展具有十分重要的指导意义。

（1）水资源规划是确保水资源可持续利用、促进经济社会可持续发展的重要保障。水资源是人类社会发展不可缺少的一种宝贵资源，经济社会的良性运转离不开水资源这个关键要素。然而，由于人口增长、工农业发展，目前很多地区的经济社会发展正面临着水问题的严重制约，如防洪安全、干旱缺水、水环境恶化、耕地荒漠化和沙漠化、生态系统退化、人居环境质量下降等。要解决这些问题，必须在可持续发展思想、人水和谐思想的指导下，对水资源进行系统、科学、合理地规划，这样才能为经济社会的发展提供供水、防洪、用水等方面的安全保障。反过来，系统、科学、合理的水资源规划能有效指导水资源开发利用，避免或减少水资源问题的出现，是确保水资源可持续利用、促进经济社会可持续发展、实现人水和谐目标的重要保障。

（2）水资源规划是充分发挥水资源最大综合效益的重要手段。如何利用有限的水资源发挥最大的社会、经济、环境效益，是人们对水资源开发利用追求的目标。然而，由于用水与供水之间的矛盾、工农业生产用水与生态用水之间的矛盾、不同地区用水之间的矛盾以及不同行业用水之间的矛盾，常常会带来水资源不合理开发利用问题，有时尽管出发点是好的，但却没有收到应有的效果。为了充分发挥水资源的最大综合效益，必须做好水资源规划工作。即，根据经济社会发展需求，通过水资源规划手段，分析当前所面临的主要水问题，同时提出可行的水资源优化配置方案，使得水资源分配既能维持或改善生态系统状况，又能发挥最大的社会、经济效益。

（3）水资源规划是新时期水利工作的重要环节。目前，我国水利工作正处于四个转变的过渡时期：从工程水利向资源水利转变；从传统水利向现代水利转变；从以牺牲环境为代价发展经济的观念向提倡人与自然和谐共存的思想转变；从对水资源的无节制开发利用向以可持续发展与人水和谐为指导思想的合理开发转变。这些转变既反映了新时期对水利工作更高的要求，也反映了人类对自然界更理性的认识。水资源规划正是实现这四个转变的重要载体，是体现现代水利思想的重要途径，只有充分运用水资源规划这个重要的技术手段，才能真正实现现代水利的工作目标。

第二节　水资源规划应遵循的原则及指导思想

一、水资源规划应遵循的原则

水资源规划是根据国家的社会、经济、资源、环境发展计划、战略目标和任务，同时结合规划区域的水文水资源状况来开展工作的。这是关系着国计民生、社会稳定和人类长远发展的一件大事，在制定水资源规划时，水行政主管部门一定要给予高度的重视，在力所能及的范围内，尽可能充分考虑经济社会发展、水资源充分利用、生态系统保护的协调；尽可能满足各方面的需求，以最小的投入获取最满意的社会效益、经济效益和环境效益。水资源规划一般应遵循以下原则[4]。

1. 全局统筹、兼顾局部的原则

水资源规划实际上是对水资源本身的一次人为再分配，因此，只有把水资源看成一个系统，从整体的高度、全局的观点，来分析水资源系统、评价水资源系统，才能保证总体最优的目标。一切片面追求某一地区、某一方面作用的规划都是不可取的。当然，“从全局出发”并不是不考虑某些局部要求的特殊性，而应是从全局出发，统筹兼顾某些局部要求，使全局与局部辩证统一。如在对西北干旱地区作水资源规划时，既要考虑到地区之间、城乡之间以及流域上下游之间的水量合理分配，又要考虑对一些局部地区的特殊用水（如防止塔里木河下游台特玛湖干涸和生态退化的用水）。

2. 系统分析与综合利用的原则

如前所述，水资源规划涉及多个方面、多个部门和多个行业。同时，由于客观因素的制约导致水资源供与需很难完全一致。这就要求在做水资源规划时，既要对问题进行系统分析，又要采取综合措施，尽可能做到一水多用、一库多用、一物多能，最大可能满足各方面的需求，让水资源创造更多的效益，为人类做更多的贡献。国外在这方面有许多成功经验值得我们借鉴，如澳大利亚曾以“绿色奥运”的口号获得了2000年奥运会的主办权，其水资源的充分利用和管理具有较强的代表性，在奥运村建有污水处理厂，40%的生活污水经处理后回用于清洗、绿化等用途。

3. 因时因地制定规划方案的原则

水资源系统不是一个孤立的系统，它不断受到人类活动、社会进步、科技发展等外部环境要素的作用和影响，因此它是一个动态的、变化的系统，具备较强的适应性。在做水资源规划时，要考虑到水资源的这些特性，既要因时因地合理选择开发方案，又要留出适当的余地，考虑各种可能的新情况出现，让方案具有一定"应对"变化的能力。同时，要采用"发展"的观点，随时吸收新的资料和科学技术，发现新出现的问题，及时调整水资源规划方案，以满足不同时间、不同地点对水资源规划的需要。

4. 实施可行性的原则

无论是什么类型的水资源规划，在最终选择水资源规划方案时，必须要考虑方案实施的可行性，包括技术上可行、经济上可行、时间上可行。如果事先没有考虑"实施的可行性"这一原则，往往制定出来的方案不可实施，成为一纸空文，毫无意义。比如，有的学者曾提出"把喜马拉雅山炸开一个缺口，让印度洋的水汽进入我国西北地区以增加当地降水，从而改变青藏高原和西北干旱区的面貌"，这种说法可以作为一种科学假想，也可以作为一种畅想，但不能作为水资源规划内容，至少现在实际运作缺乏科学性和可行性。因为炸开喜马拉雅山，是否会对西北地区现有的生态系统有较大扰动，而且即使炸开后，水汽是否能到达我国西北地区、对我国其他地区（如湖南、广东和福建）会产生什么影响，都需要进行科学的论证后再下结论[5]。

二、水资源规划的指导思想

1. 可持续发展指导思想

随着经济社会发展带来的用水紧张，生态退化问题日益突出，可持续发展作为"解决环境与发展问题的唯一出路"已成为世界各国之共识。水资源是维系人类社会与周边环境健康发展的一种基础性资源，水资源的可持续利用必然成为保障人类社会可持续发展的前提条件之一。因此，水资源规划工作必须坚持可持续发展的指导思想。这是社会发展和时代进步的必然要求，也是指导当前水资源规划工作的重要指导思想和基本出发点。

在可持续发展思想指导下的水资源规划的目标，是通过人为调控手段和措施，向经济社会发展和生态系统保护提供源源不断的水资源，以实现水资源在当代人之间、当代人与后代人之间及人类社会与生态系统之间公平合理的分配。

可持续发展指导思想对水资源规划的具体要求可概括如下[4]：

（1）水资源规划需要综合考虑社会效益、经济效益和环境效益，确保经济社会发展与水资源利用、生态系统保护相协调。

（2）需要考虑水资源的承载能力或可再生性，使水资源开发利用在可持续利用的允许范围内进行，确保当代人与后代人之间的协调。

（3）水资源规划的实施要与经济社会发展水平相适应，以确保水资源规划方案在现有条件下是可行的。

（4）需要从区域或流域整体的角度来看待问题，考虑流域上下游以及不同区域用水间的相互协调，确保区域经济社会持续协调发展。

（5）需要与经济社会发展密切结合，注重全社会公众的广泛参与，注重从社会发展根源上来寻找解决水问题的途径，也配合采取一些经济手段，确保"人"与"自然"关系的协调。

水资源规划的编制应根据国民经济和社会发展总体部署，并按照自然和经济的规律，来确定水资源可持续利用的目标和方向、任务和重点、模式和步骤、对策和措施，统筹水资源的开发、利用、治理、配置、节约和保护，规范水事行为，促进水资源可持续利用和生态系统保护[6]。

2. 人水和谐指导思想

大量的历史事实证明，人类必须与自然界和谐共处。人类是自然界的一部分，不是自然界的主人，人类必须抑制自己的行为，主动与自然界和谐共处。水是自然界最基础的物质之一，是人类和自然界所有生物不可或缺的一种自然资源。然而，水资源量是有限的，人类的过度开发和破坏都会影响水系统的良性循环，最终又影响人类自己。因此，人类必须与水系统和谐共处，这就是产生人水和谐思想的渊源。

人水和谐是指“人文系统与水系统相互协调的良性循环状态，即在不断改善水系统自我维持和更新能力的前提下，使水资源能够为人类生存和经济社会的可持续发展提供久远的支撑和保障”[7]。人水和谐思想坚持以人为本、全面、协调、可持续的科学发展观，解决由于人口增加和经济社会高速发展出现的洪涝灾害、干旱缺水、水土流失和水污染等水问题，使人和水的关系达到一个协调的状态，使有限的水资源为经济社会的可持续发展提供久远的支撑，为构建和谐社会提供基本保障[7]。

人水和谐思想包含三方面的内容：①水系统自身的健康得到不断改善；②人文系统走可持续发展的道路；③水资源为人类发展提供保障，人类主动采取一些改善水系统健康，协调人和水关系的措施。简单来说，就是在观念上，要牢固树立人文系统与水系统和谐相处的思想；在思路上，要从单纯的就水论水、就水治水向追求人文系统的发展与水系统的健康相结合的转变；在行为上，要正确处理水资源保护与开发之间的关系[7]。这些正是面向人水和谐的水资源规划需要的指导思想。

人水和谐指导思想对水资源规划的具体要求可概括如下：

(1) 水资源规划的目标需要考虑水资源开发利用与经济社会协调发展，走人水和谐之路。这是水资源规划必须坚持的指导思想和规划目标。

(2) 需要考虑水资源的可再生能力，保障水系统的良性循环，并具有永续发展的水量和水质。这是水资源规划必须保障的水资源基础条件。

(3) 需要考虑水资源的承载能力，协调好人与人之间的关系，限制经济社会发展规模，保障其在水资源可承受的范围之内。这是水资源规划必须关注的重点内容。

(4) 需要考虑有利于人水关系协调的措施，正确处理水资源保护与开发之间的关系。这是水资源规划必须制定的一系列重点措施。

(5) 与可持续发展指导思想一样，同样需要从区域或流域整体的角度来看待问题，考虑流域上下游以及不同区域用水间的相互协调，确保区域经济社会持续协调发展。同样需要注重全社会公众的广泛参与，注重从社会发展根源上来寻找解决水问题的途径。

3. 水生态文明指导思想

中国共产党十八大报告提出“大力推进生态文明建设”。为了贯彻落实党的十八大重要精神，水利部于2013年1月印发了《关于加快推进水生态文明建设工作的意见》，提出

把生态文明理念融入到水资源开发、利用、治理、配置、节约、保护的各方面和水利规划、建设、管理的各环节，加快推进水生态文明建设。

水生态文明是指人类遵循人水和谐理念，以实现水资源可持续利用，支撑经济社会和谐发展，保障生态系统良性循环为主体的人水和谐文化伦理形态，是生态文明的重要部分和基础内容[8]。水生态文明建设是缓解人水矛盾、解决我国复杂水问题的重要战略举措，是保障经济社会和谐发展的必然选择[9]。

根据对水生态文明相关理论的认识，把水生态文明指导思想分成五个层面[9]：

(1) 理论指导层面：以科学发展观为指导，提倡人与自然和谐相处，共同发展，通过人与水的和谐实现人与人、人与社会、人与自然的和谐。

(2) 理论依据层面：认真贯彻党的十八大关于推动生态文明建设的会议精神，结合水利部加快推进水生态文明建设的指导意见，在尊重自然和经济社会发展规律的基础上，本着尊重自然、顺应自然和保护自然的基本原则，坚持节约优先、保护为本和自然恢复为主的方针。

(3) 目标建设层面：以落实最严格水资源管理制度为抓手，以实现经济社会可持续发展和水生态系统良性循环为建设目标，把水生态文明理念融入水资源开发、利用、节约、保护、治理的各方面和水利规划、设计、建设、管理的各环节。

(4) 落实途径层面：通过水资源优化配置、节水型社会建设、水资源节约和保护、水生态系统修复、水利制度建设和保障体系建设等措施，把我国建设成水环境优美和水生态系统良好的社会主义美丽中国。

(5) 精神文化层面：通过水文化传播、水知识普及等途径，倡导先进的水生态伦理价值观，引领合理用水、尊水、敬水的社会主义文化新风尚，营造爱护生态环境的良好风气具有节水、爱水的生活习惯、生产方式。

水生态文明指导思想对水资源规划的具体要求可概括如下：

(1) 水资源规划需要服从水生态文明建设大局，规划目标要满足水生态文明建设的目标要求，通过水资源规划提高水资源对水生态文明建设的支撑能力。

(2) 需要尊重自然规律和经济社会发展规律，充分发挥生态系统的自我修复能力，以水定需、量水而行、因水制宜，推动经济社会发展与水资源开发利用相协调。

(3) 需要关注水利工程建设与生态系统保护和谐发展。不宜过于重视水利工程建设，过于强调水利工程建设带来的经济效益，还应高度关注因工程建设对生态系统的影响，重视进行水生态系统保护与修复。

(4) 需要充分考虑和利用非工程措施，包括水资源管理制度、法制、监管、科技、宣传、教育等，要使工程措施与非工程措施和谐发展。

(5) 需要系统分析、综合规划，包括节约用水、水资源保护、最严格水资源管理制度、水生态系统修复、水文化传播与传承等。

第三节 水资源规划的工作流程

水资源规划的主要内容和工作流程，因规划范围的不同、水资源功能侧重点的不同、所属行业的不同以及规划目标的高低不同，有所差异。但基本程序类似，概括如下（图 9-1）[2]。

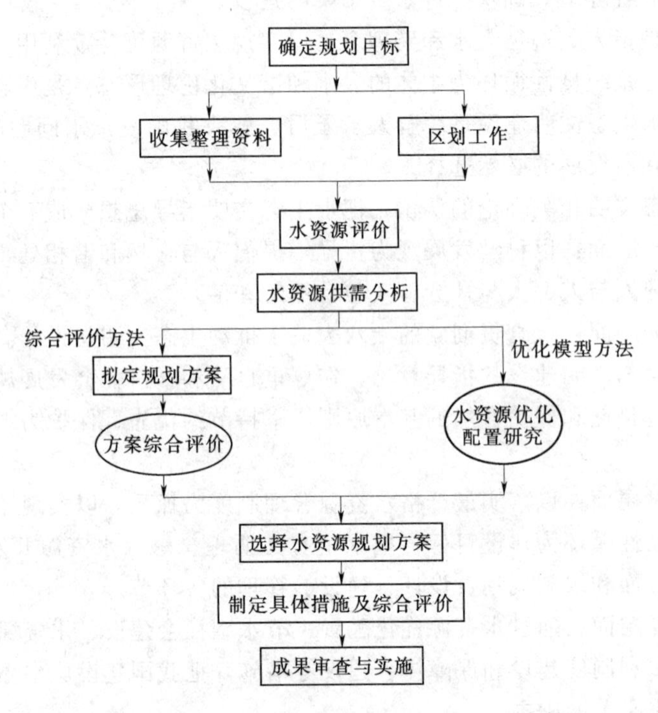

图 9-1　水资源规划工作流程图[2]

1. 确定规划目标

在开展水资源规划工作之前，首先要确立规划的目标和方向，这是后面制定具体方案或措施的依据。满足可持续发展、人水和谐目标是一般水资源综合规划的总体目标。此外，在选择具体规划目标时可以有所偏重，往往要根据规划区域的具体情况和发展需要来制定，比如对于西北干旱地区，水资源规划的目标多是进行生态系统修复和建设；在西南湿润地区，水资源规划的目标多是进行水能的开发和利用；而在华北平原广大地区则多是进行水资源分配、水污染治理和水资源保护。

2. 资料的收集、整理和分析

资料的收集、整理和分析是最繁琐而又最重要的基础工作之一。通常，掌握的情况越具体、收集的资料越全面，越有利于后面规划工作的顺利进行。

水资源规划需要收集的基础资料，包括有关的经济社会发展资料、水文气象资料、地质资料、水资源开发利用资料以及地形地貌资料等。资料的精度和详细程度要根据规划工作所采用的方法和规划目标要求而定。

在收集资料的过程中，还要及时对资料进行整理，包括资料的归并、分类、可靠性检验以及资料的合理插补等。这是对所收集资料的初步处理，也是在资料不全面的情况下所采取的一些必要措施。

另外，在资料整理后，还要进行资料分析，这便于查明规划区域内所存在的问题，并与水资源规划目标进行相互比较和对照。

3. 区划工作

区域划分，又常称为“区划工作”，是水资源规划的前期准备工作，也是十分重要的一项基础工作。由于区域（或流域）水资源规划往往涉及的范围较广，如果笼统地来研究全区的水资源规划问题，常感到无从下手。再者，研究区内各个局部地区的经济社会发展状况、水资源丰富程度、开发利用水平、供需矛盾有无等许多情况不尽相同。所以，要进行适当的分区，对不同区域进行合理的规划。否则，将掩盖局部矛盾，而不能解决许多具体的问题。

因此，区划工作应放在规划工作的起始阶段。其目的是将繁杂的规划问题化整为零，分步研究，避免由于规划区域过大而掩盖水资源分布不均、利用程度差异的矛盾，影响规划效果。

在区划时，一般考虑以下因素：

（1）地形地貌。一方面，不同地形地貌单元，其经济发展水平有差异，比如平原区一般比山区经济发展水平高；一方面，不同地形地貌单元的水资源条件也不相同。

（2）考虑行政区的划分，尽量与行政区划分相一致。由于各个行政区都有自己的发展目标和发展战略，并且，水的管理也常是按照行政区进行的，因此，在进行区划时，把同一行政区放在一起有利于规划。

（3）按照水系进行分区，并考虑区域内供水系统的完整性。水资源的空间分布与水系、流域有很大关系，按水系来分区，有利于维持水资源的空间一致性，提高水资源量的计算精度。

总体来看，区划应以流域、水系为主，同时兼顾供需水系统与行政区划。对水资源贫乏、需水量大、供需矛盾突出的区域，分区宜细些。

4. 水资源评价

水资源评价的内容主要为水资源数量评价和质量评价。合理的水资源评价，对正确了解规划区水资源系统状况、科学制定规划方案有十分重要的作用。

水资源数量评价包括研究区内水文要素的规律研究，降水量、地表水资源量、地下水资源量以及水资源总量计算等内容。水资源质量的评价包括泥沙分析、天然水化学特征分析、水资源污染状况评价等内容。可针对规划区域的具体情况和规划目标，进行评价内容的选取。

5. 水资源供需分析

水资源供需分析，是水资源规划的一项重要工作，它包括水资源开发利用现状分析、供水预测、需水预测、水资源供需平衡分析等内容。其目的是：摸清现状、预测未来、发现问题、指明方向，为今后水资源规划工作、实现水资源可持续利用提供依据。

具体来讲，就是在分析流域水资源特性及开发利用现状的基础上，结合流域经济社会发展计划，预测不同水平年流域供水量、需水量，并进行供需平衡分析，提出缓解主要缺水地区和城市水资源供需矛盾的途径。

6. 拟定和选定规划方案

根据规划问题和目标，拟定若干规划方案，进行系统分析，选出相对较好的一个方案。在这一步，可以采用数学模型方法，构建水资源优化配置模型，优选得到规划方案。

拟定方案对比分析确定规划方案：是在前面五步的基础上，根据规划目标、要求和资料的收集情况，拟定规划方案。方案的数量取决于规划性质、要求以及规划目标、决策变量等。拟定的方案应尽可能反映各方面的意见和需求。

建立数学模型优选得到规划方案：是通过建立水资源优化配置模型，采用计算机模拟技术，对拟选方案进行检验评价，并进一步改善可选方案的结构、功能、状态、效益，直至得到能满足一切约束条件并使目标函数达到极值的优化方案。

7. 实施的具体措施及综合评价

根据选定的规划方案，制定相应的具体措施，并进行社会、经济和环境等多准则综合评价，最终确定水资源规划方案。

对选择的规划方案进行综合评价，实际上是把它实施后与实施前进行比较，来确定可能产生哪些有利的和不利的影响。由于水资源的开发利用涉及社会、经济和生态系统等多个方面，方案实施后，对国民经济发展、社会稳定、生态系统保护均会产生不同程度的影响。因此，必须通过综合评价方法，从多方面、多指标进行综合分析，全面权衡利弊得失，方可确定方案的取舍。

8. 成果审查与实施

依据前面所提出的推荐方案，统筹考虑水资源的开发、利用、治理、配置、节约和保护，研究并提出水资源开发利用总体布局、实施方案与管理模式。

制定总体布局要根据不同地区自然特点和经济社会发展目标要求，努力提高用水效率，合理利用水资源，有效保护水资源，积极利用废污水经处理后的中水、雨水、微咸水和海水等其他水源，统筹考虑开源、节流、治污工程措施的实施。在充分发挥现有工程效益的基础上，兴建综合利用的骨干水利枢纽，增强和提高水资源开发利用程度与调控能力。

实施方案要统筹考虑投资规模、资金来源与发展机制等，做到协调可行。在制定实施方案时，要做到总体目标、任务与具体措施相协调，建设规模与发展机制和生产力相协调。在制定总体实施方案的基础上，可根据实际情况，进一步按节水、水资源保护和供水三个体系制定更具体的实施方案。

最后，把规划成果按程序上报，通过一定程序进行审查。如果审查通过，就可以安排实施；如果提出修改意见，则需要进一步修改或重做。

由于水资源规划是一项内容复杂、涉及面较广的系统工程，在实际规划时，很难一次就能拿出一个让所有部门和个人都十分满意的规划。经常需要多次的反馈、协调，直至认为规划结果比较满意为止。另外，随着外部条件的变化以及人们对水资源系统本身认识的深入，还要经常对规划方案进行适当的修改、补充和完善。

第四节 水资源供需预测及供需平衡分析

一、水资源开发利用情况调查评价

水资源开发利用情况调查评价是水资源规划的基础工作之一，也是水资源评价的重要内容，有时甚至可单独作为一个研究报告，提供给水利工程设计部门以参照选择相应的工程实施方案。本书第六章第四节曾简要介绍了这一方面的工作内容，在此再结合水资源规划的具体要求更详细地讨论水资源开发利用情况调查评价的要求、任务和主要内容。

（一）基本要求

水资源开发利用情况调查评价工作要求：收集整理与用水有关的主要经济社会指标，调查统计供水基础设施及其供水能力、供水量和用水量，分析供、用、耗水量的组成情况及其变化趋势；收集供水水质监测资料，对供水水质进行评价；调查点污染源（工业和城市生活）、面污染源、入河（湖、库）排污口等情况，统计分析污废水和主要污染物的排放量，以及排入河湖库的污废水量和主要污染物量；分析综合用水指标、单项用水指标和用水弹性系数，评价用水水平和用水效率；对各流域的地表水资源开发率、平原区浅层地下水开采率及水资源利用消耗率进行分析计算，评价水资源的开发利用程度；调查分析河道内生态用水和生产用水需求，对地表水过量引用、地下水超采、水体污染等由于水资源不合理开发利用所造成的环境问题进行调查和评价。

（二）主要任务

水资源开发利用情况调查评价主要任务包括两方面：一是“开发”方面，一是“利用”方面。

水资源开发情况调查评价，是分析现状水平条件下，水利工程在流域开发中所起到的作用。这一工作需要调查分析各水利工程的建设发展过程、使用情况和存在的问题；分析其供水能力、供水对象和工程之间的相互影响，并主要分析流域水资源的开发程度和进一步开发的潜力。

水资源利用情况调查评价，是分析现状水平条件下，流域用水结构、用水部门的发展过程和目前的需水水平、存在问题及今后的发展变化趋势。重点分析现状情况下的水资源利用效率。

水资源开发情况调查评价和水资源利用情况调查评价二者既有联系又有区别，水资源开发情况调查评价侧重于对流域水资源开发工程的分析，主要研究流域水资源的开发程度和进一步开发的潜力；水资源利用情况调查评价侧重于对流域内用水效率的分析，主要研究流域水资源的利用率。但二者又是相辅相成的，有时又很难把二者的内容严格划分开。

（三）主要内容

水资源开发利用情况调查评价是调查和评价一个地区水资源利用的合理程度，找出所存在的问题，并有针对性地采取措施促进水资源合理利用的有效手段。本小节将按照水资源开发利用情况调查评价的主要内容进行简单叙述。

1. 经济社会资料分析整理

收集统计与用水有关的经济社会指标，是分析现状用水水平和预测未来需水的基础，其指标主要有人口、工农业产值、灌溉面积、牲畜头数、国内生产总值（GDP）、耕地面积、粮食产量等。当不同部门统计的数据相差较大时，应先分析其原因，再决定取舍；一般情况下，除灌溉面积采用水利部门统计数据外，其他数据应以统计部门为准。

人口分别按城镇人口和乡村人口（也称农村人口）统计，并统计非农业人口。工业分别按总产值和增加值统计，并将火电工业单独列出，水力发电属河道内用水，应将其从工业产值中扣除。灌溉面积分为农田灌溉面积和林牧渔用水面积。农田有效灌溉面积是指具有一定的水源，地块比较平整，灌溉工程或设备已经配套，在一般水平年情景下当年能够进行正常灌溉的耕地面积。农田实灌面积是指当年实际灌水一次以上（包括一次）的耕地面积，在同一亩耕地上无论灌水几次，都按一亩统计。临时抗旱的耕地面积不计入农田灌溉面积。

2. 供水基础设施及供水能力调查统计分析

供水基础设施及供水能力调查统计分析，是以现状水平年为基准年，分别调查统计研究区地表水源、地下水源和其他水源供水工程的数量和供水能力，以反映当地供水基础设施的现状情况。除了对水利部门所属的水源工程进行统计外，对其他部门所属的水源工程及工矿企业的自备水源工程均需进行统计。在统计工作的基础上，通常还应分类分析它们的现状情况、主要作用及存在的主要问题。

供水能力是指区域或供水系统能够提供给用户供水量的大小。它反映了区域内由所有供水工程组成的供水系统，依据系统的来水条件、工程状况、需水要求及相应的运行调度方式和规则，提供给用户不同保证率下的供水量大小。

地表水源工程分为蓄水工程、引水工程、提水工程和调水工程，应按供水系统分别进行统计，要避免重复计算。蓄水工程指水库和塘坝（不包括专为引水、提水工程修建的调节水库），按大、中、小型水库和塘坝分别统计。引水工程指从河道、湖泊等地表水体自流引水的工程（不包括从蓄水、提水工程中引水的工程），按大、中、小型规模分别统计。提水工程指利用扬水泵站从河道、湖泊等地表水体提水的工程（不包括从蓄水、引水工程中提水的工程），按大、中、小型规模分别统计。调水工程指水资源一级区或独立流域之间的跨流域调水工程，蓄、引、提工程中均不包括调水工程的配套工程。蓄、引、提工程规模划分标准：水库工程按总库容划分，大型为库容≥1.0 亿 m^3，中型为 1.0 亿 m^3＞库容≥0.1 亿 m^3，小型为 0.1 亿 m^3＞库容≥0.001 亿 m^3；引、提水工程按取水能力划分，大型为取水能力≥30m^3/s，中型为 30m^3/s＞取水能力≥10m^3/s，小型为取水能力＜10m^3/s；塘坝指蓄水量不足 10 万 m^3 的蓄水工程，不包括鱼池、藕塘及非灌溉用的涝池或坑塘。

地下水源工程指利用地下水的水井工程，按浅层地下水和深层承压水分别统计。浅层地下水指与当地降水、地表水体有直接补排关系的潜水和与潜水有紧密水力联系的弱承压水。

其他水源工程包括集雨工程、污水处理再利用等供水工程。集雨工程是指用人工收集储存屋顶、场院、道路等场所产生径流的微型蓄水工程，包括水窖、水柜等。污水处理再利用工程是指城市污水经污水处理厂集中处理后的污水回用设施，要统计其座数、污水处理能力和再利用量。

3. 供水量调查统计分析

供水量是指各种水源工程为用水户提供的包括输水损失在内的毛供水水量。对于长距离跨流域地表水调水工程，以收水口作为毛供水量的计算点。

在受水区内，可按取水水源细分为地表水源供水量、地下水源供水量和其他水源供水量进行统计。地表水源供水量以实测引水量或提水量作为统计依据，无实测水量资料时可根据灌溉面积、工业产值、实际毛用水定额等资料进行估算。地下水源供水量是指水井工程的开采量，按浅层淡水、深层承压水和微咸水分别统计。其他水源供水量包括污水处理再利用工程、集雨工程的供水量。对于直接利用未经处理的污水利用量也需调查统计，但要求单列，不计入总供水量中。

供水量统计工作，是分析水资源开发利用程度的关键环节，也是水资源供需平衡分析

计算的基础。

4. 供水水质调查统计分析

供水水量调查评价仅仅是供水调查的一方面，还应该对供水的水质进行调查评价。根据地表水取水口、地下水开采井的水质监测资料及其供水量，分析统计供给生活、工业、农业不同水质类别的供水量。

地表水供水水质按《地表水环境质量标准》（GB 3838—2002）评价；地下水供水水质按《地下水质量标准》（GB/T 14848—93）评价。原则上，供水水质按取水口水质统计，若缺乏取水口的水质监测资料，可以进行必要的补测，也可以按相应水功能区的水质类别替代；农村生活及小型灌区等分布较广的取水水质，可按水资源调查评价中相应地区的水质类别代替。

5. 用水量调查统计及用水效率分析

用水量，是指分配给用水户、包括输水损失在内的毛用水量。用水量调查统计分析可按照农业、工业、生活三大类进行统计，并把城（镇）乡分开统计。

农业用水包括农田灌溉和林牧渔业用水。农田灌溉是用水大户，应考虑灌溉定额的差别按水田、水浇地（旱田）和菜田分别统计。林牧渔业用水按林果地灌溉（含果树、苗圃、经济林等）、草场灌溉（含人工草场和饲料基地等）和鱼塘补水分别统计。

工业用水量按用水量（新鲜水量）计，不包括企业内部的重复利用水量。由于各工业行业的万元产值用水量差别很大，而各年份的统计年鉴中对工业产值的统计口径不断变化，因此应将工业划分为火电工业和一般工业进行用水量统计，并将城镇工业用水单列。在调查统计中，对于有用水计量设备的工矿企业，以实测水量作为统计依据，没有计量资料的可根据产值和实际毛用水定额估算用水量。

生活用水按城镇生活用水和农村生活用水分别统计，应与城镇人口和农村人口相对应。城镇生活用水由居民用水、公共用水（含服务业、商饮业、货运邮电业及建筑业等用水）和生态用水（含绿化用水与河湖补水）组成。农村生活用水除居民生活用水外，还包括牲畜用水在内。

在用水调查统计的基础上，计算农业用水量、工业用水量、生活用水量、用水总量，评价用水效率，分析用水变化趋势。

6. 实际消耗水量计算

实际消耗水量，是指毛用水量在输水、用水过程中，通过蒸散发、土壤吸收、产品带走、居民和牲畜饮用等多种途径消耗掉而不能回归到地表水体或地下水体的水量。

农业灌溉耗水量包括作物蒸腾、棵间蒸发、渠系水面蒸发和浸润损失等水量。可以通过灌区水量平衡分析方法进行推求，也可以采用耗水机理建立水量模型进行计算。对于资料条件差的地区，可用实灌亩次乘以次灌水净定额近似作为耗水量。

工业耗水量包括输水和生产过程中的蒸发损失量、产品带走水量、厂区生活耗水量等，可以用工业取水量减去废污水排放量来计算，也可以用万元产值耗水量来估算。

生活耗水量包括城镇、农村生活用水消耗量、牲畜饮水量以及输水过程中的消耗量，其计算可以采用引水量减去污水排放量来计算，也可以采用人均或牲畜标准头日用水量来推求。

7. 水资源开发利用引起不良后果的调查与分析

天然状态下的水资源系统，是未经污染和人类破坏影响的天然系统。人类活动或多或少对水资源系统产生一定影响，这种影响可能是负面的，也可能是正面的，影响的程度也有大有小。如果人类对水资源的开发不当或过度开发，必然导致一定的不良后果，比如，废污水的排放导致水体污染；地下水过度开发导致水位下降、地面沉降、海水入侵；生产生活用水挤占生态用水导致生态系统破坏等。

因此，在水资源开发利用现状分析过程中，要对水资源开发利用导致的不良后果进行全面的调查与分析。

8. 废污水排放量调查分析

废污水排放量是工业企业废水排放量和城镇生活污水排放量的总称，其中火电厂直流式冷却水排放量应单列。要求对工业企业废水排放量、达标排放量、废水处理量以及主要污染物排放量进行调查。主要污染物包括 COD_{cr}、BOD_5、固体悬浮物（SS）、氨氮、挥发酚、总氮、总磷、总汞、总镉等，其中 COD_{cr} 和氨氮为必选项。

根据废污水排放量及水质监测资料，估算主要污染物排放量。并根据工业、城镇生活用水量减去耗水量所推求的排放量，与调查结果进行对比分析，检验用水量、耗水量与废污水排放量的合理性。

在调查统计资料的基础上，分析计算人均生活污水排放量、单位产值工业废水排放量、单位产值各主要污染物排放量、废污水处理率、回用率等指标，并进行综合评价。

9. 用水水平及效率分析

在经济社会资料收集整理和用水调查统计的基础上，分析计算综合用水指标、农业用水指标、工业用水指标和生活用水指标，并评价其用水水平和用水效率及其变化情况。

综合用水指标包括人均用水量和单位 GDP 用水量。农业用水指标按农田灌溉、林果地灌溉、草场灌溉和鱼塘补水分别计算，统一用亩均用水量表示。

工业用水指标按火电工业和一般工业分别计算。火电工业用水指标以单位装机容量用水量表示；一般工业用水指标以单位工业总产值用水量或单位工业增加值用水量表示。资料条件好的地区，还应分析主要行业用水的重复利用率、万元产值用水量和单位产品用水量。重复利用率为重复用水量（包括两次以上用水和循环用水量）在包括循环用水量在内的总用水量中所占百分比。

生活用水指标包括城镇生活和农村生活用水指标。城镇生活用水指标按城镇居民和公共设施分别计算，统一以人均日用水量表示。农村生活用水指标分别按农村居民和牲畜计算，居民用水指标以人均日用水量表示，牲畜用水指标以头均日用水量表示，并按大、小牲畜分别统计。

结合 GDP、农业产值和工业产值的增长速度，分析总用水量、农业用水和工业用水的弹性系数。各种弹性系数计算公式为

总用水弹性系数＝总用水量年增长率/GDP 年增长率

农业用水弹性系数＝农业用水年增长率/农业产值年增长率

工业用水弹性系数＝工业用水年增长率/工业产值年增长率

10. 水资源开发利用程度综合评价

在上述调查分析的基础上，需要对区域水资源的开发利用程度作一个综合评价。具体计算指标包括：地表水资源开发率、平原区浅层地下水开采率、水资源利用消耗率。其中，地表水资源开发率是指地表水源供水量占地表水资源量的百分比；平原区浅层地下水开采率是指浅层地下水开采量占地下水资源量的百分比；水资源利用消耗率是指用水消耗量占水资源总量的百分比。

在这些指标计算的基础上，综合水资源利用现状，分析评价水资源开发利用程度，说明水资源开发利用程度是高等、中等还是低等。

二、需水预测

需水预测是水资源规划的基础。区域（或流域）的需水预测，可以为政府或水行政主管部门提供未来经济社会发展所需的水资源量数据，以便为今后区域的发展规划提供参考依据，预测并提前处理可能出现的各类水问题。

（一）需水量增加的因素

随着我国经济 20 多年的高速发展，水资源的需求量也在迅速增加，在我国许多地区，尤其是西北干旱地区，面临着越来越严重的水资源短缺问题。导致需水量增加的主要因素有：

（1）经济进一步发展。经济发展对水资源需求的影响是双方面的，一方面经济增长需要更多的水资源来支撑工业、农业的发展；另一方面随着人们节水意识的提高和节水技术的进步，经济增长为节水工作的开展提供了必要的人力、物力条件，从而提高水资源利用率，减少需水量。

（2）人口的增长。人口数量的增长必然导致需水量的增加。根据我国人口发展规划预测，到 2050 年人口总数达 16 亿，在现有人口总数基础上再增加 3 亿人，由此导致居民生活用水量也会相应地增加。

（3）城市化进程的加快。随着城市化进程的加快，相应的城市规划、城市建设、城市发展等一系列工程项目实施开工，必将导致城市用水量增加。

（4）生活水平的提高。随着经济的发展，人们对生活质量的追求变得更高，相应的人均日用水量将进一步增加。

（5）改善环境质量。回顾发达国家发展进程，往往在经济发展到一定程度后，又会重视对生态系统的保护和修复，这时水资源的需求量中很大一部分是生态用水。在我国西北地区的黑河流域和塔里木河流域，近几年来开展了一系列的生态修复和建设工程，在水资源规划时都预留了生态需水量。

（二）需水预测的内容

通常按照水资源的用途和对象，可将需水预测分为生产需水、生活需水和生态需水三大类。生产需水是指有经济产出的各类生产活动所需的水量，包括第一产业（种植业、林牧渔业）、第二产业（工业、建筑业）及第三产业（商饮业、服务业）。生活和生产需水统称为经济社会需水。

1. 生产需水

第一产业需水量是指农业生产过程中所需的水量，按产业类型又细化为种植业、林

业、牧业、渔业。农业需水量与灌溉面积、作物构成、田间配套、灌溉方式、渠系渗漏、有效降雨、土壤性质和管理水平等因素密切相关。

第二产业需水量是指在整个工业、建筑业生产过程中所需的水量，包括制造、加工、冷却、空调、净化、洗涤等各方面用水。一个地区的工业需水量大小，与该地区的行业生产性质及产品结构、用水水平和节水程度、企业生产规模、生产工艺、生产设备及技术水平、用水管理与水价水平、自然因素与取水（供水）条件等有关。

第三产业需水量是指商饮业、服务业所需的水量，包括商业、饮食业、货运邮电业、其他服务业、城市消防、公共服务等用水。

2. 生活需水

生活需水是指城镇、农村居民维持正常生活所需的水量（不包括公共用水、牲畜用水），即维持日常生活的家庭和个人用水，包括饮用、洗涤、清洁、冲厕、洗澡等用水。根据地域可分为城市生活需水和农村生活需水。一个地区的生活需水量与该地区的人均收入水平、水价水平、节水器具推广与普及情况、生活用水习惯、城市规划、供水条件和现状用水水平等多方面因素有关。

3. 生态需水

生态需水是维系生态系统最基本生存条件及其最基本环境服务功能所需求的水量，包括森林、草地等天然生态系统需水量，湿地、绿洲保护需水量，城市景观生态需水量，维持河道基流需水量等。它与区域的气候、降水、植被、土壤等自然因素，水资源条件，开发程度，环保意识等多种因素有关。生态需水分为维护生态功能和实施生态建设两类，并按河道内与河道外需水来划分。河道内生态需水量一般分为维持河道基本功能和河口生态的需水量。河道外生态需水量分为城镇环境美化和其他生态建设需水量等。

（三）需水预测的方法

针对不同的用水行业，需水预测方法不同。即使对同一用水行业，也可用多种方法进行预测。通常，需水预测方法中以净定额及水利用系数预测方法为基本方法，有时根据需要也采用其他方法，如趋势法、机理预测法、弹性系数法等，进行相互复核与印证。各规划水平年的需水净定额，要结合节约用水的分析成果、考虑产业结构与布局调整的影响并参考有关部门制定的用水定额标准，确定预测取用值。

1. 工业需水预测方法

工业需水预测，通常根据万元GDP需水量、万元工业产值需水量、万元工业产值增加值需水量，采用净定额法进行计算。对于火（核）电工业可以根据发电量单位需水量为需水定额来进行计算。

有关部门和省（自治区、直辖市）已制定的工业用水定额标准，可作为工业需水定额预测的基本依据。远期工业需水定额的确定，可参考目前经济比较发达、用水水平比较先进国家或地区现有的工业用水定额水平并结合本地发展条件来确定。

工业需水定额的预测方法包括重复利用率法、趋势法、规划定额法和多因子综合法等，以重复利用率法为基本预测方法。

一般情况下，工业用水年内分配相对均匀，仅对于年内用水变幅较大的地区，可通过典型调查进行用水过程分析，计算工业需水量月分配系数，进而确定工业需水的年内需水过程。

2．农业需水预测方法

农业需水包括种植业和林牧渔业需水。种植业主要根据田间灌溉定额和渠系水利用系数来进行计算；林业主要采用灌溉定额法来进行计算；牧业可以按大牲畜和小牲畜日需水定额法进行计算；渔业可以采用亩均补水定额法进行计算。

对于井灌区、渠灌区和井渠结合灌区，应根据节约用水的有关成果，分别确定各自的渠系及灌溉水利用系数，并分别计算其净灌溉需水量和毛灌溉需水量。农田净灌溉定额根据作物需水量扣除有效降水量、地下水利用量等并考虑田间灌溉损失来计算，毛灌溉需水量根据计算的农田净灌溉定额、灌溉面积和比较选定的灌溉水利用系数进行预测。

对于林牧渔业，根据当地试验资料或现状典型调查，分别确定林果地和草场灌溉的净灌溉定额；根据灌溉水源及灌溉方式，确定渠系水利用系数；结合林果地与草场发展面积预测指标，进行林地和草场灌溉净需水量和毛需水量预测。鱼塘补水量为维持鱼塘一定水面面积和相应水深所需要补充的水量，采用亩均补水定额方法计算，亩均补水定额可根据鱼塘渗漏量及水面蒸发量与降水量的差值加以确定。

农业需水具有季节性特点，为了反映农业需水量的年内分配过程，要求提出农业需水量的月分配系数。农业需水量月分配系数可根据种植结构、灌溉制度及典型调查加以综合确定。

3．建筑业和第三产业需水预测方法

建筑业需水预测以单位建筑面积需水量法为主，以建筑业万元增加值需水量法进行复核。第三产业需水可采用万元增加值需水量法进行预测，根据这些产业发展规划成果，结合用水现状分析，预测各规划水平年的净需水定额和水利用系数，进行净需水量和毛需水量的预测。

建筑业和第三产业需水量年内分配比较均匀，仅对年内用水量变幅较大的地区，通过典型调查进行用水量分析，计算需水月分配系数，确定需水量的年内需水过程。

4．生活需水预测方法

生活需水分城镇居民生活需水和农村居民生活需水两类，可采用人均日需水量方法进行预测。根据经济社会发展水平、人均收入水平、水价水平、节水器具推广与普及情况，结合生活用水习惯和现状用水水平，参照建设部门已制定的城市（镇）用水标准，参考国内外同类地区或城市生活用水定额，分别拟定各水平年城镇和农村居民生活需水净定额；根据供水预测成果以及供水系统的水利用系数，结合人口预测成果，进行生活净需水量和毛需水量的预测。

城镇和农村生活需水量年内分配比较均匀，可按年内月平均需水量确定其年内需水过程。对于年内用水量变幅较大的地区，可通过典型调查和现状用水量分析，确定生活需水月分配系数，进而确定生活需水的年内需水过程。

5．生态需水预测方法

可按河道内和河道外两类生态需水口径分别进行预测。不同类型的生态需水量计算方法不同。城镇绿化、防护林草等以植被需水为主体的生态需水量，可采用定额预测方法；湖泊、湿地、城镇河湖补水等，以规划水面的蒸发量与降水量之差为其生态需水量。对以植被为主的生态需水量，要求对地下水水位提出控制要求。其他生态需水，可结合各分区、各河流的实际情况采用相应的计算方法。关于生态需水量的预测方法，详见第七章叙述。

6. 河道内其他需水预测方法

河道内其他生产活动用水（包括航运、水电、渔业、旅游等）一般来讲不消耗水量，但因其对水位、流量等有一定的要求，因此，为做好河道内控制节点的水量平衡，亦需要对此类需水量进行估算。具体可根据其各自的要求和特点，参照有关计算方法分别估算，并计算控制节点的月需水量外包线。

（四）需水定额的确定

从以上方法介绍可以看出，需水定额的确定是需水定额法计算的关键，下面将对需水定额的确定作简单介绍。

1. 工业需水定额

工业需水定额，近期可参考有关部门已制定的用水定额标准，远期可参考目前经济比较发达、用水水平比较先进国家或地区现有的工业用水定额水平，结合本地的发展条件来确定。下面列出 2013 年我国各行政分区工业用水定额，仅供参考，如表 9-1 所示。

表 9-1　　2013 年我国各行政分区工业用水定额　　单位：m^3

行政分区	万元国内生产总值用水量	万元工业增加值用水量	行政分区	万元国内生产总值用水量	万元工业增加值用水量
全国	109	67	河南	75	37
北京	19	14	湖北	118	88
天津	17	8	湖南	136	94
河北	68	19	广东	71	44
山西	59	25	广西	214	100
内蒙古	109	30	海南	137	69
辽宁	52	18	重庆	66	77
吉林	101	44	四川	92	50
黑龙江	252	67	贵州	115	101
上海	57	111	云南	128	67
江苏	97	86	西藏	375	272
浙江	53	36	陕西	56	18
安徽	155	110	甘肃	195	59
福建	94	79	青海	134	30
江西	185	93	宁夏	281	53
山东	40	12	新疆	703	42

资料来源：《中国水资源公报 2013》（中华人民共和国水利部，2013）。

2. 农业需水定额

种植业需水定额，可选择具有代表性的农作物，确定其田间灌溉定额，并结合农作物播种面积、复种指数以及农作物分布，综合确定需水定额。有条件地区，可按农作物分类进行计算。林牧渔业需水定额，可依据试验资料或现状调查资料，确定林草净灌溉定额；鱼塘补水定额，可参考鱼塘渗漏量和水面蒸发量与降水量的差值来确定。我国主要粮棉作物全生育期内田间需水量的灌溉定额如表 9-2 所示，2013 年我国各行政分区农业用水定额，如表 9-3 所示，仅供参考。

表 9－2　　　　　　　　我国主要粮棉作物全生育期灌溉定额

作　　物	地　　区	全生育期内田间需水量/(m³/亩)		
		干旱年	中等年	湿润年
一季稻	东北	250～500	220～500	200～450
一季稻	黄河流域及华北沿海	400～600	350～500	250～500
中稻	长江流域	400～500	300～500	250～450
一季晚稻	长江流域	500～700	450～650	400～600
双季早稻	长江流域	300～450	250～400	200～300
双季早稻	华南	300～400	250～350	200～300
冬小麦	华北	300～500	250～400	200～350
	黄河流域	250～450	200～400	160～300
	长江流域	250～450	200～350	150～280
	东北	200～300	180～280	150～250
	西北	250～350	200～300	—
棉花	西 北	250～500	300～450	—
	华北及黄河流域	400～600	250～500	300～450
	长江流域	400～650	300～500	250～400
玉米	西北	250～300	200～250	—
	华北及黄河流域	200～250	150～200	130～180

资料来源：《水资源管理》(赵宝璋，1994)。

表 9－3　　　　　　　　2013 年我国各行政分区农业用水定额

行政分区	农田实际灌溉亩均用水量/m³	农田灌溉水有效利用系数	行政分区	农田实际灌溉亩均用水量/m³	农田灌溉水有效利用系数
全国	418	0.523	河南	197	0.587
北京	313	0.701	湖北	419	0.490
天津	244	0.669	湖南	527	0.480
河北	238	0.662	广东	737	0.466
山西	201	0.525	广西	923	0.438
内蒙古	314	0.502	海南	937	0.553
辽宁	462	0.576	重庆	284	0.470
吉林	412	0.553	四川	374	0.439
黑龙江	441	0.573	贵州	389	0.441
上海	495	0.727	云南	364	0.440
江苏	465	0.581	西藏	628	0.404
浙江	370	0.575	陕西	326	0.549
安徽	314	0.508	甘肃	542	0.531
福建	639	0.522	青海	692	0.448
江西	636	0.478	宁夏	819	0.464
山东	195	0.622	新疆	651	0.514

资料来源：《中国水资源公报 2013》(中华人民共和国水利部，2013)。

3. 生活需水定额

生活需水定额的确定可参照建设部门制定的城市（镇）用水标准，或参考国内外同类地区城市生活用水定额，结合当地实际情况，分别拟定各水平年城镇和农村生活需水净定额。

2013年我国各行政分区生活用水定额，如表9-4所示。这些数据可为各区域的生活需水量计算提供参考。

表9-4　2013年我国各行政分区生活用水定额　单位：L/(人·d)

行政分区	城镇人均生活用水量	农村居民人均生活用水量	行政分区	城镇人均生活用水量	农村居民人均生活用水量
全国	212	80	河南	148	58
北京	223	132	湖北	282	71
天津	96	87	湖南	253	82
河北	109	70	广东	295	136
山西	130	50	广西	334	132
内蒙古	152	69	海南	310	98
辽宁	179	82	重庆	230	79
吉林	168	68	四川	206	78
黑龙江	169	59	贵州	229	62
上海	311	131	云南	194	72
江苏	223	97	西藏	207	54
浙江	265	116	陕西	140	78
安徽	207	84	甘肃	153	37
福建	294	116	青海	180	40
江西	234	94	宁夏	106	28
山东	112	73	新疆	244	60

资料来源：《中国水资源公报2013》（中华人民共和国水利部，2013）。

（五）需水预测汇总

在生活、生产和生态三大类用户需水预测的基础上，进行河道内和河道外需水预测成果的汇总。

河道外需水量，一般均要参与水资源的供需平衡分析，应按城镇和农村两大供水系统进行需水量的汇总。

河道内需水量，根据河道内生态需水和河道内其他生产需水的对比分析，取月外包过程线。

（六）成果合理性分析

为了保障预测成果具有现实合理性，要求对经济社会发展指标、需水定额以及需水量进行合理性分析。合理性分析主要为各类指标发展趋势（增长速度、结构和人均量变化等）和国内外其他地区的指标比较以及经济社会发展指标与水资源条件之间、需水量与供水能力之间等关系协调性分析等。

三、供水预测

供水预测是以现状情况下水资源的开发利用状况为基础，以当地水资源开发利用潜力

为控制条件，通过经济技术综合比较，制定出不同水平年的水资源开发利用方案，从而进行可供水量预测，为水资源的供需分析与合理配置提供参考依据。

（一）供水系统的分类

按供水工程情况分类，供水系统包括蓄水工程（水库、塘坝）、引水工程、提水工程和调水工程。

按供水水源分类，供水系统包括地表水供水工程、浅层地下水供水工程、其他水源供水工程（包括深层承压水、微咸水、雨水集蓄工程、污水处理再利用工程、海水利用工程）。

按供水用户来分类，供水系统包括城市供水工程、农村供水工程和混合供水工程。

（二）可供水量及开发利用潜力的概念

可供水量是指在不同水平年、不同保证率或不同频率情况下，通过各项工程设施，在合理开发利用的前提下，可提供的能满足一定水质要求的水量。可供水量的概念包含以下内容：①可供水量并不是实际供水量，而是通过对不同保证率情况下的水资源供需情况进行分析计算后，得出的工程设施“可能”或“可以”提供的水量，是对未来情景进行预测分析的结果；②可供水量既要考虑到当前情况下工程的供水能力，又要对未来经济发展水平下的供水情况进行预测分析；③计算可供水量时，要考虑丰、平、枯不同来水情况下，工程能够提供的水量；④可供水量是通过工程设施为用户提供的，没有通过工程设施而为用户利用的水量（比如农作物利用的天然降水、通过吸收的地下水）不能算作可供水量；⑤可供水量的水质状况必须能达到一定的使用标准。

水资源可利用量与可供水量是两个不同的概念，通常情况下，由于兴建的供水工程的实际供水能力同水资源的丰、平、枯水量在时间分配上存在着矛盾，这大大降低了水资源的利用水平，所以可供水量总是小于或等于可利用量。现状条件下的可供水量是根据用水需要能提供的水量，它是水资源开发利用程度和能力的现实状况，决不能代表水资源的可利用量。

水资源开发利用潜力是指通过对现有工程的加固配套和更新改造、新建工程的投入运行和非工程措施的实施后，与现状条件相比所能提高的供水能力。水资源开发利用潜力与水资源可利用量和工程供水能力有关。

（三）影响可供水量的因素

1. 来水条件

来水条件对可供水量的影响较大，不同年份的来水变化以及年内来水随季节的变化，都直接影响到可供水量的大小。来水条件的差异将导致水源供水能力的变化，这就需要通过供水系统的优化调度措施来保证能满足区域需水要求。

2. 用水条件

用水条件是多方面的，包括产业结构、规模、用水性质、节水意识和节水水平等，对于不同区域，由于用水条件不同，算出的可供水量也可能不同。此外，由于水资源是一个相互作用、相互关联的大系统，往往一个地区的用水条件也会限制其他地区的可供水量，如流域上游用水会影响下游的可供水量，河道内的生态用水会影响河道外地区的可供水量。

3. 水质条件

供水的水质必须要达到一定的使用标准，如工业用水水质要求达到Ⅳ类水，生活用水要求达到Ⅲ类水以上，水源地的水质状况会直接影响到可供水量的大小。因此，虽然有的地区水资源总量较大，但由于水质差，可供水量少，从而造成“水质型缺水”。

4. 工程条件

工程条件决定了供水能力的大小，也就影响到可供水量的多少。另外，不同的工程调度运行方式和不同时期设施的变更扩建等，也能导致可供水量的变化。

（四）可供水量计算

1. 地表水可供水量计算

地表水可供水量大小取决于地表水的可引水量和工程的引提水能力。假如地表水有足够的可利用量，但引提水工程能力不足，则其可供水量也不大；相反，假如地表水可引水量小，再大能力的引提水工程也不能保证有足够的可供水量。地表水可供水量计算通式如下：

$$W_{地表可供} = \sum_{i=1}^{t} \min(Q_i, Y_i) \tag{9-1}$$

式中：Q_i、Y_i 分别为 i 时段满足水质要求的可引水量、工程的引提水能力；t 为计算时段数。地表水的可引水量 Q_i 应小于或等于地表水的可利用量。

可供水量预测应考虑不同规划水平年工程状况的变化，既要分析现有工程更新改造和续建配套后新增的供水量，又要估计工程老化、水库淤积和因上游用水增加造成的来水量减少等因素对工程供水能力的影响。对于多水源供水情况，需要联合调算，以避免重复计算供水量。

2. 地下水可供水量计算

一般，可供地下水主要是指矿化度不大于 2g/L 的浅层地下水。地下水可供水量大小取决于机井提水能力和地下水可开采量，其计算通式如下：

$$W_{地下可供} = \sum_{i=1}^{t} \min(G_i, W_i) \tag{9-2}$$

式中：G_i、W_i 分别为 i 时段机井提水能力、当地地下水可开采量；t 为计算时段数。

在确定地下水可供水量时，要考虑相应水平年由于地表水开发利用方式和节水措施的变化所引起的地下水补给条件的变化，相应调整水资源分区的地下水资源可开采量，并以调整后的地下水资源可开采量作为地下水可供水量估算的控制条件。

3. 其他水源的可供水量计算

雨水集蓄利用、微咸水利用、污水处理回用、海水利用和深层承压水利用等，在一定条件下可以作为供水水源，并参与水资源供需分析。因此，在可供水量计算时它们也应被包括进来。当然，这些水源的开发利用区域性特点明显，并具有一定的利用对象和范围。

雨水集蓄利用：可以通过调查、分析现有雨水集蓄工程的供水量大小及其作用和对河川径流的影响，来综合确定现状水平年可供水量。对于规划水平年，在现状水平年可供水量的基础上，再考虑雨水集蓄工程增加的供水量及对河川径流的影响，提出规划水平年雨水集蓄工程的可供水量。

微咸水：可以通过对微咸水的分布及其可利用地域范围和需求的调查分析，综合评价微咸水的开发利用潜力和需求量，提出不同水平年微咸水的可供水量。

污水处理回用量的确定要考虑两方面：一是供水方面，达到一定水质要求的回用水到

底有多少；二是需水方面，可以利用回用水的用水户到底需要多少回用水。经过两方面的综合分析，提出不同水平年污水处理回用可供水量。

海水利用包括海水淡化和海水直接利用两种方式。由于技术和成本较高等问题，至今海水利用还受到很大限制。因此，在确定海水利用量时，要结合海水利用现状，充分考虑技术经济条件和海水利用范围、途径等因素。

深层承压水在一些缺水地区也被开发利用。其可供水量的确定要经过详细的勘察和论证，掌握深层承压水的分布、补给和循环规律，综合评价深层承压水可开发利用潜力，提出各水平年可供水量。

4. 总可供水量计算

总可供水量包括地表水可供水量、浅层地下水可供水量、其他水源可供水量。其中地表水可供水量中包含蓄水工程可供水量、引水工程可供水量、提水工程可供水量以及外流域调入的可供水量。在向外流域调出水量的地区（跨流域调水的供水区）不统计调出的水量，相应的在地表水可供水量中不包括这部分调出的水量。其他水源可供水量包括深层承压水可供水量、微咸水可供水量、雨水集蓄工程可供水量、污水处理再利用量、海水利用量（包括折算成淡水的海水直接利用量和海水淡化量）。

总可供水量中不应包括超采地下水、超过分水指标或水质超标等不合理用水的量。为了满足不同水源与用户对水量和水质的要求，除对可供水量进行预测外，还要对供水水质状况进行分析与预测。

（五）供水预测与供水方案

供水预测与需水预测、水资源保护等工作相互衔接协调，共同组成以水资源配置为中心的动态水资源分析大系统。供水预测是以现状水资源开发利用状况为基础，以当地水资源开发利用潜力为控制条件，通过技术经济综合比较，先制定出多组开发利用方案并进行可供水量预测，以供水资源供需分析与合理配置选用，然后根据计算反馈的缺水程度、缺水类型，以及对合理抑制需求、增加有效供水、保护生态系统的不同要求，调整修改供水方案，再供新一轮水资源供需分析与水资源配置选用，如此，经过多次反复的平衡分析，以水资源配置最终选定的供水方案作为推荐方案。

四、供需平衡分析

水资源供需平衡分析是水资源配置工作的重要内容。它是指在一定区域、一定时段内，对某一水平年（如现状或规划水平年）及某一保证率的各部门供水量和需水量平衡关系的分析。水资源供需平衡分析的实质是对水的供给和需求进行平衡计算，揭示现状水平年和规划水平年不同保证率时水资源供需盈亏的形势，这对水资源紧缺或出现水危机的地区具有十分重要意义。

水资源供需平衡分析的目的，是通过对水资源的供需情况进行综合评价，明确水资源的当前状况和变化趋势，分析导致水资源危机和产生环境问题的主要原因，揭示水资源在供、用、排环节中存在的主要问题，以便找出解决问题的办法和措施，使有限的水资源能发挥更大的社会经济效益。

水资源供需平衡分析的内容包括：①分析水资源供需现状，查找当前存在的各类水问题；②针对不同水平年，进行水资源供需状况分析，寻求在将来实现水资源供需平衡的目标和问题；③最终找出实现水资源可持续利用的规划方案和措施。

1. 供需分析计算

水资源供需分析以计算分区为单元进行计算，以流域或区域水量平衡为基本原理，分析流域或区域内水资源的供、用、耗、排水之间的相互联系，概化出水资源系统网络图（或称系统节点图），计算得出不同水平年各流域（或区域）的相关供需水指标。

系统网络图概化是水资源供需分析的第一步工作。水资源系统网络图要反映影响供需分析中各个主要因素以及各计算分区间的内在联系，它是构建供需分析计算的基础。

水资源供需分析的计算依据是水量平衡原理。因此，对系统网络图中的蓄水工程（水库湖泊）、分水点、计算分区（进一步划分为城镇和农村）等都应建立水量平衡公式。

根据系统网络图并按照流域或区域水资源供需调配原则，采用水资源系统分析原理，选择合适的计算方法，进行不同方案的水资源供需分析。计算方法一般可以分为常规计算方法和模型计算方法。模型可分为模拟模型和数学规划模型，模拟模型具有直观易懂、仿真性强等优点，尤其适合构建输入-输出式的系统响应结构；数学规划模型一般为优化模型。使用何种计算方法取决于研究范围的具体情况、以往的工作基础、人员素质和资料条件，同时要考虑计算成果对客观条件扰动的灵敏度。

对水资源供需分析的计算成果要检验其合理性和精度。通过综合研究分析，结合各流域或区域特点制定一套合理的成果检验方法，建立相应的指标，对主要成果进行分析计算和统计，评价成果的可靠性。

2. 现状水平年供需分析

现状水平年水资源供需分析是指对一个地区当年及近几年水资源的实际供水量与需水量的确定和均衡状况的分析，是开展水资源规划工作的基础。现状供需分析一般包括两部分内容：一是现状实际情况下的水资源供需分析；二是现状水平（包括供水水平、用水水平、经济社会水平）不同保证率下典型年的水资源供需分析。

通过实际典型年的现状分析，不仅可以了解到不同水源的来水情况，各类水利工程设施的实际供水能力和供水量，还可以掌握各用水单位的用水需求和用水定额，为不同水平年的水资源供需分析和对今后的水资源合理配置提供依据。

3. 规划水平年供需分析

在对水资源供需现状分析的基础上，还要对将来不同水平年的水资源供需状况进行分析，这样便于及早进行水资源规划和经济社会发展规划，使水资源的开发利用与经济社会发展相协调。不同水平年的水资源供需分析也包括两部分内容：一是分析在不同来水保证率情况下的供需情况，计算出水资源供需缺口和各项供水、需水指标，并作出相应的评价；二是在供需不平衡的条件下，通过采取提高水价、强化节水、外流域调水、污水处理再利用、调整产业结构以抑制需求等措施，进行重复的调整试算，以便找出实现供需平衡的可行性方案。

4. 水资源供需平衡分析算例

下面介绍郑州市水资源供需平衡分析计算结果。

郑州市位于河南省中部，是河南省政治、经济、文化、科技、交通、商贸中心，国家

历史文化名城，京广、陇海两大铁路干线交汇于此，是全国重要的交通枢纽、流通中心及内陆港口。行政分区为郑州市市区及所辖的5个市和1个县，分别为市区、巩义市、登封市、荥阳市、新密市、新郑市和中牟县。郑州市位处黄河、淮河两大流域，按流域分为6个水资源四级分区，其中淮河流域3个区，黄河流域3个区，分别为沙颍河平原区、沙颍河山区、涡河区、伊洛河区、小浪底-花园口干流区和花园口以下干流区。

现状（2005）年75%保证率（以下叙述均指75%保证率）郑州市总可供水量110257万m^3，总需水量为162450万m^3，总缺水量为52193万m^3，缺水率为32.13%。在规划水平年（2020年），由于实施南水北调中线工程、污水处理厂中水回用、陆浑水库西水东进工程、小浪底向巩义供水工程，增加了可供水量，据规划估算，可供水量为240193万m^3，需水量为230910万m^3，总体不缺水。计算结果如表9-5所示。

表9-5　郑州市水资源供需平衡分析成果汇总表

供需项＼水平年	行政分区	现状（2005年）			2020年		
		50%	75%	95%	50%	75%	95%
可供水量/万m^3	巩义	9520	9338	9040	22055	21855	21535
	登封	9814	9201	8261	12615	11990	11035
	荥阳	7923	7661	7335	19042	18771	18434
	新密	10047	9664	9030	13365	12969	12318
	郑州市区	35791	35399	35023	104695	104227	103757
	新郑	7067	6810	6309	18295	18029	17518
	中牟	32184	32184	32184	52356	52352	52347
	合计	112346	110257	107182	242423	240193	236944
需水量/万m^3	巩义	15978	16309	16431	23622	23921	24118
	登封	8777	8890	9007	11234	11315	11395
	荥阳	18844	19484	19823	23875	24620	24905
	新密	12012	12246	12376	15993	16141	16322
	郑州市区	52462	54624	56962	95249	96600	98820
	新郑	10345	10457	10757	14488	14712	14955
	中牟	37810	40440	41883	40691	43601	44942
	合计	156228	162450	167239	225152	230910	235457
余缺水量/万m^3	巩义	-6458	-6971	-7391	-1567	-2066	-2583
	登封	1037	311	-746	1381	675	-360
	荥阳	-10921	-11823	-12488	-4833	-5849	-6471
	新密	-1965	-2582	-3346	-2628	-3172	-4004
	郑州市区	-16671	-19225	-21939	9446	7627	4937
	新郑	-3278	-3647	-4448	3807	3317	2563
	中牟	-5626	-8256	-9699	11665	8751	7405
	合计	-43882	-52193	-60057	17271	9283	1487

第五节　水资源规划方案的比选与制定

一、规划方案的比选

规划方案的选取及最终方案的制定，是水资源规划工作的最终目标。规划方案通常有多种多样，其产生的效益及优缺点也各不相同，到底采用哪种方案，需要综合分析并根据实际情况而定。因此，水资源规划方案比选是一项十分重要而又复杂的工作。至少需要考虑以下几种因素：

（1）要能够满足不同发展阶段经济发展的需要。水是经济发展的重要资源，水利是重要的基础产业，水资源短缺制约着经济发展。因此，在制定水资源规划方案时，要针对具体问题采用不同的措施。工程型缺水，主要解决工程问题，把水资源转化为生产部门可以利用的可供水源。资源型缺水，主要解决资源问题，如建设跨流域调水工程，以增加本区域水资源可利用量。

（2）要协调好水资源分布与水资源配置空间不协调之间的矛盾。水资源在空间分布上随着地形、地貌和水文气象等条件的变化有较大差异。而经济社会发展状况在地域上分布往往又与水资源空间分布不一致。这时，在制定水资源配置方案时，必然会出现两者不协调的矛盾。这在水资源规划方案制定时需要给予考虑。

（3）要满足技术可行的要求。只有方案中的各项工程能够得到实施，才能实现规划方案的效益。如果其中某一项工程从技术上不可行，以至于不能实施，那么，必将会影响整个规划方案的效益，从而导致规划方案不成立。

（4）要满足经济可行的要求，使工程投资在社会可承受能力范围内，从而使规划方案得以实施。

规划方案只有满足以上各种要求时，才能保证该方案经济合理、技术可行、综合效益也在可接受的范围内。但在众多的规划方案中，到底推荐哪个方案，要认真推敲、分析、研究。

一方面，可以依据水资源优化配置模型（详见第五章），求解或多方案比较得到满足优化配置模型所有约束条件且综合效益最大的方案。也可以采用计算机模拟技术，把水资源优化配置模型编制成计算机程序，通过模拟各种不同配水方案，选择在模型约束条件范围内的最佳综合效益的方案，以此为最佳配水方案。

另一方面，也可以通过方案综合评价得到较优方案。方案综合评价应根据高效、公平和可持续的原则，从技术、经济、环境和社会等方面进行，提出推荐方案在合理抑制需求、有效增加供水和保护生态系统方面的评价结果。

通过比较，选取优化的方案作为推荐方案。对选取的推荐方案再进行必要的修改完善和详细模拟，按合理配置评价指标进行计算和分析，确定多种水源在区域间和用水部门之间的调配方式，提出分区的水资源开发、利用、治理、节约和保护的重点、方向及其联合运行方式等。

二、规划方案涉及的内容

根据水资源规划的研究内容，制定的规划方案应该涉及社会发展规模确定、经济结构

调整与发展速度预估、水资源配置方案制定、水资源保护规划编制等方面。

（一）内容之一：社会发展规模

水资源规划不仅仅针对水资源系统本身，实际上它还涉及社会、经济、环境等多方面。关于这一点，已在上文有详细论述。在以往的流域规划中，常常要求对规划流域和有关地区的经济社会发展与生产力布局进行分析预测，明确各方面发展对流域治理开发的要求，以此作为确定规划任务的基本依据。不同规划水平年的经济社会发展预测应在国家和地区国土资源规划、国民经济发展规划和有关行业中长期发展规划的基础上进行。要求符合地区实际情况，并与国家对规划地区的治理开发要求和政策相适应。简单地讲，也就是在制定水资源规划方案时，考虑规划区域经济社会发展规划，以适应经济社会发展的需求。

而实际上却并非如此简单，经济社会发展与水资源利用、生态系统保护之间相互交叉、相互促进、互为因果。需要通过水资源优化配置模型来制定一个涉及社会、经济、水资源、生态的系统方案。

1. 人口规划

人口是构成一个地区或一个社会的根本因素，也可以说，人口是研究任何一个地区或社会所有问题的一个非常重要的驱动因子。因此，人口规划是社会发展规划中的一个基础性工作。我国是一个人口大国，人口密度较大，人口问题一直是影响经济社会可持续发展的主要因素。控制人口增长、实行计划生育是我国国民经济发展的一项基本国策。

在水资源规划中，适度控制人口增长，不仅可以减小社会发展对水资源产生的压力，而且会促进区域经济社会的可持续发展和改善环境质量。

人口规划，是以水资源规划前期工作——经济社会发展预测成果为基础，根据水资源配置方案的要求，对经济社会发展预测成果进行合理调整，从而制定合理的人口规划。另外，也可以通过水资源优化配置模型直接得到。这种方法是依据一定的人口预测模型，并在一定约束条件下，满足经济社会可持续发展的目标要求和条件约束。也就是说，在水资源优化配置模型中，包括人口预测子模型，通过模型求解得到人口发展规划方案。

2. 农村发展规划

农村是经济社会区域内农业占主要地位的活动场所，在经济活动中，它是构成国民经济第一产业的主要部分。农村发展规划内容包括：农业生产布局、农村土地利用和农业区划、农村乡镇企业规划。

3. 城镇发展规划

城市作为人口和经济高度集中的地区，在整个经济社会发展中起到了重要的作用。研究城市的发展趋势并做好城市发展规划工作，将带动整个区域经济的发展。因此，城镇发展规划是一项十分重要的工作，其主要内容包括：城市化进程，城市土地利用，城市体系建设。

（二）内容之二：调整经济结构与发展速度

我国已经根据社会生产活动的历史发展顺序，划分出三类产业，即第一产业（农业）、第二产业（工业和建筑业）、第三产业。

第一产业：农业。农业作为基础生产力，不仅是农村生活的保障，而且是广大城镇人民所需粮食、蔬菜等基本生活资料的来源，是社会生活安定的基本保障。农业又是工业原料的重要来源，也是国民经济积累的重要来源。

第二产业：工业和建筑业。工业是国民经济的支柱，是国家财政的主要来源，是国民经济综合实力的标志。建筑业创造不可移动的物质产品，可以带动建材工业及其他许多相关产业的增长，是今后相当长时间内我国经济发展的重要增长点。

第三产业：是指第一、第二产业以外的其他部门。第三产业为物质生产部门提供支持，为提高人民生活质量提供服务，为经济发展提供良好的社会环境，是国民经济中越来越重要的组成部分。

在进行水资源规划时，需要按照国家编制的统计资料，并结合地区和行业不同特点，可以重新对行业进行归并和划分，分别统计分析，以满足用水行业配水的要求。

对于水资源规划工作，最终报告要提出的关于经济规划部分的相关成果，至少要包括以下内容：

(1) 对三类产业的总体规划。主要确定三类产业在国民经济建设中的比重，指出重点发展哪些产业，重点扶持哪些产业。明确三类产业的总体布局和结构，实现经济结构合理的发展模式。

(2) 对各行业发展速度进行宏观调控。对部分行业或部门（如对低耗水、低污染行业）进行重点支持，合理提高发展速度；对部分行业或部门（如对高耗水、高污染行业）实行限制发展或取消，以逐步适应发展需要。例如，在有些生态系统破坏严重的地区，要限制农业耕作面积的扩大，甚至要求“退耕还林还草”；而有些行业又要鼓励加强，如旅游业，特别是生态旅游在许多地区很受欢迎。

调整经济结构和发展速度的基础，应是在水资源规划总体框架下，通过水资源优化配置，在一定约束条件下，满足社会、经济、环境综合效益最大的目标。因此，调整经济结构和发展速度规划的一般步骤是：

(1) 合理划分经济结构体系，也就是产业类型及行业划分，并分别统计和分析，作为选择水资源规划模型决策变量的依据，这也是调整经济结构和发展速度的参考因素。

(2) 建立经济发展模型，并与社会发展模型相耦合，建立经济社会发展预测模型。作为系统结构关系约束条件，嵌入到水资源优化配置模型中。

(3) 依据水资源优化配置模型的求解结果，按照经济系统的决策变量，并参考本地区国民经济和社会发展计划，合理调整经济结构和各行业发展规模和速度。

(三) 内容之三：水资源配置方案

水资源配置方案确定，是水资源规划的中心内容。一方面，其内容是为水资源配置方案的选择及制定服务；另一方面，又通过水资源配置方案的制定来间接调控经济社会发展和生态系统保护。这是可持续发展目标下的水资源规划的研究思路，与以往的水资源规划有所不同。

本书第五章已根据新的指导思想和目标，介绍了建立水资源优化配置模型的方法，这是制定水资源配置方案的基础模型。其基本的研究思路和过程介绍如下：

(1) 根据研究区的实际情况，制定水资源规划的依据、具体任务、目标和指导思想。重点要体现可持续发展的思想。

(2) 了解经济社会发展现状和发展趋势，建立由经济社会主要指标构成的经济社会发展预测模型，对未来不同规划水平年的发展状况进行科学预测。

(3) 分析研究区水资源数量、水资源质量和可供水资源量，并建立水量水质模型，以作为研究的基础模型。

(4) 依照第五章介绍的方法，建立水资源优化配置模型。经济社会发展预测模型、水量水质模型均包括在水资源优化配置模型中。

(5) 通过优化模型的求解和优化方案的寻找，来制定水资源规划的具体内容。

制定水资源配置方案是水资源规划的重要工作。它应该是在水资源优化配置模型的基础上，结合研究区实际，制定分区、分行业、分部门、分时段（根据解决问题的深度不同来选择详细程度）的配置计划。

《全国水资源综合规划技术细则》（2002年）中对此要求，水资源配置应在多次供需反馈并协调平衡的基础上，进行二至三次水资源供需分析。一次供需分析是考虑人口的自然增长、经济的发展、城市化程度和人民生活水平的提高，按照现状水资源开发利用格局和发挥现有供水工程潜力的情况下，进行水资源供需分析。若一次供需分析有缺口，则在此基础上进行二次供需分析，即考虑强化节水、污水处理再利用、挖潜配套以及合理提高水价、调整产业结构、合理抑制需求和保护生态环境等措施进行水资源供需分析。若二次供需分析仍有较大缺口，应进一步加大调整经济布局和产业结构及节水的力度，具有跨流域调水可能的，应考虑实施跨流域调水，并进行三次供需分析。在供需平衡分析的基础上，根据不同水平年的需水预测、节约用水以及供水预测的成果，制定水资源配置方案可行域，提出水资源配置方案集。在对各种工程与非工程等措施所组成的供需分析方案集进行技术、经济、社会、环境等指标比较的基础上，对各项措施的投资规模及其组成进行分析，提出推荐方案。

(四) 内容之四：水资源保护规划

1. 生态系统是经济社会发展的基础

影响生态系统演变的因素不外乎两大类，即自然因素和人为因素。自然因素形成的生态系统演变现象，有冰川进退、雪线升降、河湖消长、沙漠变迁等；人为因素形成的生态系统演变现象，有农垦引起的荒漠化、盐碱化、水生生物、稀有动植物减少或灭绝、草场退化等，排污引起的水环境污染、大气环境污染、土地肥力下降、生物生存环境破坏等，工农业发展带来的水资源利用量、土地资源利用量以及其他资源利用量增加、森林覆盖率、草地覆盖率减小等生态问题。在人类起源之前，只有自然因素起作用。而从人类出现以后，自然因素和人为因素共同作用，决定了生态系统演变的特征及过程。特别是人类活动日益强烈的近代，人为因素对生态系统演变过程起到了重要的促进作用。有时，在自然作用的基础上，人类作用加剧了对生态系统的破坏，如黄河上游荒漠化、水土流失等；有时，人类作用对自然因素引起的生态系统破坏有积极改善作用，如退耕还林、净化水质、维护水生生物生存环境等。

随着人类活动的加剧，人类对赖以生存的环境有越来越大的影响。由于人类活动诱发的土地沙漠化、土壤盐渍化、草地退化、河湖水质恶化、生物多样性减少等一系列环境问题日趋严重，使水土资源的开发利用受到严重制约，并直接影响到区域经济社会的可持续发展。因此，保护生态系统，是促进经济社会与环境协调发展、建立人与自然和谐关系的重要举措。

水资源保护规划的制定，主要依据水资源优化配置模型。通过优化模型的求解和优化方案的选择，可以得到水资源保护规划的具体方案，从而制定相应的水资源保护措施。

2. 水资源保护是维系水资源可持续利用的关键

从大量的事实可以看出，由于人类不合理的开发利用水资源，在水资源保护问题上重视不够，导致目前水资源问题十分突出。就是在这种情况下，迫使人们重视水资源的保护工作。也使水资源保护规划工作从开始重视到逐步实施，以至于目前成为水资源规划必不可少的一部分。

总体来看，水资源保护规划是在调查、分析河流、湖泊、水库等水体中污染源分布、排放现状的基础上，与水文状况和水资源开发利用情况相联系，利用水量水质模型，探索水质变化规律，评价水质现状和趋势，预测各规划水平年的水质状况，划定水功能区范围及水质标准，按照功能要求制定环境目标，计算水环境容量和与之相对应的污染物消减量，并分配到有关河段、地区、城镇，对污染物排放实行总量控制，同时，根据流域（或区域）各规划水平年预测的供水量和需水量，计算实施水资源保护所需要的生态需水量，最终提出符合流域（或区域）经济社会发展的综合防治措施。这一工作已成为维系水资源可持续利用的关键。

水资源保护规划的目的在于保护水质，合理地利用水资源，通过规划提出各种措施与途径，使水质不受污染，以免影响水资源的正常用途。从而保证满足水体主要功能对水质的要求，并合理地、充分地发挥水体的多功能用途。

进行规划时，必须先了解被规划水体的种类、范围、使用要求和规划的任务等，并把水资源保护目标纳入到水资源优化配置模型中，再通过优化模型的求解和优化方案的选择，可以得到水资源保护规划的具体方案，从而制定水资源保护规划。

第六节　水资源规划报告书编写

一、水资源规划报告书编写的基本要求

在完成了水资源规划所要求的分析计算工作之后，需要提交一份“水资源规划报告书”及其附图、附表，作为水资源规划工作的最终成果。

水资源规划编制应根据国民经济和社会发展总体部署，遵循自然和经济发展规律，确定水资源可持续利用的目标、方向、任务、重点、步骤、对策和措施，统筹水资源的开发、利用、治理、配置，规范水事行为，促进水资源可持续利用和保护。

规划的主要内容包括：水资源调查评价、水资源开发利用情况调查评价、需水预测、供水预测、水资源配置、总体布局与实施方案、规划实施效果评价等。

（1）水资源调查评价。通过水资源调查评价，可为其他部分工作提供水资源数量、质量和可利用量的基础数据和成果，是水资源规划的重要基础工作。

（2）水资源开发利用情况调查评价。通过水资源开发利用情况的调查评价，可提供对现状用水方式、水平、程度、效率等方面的评价成果；提供现状水资源问题的定性与定量

识别和评价结果；为需水预测、供水预测、水资源配置等部分的工作提供分析成果。

（3）需水预测。需水预测是在水资源开发利用情况调查评价的基础上，根据经济社会发展规律和研究区自然条件，对经济社会需水、生态需水、河道内其他需水等所做的预测，为水资源配置提供需水方面的预测成果。

（4）供水预测。供水预测是在对现有供水设施的工程布局、供水能力、运行状况以及水资源开发程度与存在问题等综合调查分析的基础上，充分考虑技术经济因素、水质状况、对生态系统的影响以及开发不同水源的有利和不利条件，对供水量所做的预测成果。

（5）水资源配置。在进行供需分析多方案比较的基础上，通过经济、技术和环境分析论证与比选，确定合理配置方案。水资源配置以统筹考虑流域水资源供需分析为基础，将流域水循环和水资源利用的供、用、耗、排水过程紧密结合，并按照公平、高效和可持续利用的原则来进行。水资源配置在接收上述各部分工作成果输入的同时，也为上述各部分工作提供中间和最终成果的反馈，以便相互叠代，取得优化的水资源配置布局；同时为总体布局、水资源工程和非工程措施的选择及其实施确定方向和提出要求[6]。

（6）总体布局与实施方案。根据水资源条件和合理配置结果，提出对调整经济布局和产业结构的建议，提出水资源调配体系的总体布局，制定合理抑制需求、有效增加供水、积极保护生态系统的综合措施及其实施方案，并对实施效果进行检验[6]。

对水资源规划报告书的编写有以下基本要求：

（1）理论与实践相结合。规划编制要从实际出发，结合国情、水情和各流域、各地区的实际情况，以解决重大水资源问题为出发点，按照科学和求实精神编制规划。同时，针对水资源开发利用和管理中出现的新情况和新问题，采用现代的新思想、新方法、新技术，坚持理论与实践相结合的工作方法，求实创新地编制规划。

（2）协调各类水资源规划间的关系。为保障规划工作的有序进行，一要协调好水资源综合规划与专门规划之间的关系，突出综合规划的全面性、系统性和综合性，专门规划应当服从综合规划并与综合规划成果相衔接；二要协调好全国规划与流域规划、流域规划与区域规划之间的关系，一般，地区规划要服从流域规划，地市级地区规划要服从省级区规划。

（3）做好与相关规划的有机衔接。要以《中华人民共和国水法》等法律法规和《国民经济和社会发展五年计划纲要》等国家或地方相关计划及相关规划为基本依据。制定规划要与国民经济和社会发展总体部署、生产力布局以及国土整治、生态建设、环境保护、防洪减灾、城市总体规划等相关规划有机衔接。在报告初稿撰写过程中或完稿之后，最好要征求相关单位的意见。

（4）确保规划计算正确、结果可靠。要重视与规划有关的基础数据一致性的审查、复核与分析工作，并采用多种方法进行相互比较、综合平衡，进行数据的合理性分析；对中间成果和最终成果进行综合分析、检查、协调、汇总。确保规划成果正确、科学、合理、实用。

（5）要求报告思路清晰、层次分明、语句通顺，杜绝错别字。编写的水资源规划报告是一个完整的技术文件，作为水资源规划的最终成果，也是水资源开发利用和保护的指导性文件，要求在撰写过程中要思路清晰、层次分明、详略得当、图文并茂、用词准确；要求在撰写之后再认真修改，同时需要专人审查并在报告的审查人位置上署名。

二、水资源规划报告书的内容目录

根据一般流域或区域水资源规划的撰写步骤，并参考《全国水资源综合规划技术细则》(2002 年)[6]，列出水资源规划报告书编写的一般内容如下：

1 概述

1.1 规划范围及规划水平年

1.2 区域概况

1.3 规划的总体目标、指导思想及基本原则

1.4 规划编制的依据及基本任务

1.5 规划的技术路线

1.6 规划主要成果介绍

2 水资源调查评价

2.1 降水

2.2 蒸发能力及干旱指数

2.3 河流泥沙

2.4 地表水资源量

2.5 地下水资源量

2.6 地表水水质

2.7 地下水水质

2.8 水资源总量

2.9 水资源可利用量

2.10 水资源演变情势分析

3 水资源开发利用情况调查评价

3.1 经济社会资料分析整理

3.2 供水基础设施调查统计

3.3 供水量调查统计

3.4 供水水质调查分析

3.5 用水量调查统计

3.6 用水消耗量分析估算

3.7 废污水排放量调查分析

3.8 供、用、耗、排水成果合理性检查

3.9 用水水平及效率分析

3.10 水资源开发利用程度分析

3.11 河道内用水调查分析

3.12 与水相关的生态与环境问题调查评价

3.13 现状水资源供需分析

4 需水预测

4.1 经济社会发展指标分析

4.2 经济社会需水预测
4.3 生态需水预测与水资源保护
4.4 河道内其他需水预测
4.5 需水预测汇总
4.6 成果合理性分析
5 供水预测
5.1 地表水供水
5.2 地下水供水
5.3 其他水源开发利用
5.4 供水预测与供水方案
6 水资源配置
6.1 基准年供需分析
6.2 方案生成
6.3 规划水平年供需分析
6.4 方案比选与推荐方案评价
7 总体布局与实施方案
7.1 总体布局
7.2 工程实施方案
7.3 非工程措施

课 外 知 识

1. 全国水资源综合规划

第一次全国水资源调查评价与规划工作是在20世纪80年代进行的，始于1981年，结束于1986年。这一次全国性水资源调查评价与规划工作的主要目标是为了摸清全国水资源状况。因此，这次全国水资源调查评价涉及的水资源评价内容较多，而涉及的水资源规划工作比较简单。这是由于当时的认识水平和出现的水问题还比较单一所决定的。随着人口增长和社会发展，出现的水问题和矛盾日益增多，第一次水资源评价和规划成果已不能满足新时期的需要。2002年，我国全面启动了第二次水资源评价和规划工作（统称为“全国水资源综合规划”）。

2002年3月，国家发展和改革委员会、水利部会同有关部门联合部署了全国水资源综合规划编制工作，计划利用4年左右的时间完成整个工作。此次综合规划工作在指导思想、涉及内容、技术方法、实施目标等方面发生了很大变化。其特点是：坚持“可持续发展”的指导思想，以水资源可持续利用保障经济社会可持续发展作为水资源规划的主线，坚持全面规划、统筹兼顾、标本兼治、综合治理、兴利除害结合、开源节流治污并重、防洪抗旱并举，科学制定水资源开发、利用、配置、节约、保护、治理的对策。

其主要目标是：通过水资源综合规划工作，进一步查清我国水资源的现状，提出水资源合理开发、高效利用、优化配置、全面节约、有效保护、综合治理、科学管理的布局和方案，作为今后一定时期内水资源开发利用与管理活动的重要依据和准则，促进和保障我国人口、资源、环境和经济的协调发展，以水资源的可持续利用支撑经济社会的可持续发展，走可持续发展的道路[6]。

本次水资源综合规划涉及水资源开发、利用、治理、配置、节约、保护各个方面，主要内容包括水资源及开发利用现状评价；制定节水、水资源保护和污水处理再利用规划；水资源开发利用潜力和水资源承载能力分析；制定水资源合理配置方案；提出水资源开发、利用、治理、配置、节约和保护的总体布局和具体实施方案；制定水管理的对策和措施，建立适应社会主义市场经济体制的水资源管理制度。

其基本任务如下[6]：

（1）水资源及开发利用现状评价。在第一次全国水资源评价工作的基础上，根据近年来水资源条件的变化，全面准确地评价我国水资源条件和特点，系统地调查评价水资源的数量、质量、可利用量时空分布特点和演变趋势，分析现状水资源开发利用水平。

（2）制定节水、水资源保护和污水处理再利用规划。在对现状水资源利用效率和水污染状况分析的基础上，评估提高水资源利用效率和节水、污水处理再利用的开发潜力。根据需水预测，确定节水、水资源保护及污水处理再利用的目标，制定实现这些目标的节水、水资源保护和污水处理再利用方案。

（3）水资源开发利用潜力和水资源承载能力分析。在水资源评价及开发利用现状分析的基础上，根据节水、水资源保护和污水处理再利用规划，综合考虑各种水源和经济结构调整的可能性，分析水资源的综合开发利用潜力，并进一步评估水资源承载能力。在水资源供需动态平衡中，充分发挥节约和挖潜等作用，寻求开发与保护、开源与节流、供水与治污、需要与可能之间的协调，改进水资源利用方式，制定经济合理、技术可行、环境安全的水资源可持续利用方式。

（4）制定水资源合理配置方案。根据经济社会发展和环境改善对水资源的要求及水资源的实际条件，进行各规划水平年的水资源供需分析，在水资源节约和保护的基础上，建立水资源配置的宏观指标体系，提出协调上、中、下游，生活、生产和生态用水，流域和区域之间的水资源合理配置方案；制定提高水资源利用效率的对策措施，包括调整产业结构与生产力布局，建立合理的水价形成机制和节约用水措施等，使经济社会发展与水资源条件相适应。

（5）提出水资源开发、利用、治理、配置、节约和保护的总体布局与具体实施方案。在水资源合理配置和节约、保护的基础上，统筹规划流域和区域水资源的开发利用和综合治理等措施，提出与生态建设和环境保护相协调，与经济社会发展相适应的水资源开发利用布局和治理实施方案。

（6）制定水管理的对策和措施，建立适应社会主义市场经济体制的水资源管理制度。以健全的法制和法规手段规范水事活动，以行政手段界定水事行为，以经济手段调节水事活动，以科学技术手段开发利用和管理水资源。合理确定政府、市场、用户三者在水资源开发、利用、治理、配置、节约、保护中的责任、义务和权力。逐步建立政府宏观调控、用户民主协商、水市场调节三者有机结合的水资源管理模式和高效利用的运行模式。

2. 生态文明

生态文明是继原始文明（有时又称“狩猎文明”）、农业文明和工业文明之后逐渐兴起的社会文明形态，是人类发展历史的一个“文明阶段”，可能十分漫长。

2005年3月12日，在中央人口资源环境工作座谈会上，胡锦涛总书记指出“要加强生态保护和建设工作”。2007年10月15日，党的十七大把“建设生态文明”列为全面建设小康社会目标之一，作为一项战略任务。首次把“生态文明”概念写入党代会的报告中。报告指出：“建设生态文明，基本形成节约能源资源和保护生态环境的产业结构、增长方式、消费模式”“生态文明观念在全社会牢固树立。”2009年9月18日，党的十七届四中全会，把“生态文明建设”提升到与经济建设、政治建设、文化建设、社会建设并列的战略高度。报告指出：“全面推进社会主义经济建设、政治建设、文化建设、社会建设以及生态文明建设，全面推进党的建设新的伟大工程。”2010年10月18日，党的十七届五中全会提出，“提高生态文明水平”作为“十二五”时期的重要战略任务。报告指出：“社会主义经济建设、政治建设、文化建设、社会建设以及生态文明建设和党的建设取得重大进展。”2011年3月，我国《国民经济和社会发展“十二五”规划纲要》指出，面对日趋强化的资源环境约束，必须增强危机意识，树立绿色、低碳发展理念，提高生态文明水平。2012年7月23日，胡锦涛总书记在省部级主要领导干部专题研讨班上指出：“推进生态文明建设，是涉及生产方式和生活方式根本性变革的战略任务，必须把生态文明建设的理念、原则、目标等深刻融入和全面贯穿到我国经济、政治、文化、社会建设的各方面和全过程。”2012年11月8日，十八大报告提出：“建设生态文明，是关系人民福祉、关乎民族未来的长远大计。”

解读十七大报告和十八大报告，可以看出其赋予生态文明建设新的理念和内涵。十七大报告指出，建设生态文明的实质就是要建设以资源环境承载力为基础，以自然规律为准则，以可持续发展为目标的资源节约型、环境友好型社会。十八大报告首次完整阐述了“五位一体”的总布局，指出应将生态文明与政治、经济、文化、社会四种文明的建设并列，生态文明是社会整体文明不可分割的一部分。并以建设“美丽中国”作为对生态文明建设的目标。生态文明建设的新理念，是人类能够自觉地把一切经济社会活动，都纳入到“人与自然和谐相处”的体系中，是一种包容了人口优生优育、资源节约、环境保护的可持续发展，是一种包容了经济、社会与自然协调的和谐发展，是一种包容了优化生态、安居乐业、生活幸福的全面发展，是一种包容了新型工业文明转型的绿色经济发展[8]。

思 考 题

1. 简述水资源规划的重要意义。

2. 水资源规划为什么需要坚持可持续发展的指导思想？

3. 在水资源规划中如何贯彻人水和谐的指导思想？

4. 需水预测包括哪些内容，请说明生产、生活、生态需水量的计算步骤。

5. 选择某一城市，搜索相关资料，并通过简单计算，分析该城市是否达到水资源的供需平衡。

6. 试选择某一地区，搜索相关资料，完成一个水资源规划的工作任务，并撰写水资源规划报告。

参 考 文 献

[1] 中国（台湾）土木工程学会．中国工程师手册（土木类）[M]．北京：中国土木工程协会，1972.
[2] 左其亭，窦明，吴泽宁．水资源规划与管理（第二版）[M]．2版．北京：中国水利水电出版社，2014.
[3] 陈家琦，王浩，杨小柳．水资源学 [M]．北京：科学出版社，2002.
[4] 左其亭，陈曦．面向可持续发展的水资源规划与管理 [M]．北京：中国水利水电出版社，2003.
[5] 吴季松．现代水资源管理概论 [M]．北京：中国水利水电出版社，2002.
[6] 水利部水利水电规划设计总院．全国水资源综合规划技术细则，2002.
[7] 左其亭，张云．人水和谐量化研究方法及应用 [M]．北京：中国水利水电出版社，2009.
[8] 左其亭．水生态文明建设几个关键问题探讨 [J]．中国水利，2013，(4)：1-3、6.
[9] 左其亭，罗增良，马军霞．水生态文明建设理论体系研究 [J]．人民长江，2015，46 (8)：1-6.

第十章 水资源管理

水资源管理，是针对水资源分配、调度的具体管理，是水资源规划方案的具体实施过程。通过水资源合理分配、优化调度、科学管理，以做到科学、合理地开发利用水资源，支撑经济社会发展，改善生存环境，并达到水资源开发、经济社会发展及生态系统保护相互协调的目的。

本章将结合前面介绍的基础理论知识，阐述水资源管理的工作流程和主要内容，介绍国内外水资源管理体制、管理措施的制定、水资源管理的组织体系、法规体系、水事纠纷以及水资源管理信息系统。

第一节 水资源管理的基本内容及工作流程

随着当今社会水资源问题的日益突出，人们普遍把“解决用水矛盾”的希望寄托在对水资源的科学管理上，水资源管理受到前所未有的重视，同时也面临着巨大的压力和挑战。

一、水资源管理的基本内容

水资源管理（water resources management），是指对水资源开发、利用和保护的组织、协调、监督和调度等方面的实施，包括运用行政、法律、经济、技术和教育等手段，组织开发利用水资源和防治水害；协调水资源的开发利用与经济社会发展之间的关系，处理各地区、各部门间的用水矛盾；监督并限制各种不合理开发利用水资源和危害水源的行为；制定水资源的合理分配方案，处理好防洪和兴利的调度原则，提出并执行对供水系统及水源工程的优化调度方案；对来水量变化及水质情况进行监测与相应措施的管理等[1]。

水资源管理是水行政主管部门的重要工作内容，它涉及水资源的有效利用、合理分配、保护治理、优化调度以及所有水利工程的布局协调、运行实施及统筹安排等一系列工作。其目的是，通过水资源管理的实施，以做到科学、合理地开发利用水资源，支持经济社会发展，保护生态系统，并达到水资源开发、经济社会发展及生态系统保护相互协调的目标。

水资源管理是一项复杂的水事行为，其内容涉及范围很广。归纳起来，水资源管理工作主要包括以下几部分内容：

（1）制定水资源管理政策。为了管好水资源，必须制定一套合理的管理政策。比如，水费和水资源费征收政策、水污染保护与防治政策等。通过需求管理、价格机制和调控措施，有效推动水资源合理分配政策的实施。因此，水资源管理工作具有制定管理政策的义务和执行管理政策的职责。

(2) 制定水资源合理利用措施。制定目标明确的国家和地区水资源合理开发利用实施计划和投资方案；在自然、社会和经济的制约条件下，实施最适度的水资源分配方案；采取征收水费、调节水价以及其他经济措施，以限制不合理的用水行为，这是确保水资源可持续利用的重要手段。因此，水资源管理工作具有制定决策和实施决策的功能和义务。

(3) 实行水资源统一管理。坚持"利用"与"保护"统一，"开源"与"节流"统一，"水量"与"水质"统一。保护和涵养潜在水资源，开发新的和可替代的供水水源，推动节约用水，对水的数量和质量进行综合管理。这些是水资源统一管理的要求，也是实施水资源可持续利用的基本支撑条件。

(4) 实时进行水量分配与调度。水行政主管部门具有对水资源实时管理的义务和职责，在洪水季节，需要及时预报水情、制定防洪对策、实施防洪措施；在旱季，需要及时评估旱情、预报水情、制定并组织实施抗旱具体措施。因此，水资源管理部门具有防止水旱灾害的义务。

(5) 加强宣传教育，提高公众觉悟和参与意识。加强对有关水资源信息和业务准则的传播和交流，广泛开展对用水户的教育。提高公众对水资源的认识，应该让公众意识到：水资源是有限的，只有在其承受能力范围内利用，才能保证水资源利用的可持续性；如果任意引用和污染，必然导致水资源短缺的后果。公众的广泛参与是实施水资源可持续利用战略的群众基础，因此，水资源管理工作具有宣传的义务和职责。

二、水资源管理的原则

水资源管理是由国家水行政主管部门组织实施的、带有一定行政职能的管理行为，它对一个国家和地区的生存和发展有着极为重要的作用。加强水资源管理，必须遵循以下原则：

(1) 坚持依法治水的原则。我国现行的法律、规范是指导各行业工作正常开展的依据和保障，它也是水利行业合理开发利用和有效保护水资源、防治水害、充分发挥水资源综合效益的重要手段。因此，水资源管理工作必须严格遵守我国相关法律法规和规章制度，如《中华人民共和国水法》《中华人民共和国水污染防治法》《中华人民共和国水土保持法》《中华人民共和国环境法》等。这是水资源管理的法律依据。

(2) 坚持水是国家资源的原则。水，是国家所有的一种自然资源，是社会全体共同拥有的宝贵财富。虽然水资源可以再生，但它毕竟是有限的。过去，人们习惯性地认为水是取之不尽、用之不竭的。实际上，这是不科学的、浅显的认识，它可能会引导人们无计划、无节制的用水，从而造成水资源的浪费。因此，加强水资源管理首先应该从观念上认识到水是一种有限的宝贵资源，必须加以精心管理和保护。

(3) 坚持整体考虑和系统管理的原则。前面提到过，人类所能利用的水资源是非常有限的。因此，某一地区、某一部门滥用水资源，都可能会影响相邻地区或其他部门的用水保障；某一地区、某一部门随便排放废水、污水，也可能会影响相邻地区或其他部门的用水安全。因此，必须从整体上来考虑对水资源的利用和保护，系统管理水资源，避免"各自为政""损人利己""强占滥用"的水资源管理现象发生。

(4) 坚持用水价来进行经济管理的原则。长期以来，人们认为水是一种自然资源，是无价值、可以无偿占有和使用的，这导致了水资源的随意滥用，浪费极大。从经济的手段

来加强水资源管理是可行的。水本身是有价值的，应把加强水权管理摆在战略位置，明确水权归属，并通过改革水价体制、形成完善的水权交易市场，来实现对水资源管理的宏观调控，调节各行各业的用水比例，达到水资源合理分配、合理利用的目标。同时，适时、适度地调整水资源费和水费的征收幅度，还可调动全社会节水的积极性。

三、水资源管理的工作流程

水资源管理的工作目标、流程、手段差异较大，受人为作用影响的因素较多，而从水资源配置的角度来说，其工作流程基本类似，可概括为如图 10-1 所示。

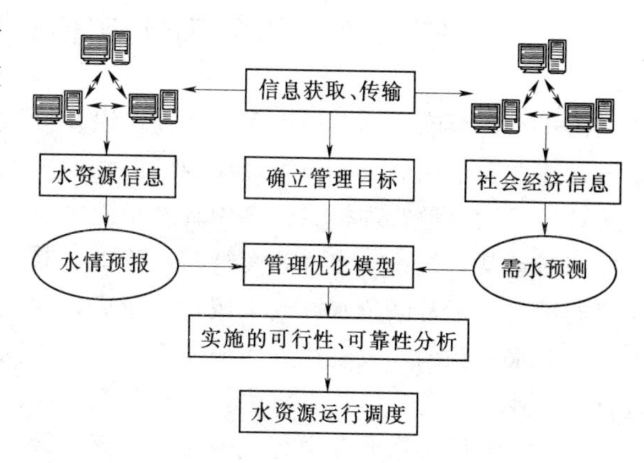

图 10-1　水资源管理一般工作流程图[2]

1. 确立管理目标

与水资源规划工作相似，在开展水资源管理工作之前，也要首先确立管理的目标和方向，这是管理手段得以实施的依据和保障。实现可持续发展、人水和谐是水资源管理的最高目标、总体目标。在具体管理时还应有具体的目标，比如在对水库进行调度管理时，丰水期要以防洪和发电为主要目标，而枯水期则要以保障供水为主要目标，再比如最严格水资源管理制度“三条红线”考核目标的实现等。

2. 信息获取与传输

信息的获取与传输是水资源管理工作得以顺利开展的基础条件，只有把握瞬息万变的水资源情势，才能更有效地调度和管理水资源。通常需要获取的信息有水资源信息、社会经济信息等。水资源信息包括来水情势、用水信息以及水资源质量和数量等。社会经济信息包括与水有关的工农业生产变化、技术革新、人口变动、水污染治理以及水利工程建设等。总之，需要及时了解与水有关的信息，对未来水利用决策提供基础资料。

为了对获得的信息迅速作出反馈，需要把信息及时传输到处理中心。同时，还需要对获得的信息及时进行处理，建立水情预报系统、需水量预测系统，并及时把预测结果传输到决策中心。资料的采集可以运用自动测报技术；信息的传输可以通过无线通讯设备或网络系统来实现。

3. 建立管理优化模型，寻找最优管理方案

根据区域经济社会条件、水资源条件、生态系统状况、管理目标，建立相应的水资源管理优化模型。通过对该模型的求解，得到最优管理方案。关于模型的类型及其求解方法已在前文介绍过。

4. 实施的可行性、可靠性分析

对选择的管理方案实施的可行性、可靠性进行分析。可行性分析，包括技术可行性、经济可行性，以及人力、物力等外部条件的可行性；可靠性分析，是对管理方案在外部和内部不确定因素的影响下实施的可靠度、保证率的分析。

5. 水资源运行调度

水资源运行调度是对传输的信息，在通过决策方案优选、实施可行性、可靠性分析之后，作出的及时调度决策。可以说，这是在实时水情预报、需水预报的基础上，所作的实时调度决策。

第二节　几个代表国家水资源管理体制介绍

由于水资源问题的多样性和复杂性，以及世界各国自身的机构设置和处理问题的习惯差异，造成了不同的水资源管理体制。但总的来说，水资源管理体制主要有两种模式：集中管理模式和分散管理模式。集中管理是由国家设立专门机构对水资源实行统一管理，或由国家指定某一机构对水资源实行归口管理，其用意都是由于在一般情况下，水的利用分属不同部门，常常因争水源或水域发生矛盾，为此需要有一个代表国家的机构来协调各有关部门对水资源的开发利用。而分散管理则是由国家各有关部门按分工职责对水资源分别进行有关业务的管理，或者将水资源管理权交给地方当局执行，国家只负责制定有关法令和政策[3]。下面将选取几个有代表性的国家，针对水资源管理体制方面的差异进行比较和分析。

一、美国水资源管理体制

在20世纪50年代以前，美国的水管理形式是十分分散的，对水资源的管理主要是通过流域委员会来执行。1965年，鉴于水资源的分散管理形式不利于全盘考虑水资源的综合开发利用，由国会通过了水资源规划法案，成立了全美水资源理事会，负责水资源及其有关的土地资源的综合开发利用。在这期间，美国的水资源管理走向集中。但这样又导致联邦政府与州政府之间在水资源管理上的矛盾和冲突。到20世纪80年代初，美联邦政府撤销了水资源理事会，成立国家水政策局，只负责制定有关水资源的各项政策，而不涉及具体业务，把具体业务交给各州政府全面负责，其水资源管理形式又趋于分散。

美国水资源管理机构分为联邦政府机构、州政府机构和地方（县、市）政府机构三级。在联邦政府的水利机构中，最重要的是陆军工程兵团、内务部垦务局、地质调查局、农业部土壤保持局。此外，直属于联邦机构的还有环境保护局、田纳西流域管理局、国家水政策局以及一些流域委员会等，它们的职能主要是起协调作用[4]。

美国是联邦制国家，各州都有相当大的立法权，州政府与联邦政府之间的关系相对比较松散，因此，目前在水资源管理上实行以州为基本单位的管理体制。由于美国在水资源管理方面还没有全国统一的水法，以各州自行立法与州际协议为基本管理规则，州际间水资源开发利用矛盾则由联邦政府有关机构（如垦务局、陆军工程兵团等）负责协调。州以下分若干水务局，统一管理供水、排水、污水处理及回用等涉水事务。目前，美国在一定程度上已实现了对水资源的统一管理。

二、英国水资源管理体制

英国早在20世纪40年代设立了河流局，负责排水、发电、防洪、渔业、防止污染和水文测验等职责。自60年代起，英国开始改革水资源管理体制，改河流局为河流管理局，在英格兰和威尔士共设29个河流管理局和157个地方管理局。到70年代进一步对水资源

实行统一管理，把河流管理局又合并为10个水务局，每个水务局对本流域与水有关的事务全面负责、统一管理。水务局不再是政府机构，而是由法律授权、具有很大自主权、自负盈亏的公用事业单位。到80年代中期，英国政府大力推行私有化政策，顺应这一形势的需要，1989年英格兰和威尔士的水务局实现私有化，改为水公司。而在苏格兰和北爱尔兰，至今供水部门仍为国营公共事业单位。英国郡、区、乡镇等地方政府不设水管理机构，只有地方议会负责管理排水及污水管道设施。

1989年英国议会通过了新水法。依据新水法，国家对水资源管理体制进行了改革，在环境部下设国家流域管理局，其中英格兰和威尔士按流域适当归并成立了8个流域管理局，其管理范围与10个水务局职责范围完全一致。一个流域中的两个机构职责分工明确：流域管理局担负水资源管理和保护的行政职能，负责水质监测和洪水防御；水务局实行民营化运作，统一负责水资源开发、调配、节约、治理、保护等方面的具体工作。

三、法国水资源管理体制

法国对水资源的管理基本上采取以流域为主的方式，属于分散管理模式。由流域委员会及其执行机构——流域水务局——负责保护水资源、监测水质、防止污染、征收排污费和水费等。

法国共有6大流域，流域委员会是流域水资源管理的最高决策机构，它由三部分组成：一部分是代表国家利益的政府官员和专家代表，另一部分是代表地方群众利益的地方行政当局的代表，再一部分是代表企业和农民利益的用户代表。三方代表各占1/3。流域委员会的主要任务是审议和批准水务局提交的五年规划方案和各年度的具体工作计划。流域水务局是一个独立于地区和其他行政辖区的流域性公共管理机构，它受环境部的监管，负责流域水资源统一管理的具体事务，同时在流域内又必须执行流域委员会的指令。流域水务局的主要任务是对流域各地区的水污染防治活动进行金融和技术激励，确保各用水户之间的水资源供需平衡，加强对水资源的保护以满足法律规定的水质标准等[5]。

四、日本水资源管理体制

日本的水资源管理体制是多部门分管负责的形式，属于分散管理模式。在中央政府中与水资源管理有关的一级部门有建设省、农林水产省、通商产业省、厚生省和国土厅等。建设省主管防洪和水土保持；农林水产省负责农业用水以及灌溉排水工程的规划、施工和管理；通商产业省负责工业用水和水力发电；厚生省负责城市供水和监督水道法的实施；国土厅设有水资源部，负责水资源长期供求计划及有关的水资源政策的制定，并协调各部门间的水资源问题[3]。

根据日本水资源开发促进法，有关水资源的开发由内阁总理大臣组织制订基本计划，有关管理事宜由经济企划厅处理。综合利用水利工程由国家和县进行建设，由国家负担费用或给予补助。工程项目的勘测、设计、施工和管理等工作，由各省、厅交给水资源开发公团或地方承担。

日本河流受地形、地质和气候条件的影响，大部分河流流程短，流域面积小。对河流的管理则按照日本河川法的规定，一级河流由建设大臣任命的建设省河流审议会管理，二级河流由河流所在的都、道、府、县知事管理，其余河流由市、町、村负责。总体来说，日本的水资源管理属于分部门、分级管理的类型。

五、中国水资源管理体制

中国的水资源管理在相当长的一段时间内也是由国家各部门按职能分管负责的。直到20世纪80年代初期，由于“多龙治水”的局面影响到水资源的开发利用和保护治理，国务院规定由当时的水利电力部归口管理，并专门成立了全国水资源协调小组，负责解决部门之间在水资源立法、规划、利用和调配等方面的问题。1988年，国家重新组建水利部，并明确规定水利部为国务院的水行政主管部门，负责全国水资源的统一管理工作。1994年，国务院再次明确水利部是国务院水行政主管部门，统一管理全国水资源，负责全国水利行业的管理等职责。此后，在全国范围内兴起的水务体制改革则反映了我国水资源管理方式由分散管理模式向集中管理模式的转变。

1993年，我国广东深圳市和陕西洛川县为解决当地严重的“水灾”和“水荒”，率先实施水务一体化管理体制，在经过改革尝试后取得显著的成效，于是水务管理体制改革逐步在全国各地悄然兴起。到2002年底，全国（不含港、澳、台）除北京、西藏以外的29个省、自治区、直辖市成立的水务局及由水利系统实施水务统一管理的单位共计1097个，占全国县级以上行政区总数的46%。水务管理体制克服了部门职能交叉、办事效率低下的弊端，体现了精简、高效的机构设置原则，同时有利于制定统一的水管理法规和技术标准，有利于维护水资源系统的完整性和协调性[5]。

在我国水法中，对水资源管理体制有了明确的规定。1988年颁布的水法中规定了在中国实行对水资源的统一管理和分级、分部门管理相结合的原则；明确了水利部作为国务院的水行政主管部门，负责全国水资源统一管理工作；各省、自治区、直辖市也相继明确了水利部门是省级政府的水行政主管部门。这意味着国家已经认识到水资源分散管理所带来的弊端。在2002年新修订的水法中规定，水资源属于国家所有，水资源的所有权由国务院代表国家行使；同时还规定，国家对水资源实行流域管理与行政区域管理相结合的管理体制；国务院水行政主管部门负责全国水资源的统一管理和监督工作；国务院水行政主管部门在国家确定的重要江河、湖泊设立流域管理机构，并由其在所管辖的范围内行使法律、行政法规规定的和国务院水行政主管部门授予的水资源管理和监督职责；县级以上地方人民政府水行政主管部门按照规定的权限，负责本行政区域内水资源的统一管理和监督工作。

第三节 水资源管理措施

水资源管理是一项复杂的水事行为，包括很广的管理内容。需要建立一套严格的管理体制，来保证水资源管理措施的实施；需要公众的广泛参与，建立水资源管理的良好群众基础；需要采用经济措施及其他间接措施，以实现水资源宏观调控；针对复杂的水资源系统和多变的经济社会系统，水资源管理措施必须具有水资源实时调度的能力。通常，水资源管理措施包括改善体制、加强公众参与，采用经济运行机制，制定管理方案并进行实时调度等多个方面。

一、措施之一：管理体制与公众参与

为了实现水资源管理目标，确保水资源的合理开发利用、国民经济可持续发展以及人

民生活水平不断提高，必须建立完善的管理体制和法律法规措施，加强公众的参与。这是非常重要的，也是非常关键的非工程措施。

1. 完善水资源管理体制，对水资源管理起主导作用

纵观国内外水资源管理的经验和优势，可以看出，水资源开发利用和保护必须实行全面规划、统筹兼顾、综合利用、统一管理，充分发挥水资源的多种功能，以求获得较大的综合效益。同时，可以看出，水资源管理体制越健全，这些优势体现得越充分。

我国主要江河流域面积大，人口众多，人均水资源量低，水资源管理手段还比较落后，各地区开发利用程度不同，管理水平也相差较大。这就要求我国的水资源管理必须根据我国国情，逐步健全水资源管理体制，并按照《水法》规定，对水资源实行流域管理与行政区域管理相结合的管理体制。

2. 加强宣传，鼓励公众广泛参与，是水资源管理制度落实的基础

水资源管理措施的实施，关系到每一个人。只有公众都认识到“水资源是宝贵的，水资源是有限的”“不合理开发利用会导致水资源短缺”“必须大力提倡节约用水”，才能保证水资源管理方案得以实施。

公众参与，是实施水资源可持续利用战略的重要方面。一方面，公众是水资源管理执行人群中的一个重要部分，尽管每个人的作用没有水资源管理决策者那么大，但是，公众人群的数量很大，其综合作用是水资源管理的主流，只有绝大部分人群理解并参与水资源管理，才能保证水资源管理政策的实施，才能保证水资源可持续利用；一方面，公众参与能反映不同层次、不同立场、不同行业、不同性别人群对水资源管理的意见、态度及建议。水资源管理决策者仅反映社会的一个侧面，在做决定时，可能只考虑某一阶层、某一范围人群的利益。这样往往会给政策执行带来阻力。例如，许多水资源开发项目的论证没有充分考虑受影响人群的意愿，引起受影响群众的不满情绪，对项目实施带来不利影响。

3. 加强和完善水资源管理法制建设及执法能力建设

这是水资源管理实施的法律基础。加强和完善水资源管理的根本措施之一，就是要运用法律手段，将水资源管理纳入法制轨道，建立水资源管理法制体系，走“依法治水”的道路。

新中国成立后，我国政府十分重视治水的立法工作，已经制定了《中华人民共和国水法》《中华人民共和国水污染防治法》《中华人民共和国水土保持法》《中华人民共和国防洪法》等。1988 年《中华人民共和国水法》的颁布实施，标志着我国走上了依法治水的轨道。2002 年 8 月又重新对水法进行修订，颁布实施了新的《中华人民共和国水法》。这些法律、法规是我国从事水事活动的法律依据。

二、措施之二：经济运行机制

水资源管理的另一个措施，是采用经济运行机制。这依赖于政府部门制定的有关经济政策，以此为杠杆，来间接调节和影响水资源的开发、利用、保护等水事活动，促进水资源可持续利用和经济社会可持续发展。水资源管理的经济运行机制包括：

1. 以水价为经济调控杠杆，促使水资源有效利用

水价作为一种有效的经济调控杠杆，涉及经营者、普通用户、政府等多方面因素，用户希望获得更多的低价用水，经营者希望通过供水获得利润，政府则希望实现其社会稳

定、经济增长等政治目标。但从整体角度来看，水价制定的目的在于，在合理配置水资源，保障生态系统、景观娱乐等社会效益用水以及可持续发展的基础上，鼓励和引导合理、有效、最大限度地利用可供水资源，充分发挥水资源的间接经济社会效益。

在水价的制定过程中，要考虑用水户的承受能力，必须保障起码的生存用水和基本的发展用水；而对不合理用水部分，则通过提升水价，利用水价杠杆，来强迫减小、控制、逐步消除不合理用水，以实现水资源有效利用。

2. 依效益合理配水，分层次动态管理

该措施的基本思路是：首先全面、科学地评价用户的综合用水效益，然后综合分析供需双方的各种因素，从理论上确定一个“合理的”配水量。再认真分析各用户交纳水资源费（税）的承受能力，根据用水的费用-效益差异，计算制订一个水资源费（税）收取标准。比较用户的合理配水量与实际取水量，对其差额部分予以经济奖惩。对于超标用户，其水资源费（税）的收取标准应在原有收费（税）标准上，再加收一定数量的惩罚性罚款，以促进其改进生产工艺，节约用水；对于用水比较合理的非超标用水户，应根据其盈余情况给予适当的奖励。这样就将单一的水资源费（税）改成了分层次的水资源费（税），实现了水资源的动态经济管理[6]。

3. 明晰水权，确定两套指标，保证配水方案实施

水利部曾提出“明晰水权，确定两套指标”的管理思路。明晰水权是水权管理的第一步，要建立两套指标体系，一套是水资源的宏观控制体系，一套是水资源的微观定额体系。前者用来明确各地区、各行业、各部门乃至各企业、各灌区可以使用的水资源量。也就是要确定各自的水权。另外，可以将所属的水权进行二次分配，明细到各部门、各单位，每个县、乡、村、组及农户。第二套体系用来规定社会的每一项产品或工作的具体用水量要求，如炼 1t 钢的定额是多少、种 1 亩小麦的定额是多少等。有了这两套指标的约束，各个地区、各个行业、每一项工作都明确了自己的用水和节水指标，就可以层层落实节水责任，保证配水方案实施。

三、措施之三：水资源管理方案及实时调度

水资源管理方案的制定，是水资源管理的中心任务，也是水资源管理日常工作中的重要内容。

制定“水资源管理方案”由来已久。早期，人们对水资源认识水平较低，对水资源管理的经验还不成熟，与水资源管理有关的理论研究基础还比较薄弱。同时，由于经济社会发展相对落后，用水量较小，供需矛盾、水资源问题还不突出。在这种情况下，人们对水资源管理的重视程度不高，认识水平也比较低，手段也不先进，这一时期的水资源管理方案可能是比较单一的、比较简单的。

但随着人口增长和经济社会的发展，人类在创造财富的同时，增加了引用水量，同时增加了污水排放量，对水资源造成前所未有的压力，并引发了水资源短缺、水污染严重、供需矛盾突出等问题。在这种情况下，人们想到了“通过水资源管理来解决”的思路，希望通过对水资源开发、利用和保护的组织、协调、监督和调度等方面措施的实施，以做到科学、合理地开发利用水资源，支持经济社会可持续发展。如今，水资源管理已成为水利部门一项十分重要的工作，它考虑的因素较多，制定的水资源管理方案也比较复杂，实施

的科学性也较强。

水资源管理方案的制定过程可概括为以下几步：

（1）根据研究区的实际情况，调查估算水资源量和可供水资源量，分析水资源利用现状以及水资源开发利用过程中出现的主要问题。

（2）收集水资源管理的法律依据，明确本区域水资源管理的具体任务、目标和指导思想。重点要体现可持续发展的思想。

（3）了解经济社会发展现状和发展趋势，建立基于经济社会主要指标的发展预测模型，计算生活需水量、生产需水量（包括工业、农业）。

（4）调查生态、环境现状，计算合理的生态需水量。

（5）建立可持续发展目标下的水资源管理优化模型。

（6）通过优化模型的求解和优化方案的寻找，来制定水资源管理方案的具体内容。

水资源管理方案的内容主要包括：

（1）制定水资源分配的具体方案。包括分流域、分地区、分部门、分时段的水量分配，以及配水的形式、有关单位的义务和职责等。

（2）制定目标明确的国家、地区实施计划和投资方案。包括工程规模、投资额、投资渠道以及相应的财务制度等。

（3）制定水价和水费征收政策。以水价为经济调控杠杆，促进水资源合理利用。

（4）制定水资源保护与水污染防治政策。水资源管理工作应当承担水资源保护与水污染防治的义务。因此，在制定水资源管理方案时，还要具体制定水污染防治对策。

（5）制定突发事件的应急对策。在洪水季节，需要及时预报水情、制定防洪对策、实施防洪措施。在旱季，需要及时评估旱情、预报水情、制定并组织实施抗旱具体措施。此外，对于突发的重大水污染事故，也要制定相应的应急预案和处理措施。

（6）制定水资源管理方案实施的具体途径，包括宣传教育方式、公众参与途径以及方案实施中出现问题的对策等。

另外，要实时进行水量分配与调度。这是水行政主管部门必须保证完成的一项重要工作。一方面，“时间就是金钱，时间就是生命”。在有些情况下，需要水利部门对水资源的调配作出及时决策。比如，在洪水季节、在突发性地震、战争等时期，合理的水资源调配不仅会挽救人民财产的损失，还会挽救人的生命。另一方面，水资源系统变化是随机的，对不确定性的水资源系统要做到合理的调配，必须要具有实时调度能力。

第四节　水资源管理的组织体系

水资源管理是一个复杂的系统，涉及的水资源系统本身就很复杂，又涉及复杂的水问题，涉及多个地区、多个部门、多个行业、所有公众，因此，从政府层面需要有一个系统的、顺畅的、强有力的水资源管理组织体系。也就是在国家的行政管理体系中需要建立水资源行政管理部门，这是国家对社会公共事务进行管理的重要内容之一，也是国家对水资源实施宏观调控的重要方式。

一、水资源管理的组织体系——水资源行政管理

行政管理是“国家的统治阶级通过它所组织的政府对社会事务和自身事务的管理活动”。行政管理的主体是国家、国家行政部门（机关）、国家政府系统等；行政管理的客体包括国家事务、公共事务以及政府事务；行政管理的手段则主要是制定并贯彻执行各种行政法规、公共政策，以有效地实现国家意志。行政管理具有强制性、权威性和规范性等特点[7]。

水资源行政管理，是指与水资源相关的各类行政管理部门及其派出机构，在宪法和其他相关法律、法规的规定范围之内，对与水资源有关的各种社会公共事务进行的管理活动，不包括水资源行政组织对其内部事务的管理[7]。科学高效的水资源行政管理，能够保障水资源法律法规的顺利实施，保护水权和水资源利用者的合法权益，保证水资源开发利用的持续高效，是解决各种水资源问题的关键环节[7]。

由于不同国家、不同社会发展阶段对与水资源有关的“社会公共事务”的理解各不相同，因此，水资源行政管理职能的具体内容也存在差异[7]。姜文来等把水资源行政管理职能主要内容概括为以下几个方面[7]。

（1）制定水资源管理的法规和政策。这是水资源行政管理最传统、最基本的职能，也是行政管理区别于其他管理方式的特有职能。水法规和政策的内容反映了一个国家水资源行政管理的目标和方向，应根据水资源状况、社会政治体制、宏观经济发展等条件的变化而不断调整[7]。

（2）编制水资源开发利用和保护规划。为了科学合理地利用有限的水资源，促进经济社会可持续发展，必须对水资源开发利用和保护进行全面规划。这些规划成果，将作为区域内各项水利工程设计的基础和编制国家水利建设长远计划的依据，是国家或区域、流域进行水利建设或水事活动的指导性技术文件。因此，编制水资源开发利用和保护规划是国家实施宏观水资源行政管理的重要技术手段和保障措施。

（3）水资源调查评价和信息发布。这是水资源行政管理重要的服务职能，为制定政策、编制规划等职能的开展提供基础数据和依据[7]。其内容包括对水源地、重点流域、河流、湖泊、水库等的水文、水量、水质和开发利用状况的调查、监测、现状评价，并通过有效途径将这些结果进行定期发布，以增进部门之间的沟通，促进公众的参与和监督。水资源调查评价和信息发布工作涉及面广，投资大，多属于长效性、基础性建设，只能由政府部门组织实施。

（4）控制和协调水量分配。因为一定区域或流域、一定时段内可利用的水量是有限的，但需水量却随着不同地区、不同部门的发展而不断增加，必然导致为争水出现的矛盾。为了解决这一矛盾，必须通过行政管理手段，有效控制和调整水量分配。这一工作职能是水资源行政管理的重要方面。

（5）保护水质和生态系统。为了保护水体，确保自然界能持续为人类提供满足一定质量标准的水，必须采取有效措施保护水体水质和生态系统。然而，由于人类对水体的影响或破坏作用是十分复杂的，一般是由多部门、多途径共同作用的结果，因此，必须由水行政主管部门来统一监督、管理。

（6）防洪抗旱。这是关系国计民生的大事，一直是各国水资源行政管理的主要职能之

一[7]。其主要内容包括拟订防汛抗旱工作的政策法规、规章制度、规程规范、技术标准等并监督实施；编制大江大河洪水防御方案、大江大河大湖及重要大型水库的洪水调度和干旱缺水应急调度方案并监督实施；组织和指导防洪抗旱的防御和抢险工作，落实防汛和抗旱物资的储备与管理。

（7）大型水利工程的管理。坝堤、水库、排灌工程等大型水利工程是水资源开发利用的基础条件，对这些工程的管理也是水资源行政管理的一项职能。对大型水利工程的管理包括相应管理条例的制定、审批和实施，进行工程环境影响评价和综合效益评价，加强工程建设管理、确保工程质量，以及为工程建设进行投资融资等[7]。

（8）其他职能。水资源行政管理涉及面广、内容繁杂，除以上几项职能外，还有一些其他职能，如对公众进行宣传和教育、推广节水技术、普及节水知识、在发生特殊情况时应急处理措施等[7]。

二、水资源行政管理的组织结构及我国现行组织结构

水资源行政管理的组织结构是指与水资源管理有关的政府机构设置及其相互关系，包括纵向、横向各种机构的职能、地位、权责、领导关系和运行机制。水资源行政管理的所有职能都要通过一定的组织来执行和完成，可以说，水资源行政管理的过程就是一种组织过程。组织结构设置是否科学合理，直接关系到水资源行政管理的效能高低[7]。

新中国成立以来，我国水资源行政管理体制经历了不断的改革和调整。目前，我国已形成了集中管理与分散管理、行政区域管理与流域管理、命令-控制手段与经济手段相结合，多目标、多层次的水资源行政管理体制[7]。在中央政府，水利部作为国务院水行政主管部门，集中了大部分水资源行政管理职权，其他相关部委（如国家环保部、国土资源部、建设部、农业部、林业局）则在各自职责范围内协助管理。在地方，流域组织和省（自治区、直辖市）人民政府水行政主管部门共同管理辖区内水资源，地方其他行政管理部门同样在各自职责范围内协助管理。流域组织属于事业单位性质，是水利部的派出单位，其下设的水资源保护局乃为水利部和国家环保部双重领导。市、县水资源行政管理组织结构与中央政府类似[7]。

中华人民共和国水利部管辖的与水资源行政管理有关的部门主要有：规划计划司、政策法规司、水资源管理司、建设与管理司、水土保持司、农村水利司、国家防汛抗旱总指挥部办公室、农村水电及电气化发展局。各相关部门的职责介绍如下（引自中华人民共和国水利部网站）。

（1）规划计划司的职责：组织编制全国水利发展战略、中长期发展规划，组织水利发展和改革的重大专题研究；组织编制全国水资源综合规划、流域综合规划和中长期水资源供求规划；归口管理专业和专项水利规划的编制和审批工作；组织指导有关国民经济总体规划、城市规划及重大建设项目的防洪论证工作；负责审批重大建设项目洪水影响评价和规划同意书；参与拟定全国和省际水量分配和调度方案工作；组织审查、审批全国重点水利基建项目和部直属单位基础设施建设项目的立项和初步设计；协调流域开发工作；指导河口、海岸滩涂治理和开发；对大中型水电站的选址、防洪库容规划提出意见；负责国家重点水利基建项目、部直属基建项目的年度投资计划管理和水利前期工作投资计划管理；指导水利建设项目的后评估工作；研究制定与水利规划计划相关的政策、法规及制度；归

口管理与国家有关部委相关的基本建设规划计划工作；负责水利综合统计工作；承办部领导交办的其他事项。

(2) 政策法规司的职责：组织编制并监督实施水利法制建设规划与年度立法计划；组织拟订水利法律和综合性水行政法规、规章并监督实施；指导拟订专项水行政法规、规章；负责对水利部规范性文件的审查；负责对水利部规章的解释、备案、清理和水法律、行政法规适用问题的答复工作；参与全国人大、国务院各部门制定与水有关的法律、法规起草和协调工作；负责法律、法规征求意见的答复工作；组织制定并实施水利方针政策研究计划；组织研究提出综合性水利方针政策、水管理体制改革方案，并组织实施；指导地方水法制建设；组织水法规的执法检查；组织指导水法制宣传，负责普法宣传教育工作；组织指导水政监察和水行政执法工作；组织重大水事违法案件的查处以及省际、部门间水事纠纷的协调处理工作；组织指导行政许可和行政审批工作并实施监督；承办部行政复议、行政诉讼、民事诉讼工作；指导水利部法律顾问工作；承办部领导交办的其他事项。

(3) 水资源管理司（暨全国节约用水办公室）的职责：负责水资源（含空中水、地表水、地下水）的统一管理，负责水资源配置、节约和保护工作，组织拟定相关的政策、法规、制度、标准并监督实施；组织指导有关国民经济和社会发展总体规划、城市规划及建设项目的水资源论证工作；负责组织水资源调查评价工作；组织水资源专业规划的编制、审查，并监督实施；组织拟定全国和省际水量分配和调度方案，监督年度省际水量分配和调度方案的实施；组织取水许可制度和水资源有偿使用制度的实施和监督，对流域和区域用水实行总量控制和监督管理；组织指导全国地下水（含矿泉水、地热水）管理和保护工作，及地下水开发利用规划的编制并监督实施。组织编制全国地下水通报；组织指导全国计划用水、节约用水工作。指导全国节水型社会建设工作。承担全国节约用水办公室日常工作，组织指导全国节约用水宣传工作；指导水务管理工作；组织实施水资源保护制度。组织指导水功能区划分、湿地生态补水和控制向饮水区等水域排污；监督管理省界水量、水质；组织审定江河湖库纳污能力；组织指导入河排污口设置管理工作，提出限制排污总量的意见。组织编制全国水环境状况通报；指导全国供水水源地和水生态保护工作，管理水利建设项目环境保护、水利规划环境影响评价工作，负责水利项目环境影响报告书（表）预审工作；指导各行业水平衡测试工作，组织拟定区域与行业用水定额并监督管理。组织管理全国用水统计工作，组织编制国家水资源公报；承办部领导交办的其他事项。

(4) 建设与管理司的职责：组织拟定水利建设政策、法规、制度和标准并监督实施；组织拟定管理和保护河道、水库、湖泊等水域、岸线、河（湖）堤、海堤、水库大坝、水闸管理和保护的政策、法规制度、标准并监督实施；指导大江、大河、大湖及其他重要河流的整治；监督实施重要江河和跨省（自治区、直辖市）江河、河段的规划治导线，对整治航道提出意见；组织指导江河湖泊和水利工程的管理，负责水库、水电站大坝的安全监管，监督大江、大河干堤、重要病险水库、重要水闸的除险加固；组织指导水利工程运行管理；组织指导水利建设项目的主体工程开工审批、蓄水安全鉴定、验收、后评价和水利工程确权划界；组织指导具有流域控制性或跨省的重点水利工程建设和管理；管理水利建设市场，监督管理市场准入、工程招标投标、建设监理、工程造价、工程质量和施工安全生产，组织重大工程建设项目的稽查；组织指导江河湖泊采砂管理以及河道管理范围内建

设项目管理；承办部领导交办的其他事项。

(5) 水土保持司的职责：管理全国水土保持工作，协调水土流失综合防治；组织拟定和监督实施水土保持政策、法规；组织编制水土保持规划、技术标准并监督实施；负责开发建设项目水土保持方案的管理工作；承办中央立项的大型开发建设项目水土保持方案的审批和监督实施工作；组织水土流失动态监测并定期公告；组织、指导、协调水土流失重点防治区综合防治工作；制定全国水土保持工程措施规划并组织实施；指导并监督重点水土保持建设项目的实施；组织推广水土保持科研成果；指导水土保持服务体系建设；承担水利部绿化委员会的日常工作；承办部领导交办的其他事项。

(6) 农村水利司的职责：指导全国农村水利工作。组织拟定农村水利政策、发展规划和技术标准并监督实施；指导全国农田水利基本建设；指导村镇供水、农村饮水安全和农村节约用水工作；组织拟定农村饮水工程建设规划并监督实施；指导灌溉排水、节水灌溉、牧区水利、雨水集蓄利用等工作；实施灌区、泵站工程节水改造发展规划；指导农村水利管理体制和运行机制改革、农村水利社会化服务体系建设和农村水利技术推广工作；归口管理国家农业综合开发水利骨干工程等水利项目；承办部领导交办的其他事项。

(7) 国家防汛抗旱总指挥部办公室的职责：组织、指导、协调、监督全国防汛抗旱工作；组织拟订防汛抗旱工作的政策法规、规章制度、规程规范、技术标准等并监督实施；组织指导台风与山洪等灾害的防御工作，以及全国蓄滞洪区安全建设、管理和运用补偿工作；组织指导全国干旱影响评价工作和蓄滞洪区、洪泛区（河道管理范围除外）的洪水影响评价工作；组织编制全国大江、大河防御洪水方案、大江、大河、大湖及重要大型水库的洪水调度和水量应急调度方案并监督实施；组织指导全国重点干旱地区、重点缺水城市抗旱预案的制定与实施；组织指导国家跨流域、跨省区的应急调水；组织指导和监督江河湖泊和水利、水电工程的应急调度；掌握和发布全国汛情、旱情和灾情，组织防汛抗旱指挥决策和调度，指导、监督大江、大河抗洪抢险工作；负责管理中央特大防汛抗旱经费和中央水利防汛资金；组织指导全国防汛物资的储备与管理；承办国家防汛抗旱总指挥部及水利部领导交办的其他事项。

(8) 农村水电及电气化发展局的职责：负责全国水能资源开发利用管理工作和农村水电及其供电营业区行业管理，研究拟定相关政策、法规和技术标准、规程规范并监督实施；承担水能资源调查评价、信息系统建设和全国农村水电及电气化（含水利系统综合利用枢纽电站）统计工作；组织编制河流水能资源开发利用规划并监督实施，负责拟订全国农村水电发展战略、中长期发展规划并组织实施；拟订水能资源开发利用管理办法和开发使用权管理办法并组织实施；组织拟订农村水电建设管理办法；负责审核中央补助投资的农村水电项目，参与大中型水资源开发利用项目的核准和审批；指导地方农村水电项目审查、审批和验收工作；组织拟订并实施农村水电设备市场准入制度和农村水电及供电营业区安全文明生产监督管理办法；承担农村水电设计市场、设备市场、建设市场和电力产品市场监督管理；指导农村水电站科学合理运用；指导全国农村水电电网建设管理和改革；组织实施农村水电自发自供区“两改一同价”工作；指导农村水电体制改革；指导农村水电行业技术进步和技术培训；负责组织实施农村水电电气化、小水电代燃料生态保护工程、有水无电地区光明工程的建设和管理；组织开展水能资源和农村水电及电气化的对外合作与交流，指导国际小水电中心的相关工作；承办部领导交办的其他事项。

三、水资源行政管理的手段

水资源行政管理的手段是履行水资源行政管理职能、实现水资源行政管理目标、发挥水资源行政管理实际效力的必要条件，是水资源行政管理组织与被管理对象之间的作用纽带[7]。行政管理手段包括行政手段、经济手段、法律手段、宣传教育手段等多种形式。

行政手段：指水资源行政管理部门利用法律赋予的行政权力，以行政命令或法规条例的形式对各种水资源活动进行直接干预，将行为主体、行为方式、产生后果等限制在一定的时间、空间范围内或一定的标准之内。行政手段的特点是强制性，被管理者必须服从命令，否则就要受到行政处罚。

经济手段：指水资源行政管理部门利用价格、税收、水市场等经济杠杆对各种与水资源相关的活动进行间接的激励或限制，从而实现预定的行政管理目标。经济手段的核心内容是采用经济措施，通过修正或新建市场机制，改变被管理者行为的成本或收益，来促进水资源有效利用和保护，从而达到水资源管理的目标。

法律手段：指运用法律手段，将水资源管理纳入法制轨道，建立水资源管理法制体系，走“依法治水”的道路。

宣传教育手段：指运用报纸、广播电视、网络、张贴标语等宣传工具，向广大群众宣传国家关于水的法律法规、基本政策以及节约用水、保护水资源的观念和措施（或技术），从而提高广大公众节约用水、保护水资源的意识和能力。这是实现水资源行政管理目标的重要手段。

第五节　水资源管理的法规体系

一、概述

为了合理开发、利用、节约和保护水资源，防治水害，实现水资源的可持续利用，适应国民经济和社会发展的需要，国家或地方政府需要制定一系列法律、条例和技术规范，来规范或指导各种水事活动，处罚不符合规定的水事活动。

为了协调国际河流开发利用和保护，1991 年由联合国成立的国际法委员会（ILC）制定了赫尔辛基规则，并临时通过了 32 条非航行使用国际水道条例。1997 年，联合国大会通过了一项关于非航行使用国际水道的法律。这部国际水法有助于缓和地区用水紧张局势，并鼓励各国针对国际河流开展积极有效的谈判。但是，国际水法本身没有约束力，并且缺乏执法机制。因此，关于国际水法的建设仍任重而道远。

依法治国，是《中华人民共和国宪法》所确定的治理国家的基本方略。水资源关系国民经济、社会发展的基础，在对水资源进行管理的过程中，也必须通过依法治水才能实现水资源开发、利用和保护的目的，满足经济、社会和环境协调发展的需要。

我国于 1988 年 1 月 21 日通过了第一部《中华人民共和国水法》。经过 14 年的发展，于 2002 年 8 月 29 日又通过修改后的《中华人民共和国水法》（自 2002 年 10 月 1 日起施行）。新《中华人民共和国水法》全文约 1 万字，共有 8 章、82 条，分为总则，水资源规划，水资源开发利用，水资源、水域和水工程的保护，水资源配置和节约使用，水事纠纷

处理与执法监督检查，法律责任，附则。新《水法》规定，开发、利用、节约、保护水资源和防治水害，应当全面规划、统筹兼顾、标本兼治、综合利用、讲求效益，发挥水资源的多种功能，协调好生活、生产经营和生态用水。因此，《水法》对于合理开发、利用、节约和保护水资源，防治水害，实现水资源的可持续利用，适应国民经济和社会发展的需要具有重要意义。

二、水资源管理法规体系的分类

法规体系，即立法体系，是指国家制定并以国家强制力保障实施的规范性文件系统，是法的外在表现形式所构成的整体。水资源管理的法规体系就是现行的有关调整各种水事关系的所有法律、法规和规范性文件组成的有机整体，法规体系的建立和完善是水资源管理制度建设的关键环节和基础保障。

水资源管理的法规体系包括了一系列法律、法规和规范性文件，按照不同的分类标准可以分为不同的类型。

从立法体制、效力等级、效力范围的角度，水资源管理的法规体系由宪法、与水有关的法律、水行政法规和地方性水法规等构成。

从水资源管理的法规内容、功能来看，水资源管理的法规体系应包括综合性水事法律和单项水事法律、法规两大部分。综合性水事法律是有关水的基本法，是从全局出发，对水资源开发、利用、保护、管理中有关重大问题的原则性规定，如世界各国制定的水法、水资源法等。单项水事法律、法规则是为解决与水资源有关的某一方面的问题而进行的较具体的法律规定，如日本的《水资源开发促进法》、荷兰的《防洪法》《地表水污染防治法》等。目前单项水事法律、法规的立法主要从两个方面进行，分别是与水资源开发、利用有关的法律、法规和与水污染防治、水环境保护有关的法律、法规。

三、我国水资源管理法规体系介绍

（一）发展沿革

我国水法历史悠久，最早反映水资源管理思想的成文法律可以追溯到西周时期，在法规中明令“禁止填水井，违令者斩”。在秦始皇执政时期，曾规定“春二月，毋敢伐木山林及雍堤水”。汉朝是历史上全面记载水法规和水管理制度的朝代，在水的所有、分配、使用、管理与水事纠纷裁决等方面，不但有法典，而且辅以法律、法令、法规。唐代则形成了比较完整的封建法律体系，虽然水法规多分散在一些法典的条文中，但仍可看出中央集权通过各种法律手段来调整社会水事关系，以实现水行政管理的政府职能。到了宋代，农田水利管理法规又有了进步，制定了全国性的用水法规。明清时期在水利方面的法规更多，中央集权在渠系取水、河道堤防等方面都颁布过一系列管理法规、条例，如明朝的“大明律”及清朝的“大清律例”都有相当数量的水管理法规。我国封建社会的法制在世界上自成体系，称之为中华法系。中华法系与世界其他法系差别很大，具有显著的特点和独立性。在水法律方面上，表现为强化官府权力、忽视保护民事权利、注重农业生产，并且行政司法不分、注重刑罚等特点。

新中国成立后，国家在水管理方面颁布了大量具有行政法规效力的规范性文件，如1965年制定的《水利工程水费征收使用和管理试行办法》、1982年颁布的《水土保持工作条例》等。但这一时期制定或颁布的水法规体系仍然没有摆脱传统的工程水利思想束缚，重建设轻管理，在立法内容上主要围绕水资源开发、利用、治理展开，而忽视水资源的优化配置、节约和保护。

1988年《中华人民共和国水法》（简称《水法》）的颁布实施，标志着我国水法律管理进入了新的阶段。《水法》是我国第一部水的基本法，其内容涉及水资源综合开发利用和保护、用水管理、江河治理、防治水害等多个方面，明确了水资源的国家所有权，并规定了水资源管理的多项原则和基本制度，是调整各种水事关系的基本法。《水法》颁布后又相继颁布了《中华人民共和国水土保持法》（1991年）和《中华人民共和国防洪法》（1997年）等法律。此外，国务院和有关部门还颁布了相关配套法规和规章，各省、自治区、直辖市也出台了大量地方性法规、规章。这些法律法规和规章共同组成了一个比较科学和完整的水资源管理法规体系。

针对形势的变化和一些新问题的出现，我国对1988年《水法》进行了修订，2002年8月29日，第九届全国人大常委会第二十九次会议表决通过了新的《中华人民共和国水法》，并于2002年10月1日起施行。新《水法》吸收了10多年来国内外水资源管理的新经验、新理念，对原《水法》在实施实践中存在的问题做了重大修改。新《水法》明确了新时期水资源的发展战略，即以水资源的可持续利用支撑经济社会的可持续发展；强化水资源统一管理，注重水资源的合理配置和有效保护，将节约用水放在突出的位置；对水事纠纷和违法行为的处罚有了明确条款，对规范水事活动具有重要作用。新《水法》的颁布实施标志着我国水法律管理正在向可持续发展方向转变。

（二）我国水资源法规体系

尽管我国关于水的法律立法时间较短，但立法数量却大大超过一般的部门法，一个由中央到地方、由基本法到专项法再到法规条例的多层次水资源管理法律体系已初步形成。下面将按照立法体制、效力等级的不同对我国水资源管理法规体系进行介绍[7]。

1. 基本法

1988年颁布实施的《中华人民共和国水法》是我国第一部有关水的综合性法律。但由于当时认识上的局限以及资源法与环境法分别立法的传统，原《中华人民共和国水法》偏重于水资源的开发、利用，而关于水污染防治、生态保护方面的内容较少。2002年，在原《中华人民共和国水法》的基础上经过修订，颁布了新的《中华人民共和国水法》，内容更为丰富，是制定其他有关水的专项法律、法规的重要依据。

2. 有关水的专项法律

除了基本法外，针对我国水污染防治、水土保持、洪水灾害防治等，还制定了《中华人民共和国水污染防治法》《中华人民共和国水土保持法》和《中华人民共和国防洪法》等专项法律，为水资源保护、水土保持、洪水灾害防治等工作的顺利开展提供法律依据。

3. 由国务院制定的行政法规和法规性文件

由国务院制定的与水有关的行政法规和法规性文件有很多，内容涉及水利工程的建设和管理、水污染防治、水量调度分配、防汛、水利经济、流域规划等众多方面。如《中华人民共和国河道管理条例》（1988年）《中华人民共和国防汛条例》（1991年）《中华人民共和国水土保持法实施条例》（1993年）《取水许可制度实施办法》（1993年）《中华人民共和国抗旱条例》（2009年）《城镇排水与污水处理条例》（2013年）等，与各种综合性法

律相比，这些行政法规和法规性文件的规定更为具体、详细。

4. 由水利部制定的相关部门行政规章

水利部出台的相关行政规章主要有：涉及水资源管理方面的，如《取水许可申请审批程序规定》（1994 年）《取水许可水质管理办法》（1995 年）《取水许可监督管理办法》（1996 年）《实行最严格水资源管理制度考核办法》（2013 年）等；涉及水利工程建设方面的，如《水利工程建设项目管理规定》（1995 年）《水利工程质量监督管理规定》（1997 年）《水利工程质量管理规定》（1997 年）等；有关水利工程管理、河道管理的，如《水库大坝安全鉴定办法》（1995 年）《关于海河流域河道管理范围内建设项目审查权限的通知》（1997 年）《三峡水库调度和库区水资源与河道管理办法》（2008 年）《南水北调工程供用水管理条例》（2014 年）等；关于水文、移民方面的，如《水利部水文设备管理规定》（1993 年）《水文水资源调查评价资质和建设项目水资源论证资质管理办法（试行）》（2003 年）；以及关于水利经济方面的，如《关于进一步加强水利国有资产产权管理的通知》（1996 年）《水利旅游区管理办法（试行）》（1999 年）等。

5. 地方性法规和行政规章

水资源时空分布往往存在很大差异，不同地区的水资源条件、面临的主要水资源问题以及地区经济实力等都各不相同，因此，水资源法律管理需要因地制宜地展开。目前，我国已颁布很多与水有关的地方性法规、省级政府规章及规范性文件。

6. 立法机关、司法机关的相关法律解释

这是指由立法机关、司法机关对以上各种法律、法规、规章、规范性文件做出的说明性文字，或是对实际执行过程中出现问题的解释、答复，大多与程序、权限、数量等问题相关。如《全国人大常委会法制委员会关于排污费的种类及其适用条件的答复》《关于“特大防汛抗旱补助费使用管理办法”修订的说明》（1999 年）等。

7. 其他部门法中与水相关的法律规范

由于水资源问题涉及社会关系的复杂性、综合性，除了以上直接与水有关的综合性法律、单项法律、行政法规和部门规章外，其他部门法如《中华人民共和国民法通则》《中华人民共和国刑法》《中华人民共和国农业法》中的有关规定也适用于水法律管理。

（三）我国主要水法律、条例和技术规范

从新中国成立以来，我国十分重视有关水利、水资源保护与管理方面的法制建设，并先后通过或发布一些有关的法规、条例和技术规范。现以通过或发布的时间先后，把有关的部分法规、条例和技术规范列出如下：

1973 年 11 月 17 日　GBJ 4—73《工业“三废”排放试行标准》

1979 年 9 月 13 日　《中华人民共和国环境保护法（试行）》（1989 年修订）

1982 年 2 月 5 日　《征收排污费暂行办法》（2002 年修订为《排污费征收使用管理条例》）

1982 年 6 月 30 日　《水土保持工作条例》

1983 年 7 月 21 日　《全国环境监测管理条例》（2007 年修订为《环境监测管理办法》）

1983 年 9 月 14 日　GB 3838—83《地面水环境质量标准》（2002 年修订）

1983年11月11日 《中华人民共和国环境保护标准管理办法》

1984年5月11日 《中华人民共和国水污染防治法》(1996年修订)

1985年4月25日 GB 5084—85《农田灌溉水质标准》(1992年第一次修订,2005年第二次修订)

1985年8月16日 GB 5749—85《生活饮用水卫生标准》(2006年修订)

1988年1月21日 《中华人民共和国水法》(2002年修订)

1988年3月20日 《水污染物排放许可证管理暂行办法》

1988年4月5日 GB 8978—88《污水综合排放标准》(1996年修订)

1988年5月9日 《污水处理设施环境保护监督管理办法》

1988年6月3日 《中华人民共和国河道管理条例》

1988年12月20日 《关于防治造纸行业水污染的规定》

1989年7月1日 SDJ 3020—88《水利水电工程环境影响评价规范》

1989年7月10日 《饮用水水源保护区污染防治管理规定》

1989年7月12日 《中华人民共和国水污染防治法实施细则》

1989年8月12日 GB 11607—89《渔业水质标准》

1989年12月26日 《中华人民共和国环境保护法》(修订)

1991年6月16日 GB 12941—91《景观娱乐用水水质标准》

1991年6月24日 《超标污水排污费征收标准》

1991年6月29日 《中华人民共和国水土保持法》

1992年1月4日 GB 5084—92《农田灌溉水质标准》(第一次修订,2005年第二次修订)

1993年12月10日 GB/T 14848—93《地下水质量标准》

1994年3月28日 SL 63—94《地表水资源质量标准》

1996年5月15日 《中华人民共和国水污染防治法》(修订)

1996年10月4日 GB 8978—96《污水综合排放标准》(修订)

1996年10月31日 SL/T 183—96《地下水监测规范》

1997年5月16日 SL 196—97《水文调查规范》

1997年6月24日 SL 201—97《江河流域规划编制规范》

1997年8月29日 《中华人民共和国防洪法》

1998年7月20日 SL 219—98《水环境监测规范》

1999年4月29日 SL/T 238—1999《水资源评价导则》

2000年6月14日 SL 250—2000《水文情报预报规范》

2002年1月30日 《排污费征收使用管理条例》(修订)

2002年4月26日 GB 3838—2002《地表水环境质量标准》(修订)

2002年8月29日 《中华人民共和国水法》(修订)

2005年7月21日 GB 5084—2005《农田灌溉水质标准》(第二次修订)

2006年10月23日 SL 348—2006《水域纳污能力计算规程》

2007年1月26日 GB 5749—2006《生活饮用水卫生标准》(2006年修订,2007年

1月26日发布）

2007年7月25日 《环境监测管理办法》（修订）

2008年2月28日 《中华人民共和国水污染防治法》（第二次修订）

2008年4月9日 《取水许可管理办法》

2008年11月3日 《三峡水库调度和库区水资源与河道管理办法》（水利部令第35号）

2008年11月10日 SL 431—2008《城市水系规划导则》

2008年12月27日 《中华人民共和国水路运输管理条例》（第二次修订）

2009年2月26日 《中华人民共和国抗旱条例》

2009年5月21日 SL 449—2009《水土保持工程初步设计报告编制规程》

2010年1月27日 《气象灾害防御条例》

2010年3月1日 SL 454—2010《地下水资源勘察规范》

2010年5月31日 GB/T 50138—2010《水位观测标准》

2010年7月15日 GB/T 50596—2010《雨水集蓄利用工程技术规范》

2010年10月11日 SL/Z 479—2010《河湖生态需水评估导则》（试行）

2010年12月25日 《中华人民共和国水土保持法》修订

2011年3月30日 SL 532—2011《入河排污口管理技术导则》

2011年8月18日 SL 558—2011《地面灌溉工程技术管理规程》

2011年8月25日 SL 562—2011《水能资源调查评价导则》

2011年9月16日 《太湖流域管理条例》

2012年7月4日 GB/T 28714—2012《取水计量技术导则》

2013年1月2日 《实行最严格水资源管理制度考核办法》

2013年1月22日 SL 4—2013《农田排水工程技术规范》

2013年2月1日 SL 569—2013《喷灌工程技术管理规程》

2013年8月8日 SL 613—2013《水资源保护规划编制规程》

2013年10月2日 《城镇排水与污水处理条例》

2014年1月13日 SL 687—2014《村镇供水工程设计规范》

2014年1月20日 SL 627—2014《城市供水水源规划导则》

2014年2月16日 《南水北调工程供用水管理条例》

2014年4月22日 SL 662—2014《入河排污量统计技术规程》

2014年7月3日 SL 666—2014《山洪灾害防御预案编制导则》

2014年9月10日 SL 58—2014《水文测量规范》

2014年10月9日 GB/T 51040—2014《地下水监测工程技术规范》

2015年4月16日 《水污染防治行动计划》（简称“水十条”）

四、我国水法介绍

《中华人民共和国水法》（2002年）规定，水资源属于国家所有。水资源的所有权由国务院代表国家行使。农村集体经济组织的水塘和由农村集体经济组织修建管理的水库中的水，归各农村集体经济组织使用。

《水法》第一章（总则）规定：国家对水资源依法实行取水许可制度和有偿使用制度。国家保护水资源，采取有效措施，保护植被，植树种草，涵养水源，防治水土流失和水体污染，改善生态系统。国家厉行节约用水，大力推行节约用水措施，推广节约用水新技术、新工艺，发展节水型工业、农业和服务业，建立节水型社会。各级人民政府应当采取措施，加强对节约用水的管理，建立节约用水技术开发推广体系，培育和发展节约用水产业。单位和个人有节约用水的义务。

《水法》第二章（水资源规划）规定：开发、利用、节约、保护水资源和防治水害，应当按照流域、区域统一制定规划。制定规划，必须进行水资源综合科学考察和调查评价。规划一经批准，必须严格执行。建设水工程，必须符合流域综合规划。在国家确定的重要江河、湖泊和跨省、自治区、直辖市的江河、湖泊上建设水工程，其工程可行性研究报告在报请批准前，有关流域管理机构应当对水工程的建设是否符合流域综合规划进行审查并签署意见；在其他江河、湖泊上建设水工程，其工程可行性研究报告报请批准前，县级以上地方人民政府水行政主管部门应当按照管理权限对水工程的建设是否符合流域综合规划进行审查并签署意见。水工程建设涉及防洪的，依照防洪法的有关规定执行；涉及其他地区和行业的，建设单位应当事先征求有关地区和部门的意见。

《水法》第三章（水资源开发利用）规定：开发、利用水资源，应当坚持兴利与除害相结合，兼顾上下游、左右岸和有关地区之间的利益，充分发挥水资源的综合效益，并服从防洪的总体安排；应当首先满足城乡居民生活用水，并兼顾农业、工业、生态用水以及航运等需要，在干旱和半干旱地区，还应当充分考虑生态用水需要。国家鼓励开发、利用水能资源。在水能丰富的河流，应当有计划地进行多目标梯级开发。建设水力发电站，应当保护生态系统，兼顾防洪、供水、灌溉、航运、竹木流放和渔业等方面的需要。国家鼓励开发、利用水运资源。在水生生物洄游通道、通航或者竹木流放的河流上修建永久性拦河闸坝，建设单位应当同时修建过鱼、过船、过木设施，或者经国务院授权的部门批准采取其他补救措施，并妥善安排施工和蓄水期间的水生生物保护、航运和竹木流放，所需费用由建设单位承担。

《水法》第四章（水资源、水域和水工程的保护）规定：在制定水资源开发、利用规划和调度水资源时，应当注意维持江河的合理流量和湖泊、水库以及地下水的合理水位，维护水体的自然净化能力。从事水资源开发、利用、节约、保护和防治水害等水事活动，应当遵守经批准的规划；因违反规划造成江河和湖泊水域使用功能降低、地下水超采、地面沉降、水体污染的，应当承担治理责任。国家建立饮用水水源保护区制度，禁止在饮用水水源保护区内设置排污口。禁止在江河、湖泊、水库、运河、渠道内弃置、堆放阻碍行洪的物体和种植阻碍行洪的林木及高秆作物。禁止围湖造地，禁止围垦河道。单位和个人有保护水工程的义务，不得侵占、毁坏堤防、护岸、防汛、水文监测、水文地质监测等工程设施。

《水法》第五章（水资源配置和节约使用）规定：县级以上地方人民政府水行政主管部门或者流域管理机构应当根据批准的水量分配方案和年度预测来水量，制定年度水量分配方案和调度计划，实施水量统一调度；有关地方人民政府必须服从。国家对用水实行总量控制和定额管理相结合的制度。水行政主管部门根据用水定额、经济技术条件以及水量

分配方案确定的可供本行政区域使用的水量，制定年度用水计划，对本行政区域内的年度用水实行总量控制。直接从江河、湖泊或者地下取用水资源的单位和个人，应当按照国家取水许可制度和水资源有偿使用制度的规定，向水行政主管部门或者流域管理机构申请领取取水许可证，并缴纳水资源费，取得取水权。

《水法》第六章（水事纠纷处理与执法监督检查）规定：不同行政区域之间发生水事纠纷的，应当协商处理；协商不成的，由上一级人民政府裁决，有关各方必须遵照执行。在水事纠纷解决前，未经各方达成协议或者共同的上一级人民政府批准，在行政区域交界线两侧一定范围内，任何一方不得修建排水、阻水、取水和截（蓄）水工程，不得单方面改变水的现状。单位之间、个人之间、单位与个人之间发生的水事纠纷，应当协商解决；当事人不愿协商或者协商不成的，可以申请县级以上地方人民政府或者其授权的部门调解，也可以直接向人民法院提起民事诉讼。在水事纠纷解决前，当事人不得单方面改变现状。县级以上人民政府水行政主管部门和流域管理机构应当对违反水法的行为加强监督检查并依法进行查处。

《水法》第七章（法律责任）规定：出现下列情况的将承担法律责任（包括刑事责任、行政处分、罚款等）：水行政主管部门或者其他有关部门以及水工程管理单位及其工作人员，利用职务上的便利收取他人财物、其他好处或者工作玩忽职守；在河道管理范围内建设妨碍行洪的建筑物、构筑物，或者从事影响河势稳定、危害河岸堤防安全和其他妨碍河道行洪的活动的；在饮用水水源保护区内设置排污口的；未经批准擅自取水以及未依照批准的取水许可规定条件取水的；拒不缴纳、拖延缴纳或者拖欠水资源费的；建设项目的节水设施没有建成或者没有达到国家规定的要求，擅自投入使用的；侵占、毁坏水工程及堤防、护岸等有关设施，毁坏防汛、水文监测、水文地质监测设施的；在水工程保护范围内，从事影响水工程运行和危害水工程安全的爆破、打井、采石、取土等活动的；侵占、盗窃或者抢夺防汛物资，防洪排涝、农田水利、水文监测和测量以及其他水工程设备和器材，贪污或者挪用国家救灾、抢险、防汛、移民安置和补偿及其他水利建设款物的；在水事纠纷发生及其处理过程中煽动闹事、结伙斗殴、抢夺或者损坏公私财物、非法限制他人人身自由的；拒不执行水量分配方案和水量调度预案的，拒不服从水量统一调度的，拒不执行上一级人民政府的裁决的，引水、截（蓄）水、排水，损害公共利益或者他人合法权益的。

第六节　水事活动与水事纠纷

一、水事活动

人类社会从事开发利用水资源和防治水害的各种活动，统称为水事活动。因此，水事活动包括人类开发、利用、配置、治理、节约、管理、保护、观赏水，以及协调水与人之间、人与人用水之间关系的各种活动。

二、水事纠纷

人类在从事水事活动过程中，自然就形成了一定的水事关系。如果水事关系处理不好就会产生水事矛盾，如果水事矛盾不能得到及时处理就会引发水事纠纷。水事纠纷是指地区与地区之间、单位与单位之间、人与人之间、单位与个人之间，在开发、利用、节约和保护水资源、防治水害或其他水事活动中因权益纠纷而引起的行政争端。

目前，我国水事纠纷常有发生。据不完全统计，2001—2005年，全国共发生水事纠纷4万余起，比较典型的有晋冀豫漳河、川黔同民河、冀京拒马河、江浙太湖、浙闽交溪流域、吉林内蒙古霍林河等水事纠纷。

以晋冀豫漳河水事纠纷为例。漳河水事纠纷始于20世纪50年代，主要发生在晋、冀、豫3省交界地区的浊漳河、清漳河与漳河干流上，涉及山西省长治市的平顺县，河南省安阳市的林州市、安阳县，河北省邯郸市的涉县、磁县。由于该地区自然条件差，人多、水少、地少（流域人均占有水资源量400m³，沿河村庄人均河滩地2～3分），又缺乏统一的规划和管理，地区之间竞相开发，河道径流不断减少。为保护和多占河滩地，两岸群众争相修建护村护地坝和挑流工程；用水紧张时，争相引水，矛盾日益突出。地区之间为争夺水源和河滩地，多次发生群众械斗、爆炸、炮击事件，造成人员伤亡和重大经济损失。1976年，因围河造地，河北、河南两个沿河村庄发生大规模的群众持枪械斗事件。20世纪80年代以来，纠纷逐步升级，先后发生了河南红旗渠、河北大跃峰渠与白芠渠被炸，沿河村庄遭炮击及械斗流血事件30余起。1999年春节期间，河南的古城村与河北的黄龙口村发生了爆炸、炮击事件，近百名村民受伤，民房遭破坏，生产、生活设施被毁，直接经济损失800余万元。党中央、国务院对漳河水事纠纷高度重视，水利部、公安部及地方政府和有关部门为解决纠纷、维护稳定做了大量工作。2001年水利部海河水利委员会漳河上游管理局组织实施了跨省调水，综合运用行政、经济、法律和技术手段，有效地缓解了水资源供需矛盾，强化了漳河上游统一规划、统一管理、统一调度、统一治理，防止了水事纠纷的发生。

三、水事纠纷的预防与处理

中华人民共和国水利部于2004年9月15日印发的《省际水事纠纷预防和处理办法》（2004年10月1日起施行）指出，处理省际水事纠纷，应当贯彻预防为主、预防与处理相结合的方针，按照有利于边界地区的社会稳定和经济发展，有利于水资源可持续利用的原则，由纠纷各方本着互谅互让、团结治水的精神，尊重历史，面对现实，公平合理地协商解决。经纠纷各方协商未达成协议的，由水利部或水利部所属流域管理机构处理。必要时，报国务院裁决。

处理省际水事纠纷的依据是：①有关的法律、行政法规和部门规章；②国务院、水利部有关处理省际水事纠纷的文件；③流域规划和水功能区划；④水量分配方案和调度方案以及旱情紧急情况下的水量调度预案；⑤洪水防御方案和洪水调度方案；⑥省际边界河流的水利规划和省际边界地区的地下水开发利用规划；⑦有关各省（自治区、直辖市）、市（地）、县（市）人民政府或水行政主管部门之间达成的省际水事协议。

省际水事纠纷发生后，纠纷各方的县、市级人民政府水行政主管部门应当立即派人到现场调查协商，将调查协商意见报告县、市级人民政府和上级水行政主管部门，并在当地人民政府的领导下，协同有关部门采取有效措施防止事态扩大。省际水事纠纷解决前，未经纠纷各方县级以上人民政府及其水行政主管部门达成协议或者水利部、流域管理机构批准，任何一方不得修建排水、阻水、取水和截（蓄）水工程，不得单方面改变水的现状。

水利部或者流域管理机构在处理省际水事纠纷时，可根据实际情况，组织制定应急预案，及时防止事态扩大，并有权采取临时处置措施，有关各方必须服从。

第七节 我国现代水资源管理的新思想

随着当今社会水资源问题的日益突出，人们普遍把“解决用水矛盾”的希望寄托在水资源的科学管理上，水资源管理受到前所未有的重视，同时也面临着巨大的压力和挑战。2011年1月29日，中央一号文件《中共中央国务院关于加快水利改革发展的决定》首次系统部署水利改革发展全面工作，把水利工作摆上党和国家事业发展更加突出的位置，提出实行最严格水资源管理制度。水资源管理进入一个全新的阶段，现代水资源管理理念应运而生。

一、我国水资源管理概述[8]

纵观我国水资源管理工作历程，随着人们对水资源认识水平的不断提高，水资源管理思想发生了很大的变化，不同时代水资源管理思想不同，大体可分为如下几个发展阶段(图10-2)。

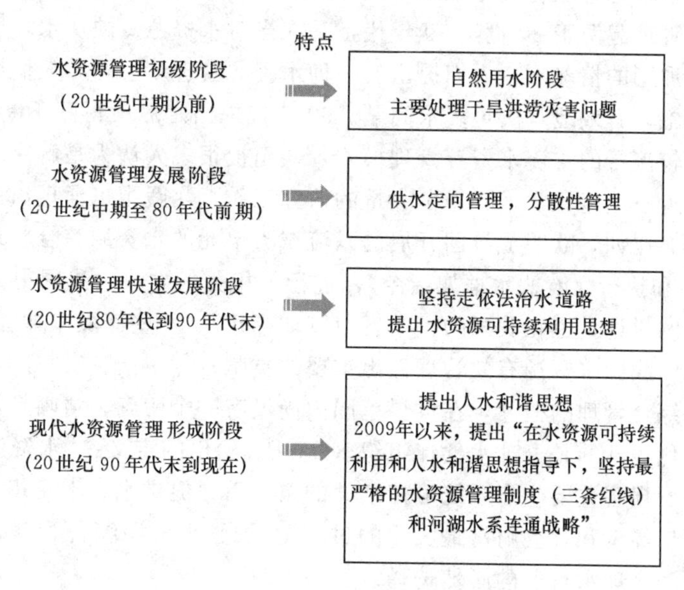

图10-2 水资源管理发展阶段及特点[8]

(1) 水资源管理初级阶段（20世纪中期以前）。这个时期生产力水平较低，人们对水资源的认识能力有限，人们简单取用水的同时要遭受着洪水、干旱等自然灾害的威胁。这个时期处于人避水、水侵人的阶段，还谈不上真正意义上的水资源管理，基本处于自然用水（或以需定供）阶段，水资源管理主要处理干旱洪涝灾害问题。

(2) 水资源管理发展阶段（20世纪中期至80年代前期）。随着人们对水资源认识的不断积累、科技进步和生产力水平的进一步提高，人类对水资源的索求不断增加，水资源问题日益严重，人水关系更加紧张。这个时期处于人争水的阶段，水资源管理处于供水定向管理和分散性管理阶段。

（3）水资源管理快速发展阶段（20世纪80年代到90年代末）。越来越严重的水资源问题逐渐引起人们的高度重视，人们对水资源的认识从“取之不尽，用之不竭”的片面认识，逐步转变为对水资源的科学认识，逐步认识到“水资源开发利用必须与经济社会发展和生态系统保护相协调，走可持续发展的道路”。《中华人民共和国水法》和《取水许可管理办法》等一系列管理法规的不断出台和规范完善，标志着我国开始走依法治水的道路。同时实现了由工程水利向资源水利，传统水利向现代水利、可持续发展水利的转变，水资源管理倡导水资源可持续利用的思想。

（4）现代水资源管理形成阶段（20世纪90年代末到现在）。随着人类改造世界的能力不断增强，活动范围不断扩大，再加上人口快速增长，出现了水资源短缺、环境污染、气候变化等一系列问题，使水资源管理面临更多的机遇与挑战，也促进了水资源管理思想的转变。人们在提倡水资源统一管理、水资源可持续利用的基础上，提出人水和谐思想。2009年以后，提出了更新的水资源管理思想，即2009年水利部提出的实施最严格水资源管理制度，勾绘了现代水资源管理的最新思想体系。

二、水资源综合管理

水资源综合管理也常被称为水资源一体化管理、水资源统一管理、水资源集成管理等。水资源综合管理起源于20世纪90年代，是在当时水资源短缺、水环境污染、洪涝灾害等水问题不断加剧的情况下，人们提出的一种水资源管理新思路。人们期待着通过水资源综合管理的实施，有效地解决很多水问题。90年代提出之后又得到不断的改进和发展，是目前国际上比较流行的主流水资源管理模式，甚至被很多人认为是解决水资源问题唯一可行的办法。最近一些年，学术界做了大量的研究工作，实践中也涌现出许许多多有重要意义的应用范例。比如，欧盟成员国开展的以流域为单元的水资源综合管理研究和实践工作，2000年颁布和执行《欧盟水框架指令》，进行了相关的立法。我国很早就开展了关于水资源综合管理的讨论，也在我国的一些省市（如福建）、一些流域（如海河、淮河流域）开展实践应用，为我国水资源有效管理做出重要的贡献。

关于水资源综合管理的概念，在世界范围内尚没有一个明确、清晰且被大家广为接受的定义。比较有代表性的是全球水伙伴组织（GWP）给出的定义：“水资源综合管理是以公平的方式、在不损害重要生态系统可持续性的条件下，促进水、土及相关资源的协调开发和管理，从而使经济和社会财富最大化的过程”。加强水资源综合管理，促进水资源可持续利用已经成为全球水行业的必然选择。

（1）水资源管理为什么要进行“综合”？主要原因是：①单一措施（法律、行政、经济等）无法满足复杂的水资源管理的需要，需要综合措施并用；②单一部门、行业、地区无法解决复杂的、综合的水资源问题；③水资源短缺、洪涝灾害、水环境污染问题是相互联系的，需要整合治理；④日益严重的水问题与人类活动密切有关，需要协调人与自然的关系，这是一个综合问题。

（2）水资源综合管理需要“综合”什么？主要表现在：①水系统的综合管理，水系统是一个复杂的巨系统，保持该系统良性循环本身就需要综合管理，包括大气水-地表水-地下水-土壤水、本地水-外调水、常规水-雨水-中水-海水等、水量-水质的综合管理；②人文系统与水系统之间关系的协调与管理，包括水与社会经济发展、人-水关系的协调；③人

文系统的综合管理，辩证唯物主义哲学主张，人类应主动协调好人与人的关系，是人与自然和谐的基础；④协调水与外部环境的关系，包括水与气候，水与土地利用，水与工程建设，水与工农业生产，水与污染等。

（3）如何进行水资源管理的“综合”？具体体现在：①用水部门统一管理，避免出现“九龙治水”的局面；②地表水、地下水、外调水、非常规水等多水源的统一管理，把水源统一起来进行科学分配；③水质-水量作为一个整体进行统一管理；④人水系统进行统一管理，协调用水与发展之间的关系，实现人水和谐；⑤上下游、左右岸、地区间、流域间协商用水，保障均衡发展、和谐发展。

三、水资源可持续利用管理

现代水资源管理必须坚持可持续发展的思想，在实际工作中，需要把可持续发展的观点贯穿到水资源管理工作中，进行水资源可持续利用管理。水资源可持续利用管理是指保障生态系统完整性和支撑经济社会可持续发展的水资源开发利用管理方式。

《中华人民共和国水法》要求：合理开发、利用、节约、保护水资源，防治水害，实现水资源的可持续利用，适应国民经济和社会发展的需要。这也是可持续发展思想在水资源管理中的具体要求。

实际上，由于人类所处的自然环境十分复杂，经济社会系统也变化多样，在水资源管理工作中遇到的矛盾和问题也十分尖锐和突出，要解决这些问题和矛盾，必须坚持可持续发展的观点。比如：

（1）现代水资源管理要求“实行流域水质与水量、地表水与地下水的统一规划、统一使用、统一管理”。这就需要根据水资源系统理论和可持续发展理论，制定流域水质与水量、地表水与地下水统一开发利用的长期规划，建立完善的水资源管理体系。

（2）实行水资源与社会、经济、环境的协调发展，在协调发展的总背景下，实现水资源的优化调度。这一方面，需要水资源与社会、经济、环境协调发展理论（即水资源可持续利用理论）为指导；另一方面，需要水资源优化配置理论为基础。

（3）既要求经济社会不断发展，又要求人类赖以生存的环境不受破坏，还要求自然界为人类发展提供可持续利用的水。实际上，这一要求十分苛刻，但确实又是人类发展的客观要求，也是人们对水资源利用的主观愿望。关于这一问题的研究一直是国内外水资源管理研究的前沿课题，也是难点问题。这一问题的解决，必须坚持可持续发展的观点，并需要以可持续发展量化研究方法为基础。

因此，坚持可持续发展的观点对实现水资源科学管理具有十分重要的意义。

实现可持续发展是水资源可持续利用管理的目标。当然，实现这一目标并非是一件易事，它涉及社会、经济发展和资源、环境保护等多个方面，以及它们之间的相互协调，同时，也涉及国际间、地区间的广泛合作、全社会公众的参与等众多复杂问题[2]。

四、最严格水资源管理

我国水资源时空分布极不均匀，人均占有水资源量少，经济社会发展相对较落后，水资源短缺、水环境污染极其严重。最严格水资源管理也就是在这一背景下提出并得以实施，就是希望通过制定更加严格的制度，从取水、用水、排水三方面进行严格控制。

2009 年全国水利工作会议上明确提出，“从我国的基本水情出发，必须实行最严格的水资源管理制度”。2009年全国水资源工作会议上再次提出“实行最严格的水资源管理制度保障经济社会可持续发展”。2011年中央一号文件指出，要“实行最严格的水资源管理制度”，“要建立用水总量控制制度、用水效率控制制度、建立水功能区限制纳污制度和水资源管理责任和考核制度”。2011年中央水利工作会议明确提出，“要大力推进节水型社会建设，实行最严格的水资源管理制度，确保水资源的可持续利用和经济社会的可持续发展”。2012年1月国务院发布《关于实行最严格水资源管理制度的意见》(国发〔2012〕3号)，对实行最严格水资源管理制度作出全面部署和具体安排。2013年1月国务院办公厅发布《关于印发实行最严格水资源管理制度考核办法的通知》(国办发〔2013〕2号)，发布考核办法、考核指标和目标。2014年1月水利部等10部委发布《关于实行最严格水资源管理制度考核工作实施方案》(水资源〔2014〕61号)，布置具体考核工作实施方案。可见，实行最严格水资源管理制度是当前和今后一个时期我国水资源管理的主旋律，也是解决当前一系列日益复杂的水资源问题、实现水资源高效利用和有效保护的根本途径。

最严格水资源管理的主要内容包括“三条红线”“四项制度”。最严格水资源管理制度的核心是确立“三条红线”，具体是：水资源开发利用控制红线，严格控制取用水总量；用水效率控制红线，坚决遏制用水浪费；水功能区限制纳污红线，严格控制入河湖排污总量。“三条红线”实际上是在客观分析和综合考虑我国水资源禀赋情况、开发利用状况、经济社会发展对水资源需求等方面的基础上，提出今后一段时期我国在水资源开发利用和节约保护方面的管理目标，实现水资源的有序、高效和清洁利用。“三条红线”是国家为保障水资源可持续利用，在水资源的开发、利用、节约、保护各个环节划定的管理控制红线[9]。

最严格水资源管理的“四项制度”是一个整体，其中用水总量控制制度、用水效率控制制度、水功能区限制纳污制度是实行最严格水资源管理的具体内容，水资源管理责任和考核制度是落实前三项制度的基础保障。只有在明晰责任、严格考核的基础上，才能有效发挥“三条红线”的约束力，实现最严格水资源管理制度的目标。用水总量控制制度、用水效率控制制度、水功能区限制纳污制度相互联系，相互影响，具有联动效应。任何一项制度缺失，都难以有效应对和解决我国目前面临的复杂水问题，难以实现水资源有效管理和可持续利用。

第八节 水资源管理信息系统

随着科技的飞速发展，网络、通信、数据库、多媒体、地理信息系统等高新技术在各个领域得以广泛应用。与高新技术接轨，不仅是水资源工作的迫切需要，也是整个水利行业发展的必然趋势。

一、水资源管理信息系统的特点

水资源管理是一项复杂的水事行为，包括的管理内容十分广泛，需要收集、处理越来越多的信息，在复杂的信息中又需要及时得到处理结果，提出合理的管理方案。要满足这一要求，使用传统的管理方法难济于事。随着信息技术在水资源管理中的应用，使得水资源管理进入了系统化、信息化的管理阶段。

水资源管理信息系统（information system of water resources management），是传统水资源管理方法与系统论、信息论、控制论和计算机技术的完美结合，它具有规范化、实时化和最优化管理的特点，是水资源管理水平的一个飞跃。

二、水资源管理信息系统的建设目标

长期以来，决策主要依靠人的经验进行，属于经验决策的范畴。随着科学技术的发展、社会活动范围的扩大，管理问题的复杂性急剧增加。在这种情况下，领导者单凭个人的知识、经验、智慧和胆量来做决策，难免会出现重大的失误。于是，经验决策便逐步被科学决策所代替。

水利是一个关系到国计民生的行业，有许多决策需要科学、及时地做出。水利信息化是实践新时期治水思路的关键技术，是实现水利现代化的先导。通过推进水利信息化，可逐步建立防汛决策指挥系统，水资源监测、评价、管理系统，水利工程管理系统等，进而改善管理手段，增加科技含量，提高服务水平，促进技术创新和管理创新。

水资源管理信息系统，是水利信息化的一个重要方面。其总体目标是：根据水资源管理的技术路线，以可持续发展为基本指导思想，体现和反映经济社会发展对水资源的需求，分析水资源开发利用现状及存在的问题，利用先进的网络、通信、遥测、数据库、多媒体、地理信息系统等技术，以及决策支持理论、系统工程理论、信息工程理论，建立一个能为政府主要工作环节提供多方位、全过程的管理信息系统。系统应具备实用性强、技术先进、功能齐全等特点，并在信息、通信、计算机网络系统的支持下，达到以下几个具体目标：

（1）实时、准确地完成各类信息的收集、处理和存储。

（2）建立和开发水资源管理系统所需的各类数据库。

（3）建立适用于可持续发展目标下的水资源管理模型库。

（4）建立自动分析模块和人机交互系统。

（5）具有水资源管理方案提取及分析功能。

三、水资源管理信息系统的结构及主要功能

为了完成水资源管理信息系统的主要工作，一般的水资源管理信息系统应由数据库、模型库、人机交互系统组成。

1. 数据库功能

（1）数据录入。所建立的数据库应能录入水资源管理需要的所有数据，并能快速简便地供管理信息系统使用。

（2）数据修改、记录删除和记录浏览。可以修改一个数据，也可修改多个数据，或修改所有数据；可删除单个记录，多个记录和所有记录。

（3）数据查询。可进行监测点查询、水资源量查询、水工程点查询以及其他信息查询等。

（4）数据统计。可对数据库进行数据处理，包括排序、求平均值以及其他统计计算等。

（5）打印。用于原始数据表和计算结果表打印。

（6）维护。为了避免意外事故发生，系统应设计必要的预防手段，进行系统加密、数

据备份、文件读入和文件恢复。

2. 模型库功能

模型库是由所有用于水资源管理信息处理、统计计算、模型求解、方案寻优等的模型块组成，是水资源信息系统完成各种工作的中间处理中心。

(1) 信息处理。与数据库连接，对输入的信息有处理功能，包括各种分类统计、分析。

(2) 水资源系统特性分析。包括水文频率计算、洪水过程分析、水资源系统变化模拟、水质模型以及其他模型。

(3) 经济社会系统变化分析。包括经济社会主要指标的模拟预测、需水量计算等。

(4) 生态系统变化分析。包括环境评价模型、生态系统变化模拟模型等。

(5) 水资源管理优化模型。这是用于水资源管理方案优选的总模型，可以根据以上介绍的方法来建立模型。

(6) 方案拟定与综合评价。可以对不同水资源管理方案进行拟定和优选，同时对不同方案的水资源系统变化结果以及带来的各种社会、经济、环境效益进行综合评价。

3. 人机交互系统功能

人机交互系统是为了实现管理的自动化，进行良好的人机交互管理，而开发的一种界面。目前，开发这种界面的软件很多，如 VB、VC 等。

在实际工作中，人们希望建立的水资源管理系统至少具有信息收集与处理、辅助管理决策功能，并具有良好的人机对话界面。因此，水资源管理信息系统与决策支持系统(decision support system，DSS) 比较接近。DSS 以数据库、模型库和知识库为基础，把计算机强大的数据存储、逻辑运算能力和管理人员所独有的实践经验结合在一起，它将管理信息系统与运筹学、统计学的数学方法、计算模型等其他方面的技术结合在一起，辅助支持各级管理人员进行决策，是推进管理现代化与决策科学化的有力工具。同时，DSS 也是一个集成的人机交互系统，它利用计算机硬件、通信网络和软件资源，通过人工处理、数据库服务和运行控制决策模型，为使用者提供辅助的决策手段。

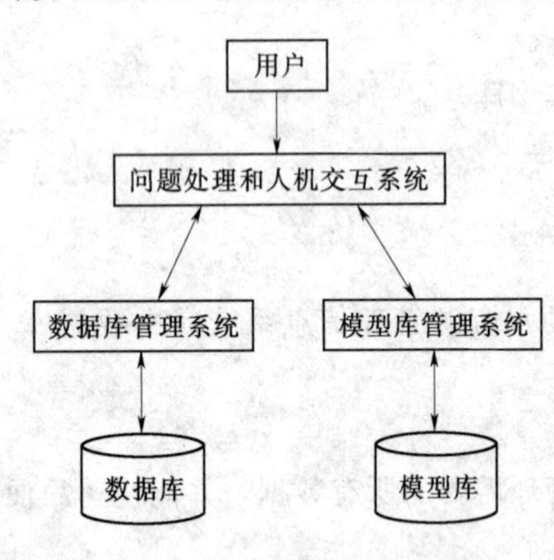

图 10-3　水资源管理信息系统的基本结构图

水资源管理信息系统，是以水资源管理学、决策科学、信息科学和计算机技术为基础，建立的辅助决策者解决水资源管理中的半结构化决策问题的人机交互式计算机软件系统。它主要由数据库管理系统、模型库管理系统和人机交互系统三部分组成(图 10-3)，具有 DSS 的基本特征。

四、应用举例[10]

1. 概述

为了科学管理流域水资源，实现水资源管理信息化，在大量调查和研究的基础上，开发了博斯腾湖流域水资源管理信息系统软件。该软件是 2001 年基于水资源可持续利用理论研究和应用研究成果，采用当时比较流行的 VB6.0 操作系统，面向对象，可直接为博斯腾湖

水资源可持续利用管理服务，为水管理者决策提供技术支持。因为已经过去多年，技术发展很快，实际指导意义有限，这里仅作为一个实例来简单介绍水资源管理信息系统的应用。

2. 系统的主要功能及特点

该系统的主要功能包括三部分：一是资料的浏览、数据添加、数据修改和查询；二是计算功能部分，包括水文频率计算、洪水过程分析、特征水位确定、水资源系统变化预测、湖泊水量调度等模块；三是系统帮助部分。

该系统软件开发的基本指导思想是：程序模块化、人机交互界面友好、操作方便。采用功能强大、应用普遍、面向对象的 VB6.0 和 Access 等作为系统软件开发工具，选用 Win2000 作为软件开发平台。

该系统软件具有以下特点：

(1) 具有功能齐全的资料浏览、添加、修改、查询等管理功能，可以作为水资源管理的工具软件，进行动态管理。

(2) 系统管理与决策相结合。该软件不仅有数据和信息管理功能，而且可以进行水文频率计算、洪水过程分析、特征水位确定等一些常规的分析功能，同时也具有湖泊水位变化、矿化度变化、下泄水量计算等预测功能以及湖泊水量调度的决策功能。

(3) 模块化管理、工作流程清晰。在软件开发方面，采用模块化的开发思路，对每一模块均按实际的工作流程，实现工作流程计算机化。

3. 系统安装与运行

该软件是用 Access 作为后台数据库支持系统的单机版本，采用 VB6.0 系统开发，可在多种操作系统平台如 Win98、Win2000 下安装，运行环境为 586 以上多媒体微机，使用方便，操作简单。

该软件安装与一般的 Windows 应用程序安装方法一致，主要过程为：起动 Windows，并将系统安装光盘插入 CD-RAM；从安装光盘上找到安装文件（setup.exe），点击后就可以一步一步安装；在安装过的计算机中，就可以从“开始”菜单中运行该软件。

在主界面启动之前，该软件设立了：①欢迎界面；②登录密码识别；③还有一段美妙的音乐。形式如图 10-4 所示。只有输入正确的用户名称和密码，系统才可能进入主界面。用户可以在“帮助”菜单中更改密码。

主界面既是系统的入口，也是系统的出口，反映系统的整体功能概貌。通过主界面，用户根据需要可进入系统的所有功能模块，并可方便地实现各功能模块之间的转换。系统主界面由标题栏（显示系统名称）和文件管理、资料管理、水文频率计算、洪水过程分析、特征水位、水资源系统变化预测、发展态势、湖泊水量调度以及系统帮助等功能模块组成。系统主界面如图 10-5 所示。关于该软件的详细使用说明可以查阅其帮助系统。

4. 水资源管理资料信息模块

在水资源管理过程中，对资料的收集、统计、分析及整理要求较高。一般的水资源基础信息主要包括：降水量、蒸发量、径流量、生态系统状况（如养殖、芦苇等）、灌溉面积、引水量统计及其他经济社会指标等。该软件在资料管理模块中包括降水量、蒸发量、径流量、水质（矿化度）、灌溉面积、引水量及其他经济社会发展指标。

图 10－4 系统欢迎及登陆界面

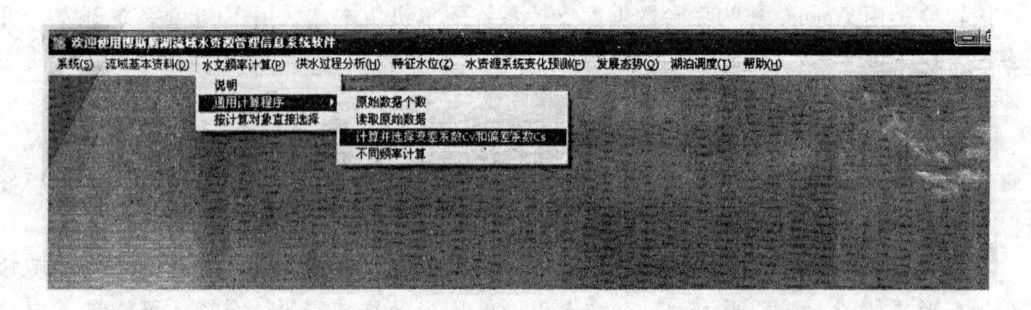

图 10－5 系统主界面（标题栏）

其功能包括：

（1）资料浏览。当用户需要查询数据库中的某些数据，而这些数据又非常集中且没有什么特殊条件时，用户就可以用“数据库浏览”来查询这些数据。数据库浏览就是浏览数据库中不同表的全部内容。点击菜单栏中的“流域基本资料”，再点击“资料浏览”，然后用户可以选择要浏览的数据表的类型及数据表的名称，进入浏览界面，用户可以对所浏览的数据表进行各种操作，包含：第一个、下一个、上一个、最后一个、另存为、退出。

（2）数据添加。这是对数据库中原来数据的动态添加，录入追加新的数据记录。这就需要执行系统中的“数据添加”菜单下的命令，进行数据添加。

（3）数据修改。数据库中的数据需要不断的更新，不光要添加，而且还会删除、修改，以此来整理和维护数据库。点击菜单栏中的“流域基本资料”“数据修改”，再选择要

修改的数据名称，即可进行修改和删除。

(4) 数据查询。点击菜单栏中的“流域基本资料”“数据查询”，出现查询界面，选择数据表名称、“条件字段”，输入条件。根据所列条件，对数据进行自动查询。

5. 计算功能模块

为了实现水资源管理目标，在水资源管理信息系统中需要针对具体特点和要求，开发一些必要的计算功能模块。在博斯腾湖流域水资源管理信息系统中，主要的计算功能模块包括水文频率计算、洪水过程分析、特征水位确定、水资源系统变化预测、湖泊水量调度等模块。

(1) 水文频率计算。水文现象受众多因素的影响，在其发生、发展和演变的过程中包含着必然性的一面，也包含着随机性的一面。从必然性方面探索水文现象短期的变化规律就是水文预报中常用的成因分析法，而从随机性方面研究水文现象长期性的变化规律就需要用到水文频率统计方法。

水文频率统计方法的实质在于以统计数学的理论，来研究和分析随机水文现象的统计变化特性，并以此为基础对水文现象未来可能的长期变化做出在概率意义下的定量预测，以满足工程计算的各种需要。水文频率计算是水文学中非常重要的一种分析方法，也是该软件模型库中很重要的基础模块之一。

该软件关于水文频率计算的途径设计为两种：一种是从一般的计算方法入手，从数据的读入、计算、特征值的选取、频率计算再到最后结果显示，可以适用于不同类型水文频率计算；一种是针对博斯腾湖实际需要计算的几个问题，直接进行选择，这里包括径流量（各水文站）、降水量（主要观测站）、蒸发量（主要观测站）。可以通过点击这些选择，进行资料追加和频率计算。

(2) 洪水过程分析。这一模块是进行博斯腾湖洪水调节计算的基础模块，其主要功能有：①洪水频率分析，可以选择最大一日洪量或最大一月洪量，采用水文频率计算方法，对其进行频率分析；②典型洪水过程线确定，根据历史上发生的洪水，按照一定频率确定不同水文站的典型洪水过程线；③洪水演进过程，根据洪水演进模型，计算上游洪水演进到入湖时的时间和洪水量大小。通过这一计算，可以随时预报入湖洪水的时间和大小，对湖泊调度和防洪有十分重要的意义。

(3) 特征水位确定。根据特征水位的确定方法，主要完成两方面的重要计算：一是兴利调节计算；一是洪水调节计算。分别计算不同的特征水位和特征库容，包括兴利库容、正常蓄水位、防洪库容、防洪限制水位、防洪水位等。

(4) 水资源系统变化预测。合理计算不同条件和调度运行方式下的湖泊水量水质变化，是一项十分重要的工作。这里包括湖泊水位变化预测、湖泊水体矿化度变化预测、下泄水量预测。其计算的前提条件是在其他基础条件一定的情况下，通过模型计算，得到不同的输出结果。

(5) 湖泊水量调度。这一模块又包括两个子模块：①湖泊调度图绘制与调度，这是常规的水库调度方法，根据计算确定的特征水位，考虑历史的湖泊水位变化过程，根据调度图绘制方法，绘制常规的水库调度图，作为博斯腾湖水资源调度的参考依据；②湖泊优化调度方案，根据对该湖泊水资源可持续利用的研究，采用优化调度函数方法，确定该湖泊的优化调度方案，主要包括下泄流量确定、湖泊适宜水位确定，并确定相应的调度对策，主要包括防洪或抗旱方案的确定、调度策略等。

6. 帮助系统

本次开发的软件系统，和任意一个完整的软件系统一样，建立了一个为用户提供详细的、易于理解的联机帮助文档。该帮助文档的建立，利用了 Microsoft 公司的 HTML Help Workshop 软件。首先采用 FrontPage2000 软件做一套帮助文件的网页，然后再利用 HTML Help Workshop 将做好的帮助文件网页编译为标准的帮助文件。

该帮助文档内容包括对各种功能以及软件的使用说明，基本上能满足该软件运用时的各种疑难问题的解答和使用向导。

课 外 知 识

1. 水务管理体制[2]

水务管理体制可概括为在城乡水资源统一管理的前提下，以区域水资源可持续利用、支持城乡经济社会可持续发展为目标，对行政辖区范围内防洪、水源、供水、用水、排水、污水处理与回用以及农田水利、水土保持乃至农村水电等所有涉水事务一体化管理的水管理体制。对水资源的统一管理是维护水资源循环系统完整性的要求，是经济社会发展与生态系统保护相结合的迫切需要，是转变传统的水资源管理方式以更好地适应可持续发展要求的必然趋势。

长期以来，我国的水资源管理状况较为混乱，形成“多龙治水”的局面。如，气象部门负责监测大气降水，水利部门负责地表水，地矿部门负责地下水水质评价和开采地下水，城建部门的自来水公司负责城市用水，环保部门负责污水排放和处理。在国家一级部门，也相应出现各行其责的分管形式。这种局面严重影响到水资源的综合开发利用效益。

1993 年 7 月，广东省深圳市借鉴香港水务管理的成功经验，组建了全国第一个城市水务局，率先实现了对地表水、地下水、大气水的统一管理和调度。水务体制改革在历经了十多年的尝试和运行后，已从萌芽阶段（1993—1999 年）进入到发展阶段（2000—2004 年），并取得了一系列的成效。截至 2002 年年底，上海市、黑龙江省已在辖区范围内全部实现了水务一体化管理，河北省 98%以上的县市实现了水务一体化管理，陕西、山东、江苏、内蒙古、甘肃、云南、河南、青海等省、自治区有 50%左右的县市实现了水务一体化管理。在全国 663 个建制市中，成立水务局或实施水务统一管理的市达 208 个，占建制市总数的 31.4%。水务管理体制克服了部门职能交叉、政出多门、办事效率低下的弊端，体现了精简、统一、效能和一事一部的机构设置原则，也有利于公众参与水管理。同时，水务部门统筹调度地表水与地下水，优化配置城区、郊区以及区外水资源，水工程联合调度能够充分发挥工程效益，有效缓解供需矛盾[5]。

2. 我国水资源管理组织体系[11]

在我国的水资源管理组织体系中，水利部是负责国家水资源管理的水行政主管部门，其他部门也管理或涉及部分水资源，如国土资源部门管理和监测深层地下水，国家环保部负责水环境保护与管理，建设部管理城市地下水的开发与保护，农业部负责建设和管理农

业水利工程。省级组织中有水利部所属流域委员会和省属水利厅，更下级是各委所属流域管理局或水保局及市、县水利（务）局。两个组织系统并行共存，内部机构设置基本相似，功能也类似，不同之处是流域委员会管理范围以河流流域来界定，而地方政府水利部门只以行政区划来界定其管辖范围。我国水利部系统水资源管理组织体系见图 10-6。

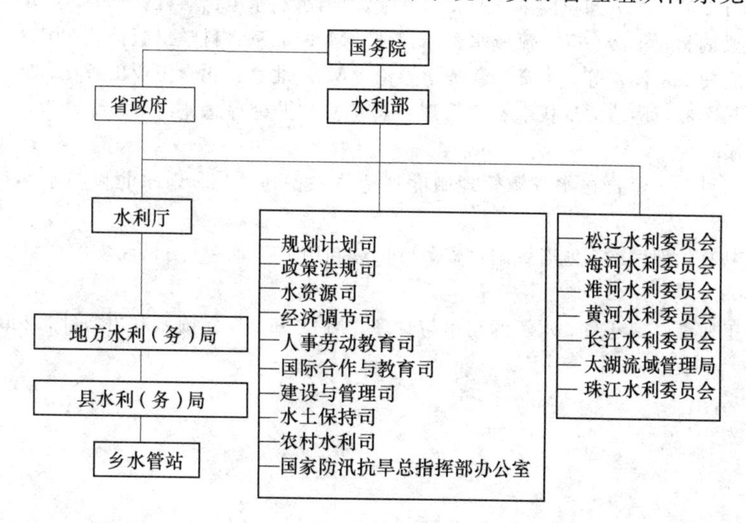

图 10-6　中国水资源管理组织体系（水利部系统）

思　考　题

1. 简述水资源管理的主要内容，并说明其重要意义。

2. 根据你的理解，水资源管理应该坚持哪些原则？为什么？

3. 简述水资源管理工作流程。

4. 结合某一地区，介绍当地的水资源管理主要措施，其存在的问题以及需要改进的方面。

5. 试选择某一地区，搜索相关资料，制定一套水资源管理对策方案。

6. 什么是水资源行政管理？水资源行政管理有哪些职能？哪些手段？并介绍我国水资源行政管理的组织结构。

7. 什么是水事活动？水事纠纷？如何做好水事纠纷的预防和处理？

8. 进一步学习《中华人民共和国水法》，论述水法规建设的意义。

9. 举例说明水资源管理坚持可持续发展观点的重要意义。

10. 简述最严格水资源管理的主要内容。

11. 举例阐述水资源管理信息系统的作用和意义。

参　考　文　献

[1]　陈家琦．水资源管理［M］//中国大百科全书——大气科学、海洋科学、水文科学．北京：中国

大百科全书出版社，1987，741-742.

[2] 左其亭，窦明，吴泽宁．水资源规划与管理［M］．2版．北京：中国水利水电出版社，2014.

[3] 陈家琦，王浩．水资源学概论［M］．北京：中国水利水电出版社，1995.

[4] 赵宝璋．水资源管理［M］．北京：水利电力出版社，1994.

[5] 吴季松，石玉波．水务知识读本［M］．北京：中国水利水电出版社，2003.

[6] 阮本清，梁瑞驹，王浩，等．流域水资源管理［M］．北京：科学出版社，2001.

[7] 姜文来，唐曲，雷波，等．水资源管理学导论［M］．北京：化学工业出版社，2005.

[8] 左其亭，马军霞，陶洁．现代水资源管理新思想及和谐论理念［J］．资源科学，2011，33（11）：2214-2220.

[9] 左其亭，李可任．最严格水资源管理制度理论体系探讨［J］．南水北调与水利科技，2013，11（1）：13-18.

[10] 夏军，左其亭，邵民诚．博斯腾湖水资源可持续利用——理论·方法·实践［M］．北京：科学出版社，2003.

[11] 左其亭，王树谦，刘廷玺．水资源利用与管理［M］．郑州：黄河水利出版社，2009.

第十一章　水资源学展望

本书以上用了10章篇幅，分别介绍了水资源学的基本概念、基本知识、基本理论和主体工作内容。实际上，由于水资源学框架刚刚形成并且还在不断改进、基本原理仍在不断发展，水资源学术界一直在努力研究，如何运用水资源学的相关理论去解决更多的实际问题。但仍要看到有许多难点问题有待解决。本章将简单介绍水资源学主要内容的发展过程及研究现状，并提出对水资源学发展的展望，仅供读者进一步学习时参考。

第一节　水资源学主要内容的发展过程及研究现状*

关于水资源学方面的研究，已经成为20世纪90年代以来非常活跃的领域之一，相继涌现出大量的研究成果，提出很多丰富多彩的理论方法和学术观点，极大地促进水资源的可持续利用和有效保护，带动水资源学的发展[1]。本节在大量文献分析的基础上，简要介绍水资源学部分主要内容的发展过程及研究现状。

一、水资源认知方面的发展与现状

（一）水资源系统的认知

随着人口增加和经济快速发展，我国水问题的态势将更加严峻。河流断流、湖泊干涸、水体污染，入海水量减少、地下水超采和疏干，与水相关的生态环境恶化，表明“不健康”的水循环和不合理的水资源利用是水问题产生的根本原因。究其原因，都是水资源系统某一方面出现了问题。因此，需要把水资源看成一个系统来分析和研究。然而，对水资源的认识并不是开始就能看成一个系统的，经历了一个认识的发展过程，特别是伴随着系统科学的发展而发展。

1. 发展过程

20世纪60年代末到70年代初，国外基本奠基了系统科学的发展基础。随之，系统科学被引用到许多行业，其中包括在水资源中的应用。因此，国际上大致从20世纪60年代开始水资源系统的研究，英、苏、法等国建立了相应的科研机构。

20世纪70—80年代，钱学森等一批专家开始在我国进行系统工程研究，出版了有代表性的专著，大大推动我国系统科学的研究。也就是在这一时期，冯尚友等一批专家把系统科学理论引入水资源系统中，开始了水资源系统的研究。

到了80年代末到90年代，水资源系统研究得到飞速发展，出现百家齐放的局面。1987年，陈守煜把模糊理论引入到水资源系统中，提出模糊水文学方法；1988年，丁晶等把随机性理论引入到水资源系统中，出版《随机水文学》一书；1985年，夏军把灰色系统理论引入到水资源系统中，后来出版了《灰色系统水文学》一书；1991年冯尚友出版了其代表作《水资源系统工程》一书。

到了20世纪末、21世纪初，水资源系统的研究已经比较成熟，并得到广泛应用，出现的研究成果层出不穷。

2. 现状综述

（1）已经发展到从水资源系统的角度来分析水问题。首先，对水问题的分析，需要坚持系统的观点，从多方面进行系统分析。因为水是循环的，引起水问题的因素可能是多方面的，某一水问题也可能带来相互联系的多方面的问题，因此，对水问题的分析，不能仅看到某一方面或某一因素，需要系统分析、综合分析。其次，对待水问题的解决途径，也不能就水论水、“头痛治头、脚痛治脚”，不能仅看到水问题的某一方面的治理，需要系统分析、综合治理；再次，从水循环的各个环节来分析，也是一个相互联系的大系统，需要系统分析。

（2）扩展到与水资源系统相关联的水系统高度来研究。从21世纪初开始，国际社会为了解决日益严重的水问题，实施了一系列研究计划，来积极探索水循环以及与水相关联的前沿科学问题和应用基础问题。从交叉和综合角度看，最具影响的是21世纪初提出的全球水系统计划（Global Water System Project，GWSP）。该计划起因于世界知名的国际地圈生物圈计划（IGBP）、全球气候研究计划（WCRP）、国际人文因素计划（IHDP）和国际生物多样性计划（DIVERSITAS）联合形成的地球系统伙伴计划ESSP（Earth System Science Partnership），引领着国际地球系统科学的水问题研究前沿。GWSP面向当前和未来人类面临的严峻水资源、生态、环境和人类健康的科学基础问题，从大尺度水系统的概念与方法论，探索地球系统水循环的物理、地球生物化学以及人类活动的相互影响与作用关系，为破解水资源危机的成因与支撑人类可持续发展提出基础规律认识和科学对策途径。这是对水资源系统研究的提升和发展，具有重要的意义。

（3）系统科学理论在水资源系统研究中得到广泛而成功的应用。首先，水资源系统是一个十分复杂的大系统，确实需要采用系统的观点、引用系统理论方法来分析水资源系统。其次，系统科学在水资源系统中的应用取得了巨大成功，带来了显著的效益和结果，吸引着人们在水资源系统中采用系统科学理论。再者，可以说，水资源系统是系统科学的用武之地，又通过应用积极推动系统科学的发展。

（4）水资源系统的不确定性研究。水资源系统广泛存在着不确定性，这是水资源系统的固有特性。其对系统的影响很大，甚至带来灾害性风险（如洪水、干旱），是风险产生的根本原因，也是水资源系统研究遇到的难点问题之一。关于水资源系统不确定性研究，主要集中在不确定性研究方法以及在水资源系统中应用研究上。我国水文水资源学者对水资源系统不确定性问题进行了广泛而深入的研究，也取得了一些带有理论开创性和独具特色的研究成果，如，以河海大学、四川大学、西安理工大学等为代表的随机性理论与方法，以大连理工大学等为代表的模糊性理论与方法，以武汉大学为代表的灰色系统理论与方法，为水资源系统不确定性研究开拓了新的思路和新的途径。

（二）人水关系的认知

人水系统是以水循环为纽带，将人文系统与水系统联系在一起，组成的一个复杂大系统（左其亭，2007）。人水关系可以简单地理解为“人文系统”与“水系统”之间的关系

（左其亭，2009），也可以进一步定义为：人水关系是指“人”（指人文系统）与“水”（指水系统）之间复杂的相互作用关系（左其亭，2012）。实际上，人们所面对的水问题的研究，宽泛一点地说，都是属于人水关系研究的一部分，人们所做的各项水利工作应该都是在协调或调控人水关系。

1. 发展过程

20 世纪 70 年代以前，很多发达国家由于工业发展迅速，出现了严重的水问题，比如，1953—1956 年日本水俣病事件。这个时期在国外已经开始探讨和研究如何规避由于人类的不合理开发带来的水问题。在我国，由于经济建设相对滞后，特别是改革开放之前，工农业发展还比较落后，带来的水问题还比较少，所以国内对人水关系的研究还没有太多，更多是一些感性的认识。

20 世纪 80 年代，随着我国改革开放，经济建设飞速发展，对水资源的需求在不断增加，如何保障水资源有效支撑经济发展成为该时期发展的一个重要因素。在这种背景下，我国于 80 年代初期开展了第一次水资源评价工作，开始思考水资源的科学利用问题，为我国水资源开发和经济社会发展相协调研究奠定基础。

20 世纪 90 年代，随着经济建设，我国的水问题日益突出，发生了前所未有的水灾难。比如，1998 年发生的长江、嫩江-松花江大洪水，造成数以万计的人民失去家园，带来巨大的经济损失。这一时期，可持续发展理念在世界范围内逐步得到认同。1992 年 6 月，世界环境与发展大会在巴西里约热内卢由联合国组织召开，共同商讨人类摆脱环境危机的对策，大会接受了“可持续发展”的概念，通过了意义深远的《21 世纪议程》文件。我国政府是可持续发展的积极倡导者，并于 1994 年通过了《中国 21 世纪议程》，承诺走可持续发展之路。这对改善人水关系、保障水资源可持续利用具有重要意义。

21 世纪初期，提出人水和谐治水新思想，全面研究人水和谐关系。2001 年，水利部首次将人水和谐理念纳入现代水利的内涵及体系中；2004 年，我国将“中国水周”活动主题确定为“人水和谐”，人们才开始对人水和谐思想有了更深入的了解；2005 年，全国人大十届三次会议提出“构建和谐社会”的重大战略思想后，人水和谐成了人与自然和谐相处的关键因素，也成为新时期治水思路的核心内容[2]；2006 年 9 月，在郑州以“人水和谐”为主题成功召开了第四届中国水论坛，并出版了《人水和谐理论与实践》论文集。从 2006 年以来，关于人水和谐研究方面涌现出大量的研究成果。

2. 现状综述

（1）人水关系的认识。早期，人们总想以主宰自居，以为人的能力很大，错误地认为“水资源是取之不尽、用之不竭的”，无节制地开发利用水资源，然而，带来了自然界的报复，严重威胁人类的生存。残酷的事实逼迫人类改变自己的行为，端正对自然界的态度，从而认识到，人和水之间的关系不是主宰和被主宰的关系，应该是和谐共处。因此，目前对人水关系有了比较系统的认识，一般认为：①人和水都是自然的一部分，在自然这个统一体中，人依赖于水，又具备改造水的能力；水为人类的发展提供支撑，同时通过各种灾害限制人类活动；②人改造自然的行为必须尊重水的运动规律；③人与水的关系是一个动态的平衡，这种状态会随着人类活动的影响和自然界的自身变化以及人的认识水平和期望而不断改变；④人水关系的调整特别是人水矛盾的解决主要通过调整人类的行为来实现；

⑤对人与水关系的研究不能就水论水，就人论人，必须在人水大系统中进行系统研究[2]。

(2) 人水关系的模型研究。人水关系非常复杂，把人水系统作为一个大系统进行模型研究是十分必要的，然而这方面的综合研究比较缺乏。总体来看，针对水系统的模型研究较多，特别是研究水文循环模型、水资源转化模型的成果很多；这些研究多数不考虑人文系统的影响或者把人文系统的影响作为水系统模型的输入条件或边界条件来处理，很少把人文系统的演变耦合到水系统模型中进行一个整体研究。王浩于20世纪90年代提出了“自然-人工”二元水循环模型思想，很多学者开展了相关模型开发和应用研究工作，可以说这些是人水关系模型研究的代表。左其亭于2007年在系统动力学的基础上，考虑到经济社会系统、水循环系统自身的特点和规律，提出了具有实用意义的嵌入式系统动力学(ESD)模型方法，是对人水系统模型的一种较完整的定量化模型描述方法。

(3) 人水关系的和谐论量化研究。伴随着日益严峻的水问题，人水和谐思想愈来愈受到人们的重视。自2006年以来，人水关系的和谐问题量化研究得到长足发展，提出了人水和谐量化研究方法，包括指标体系、量化标准、定量描述方法、综合评价方法[2]；把和谐论量化研究方法引入到人水关系研究中，以分析和解决水资源开发利用问题，已广泛应用于水资源的开发、利用、管理和保护工作中。

(4) 人水关系的调控与对策研究。调控是在人水和谐关系评估的基础上，针对具体问题为了达到和谐状态而采取的具体调控措施。调控的主要内容，就是以和谐问题为研究对象，以提高和谐度为主要目标，通过调控方法（如和谐调控模型），得到满足和谐目标的行为。关于人水关系的调控研究成果很多，多数是关于某一具体方面的调控，而综合研究一个流域或区域的人水关系调控则较少。比如，后文将要介绍的水资源优化配置、水安全、河流健康等都是人水关系调控研究的内容范畴。此外，关于人水关系调控的对策研究也很多，比如，基于水资源优化配置的水资源规划、水资源管理对策方案等。

(三) 水资源的演变规律的认知

水资源学一方面研究水资源自身在其运动与演变过程中对人类活动和生态环境的影响，另一方面则研究人类活动、自然变迁乃至于宇宙变化对水资源的影响，从而揭示水资源动态演变的基本规律。定性与定量分析水资源动态演变规律是水资源学基础研究内容之一[1]。

1. 发展过程

20世纪70—80年代，为推动经济社会发展，人类开始大规模开发利用水资源，学术界已经开始注意到水资源的演变形势以及人类活动和气候变化对水资源演变的影响作用，这一阶段主要以定性研究为主。

20世纪90—21世纪初，水资源过度开发利用带来的水问题日益突出，人类活动和自然环境变化对水循环模式和区域水资源状况产生了剧烈的影响，人们急迫想了解在剧烈人类活动和气候变化影响下水资源的演变规律。我国学者开展了大量研究工作，取得了一大批研究成果。

21世纪初至今，关于水资源演变规律的研究转入量化研究阶段，大量的水文模型应运而生，包括分布式水文模型、概念性水文模型和统计类水文模型等。尤其是在自然和人类活动因素影响下，关于水资源演变规律的研究取得了大量的研究成果。

2. 现状综述

(1) 关于水资源演变规律的定性认识不断深入。在自然因素和人类活动的驱动作用下，水资源系统面临前所未有的压力，人们迫切希望掌握水资源演变的一般规律，以推动人水和谐发展。因此，经过长期的探索和努力，目前人们关于水资源演变规律的认识虽然仍然存在很多争议，但整体而言已经取得了较大的进展。初步分析了水资源演变与经济社会发展、人类活动等的作用机理，探索自然状况下水资源演变的一般趋势以及水资源不确定性因素对水资源演变规律的影响。

(2) 气候变化和人类活动影响下水资源演变规律的量化研究不断取得新进展。比如，分布式水文模型被应用于水资源演变规律的影响研究，并尝试与多种方法结合，探索气候变化和人类活动作用下，影响水资源演变的驱动因子，为定量化识别水资源演变驱动因子以及确定各驱动因子贡献率大小奠定基础。

(3) 基于水资源演变规律的研究成果得到广泛应用。大量理论研究和定量化研究成果加深了人们关于水资源演变规律的认识，广泛应用于工程实际，为区域水资源规划、生态环境保护提供借鉴。

(四) 气候变化下水资源演变机理的认知

气候变化是指经过相当一段时间的观察，在自然气候变化之外由人类活动直接或间接地改变全球大气组成所导致的气候改变。气候变化目前已受到科学界、各国政府和社会公众的普遍关注。气候变化对我国水资源影响研究既是机遇，也是挑战，将是21世纪水资源领域面临的重大科学技术问题[1]。

1. 发展过程

20世纪70—80年代，开始关注气候变化对水资源演变的影响，开展了多项关于气候变化的研究计划，可以说人类关于气候变化的研究正处于起步阶段，并取得了一定的研究成果。比如，1977年世界气象组织（WMO)、联合国环境规划署（UNEP）等国际组织实施了世界气候计划、全球能量与水循环试验等科研计划。此时我国的研究处于萌芽状态。

20世纪80—90年代，我国关于气候变化下水文水资源影响的研究处于起步阶段，但并未受到足够重视。与此同时国际上关于气候变化对水资源和水循环影响的研究受到高度重视。比如，1985年世界气象组织（WMO）出版《气候变化对水文水资源影响的综述报告》，随后又出版了《水文水资源对气候变化的敏感性分析报告》；1987年第19届IUGG大会举办以“气候变化和气候波动对水文水资源影响”为主题的专题研讨会；1988年WMO和UNEP共同组建“政府间气候变化专门委员会（IPCC)”。

20世纪末至今，气候变化和人类活动成为国内研究的热点问题，关于气候变化下的水资源影响研究全面展开，涉及趋势预测、归因分析、阈值研究等多个方面。尤其是国家组织开展了多个重大科研项目，推动了气候变化下水资源影响研究的进度。

2. 现状综述

(1) 关于气候变化的认识不断深入。气候变化是一个极其复杂的不确定性过程。也正因为此，从气候变化受到人们的重视起，关于气候变化问题的争论和分歧就从未停止过，并很难形成统一的定论。比如，关于全球变暖贡献率的争议问题，有人认为自然因素贡献率占主导地位，有人则持相反意见。关于气候变化的争议远远不止这些，也不会停止，随着科技进步和时代发展还会有新的问题不断涌现，推动人类关于气候变化认识的丰富和完善。

(2) 关于气候变化下水资源演变机理的基础理论和量化研究均取得较大进展。21 世纪严峻的气候变化形势迫使人们投入更多的时间和精力掌握气候变化与水资源之间的内在联系和相互作用机理。关于气候变化影响的研究方法不断得到更新和完善，研究范围有所拓宽。比如，关于气候变化下水资源变化趋势模拟、影响评估、驱动因子、水安全等都取得了一定的研究成果，推动气候变化对水资源影响的研究。

(3) 关于水资源影响的定量化预测模拟模型得到广泛应用。从最初关于气候变化认识上的争论，到基础理论和量化方法的逐步深入，目前以模型模拟为主要手段的气候变化影响研究得到广泛发展。以研究流域尺度水文情势变化的水文模型经历了由统计模型到概念模型，再到目前被广泛应用的分布式水文模型的转变。这些研究推动了模型的应用，也促进了模型的创新和发展。

二、水资源评价的发展与现状

(一) 水资源观测与实验

一般情况下，水资源工作的主要依据是大量的有关水资源的定量观测数据，包括水量、水质、水资源开发利用量以及与水资源相关联的生态用水量和生态系统指标监测、经济社会发展指标等。同时，有时候为了摸清水资源转化关系，还有计划地设计或开展一些水资源实验工作。这些观测数据、实验结果是水资源评价工作的重要基础。

1. 发展过程

关于水资源方面的观测工作远远早于现代意义上的水资源评价，自古有之，且伴随着人类文明的不断发展而发展。古代水资源观测主要体现在对水文要素的观测，最早出现在中国和古埃及，主要包括水位的测量、降水的定性记述和测量、河水流速的测定、河流流量和泥沙的估计等。人们通过原始的水文观测对水资源积累了一定的认识，诚然，这种认识是比较简单、粗糙、感性、不系统的，但其对当时人类的生活和生产起到了重要作用。

14—19 世纪，文艺复兴和产业革命对水资源科学的发展产生很大影响，特别在水文观测方面，雨量器、蒸发器和流速仪等一系列观测仪器被发明，为水文定量观测和水文科学实验提供了有力的工具；开展了许多实验研究，揭示了一系列水文基本规律。

到 19 世纪末、20 世纪初，我国才开始大规模进行水文观测和实验，收集降水等气象资料。1911 年，晚清政府成立江淮水利测量局，开始掌握近代水文测验工作。随后陆续成立了很多水利机构，到 1937 年抗日战争爆发前，全国已有水文站 409 处、水位站 636 处、雨量站 1592 处。1937—1949 年，我国长期处于战争时期，全国水文工作大多处于停止状态。

1949 年新中国成立后，我国水资源方面的观测和实验工作得到蓬勃发展。1957 年进行了第一次全国水文基本站网规划，气象部门的降水、蒸发观测站和地矿部门的地下水观测站也有了快速发展。在此期间，水文部门设立了一批径流、蒸发、水库和河床实验站，进行实验研究。此外，一些单位开展了多种试验研究，取得了很多有价值的成果。

20 世纪 60 年代，遥感技术兴起，在 80 年代初开始应用于水利行业。目前遥感卫星

技术已被广泛应用于洪涝灾害监测评估、水资源和水环境调查、旱情监测、水土流失调查、河道及水库泥沙淤积监测、河湖及河口演变调查等方面，并取得很好效果。此外，同位素技术也被广泛用于水资源监测上，国际原子能机构和世界气象组织一直致力于推动全球降水同位素站网（CNIP）的建设，于2002年组建了全球河流同位素站网，2003年开始在我国长江设立河流同位素常年观测站。2012年水利部启动了国家水资源监控能力建设项目。

2. 现状综述

（1）常规的水资源观测研究。主要依托由地面水文站网、地下水观测井（群）、气象台站、水质监测站/断面所形成的一定密度的站网来进行不连续的资料收集，应用传统数学、物理等方法开展防洪、规划、工程管理工作。常规的水资源观测方法简单，手段单一，获取信息的速度较慢，信息量少，所起到的服务功能有限。

（2）现代化水资源观测研究。伴随全球定位系统、遥感、地理信息系统、对地观测、同位素示踪、定点观测和监测、现代通信等高新技术的兴起，水资源观测领域得到长足发展。通过高新技术与常规的雨量站、水文站、观测井相结合，实现观测现代化、天地一体化。

（3）水文水资源实验研究。随着经济社会快速发展，水资源系统发生了显著变化，目前主要围绕制约经济社会发展的干旱缺水、洪涝灾害和水环境污染，广泛开展水资源相关的基础实验研究工作。

（二）水资源分析计算

水资源分析计算是水资源评价的主要基础工作内容，对定量认识水资源状况、存在的问题、水资源质量和数量以及人类活动取用水对水资源的影响等方面具有重要意义。因此，研究者较多，研究内容丰富，特别是随着国家水资源管理制度的变化，对水资源分析计算提出更高的要求，出现一些新的研究内容。

1. 发展过程

18世纪中叶开始，对水资源的认识由定性描述逐渐进入定量计算阶段，主要包括流域流量测算、降雨径流、洪水预报等。

1949年新中国成立后，我国开展了一系列江河流域规划和水利工程设计与运用，在实践中积累了丰富的经验，进行了系统的水资源分析计算研究，如防洪与兴利结合的调洪计算、水库调节计算、预报调度计算、非恒定流计算等。

20世纪80年代开始，伴随着我国第一次全国水资源评价以及两次全国水质评价，对全国地表和地下水资源的数量、质量、开发利用情况及供需情况进行了分析计算，相关分析计算方法得到进一步发展和丰富。

进入21世纪以来，面对日益严峻的水资源情势，现代化的水资源综合管理需要对水量水质、地表地下、水资源及其开发利用等进行统一分析计算，这为水资源评价工作提出了更新、更高的要求。

2. 现状综述

（1）关于水资源量与可利用量的分析计算。总体来看，计算方法不统一，多基于水量平衡方法，按照一定步骤进行计算。

（2）关于水资源质量的分析计算。比较常见的有单指标评价法、综合评价指数法、模糊数学评价法、神经网络模型法、生物指标法、灰色聚类法等。

(3) 水资源供需平衡分析计算。在供水规划、需水规划的基础上，进行水资源供需平衡分析，是水资源综合规划的重要内容和主要方法，目前的主要方法有系列法和代表年法。

(4) 关于水资源利用效率的计算分析。随着最严格水资源管理制度在全国的实行，开始重视水资源利用效率的计算和评估，目前比较常用的方法有比值分析法、边际产值法、主成分分析法、数据包络分析法等。

(5) 关于水资源综合计算分析的研究。水资源系统是一个复杂的大系统，单一进行水量计算、水质分析无法全面反映水资源系统整体情况。目前主要是通过构建比较复杂的水资源系统模型来进行综合计算分析。

(三) 水资源评价

1. 发展过程

19世纪末，国外开始开展水资源评价工作，主要包括水文观测资料的整编和水量统计方面的工作。20世纪中期以来，严峻的水资源问题迫使各国开始探索水资源可持续利用的途径，作为水资源规划和管理的基础性工作，水资源评价工作逐渐受到重视。

20世纪50年代，我国针对大江大河开展了较为系统的河川径流量统计。20世纪60年代对全国水文资料做了系统整编，出版了《中国水文图集》。虽然此时未涉及水的利用和污染方面，对地下水资料也未做统计，但已基本具备了水资源评价的雏形。

20世纪80年代，我国开始第一次水资源评价工作，1985年提出全国性成果，1987年出版《中国水资源评价》。随后在1984年和1996年先后完成了两次全国水质评价，并在1996年正式出版了《中国水资源质量评价》。1999年，发布了行业标准《水资源评价导则》(SL/T 238—1999)，对水资源评价的内容及其技术方法做了明确规定。

21世纪初，根据水资源可持续利用和水资源统一管理的需要，开展了全国水资源综合规划工作，对水资源评价的技术、方法进行了修改和完善，对水资源的数量、质量、可利用量时空分布特点和演变趋势、现状水资源开发利用水平等进行了系统评价。

2. 现状综述

(1) 水资源数量与质量联合评价。水资源包含水量和水质两个方面，由于二者研究的不同步性，以及相互间存在复杂的作用关系，长期以来我国水量水质评价实行的是分离评价模式。随着我国水资源统一管理的不断推进，很多学者积极致力于水量水质联合评价[1]。

(2) 人类活动与气候变化对水资源的影响评价。人类活动与气候变化交织在一起，对水资源的影响错综复杂，很多学者积极致力于研究两者对水资源影响机理和贡献程度。

(3) 水资源利用效率评价。面对日益突出的水资源供需矛盾，提高水资源利用效率和效益是实现水资源可持续利用的关键所在。目前评价方法主要有层次分析法、模糊综合评价方法、灰色聚类评价法、主成分分析法、投影寻踪方法、数据包络分析方法等。

三、水资源理论方法的发展与现状

(一) 水资源优化配置研究

1. 发展过程

20世纪60年代初，随着系统理论和优化技术的引入以及计算机技术的发展，水资源

优化配置的研究开始起步。我国开始了以水库优化调度为先导的水资源优化配置研究，但真正开始对区域水资源优化配置进行研究是在80年代以后。伴随数学规划和模拟技术的迅速发展及其在水资源领域的应用，水资源优化配置理论研究成果不断增多。

20世纪90年代以来，传统的以水量和经济效益最大为目标水资源优化模型已经不能满足需要，人们开始在水资源优化配置中注重水质约束、环境效益和水资源可持续利用的研究。

2. 现状综述

（1）水资源优化配置的基础理论研究。主要包括："以需定供"的水资源优化配置；"以供定需"的水资源优化配置；基于宏观经济的水资源优化配置；基于可持续发展、人水和谐、水生态文明的水资源优化配置。

（2）水资源优化配置模型研究。主要包括：水资源优化配置模型构建；多目标模型中目标函数的创新；基础水资源系统模型的嵌入等。

（3）水资源优化配置的方法研究。涉及多目标规划、线性规划、非线性规划、动态规划、大系统分解协调理论等常规算法以及遗传算法、蚁群算法、粒子群优化算法、模拟退火、混沌算法等智能优化算法，研究领域和研究手段在不断丰富和深化。

（4）基于水资源优化配置开展的相关研究。主要包括：水资源规划的应用；水价、水权、水市场的应用；水资源实时调度与辅助决策等。

（二）水资源可持续利用量化研究

1. 发展过程

20世纪80年代，为寻求兼顾经济社会发展和生态环境保护的有效解决途径，人们开展了大量探索工作。1980年，国际大自然保护协会（IUCN）发表题为《世界保护战略》的报告，提出"可持续发展"的构想。随后在1987年，世界环境与发展委员会（WCED）向第42届联合国代表大会提交了题为《我们共同的未来》的报告，提出了"可持续发展"的概念定义。此后，"可持续发展"这一术语在世界各国广泛传播，并得到认同。

20世纪90年代以后，可持续发展理念逐步向涉及社会经济发展的很多领域渗透，其中包括水资源领域。水资源可持续利用开始受到各国的重视，基于可持续发展的水资源管理成为人们不断深入探讨和研究的用水主题，水资源可持续利用量化研究是其中一个重要方面。

2. 现状综述

（1）关于水资源可持续利用的量化指标体系研究。主要从国家、地区和流域角度出发，依据可承载、有效益、可持续等量化准则，形成了多种指标体系建立方法。常见的方法有：基于可持续发展理论、和谐论等构建的指标体系；结合一定模型（如状态-压力-响应模型、驱动力-压力-状态-影响-响应模型），确定指标体系结构；通过指标归类、指标使用频率统计等选取指标。

（2）水资源可持续利用量化方法研究。目前已有一些方法，比如，第五章第五节介绍的基于"社会净福利函数"的量化方法、基于"发展综合指标测度"的量化方法。

（3）实现水资源可持续利用的措施和对策研究。主要是把水资源可持续利用理论方法研究成果应用于实践中，解决实际中水资源可持续利用面临的问题，提出相应的措施和对策，为政府水资源管理服务。

（三）人水和谐量化研究

人水和谐量化研究是当今世界水问题研究的热点。人水和谐涉及“水与社会、水与经济、水与生态”等多方面，需要在包含与水相关的社会、经济、地理、生态、环境、资源等方面及其相互作用的人水复杂系统中进行研究（左其亭，2009）。

1. 发展过程

人与自然和谐的思想自古有之，“天人合一”思想要求人与自然和平共处，都江堰实现了“兴利除害”的理想状态，使治水理念得到了空前创新，这些都是人水和谐的具体体现。

到20世纪末期，由于人口增长，经济社会快速发展，人水矛盾越来越突出，人们才开始探讨现代人水和谐的途径。在学术界对人水和谐理论方法的研究主要始于2006年，之后逐步研究了人水和谐的量化方法、基于人水和谐的水资源规划与管理、人水关系的和谐论研究等内容。

2. 现状综述

（1）人水和谐相关理论。对人水和谐的概念、内涵、理念以及量化方法等理论进行深入研究，提出人水和谐论研究体系。

（2）人水和谐量化方法。主要包括两种研究方法：一种方法是基于多指标的综合评价方法，内容包括人水和谐的量化准则、指标体系、量化方法，通过多指标综合评价得到人水和谐度，表征人水和谐程度；另一种方法是基于和谐论的和谐度方程计算方法，根据人水问题确定和谐度方程，从而计算和谐发展水平，是对人水和谐量化方法的不断丰富和发展。

（3）人水和谐量化方法的应用研究。比如，已经成功应用于水资源综合规划、最严格水资源管理、跨界河流分水、入河污染物总量控制与分配等。

（四）水资源承载力量化研究

水资源承载力是指一定区域、一定时段维系生态系统良性循环，水资源系统支撑社会经济发展的最大规模。20世纪90年代以来，关于水资源承载力的研究，一直以来都是研究的热点问题，也是保障经济社会可持续发展的基础研究内容，具有重要的理论及应用意义。

1. 发展过程

20世纪70—80年代，全球面临着生态环境恶化、资源紧缺等问题，国外开始了资源承载力的相关研究，最初是土地承载力研究。1973年澳大利亚计算了土地资源、水资源、大气、气候等约束条件下的土地承载力。

20世纪90年代，随着水危机日益严重，水资源可持续发展成为全球研究热点，作为其研究手段的水资源承载力应运而生。国外多是研究区域水资源开发利用极限，国内学者侧重于研究区域水资源对人口、经济、生态环境等对象的最大承载力。

进入21世纪，水资源对经济社会发展的制约更加严峻，对水资源承载力理论方法进行更加深入的研究，并广泛应用于不同尺度的流域、区域，取得了更加丰富的成果。

2. 现状综述

(1) 水资源承载力计算方法较多，概括起来主要有三类：经验公式法、综合评价法和系统分析法。经验公式法主要有背景分析法、常规趋势法、简单定额法等；综合评价法主要包括综合指标法、模糊综合评价法、主成分分析法、投影寻踪法和物元可拓模型等；系统分析法主要是将水资源承载的主体和客体作为整体一并考虑，比如，从水资源系统分析的角度提出的"基于模拟和优化的控制目标反推模型"方法。

(2) 研究气候变化和人类活动影响下的水资源动态承载力。通过气候变化模式计算、气候变化对水资源的影响计算、系统动力学仿真以及承载力计算的耦合，实时计算水资源承载力。

(3) 研究流域或区域水资源承载力阈值，确定容许的最大人口规模、经济社会发展规模等，常用方法有背景分析法，常规趋势法，模型计算法等。

(4) 水资源承载力在其他领域的应用。水资源承载力的应用不再仅限于不同尺度的水资源承载力评价，已经延伸到水资源优化配置、水资源开发利用、生态环境保护、区域经济社会发展规模制定等多方面。

(五) 水安全量化研究

水安全是一个内涵不断丰富的概念，不同人可能有不同的认识，至今也没有形成一个比较认同的统一概念。从一般意义来讲，水安全应该是保障人类生存、生产以及相关联的生态和环境所有用水的安全问题，出现与水有关的危害都是水安全需要解决的问题，如缺水、洪涝、水污染、溃坝等可能带来的各种危害，包括经济损失、人体健康受影响、生存环境质量下降等。

1. 发展过程

对于水安全问题的研究，起步于20世纪70年代。1972年，联合国第一次环境与发展大会就预言石油危机后的下一个危机便是水危机。1988年世界环境与发展委员会指出："水资源正在取代石油成为全世界引起危机的主要问题。"20世纪90年代以来，国际有关组织实施了一系列水科学计划，研究如何保障水安全。

进入21世纪，面临的水危机日益严重，对水安全更加重视。2006年发布的《世界水资源开发报告》指出，国际水安全问题在日趋恶化，已成为制约世界经济社会发展、生态环境建设以及区域和平的主要因素。目前对水安全的理论、方法、技术、保障等方面进行过大量的研究，取得了一些研究进展。

2. 现状综述

(1) 关于水安全量化评价指标体系及评价标准，有很多研究。比如：瑞典水文学家Malin Falkenmark提出的"水紧缺指标"；以水资源开发利用程度作为用水紧张的分类指标；以水资源总量折合径流深来衡量生态系统的自然状况；由资源、途径、利用、能力和环境五个分指数组成的水贫困指数等。

(2) 水安全量化方法也很多，主要有多目标决策分析法、系统动力学法、模糊综合评价法、综合指数法、层次分析法、模糊物元模型法、集对分析法、水资源供需平衡分析法、投影寻踪法、灰色关联度分析评价法、相似差值评价法、BP人工神经网络模型等。

(3) 水安全保障体系研究。保障体系应该包括技术标准体系、行政管理体系、政策法规体系等，需要从全方位建设，构建一个系统科学的水安全保障体系，真正实现水安全。

（六）河流健康理论方法

一条健康的河流应该是具有良好的自然功能和相应的社会功能，既能维持良好的水循环、生态系统和自然地理特征，又能为相关区域经济社会提供可持续的支持。由于人类活动的影响，特别是从河流中大量取水、向河流大量排污，常常会影响河流的健康发展，甚至会带来河流灾难性演变。

1. 发展过程

20世纪30年代左右，已经开始关注河流健康问题。20世纪50年代以前，人们对河流健康的关注主要停留在水体的物理、化学指标上，基本认为如果河流水质良好，便认为河流是健康的。

20世纪50—90年代，人们开始意识到河流健康的影响因素众多，不单是水体污染，还包括人类开发活动或水利工程都会对河流健康带来影响。20世纪70年代美国《清洁水法令》中第一次出现“河流健康”这个术语。20世纪80年代，欧洲和美国、澳大利亚等国日益重视河流健康问题，并开展大规模的保护和研究工作。

20世纪90年代以后，河流健康评价进入快速发展期，从系统的角度研究河流健康的科学内涵、评价指标及评价方法。对河流健康的评价方法和指标不断增多，评价内容和范围也逐渐扩大。许多国家都建立了河流健康评价方法，如美国、澳大利亚、南非、奥地利。

21世纪初以来，中国也开始关注研究河流健康问题，并融入人水和谐的理念，在河流健康方面开展了一些富有成效的工作。

2. 现状综述

(1) 河流健康的概念与内涵。有关河流健康的概念，目前在学术界并未获得共识。其内涵大体包括三个方面：河道健康，河流生态系统健康，河流具有社会经济价值。

(2) 河流健康评价指标。目前较流行的评价指标是从河流的自然属性和社会属性出发，包括河道健康、河流生态系统健康、河流对人类的服务功能三方面的指标。

(3) 河流健康评价方法。这方面的研究方法很多，代表性的方法有：①生物监测法，常见的为指示物种法、生物指数法、物种多样性指数法等；②综合评价法，常见的为RCE评分法、溪流状况指数（ISC）、综合指标评价法等。

四、水资源规划的发展与现状

（一）水资源规划指导思想

1. 发展过程

20世纪80年代之前，以经济效益为目标的水利工作指导思想占主导地位。尤其是大跃进时期，出于工农业生产的迫切需求，兴建了一大批水利工程。但是受技术水平和人们思想认识的局限，水利工程建设较少考虑生态环境效益。

20世纪80年代到90年代末，我国水资源大规模开发利用造成的水生态、环境等问题日益突出。为应对水资源问题，我国于80年代初完成了第一次全国水资源评价工作，但在水资源规划方面涉及内容较少，深度也不够。到90年代，随着经济社会发展的迫切需要，多地开始进行水资源规划工作，并逐步引入了可持续发展理论，成为这一时期水资

源规划的重要指导。

21世纪以来，随着人水关系的进一步恶化，人水和谐思想逐渐受到关注，并很快成为我国水资源规划的重要指导思想。为了推进水资源可持续利用，2002年开始开展了全国水资源综合规划的编制工作，具有里程碑的意义。

2. 现状综述

(1) 水资源规划指导思想不断创新和科学化。21世纪初期提出“面向可持续发展的水资源规划理论方法”，后来又提出人水和谐的指导思想，在人水和谐理念指导下开展水资源规划研究。目前，又提出最严格水资源管理制度的思想、水生态文明建设的思想，是水资源规划新的发展方向。

(2) 人水和谐思想逐渐演变为新时期水资源规划的重要指导思想。水资源规划追求人水和谐目标的实现，并落实了一系列重点发展战略，比如，最严格水资源管理制度、河湖水系连通、水生态文明建设等。

(3) 水资源规划初步萌发向智慧化转变的新趋势。随着经济社会快速发展和科学技术的日新月异，先进的高新技术不断涌现，并被大量应用于水利行业。水利发展的大好形势表明，更加智能高效的水利发展模式可能成为下一阶段水利发展的新趋势。目前，已经有部分学者开始描绘智慧水利的发展蓝图，为中国水利新的发展奠定基础[3]。

(二) 水资源规划方法

1. 发展过程

20世纪80年代以前，系统理论和优化方法已经在国外萌芽，并很快引起水资源管理者的关注，系统优化方法已经开始在水资源规划中进行应用，但还没有进行深度结合。

20世纪80—90年代，随着水危机的日益严峻，可持续发展思想逐步得到认可，水资源规划开始朝着“综合利用、统一管理、系统分析”的方向发展，急迫需要借助优化方法。所以，这一时期系统理论和优化方法在水资源规划中得到迅速发展，比如，线性规划模型、非线性规划模型、多目标规划理论、大系统优化模型等在水资源规划中都有广泛的应用。

21世纪初以来，随着人们对水资源规划认识上的进一步深化，多种先进治水思想的引入，特别是系统科学、数学方法、先进技术的引入，大大推进了水资源规划工作。

2. 现状综述

(1) 系统理论在水资源规划中得到广泛应用。近几十年来，系统理论得到了较快发展，在很大程度上推动了水资源规划的发展。同时，水资源规划工作的应用也大大促进系统理论的发展。

(2) 水资源定量化规划方法的不断革新与完善。随着系统理论的引入，水资源规划定量化方法不断完善。随着水问题的愈加严重，人们对水资源规划给予更大的期待。新的系统理论、数学方法、先进技术不断渗入到水资源规划中，是水资源规划发展的一个方向和趋势。

(3) 偏重于解决水资源不确定性问题的规划方法逐渐受到重视。水资源系统中广泛存在着不确定性，往往是灾害风险产生的根本原因。因此，在水资源规划中高度重视不确定性对提高水资源利用效率、降低水灾害风险具有重要意义。

（三）流域或区域水资源规划工作

1. 发展过程

20世纪80年代以前，水资源规划工作未受到足够的重视，真正意义上的流域水资源规划工作进展缓慢，水资源处于按需配置或低价配置的分配模式。

20世纪80—90年代，水资源规划理论首先在国外得到快速发展，随后在中国也很快成为水资源学科研究的热点，在长江、黄河、淮河等流域开展了多项流域水资源规划研究工作，特别是在90年代末可持续发展思想的引入，促进了水资源规划的发展。

进入21世纪以后，在全国范围内开始进行新一轮的水资源综合规划工作，包括全国范围、七大流域、各省级区甚至到部分地级行政区、县级行政区，都开展了水资源综合规划。

2. 现状综述

（1）流域或区域水资源规划方法不断丰富和完善。水资源规划方法实现了从简单到复杂、从定性到定量、从单一因素到系统考虑、从简单模型到复杂大模型的转变。现代水资源规划方法引入了先进的理论方法和高新技术。

（2）流域水资源规划格局基本形成。既完成了全国范围的水资源综合规划，又完成七大流域的水资源综合规划，同时还完成了多个跨流域、跨省区的水资源综合规划，初步形成全覆盖、跨流域、跨区域的水资源综合规划局面，很好地支撑不同需求的水资源管理工作。

五、水资源管理的发展与现状

（一）水资源管理模式

1. 发展过程

20世纪60年代以前，人类对水资源的需求量远小于可利用的水资源量，人们的节水观念淡薄，用水浪费现象严重，水资源管理处于一种松散管理的状态。

20世纪60—80年代，随着人口增加和经济快速发展，水资源供需矛盾开始出现。为解决供需矛盾，不断开辟新水源，形成了“以需定供”的基本原则，基本开始了水资源供给管理模式。

20世纪80—90年代末，随着水资源供需矛盾不断加剧，传统的“以需定供”原则已不再适用，单纯依靠增加供水能力已无法满足对水资源的需求。随着可持续发展思想的兴起，人们开始转变观点，由被动供给管理转变为主动的需求管理，开启水资源需求管理模式。

21世纪以来，伴随着工程水利向资源水利观念的转变，水资源管理向水资源综合管理转变。2009年提出最严格水资源管理，是我国目前推行的水资源管理新模式。

2. 现状综述

（1）水资源综合管理模式。水资源综合管理也常被称为水资源一体化管理、水资源统一管理、水资源集成管理等。水资源综合管理起源于20世纪90年代，之后又得到不断的改进和发展，是目前国际上比较流行的主流水资源管理模式，甚至被很多人认为是解决水资源问题的唯一可行的办法。我国很早就开展了关于水资源综合管理的讨论，也在我国的一些省市（如福建）、一些流域（如海河、淮河流域）开展实践应用。

(2) 最严格水资源管理模式。我国水资源时空分布极不均匀，人均占有水资源量少，经济社会发展相对较落后，水资源短缺、水环境污染极其严重。最严格水资源管理也就是在这一背景下提出并得以实施，寄希望通过制定更加严格的制度，从取水、用水、排水三方面进行严格控制。

(二) 水资源管理方法

1. 发展过程

水资源管理自古就有，但直到20世纪中后期，随着水资源供需矛盾不断突出，越来越重视对水资源的管理。

20世纪60—80年代，水资源管理为供给管理模式，以需定供，一方面不断开辟新的水源，一方面充分利用水资源优化配置相关方法来尽可能满足经济社会发展对水资源的需求。

20世纪80—90年代，随着水资源供需矛盾不断加剧，水资源管理模式逐步转变为需求模式，以供定需，要求更多地依靠高新技术的引进来节约用水、开发利用非常规水。这一阶段，建立了许多水资源管理模型。

21世纪以来，伴随着新思想、新方法、新技术的引入，水资源管理方法朝着综合性、复杂性、实用性转变，水资源管理模式向综合管理转变，又实行最严格水资源管理，使水资源管理方法多元化、严格化。

2. 现状综述

(1) 高新技术在水资源管理中的应用。现代网络、通信、数据库、多媒体、地理信息系统等高新技术，广泛应用于水资源管理中。

(2) 模型方法在水资源管理中的应用。一种是将SWAT等分布式水文模型、MIKE BASIN等评价工具用于水资源管理中。另一种是直接的水资源管理模型，如基于BSP方法的水资源管理业务模型、水资源评价和规划模型（WEAP）等。

(3) 和谐论方法在水资源管理中的应用。根据人与自然和谐相处的理念，将和谐论方法引入到水资源管理中，建立基于人水和谐的水资源管理模型。

(4) 水量水质联合调度是实现经济社会与生态环境协调发展的有效举措。通过改变现有水利工程或拟建水利工程的调度运行方式，达到充分利用各种可利用的水资源，增加生产、生活的可利用水量，兼顾改善河道水质，实现水生态、水环境的修复、改善和保护。

(5) 经济方法在水资源管理中的应用。运用有关的经济政策作为杠杆，注重间接宏观调控，以经济手段，影响政策对象的经济效益，并引导社会改变用水行为。

(三) 流域或区域水资源管理工作

1. 发展过程

1949年新中国成立后，水资源管理工作已经初具端倪。中央人民政府设立水利部，但是农田水利、水力发电、内河航运和城市供水，分别由农业部、电力工业部、交通部和建设部负责管理，没有统一的水行政主管部门。地方各级水利行政机构也逐渐得以健全，分为省、地、县三级。

1988年，新中国第一部《中华人民共和国水法》颁布，规定了中国实行对水资源的统一管理和分级分部门管理相结合的原则，重新组建水利部，明确水利部作为国务院的水行政主管部门，负责全国水资源统一管理工作，各省、自治区、直辖市也相继明确了水利部门是省级政府的水行政主管部门。此期间也初步建成了七大流域管理机构。

1998 年，国务院机构改革将有关部门过去承担的水行政管理职能，移交给水行政主管部门，并强调流域管理机构的作用。

2002 年，新修订的《中华人民共和国水法》对水资源管理体制做了比较大的调整，明确规定我国执行“水资源流域管理与行政区域管理相结合的管理体制”，强调水资源统一管理。

2009 年，水利部提出最严格水资源管理制度，采取“三条红线”来控制区域和流域水资源的开发利用与管理，使水资源管理工作进一步明晰化，形成了更有效的工作机制。

2. 现状综述

(1) 不同治水理念对水资源管理工作的影响。最近一些年，我国政府提出一系列先进治水理念，影响着水资源管理工作，比如，建设节水型社会，实施河湖水系连通战略，实行最严格水资源管理制度，推行水生态文明建设等。

(2) 流域与区域相结合的水资源管理工作。我国目前实施的是水资源流域管理与行政区域管理相结合的管理体制。该制度具有明显的优势，有利于协调流域与区域用水矛盾，有利于水务一体化管理，有利于保护水生态系统健康。

(3) 政府与市场相结合的水资源管理工作。目前我国大力推进简政放权，深化水利投融资体制改革，推进水价综合改革，开展水资源使用权确权登记、水权交易和水权制度建设试点，推动水利工程建设和运行管理专业化、市场化和社会化，充分发挥市场在资源配置中的决定性作用，实现政府与市场密切结合，推进水资源管理工作良性发展。

六、水资源保护的发展与现状

(一) 水资源保护思路变化

1. 发展过程

20 世纪之前，人们对水资源的开发利用程度相对较低，水问题较少，水资源保护意识薄弱。19 世纪 50—90 年代，泰晤士河治理是早期水资源保护的标志，由于污水大量排入河道，泰晤士河成了伦敦的排污明沟，英国政府修建了与河道平行的地下排污系统，并在河口处利用化学沉淀法处理污水，对泰晤士河进行第一次治理。

20 世纪 50—80 年代，全世界都在积极开发水资源，发展经济，在出现污染时才考虑进行治理。这一时期，日本出现水俣病，莱茵河成为了欧洲最大的下水道，泰晤士河水质再次恶化，人们逐渐意识到保护水资源的重要性，开始大规模的水资源保护工作。1965 年美国在《水资源规划法》中将环境质量作为规划目标。1979 年我国颁布了《中华人民共和国环境保护法》，开启了水污染防治立法进程，1984 年又颁布了《中华人民共和国水污染防治法》。

20 世纪 90 年代到 21 世纪初期，随着可持续发展思想、人水和谐思想的提出，保护水资源的愿望越来越大，我国政府实施了一系列措施，比如建设节水型社会，实行最严格水资源管理制度，推行水生态文明建设，出台水污染防治计划等，避免走“先污染后治理”的老路，大力保护水资源。

2. 现状综述

(1) 水资源保护转向“预防为主、防治结合、综合治理”。过去为了发展经济，走“先污染后治理”的道路，给人类带来了沉痛的教训，目前实施一系列措施，避免走“先污染后治理”的老路。

(2) 水资源保护由“点”转向“面”，即由工业污染控制转向以流域为主控制转变。早期水资源保护忽略了生活污水和农业退水产生的面源污染，仅仅是对工业污染进行控制，导致水污染呈面源扩大趋势。

(3) 水资源保护转向水质、水量、水生态一体化保护。水量、水质、水生态之间关系密切，是水资源保护的一个整体，必须统一起来，进行一体化保护。这是目前发展的一个新动向，也是保护水资源的综合治理措施。

(二) 水资源保护方法

1. 发展过程

21世纪之前，我国水利部门的主要任务是防洪除涝，对水资源保护重视不够，水资源保护方法单一，比较落后。20世纪90年代淮河发生特大污染事故，才开始重视水污染治理工作。但总体来看对水污染治理的投入不足，方法技术相对落后。

进入21世纪，水资源的不合理开发利用使得水污染问题更加严峻，水污染控制技术迅速发展，水资源保护方法不断多元化，大量涌现多种方法相结合的水资源保护措施。2013年我国提出水生态文明建设，是水资源保护新的标志。

2. 现状综述

(1) 水源涵养与保护技术。通过水源涵养与保护，增强水资源可持续供给能力。植被有“绿色水库”的美称，绿化是水源涵养的重要技术措施，在水体上游集水区修建大量水源涵养林，起到保护水源、滞洪蓄洪的作用。

(2) 水质保护不再局限于末端治理，开始向污染源、过程、末端的全过程综合治理转变，相应的技术方法也不断丰富。污染源控制是水环境污染有效治理的前提，重在减少外源污染。过程控制主要是针对农业污染等面源污染，建设清洁小流域。末端控制主要是对水质进行净化。

(3) 水污染防治向污染控制技术、生态系统修复技术相结合的方向发展，将水体看作一个系统进行综合治理和保护。现在的河流生态修复技术已成为水资源保护的一大特色，主要包括生态保护、植被恢复、河道补水、生物-生态修复、生境修复、水生生物群落修复等。

(三) 流域或区域水资源保护工作

1. 发展过程

20世纪70年代末，我国水资源保护工作刚刚起步，主要是进行基础的水资源监测、调查、评价、规划工作。80年代中期，我国组织进行了第一次水资源保护规划制定工作。随后，又开展了河湖水质调查评价工作。

20世纪90年代后期，经济快速发展引起水体严重恶化，我国开始了第一次大规模流域水污染防治工作。这次水污染防治工作以污染最为严重的淮河为先导，涉及太湖、巢湖、滇池、海河、辽河等多个流域，为流域水资源保护积累了丰富的经验。

21 世纪初期，水资源保护工作开始转向污染防治与开发、利用及管理并重。不仅依靠科学技术，而且十分重视管理体制的改革，形成比较完善的管理体制和法律法规体系。

2. 现状综述

（1）国家水资源保护工作。我国建立了国家、流域、行政区相结合的水资源保护机构和队伍，在重要江河、湖泊设立流域水资源保护机构，在行政区设立水行政管理机构，共同管理和保护水资源。在全国范围内采取了各种措施，如河道底泥疏浚、调水冲污稀释等工程措施，应急治理、控源截污、生态修复、监测预警等非工程措施。

（2）流域水资源保护工作。实施流域水环境综合治理，坚持源头治水、河道内源污染精确定位，统筹考虑上中下游，严格控制流域污染物总量。以流域为单元，对与水有关的生态环境、自然资源、社会经济涉水事务进行统一管理，将水资源开发利用与保护相结合。

（3）区域水资源保护工作。我国实施水资源保护一体化，加快地区间水资源保护协作，发挥对地区经济的支撑作用。2010 年广州开始实施珠江三角洲环境保护一体化，2014 年开始实施京津冀水资源保护一体化。

第二节　水资源学发展展望*

随着经济社会的快速发展和人口的不断增长，人类正在以空前的速度和规模开发利用有限的水资源。尽管水资源总量变化不大，但气候变化导致其时空分布更趋不均，人类活动的用水强度不断加大，造成了水资源供需紧张、水旱灾害频发和生态环境日益恶化的局面。水资源问题已经从一些缺水国家和地区发展为全球性问题，已引起各国政府和相关人士的普遍关注。水资源安全和粮食安全、能源安全一起成为世界最关注的安全问题，并且水资源安全又影响着粮食安全和能源安全，影响到经济发展和社会稳定，成为国家发展中具有全局性、基础性和战略性的重大课题。

由于我国主要受季风影响，水资源地域分布差异极大，气候变化和人类活动更剧烈地改变了流域水文过程和水资源时空分布格局，伴随经济社会高速发展的水资源需求大幅增加，区域用水环节的供、用、耗、排关系发生显著变化，我国水资源问题日益凸显。水循环是研究气候变化对水文水资源系统影响的重要科学基础，作为一种自然现象，水循环本身是极其复杂的。气候变化可能加速水循环过程，引起降水、蒸发等水文要素发生剧烈变化，导致极端水文事件（如干旱、洪涝等）更为频繁发生，进而改变流域和区域的水量平衡，影响水资源时空分布格局。我国水资源时空分布不均，南方水多而北方水少，与我国的经济社会布局不匹配，考虑到我国人口基数较大，再加上未来气候变化可能带来的影响，我国水资源供需矛盾会更为突出。因此，今后一段时期，破解我国水资源供需矛盾难题，确保经济社会快速发展的同时不破坏自然生态环境，实现水资源可持续利用，已经变得非常重要和迫切。

随着经济社会发展，科学技术水平提高，水资源学正面临着一个前所未有的发展时期，这既是机遇又是挑战。对未来水资源学发展展望综述如下：

（1）加强水文学、生态学以及水资源学的基础科学研究。水资源规划与管理特别关注

对水文系统、生态系统未来变化的预测，它要求了解未来水文情势及环境的变化影响，包括全球气候变化和人类活动的影响；需要研究社会水循环、自然水循环的过程机理、定量描述方法，土地利用/覆被发生剧烈变化下的水资源转化规律的认识、模拟及评价方法，水系统结构、模拟及应用，气候变化和人类活动共同影响下水资源系统演变过程及应对机理等。然而，目前这些方面的研究还不足。这是水资源学科发展的重要基础。

（2）加强现代新技术、新理论（如遥感、地理信息系统、系统科学、决策支持系统等）在水资源学中的应用研究。使水资源的科学管理水平和效率有所提高，以适应现代水资源规划、管理以及开发利用的需要。比如，综合节水技术，水资源合理配置和高效利用方法，水利现代化建设体系，水资源快速监测、传输、储存及运行计算，水资源调控方案快速生成与评估、决策系统研发等。

（3）加强水资源新理论、新方法的研究和应用。水资源与气候资源、生物资源、土地资源、地下资源（指矿产资源）有着千丝万缕的联系。所以，研究水资源问题，必然会联系到其他资源、其他学科，不断引进新的理论、方法，总结探索水资源研究的新理论、新方法，这是促进水资源研究的重要基础。比如，水资源规划与管理方法，水资源承载能力和水资源可持续利用理论方法，人水和谐理论方法，最严格水资源管理理论方法，河湖水系连通理论方法等。

（4）加强水资源开发利用与社会进步、经济发展、环境保护相协调的研究。坚持可持续发展思想，考虑社会、经济、资源、环境相协调，考虑长远的效应和影响，包括对后代人用水的影响，这是水资源科学管理的必然要求。比如，全国、区域、流域尺度最优化水资源战略配置格局研究，社会-经济-水资源-环境的协调发展目标的量化方法，水资源与经济社会发展和谐调控理论方法、调控模型，水资源配置方案制定（包括社会发展规模控制、经济结构调整、用水分配方案、水资源保护措施）等。

（5）加强水资源系统中的不确定性研究。由于水资源系统中不确定性存在的广泛性、复杂性，再加上目前处理各种不确定性问题的研究方法仍处于探索阶段，使得水资源系统中的不确定性问题研究成为当今水资源科学研究一直在探讨的热点问题。正是由于自然界不确定性的存在，很多水资源问题（如洪水问题、干旱问题）的解决都受到这一问题的困扰。为了解决未来水资源问题，仍需要加强水资源系统中不确定性的研究。

（6）加强与其他学科的交叉运用和发展。水资源学是由水文学、水利学衍生和发展而来的一门学科。在水资源学成长和发展的过程中，不可避免地和已存在的有关学科之间发生交叉和重叠。特别是自 20 世纪后半叶以来，由于水资源危机日益突出，涌现了大量亟待解决的水资源问题，而这些问题的出现无不牵扯到经济社会发展和生态系统保护等诸多方面的内容，因此必须加强水资源学与其他学科的交叉运用。目前，与水资源学相交叉的主要学科有水文学、水资源经济学和水环境学等。

（7）加强适应水生态文明建设的水资源保障体系研究。包括：充分考虑生态保护的水资源优化配置技术、水资源合理分配与调度技术、水利工程优化布局与规划建设关键技术，生态需水保障技术，河湖水系连通与河流健康保障技术，防洪抗旱减灾自动监测、会商与体系建设，水资源安全保障体系建设，水资源开发利用自动监控、实时传输、会商决策技术等。

思　考　题

1. 分组讨论水资源学研究的热点问题。针对某一个研究方面，讨论其发展过程和研究现状，分析未来可能的发展趋势。

2. 阅读相关文献，展望水资源学发展前景。

参　考　文　献

[1]　夏军，左其亭．水资源学发展报告［C］//中国自然资源学会．2011—2012资源科学学科发展报告．北京：中国科学技术出版社，2012：85-105.

[2]　左其亭，张云．人水和谐量化研究方法及应用［M］．北京：中国水利水电出版社，2009.

[3]　左其亭．中国水利发展阶段及未来“水利4.0”战略构想［J］．水电能源科学，2015，33（4）：1-5.

[4]　左其亭．中国水科学研究进展报告2013—2014［M］．北京：中国水利水电出版社，2015.